"十二五"国家重点图书出版规划项目

中国土系志

Soil Series of China

总主编 张甘霖

河南卷
Henan

吴克宁 李 玲 鞠 兵 陈 杰 著

科学出版社

北京

内 容 简 介

《中国土系志·河南卷》是在对河南省土壤地理概况及代表性土壤类型进行系统全面的调查基础上，服从土壤系统分类划分土壤的原则，进行土壤系统分类高级分类单元（土纲-亚纲-土类-亚类）的诊断划分和基层分类单元（土族-土系）的划分。本书分为上、下两篇：上篇主要阐述河南省土壤地理概况，包括区域概况与成土因素（第 1 章）、主要成土过程（第 2 章）、河南省土壤分类发展与参比（第 3 章）；下篇是以土纲为章，系统介绍在河南省建立的典型土系，主要包括各土系的高级分类归属、分布与环境条件、土系特征与变幅、对比土系、利用性能综述、参比土种及代表性单个土体等。

本书内容基于大量土壤野外调查和室内分析，并得到土壤学界专家的修订和补充，内容丰富、资料翔实，理论性、系统性、实用性强。本书的资料、数据可供土壤、农业、林业、土地资源管理、环境、生态、自然地理、土地整治、水土保持等专业科研与教学使用，也适合自然资源管理的行政与事业单位工作人员参考。

审图号：豫 S（2018 年）028 号

图书在版编目（CIP）数据

中国土系志·河南卷 / 张甘霖主编；吴克宁等著. —北京：科学出版社，2019.2

"十二五"国家重点图书出版规划项目

ISBN 978-7-03-060536-8

Ⅰ.①中… Ⅱ.①张… ②吴… Ⅲ.①土壤地理-中国②土壤地理-河南 Ⅳ.①S159.2

中国版本图书馆 CIP 数据核字（2019）第 025992 号

责任编辑：胡 凯 周 丹 梅靓雅 沈 旭/责任校对：樊雅琼
责任印制：师艳茹/封面设计：许 瑞

科 学 出 版 社 出版
北京东黄城根北街 16 号
邮政编码：100717
http://www.sciencep.com

中国科学院印刷厂 印刷

科学出版社发行 各地新华书店经销

*

2019 年 2 月第 一 版 开本：787×1092 1/16
2019 年 2 月第一次印刷 印张：29 3/4
字数：705 000

定价：298.00 元
（如有印装质量问题，我社负责调换）

《中国土系志》编委会顾问

孙鸿烈　赵其国　龚子同　黄鼎成　王人潮
张玉龙　黄鸿翔　李天杰　田均良　潘根兴
黄铁青　杨林章　张维理　郧文聚

土系审定小组

组　长　张甘霖

成　员（以姓氏笔画为序）

王天巍　王秋兵　龙怀玉　卢　瑛　卢升高
刘梦云　杨金玲　李德成　吴克宁　辛　刚
张凤荣　张杨珠　赵玉国　袁大刚　黄　标
常庆瑞　章明奎　麻万诸　隋跃宇　慈　恩
蔡崇法　漆智平　翟瑞常　潘剑君

《中国土系志》编委会

主　　编　张甘霖

副主编　王秋兵　李德成　张凤荣　吴克宁　章明奎

编　　委　(以姓氏笔画为序)

王天巍	王秋兵	王登峰	孔祥斌	龙怀玉
卢　瑛	卢升高	白军平	刘梦云	刘黎明
杨金玲	李　玲	李德成	吴克宁	辛　刚
宋付朋	宋效东	张凤荣	张甘霖	张杨珠
张海涛	陈　杰	陈印军	武红旗	周　清
胡雪峰	赵　霞	赵玉国	袁大刚	黄　标
常庆瑞	章明奎	麻万诸	隋跃宇	韩春兰
董云中	慈　恩	蔡崇法	漆智平	翟瑞常
潘剑君				

《中国土系志·河南卷》作者名单

主要作者　吴克宁　李　玲　鞠　兵　陈　杰

参编人员（以姓氏笔画为序）

万红友	王　丹	王文静	王兴科	石旭冉
付巧玲	冯力威	冯新伟	兰传斌	吕巧灵
刘晓冰	刘继红	齐　力	齐　真	杨素勤
李　玲	李少从	李方鸣	杜凯闯	巫振幅
吴克宁	宋　轩	张化楠	张文凯	张路伟
陈　壮	陈　杰	陈伟强	陈丽霞	赵　燕
赵华甫	赵彦峰	查理思	姜　钰	粟滢超
党　胤	高　硕	高　畅	高晓晨	黄　勤
梁思源	董洋洋	靳　熙	路　婕	鞠　兵

丛 书 序 一

　　土壤分类作为认识和管理土壤资源不可或缺的工具，是土壤学最为经典的学科分支。现代土壤学诞生后，近 150 年来不断发展，日渐加深人们对土壤的系统认识。土壤分类的发展一方面促进了土壤学整体进步，同时也为相邻学科提供了理解土壤和认知土壤过程的重要载体。土壤分类水平的提高也极大地提高了土壤资源管理的水平，为土地利用和生态环境建设提供了重要的科学支撑。在土壤分类体系中，高级单元主要体现土壤的发生过程和地理分布规律，为宏观布局提供科学依据；基层单元主要反映区域特征、层次组合以及物理、化学性状，是区域规划和农业技术推广的基础。

　　我国幅员辽阔，自然地理条件迥异，人为活动历史悠久，造就了我国丰富多样的土壤资源。自现代土壤学在中国发端以来，土壤学工作者对我国土壤的形成过程、类型、分布规律开展了卓有成效的研究。就土壤基层分类而言，自 20 世纪 30 年代开始，早期的土壤分类引进美国 C. F. Marbut 体系，区分了我国亚热带低山丘陵区的土壤类型及其续分单元，同时定名了一批土系，如孝陵卫系、萝岗系、徐闻系等，对后来的土壤分类研究产生了深远的影响。

　　与此同时，美国土壤系统分类（soil taxonomy）也在建立过程中，当时 Marbut 分类体系中的土系（soil series）没有严格的边界，一个土系的属性空间往往跨越不同的土纲。典型的例子是 Miami 系，在系统分类建立后按照属性边界被拆分成为不同土纲的多个土系。我国早期建立的土系也同样具有属性空间变异较大的情形。

　　20 世纪 50 年代，随着全面学习苏联土壤分类理论，以地带性为基础的发生学土壤分类迅速成为我国土壤分类的主体。1978 年，中国土壤学会召开土壤分类会议，制定了依据土壤地理发生的"中国土壤分类暂行草案"。该分类方案成为随后开展的全国第二次土壤普查中使用的主要依据。通过这次普查，于 20 世纪 90 年代出版了《中国土种志》，其中包含近 3000 个典型土种。这些土种成为各行业使用的重要土壤数据来源。限于当时的认识和技术水平，《中国土种志》所记录的典型土种依然存在"同名异土"和"同土异名"的问题，代表性的土壤剖面没有具体的经纬度位置，也未提供剖面照片，无法了解土种的直观形态特征。

　　随着"中国土壤系统分类"的建立和发展，在建立了从土纲到亚类的高级单元之后，建立以土系为核心的土壤基层分类体系是"中国土壤系统分类"发展的必然方向。建立我国的典型土系，不但可以从真正意义上使系统完整，全面体现土壤类型的多样性和丰富性，而且可以为土壤利用和管理提供最直接和完整的数据支持。

　　在科技部基础性工作专项项目"我国土系调查与《中国土系志》编制"的支持下，以中国科学院南京土壤研究所张甘霖研究员为首，联合全国二十多所大学和相关科研机构的一批中青年土壤科学工作者，经过数年的努力，首次提出了中国土壤系统分类框架内较为完整的土族和土系划分原则与标准，并应用于土族和土系的建立。通过艰苦的野外工作，先后完成了我国东部地区和中西部地区的主要土系调查和鉴别工作。在比土、评土的基础上，总结和建立了具有区域代表性的土系，并编纂了以各省市为分册的《中国土系志》，这是继"中国土壤系统分类"之后我国土壤分类领域的又一重要成果。

　　作为一个长期从事土壤地理学研究的科技工作者，我见证了该项工作取得的进展和一批中青年土壤科学工作者的成长，深感完善这项成果对中国土壤系统分类具有重要的意义。同时，这支中青年土壤分类工作者队伍的成长也将为未来该领域的可持续发展奠定基础。

　　对这一基础性工作的进展和前景我深感欣慰。是为序。

中国科学院院士

2017 年 2 月于北京

丛 书 序 二

　　土壤分类和分布研究既是土壤学也是自然地理学中的基础工作。认识和区分土壤类型是理解土壤多样性和开展土壤制图的基础，土壤分类的建立也是评估土壤功能，促进土壤技术转移和实现土壤资源可持续管理的工具。对土壤类型及其分布的勾画是土地资源评价、自然资源区划的重要依据，同时也是诸多地表过程研究所不可或缺的数据来源，因此，土壤分类研究具有显著的基础性，是地球表层系统研究的重要组成部分。

　　我国土壤资源调查和土壤分类工作经历了几个重要的发展阶段。20 世纪 30 年代至 70 年代，老一辈土壤学家在路线调查和区域综合考察的基础上，基本明确了我国土壤的类型特征和宏观分布格局；80 年代开始的全国土壤普查进一步摸清了我国的土壤资源状况，获得了大量的基础数据。当时由于历史条件的限制，我国土壤分类基本沿用了苏联的地理发生分类体系，强调生物气候带的影响，而对母质和时间因素重视不够。此后虽有局部的调查考察，但都没有形成系统的全国性数据集。

　　以诊断层和诊断特性为依据的定量分类是当今国际土壤分类的主流和趋势。自 20 世纪 80 年代开始的"中国土壤系统分类"研究历经 20 多年的努力构建了具有国际先进水平的分类体系，成果获得了国家自然科学二等奖。"中国土壤系统分类"完成了亚类以上的高级单元，但对基层分类级别——土族和土系——仅仅开始了一些样区尺度的探索性研究。因此，无论是从土壤系统分类的完整性，还是土壤类型代表性单个土体的数据积累来看，仅仅高级单元与实际的需求还有很大距离，这也说明进行土系调查的必要性和紧迫性。

　　在科技部基础性工作专项的支持下，自 2008 年开始，中国科学院南京土壤研究所联合国内 20 多所大学和科研机构，在张甘霖研究员的带领下，先后承担了"我国土系调查与《中国土系志》编制"（项目编号 2008FY110600）和"我国土系调查与《中国土系志（中西部卷）》编制"（项目编号 2014FY110200）两期研究项目。自项目开展以来，近百名项目参加人员，包括数以百计的研究生，以省区为单位，依据统一的布点原则和野外调查规范，开展了全面的典型土系调查和鉴定。经过 10 多年的努力，参加人员足迹遍布全国各地，克服了种种困难，不畏艰辛，调查了近 7000 个典型土壤单个土体，结合历史土壤数据，建立了近 5000 个我国典型土系；并以省区为单位，完成了我国第一部包含 30 分册、基于定量标准和统一分类原则的土系志，朝着系统建立我国基于定量标准的基层分类体系迈进了重要的一步。这些基础性的数据，无疑是我国自第二次土壤普查以来重要的土壤信息来源，相关成果可望为各行业、部门和相关研究者，特别是土壤质量提升、土地资源评价、水文水资源模拟、生态系统服务评估等工作提供最新的、系统的数据支撑。

我欣喜于并祝贺《中国土系志》的出版，相信其对我国土壤分类研究的深入开展、对促进土壤分类在地球表层系统科学研究中的应用有重要的意义。欣然为序。

中国科学院院士

2017 年 3 月于北京

丛 书 前 言

　　土壤分类的实质和理论基础，是区分地球表面三维土壤覆被这一连续体发生重要变化的边界，并试图将这种变化与土壤的功能相联系。区分土壤属性空间或地理空间变化的理论和实践过程在不断进步，这种演变构成土壤分类学的历史沿革。无论是古代朴素分类体系所使用的颜色或土壤质地，还是现代分类采用的多种物理、化学属性乃至光谱（颜色）和数字特征，都携带或者代表了土壤的某种潜在功能信息。土壤分类正是基于这种属性与功能的相互关系，构建特定的分类体系，为使用者提供土壤功能指标，这些功能可以是农林生产能力，也可以是固存土壤有机碳或者无机碳的潜力或者抵御侵蚀的能力，乃至是否适合作为建筑材料。分类体系也构筑了关于土壤的系统知识，在一定程度上厘清了土壤之间在属性和空间上的距离关系，成为传播土壤科学知识的重要工具。

　　毫无疑问，对土壤变化区分的精细程度决定了对土壤功能理解和合理利用的水平，所采用的属性指标也决定了其与功能的关联程度。在大陆或国家尺度上，土纲或亚纲级别的分布已经可以比较准确地表达大尺度的土壤空间变化规律。在农场或景观水平，土壤的变化通常从诊断层（发生层）的差异变为颗粒组成或层次厚度等属性的差异，表达这种差异正是土族或土系确立的前提。因此，建立一套与土壤综合功能密切相关的土壤基层单元分类标准，并据此构建亚类以下的土壤分类体系（土族和土系），是对土壤变异精细认识的体现。

　　基于现代分类体系的土系鉴定工作在我国基本处于空白状态。我国早期（1949 年以前）所建立的土系沿用了美国系统分类建立之前的 Marbut 分类原则，基本上都是区域的典型土壤类型，大致可以相当于现代系统分类中的亚类水平，涵盖范围较大。"中国土壤系统分类"研究在完成高级单元之后尝试开展了土系研究，进行了一些局部的探索，建立了一些典型土系，并以海南等地区为例建立了省级尺度的土系概要，但全国范围内的土系鉴定一直未能实现。缺乏土族和土系的分类体系是不完整的，也在一定程度上制约了分类在生产实际中特别是区域土壤资源评价和利用中的应用，因此，建立"中国土壤系统分类"体系下的土族和土系十分必要和紧迫。

　　所幸，这项工作得到了国家科技基础性工作专项的支持。自 2008 年开始，我们联合国内 20 多所大学和科研机构，先后组织了"我国土系调查与《中国土系志》编制"（项目编号 2008FY110600）和"我国土系调查与《中国土系志（中西部卷）》编制"（项目编号 2014FY110200）两期研究，朝着系统建立我国基于定量标准的基层分类体系迈进了重要的一步。自项目开展以来，近百名项目参加人员，包括数以百计的研究生，以省区为单位，依据统一的布点原则和野外调查规范，开展了全面的典型土系调查和鉴定。经过10 多年的努力，参加人员足迹遍布全国各地，克服了种种困难，不畏艰辛，调查了近 7000个典型土壤单个土体，结合历史土壤数据，建立了近 5000 个我国典型土系，并以省区为单位，完成了我国第一部基于定量标准和统一分类原则的土系志。这些基础性的数据，无疑是自我国第二次土壤普查以来重要的土壤信息来源，可望为各行业部门和相关研究者提供最新的、系统的数据支撑。

项目在执行过程中，得到了两届项目专家小组和项目主管部门、依托单位的长期指导和支持。孙鸿烈院士、赵其国院士、龚子同研究员和其他专家为项目的顺利开展提供了诸多重要的指导。中国科学院前沿科学与教育局、科技促进发展局、中国科学院南京土壤研究所以及土壤与农业可持续发展国家重点实验室都持续给予关心和帮助。

值得指出的是，作为研究项目，在有限的资助下只能着眼主要的和典型的土系，难以开展全覆盖式的调查，不可能穷尽亚类单元以下所有的土族和土系，也无法绘制土系分布图。但是，我们有理由相信，随着研究和调查工作的开展，更多的土系会被鉴定，而基于土系的应用将展现巨大的潜力。

由于有关土系的系统工作在国内尚属首次，在国际上可资借鉴的理论和方法也十分有限，因此我们对于土系划分相关理论的理解和土系划分标准的建立上肯定会存在诸多不足乃至错误；而且，由于本次土系调查工作在人员和经费方面的局限性以及项目执行期限的限制，文中疏漏也在所难免，希望得到各方的批评与指正！

张甘霖

2017 年 4 月于南京

前　言

河南省地处我国暖温带与北亚热带过渡区，地跨黄河、淮河、海河、长江四大流域。土壤类型众多，形态各异。河南省历史悠久，是中华民族和华夏文明的重要发祥地，早在 7000 年前仰韶文化遗址的发现，表明农业开垦历史悠久。在 1936～1953 年，老一代土壤学家熊毅、席承藩、朱显谟等在河南省区域性土壤调查方面，建立了以地名为土系名称的 76 个土系。河南省第二次土壤普查在我的导师魏克循教授等带领下，编著了《河南土壤地理》（1995 年）。河南省土壤普查办公室先后出版了《河南土种志》（1995 年）、《河南土壤》（2004 年）。1996 年，在龚子同先生领导下，由国家自然科学基金重点项目（40235054、49831004）资助，吴克宁、李玲、陈杰、武继承等先后在豫南地区、淮北平原及豫东平原进行了土壤系统分类的高级分类与基层分类的探索。1998 年，吴克宁、张凤荣发表了《中国土壤系统分类中土族划分的典型研究》，这些资料成为开展河南土系研究的重要基础。

土系是具有相同的母质、景观环境、土层结构和属性，由相似的单个土体组成的聚合土体，是土壤系统分类的基层单元。在学科上，土系的建立体现了土壤分类和土壤科学发展的水平，反映了对土壤资源的认知程度；在实践上，土系是农业生产、生态环境与国土资源管理的基础信息。2008 年，国家科技基础性工作专项"我国土系调查与《中国土系志》编制"（2008FY110600）立项，开启了我国东部的中国土壤系统分类基层单元土族-土系的系统性调查研究。中国地质大学（北京）、河南农业大学和郑州大学承担了河南省的任务，《中国土系志·河南卷》是该专项的主要成果之一，也是继 20 世纪 80 年代我国第二次土壤普查之后，河南省土壤调查与分类方面的最新成果体现。

我们在土系调查中，发现了对于《中国土壤系统分类检索（第三版）》沿用美国土壤系统分类中"大于 15℃为热性土壤温度状况"的诊断特性，与豫南的土壤性质、成土过程及小麦和水稻农业种植等存在较多的矛盾，参考前人的研究成果，建议我国以 16℃作为温性和热性土壤温度状况的分界线；建议在简育干润雏形土土类中，增设"钙积简育干润雏形土"亚类，用来表征该土类中具有明显钙积过程的土壤单元；针对河南地区出露的古代遗址土壤和含有"人工技术物质"的土壤及其土层在中国土壤系统分类的检索和划分问题，进行了系统研究，并提出增设技术人为土亚纲或者增设技术人为新成土土类等相关检索依据和土壤单元，这些都为《中国土壤系统分类检索（第四版）》的修订提供了参考依据。

河南省土系调查、建立及数据库建设工作先后经过了历史文献资料及图件整理，依据"空间单元（地形、母质、利用）+历史土壤图+内部空间分析+专家经验"的方法野外布点、调查和采样，依据项目组制订的《野外土壤描述与采样手册》进行野外土壤环境及形态学描述，依据《土壤调查实验室分析方法》进行土样测定分析，系统分类高级单元诊断与划分，土族和土系建立、参比以及数据库建设等过程，共调查了 212 个土壤剖面，测定分析了 700 多个发生层、3000 多个分析样，拍摄 2939 张涉及代表性单个土体所在的景观环境、土壤剖面、新生体和侵入体等照片；对照《中国土壤系统分类检索（第三版）》和《中国土壤系统分类土族和土系划分标准》，自上而下逐级建立 5 个土纲、11 个亚纲、25 个土类、41 个亚类、79 个土族、179 个土系。

　　本书是一本区域性土系调查专著，全书共分 8 章。第 1 章至第 3 章主要介绍了河南省的区域概况、成土因素与成土过程特征、土壤分类简史、土壤诊断层和诊断特征等；第 4 章至第 8 章详细介绍了建立的典型土系，包括其分布与环境条件、土系特征与变幅、对比土系、利用性能综述、参比土种、代表性单个土体形态描述以及土壤理化性质数据表、土系景观和剖面照片等。

　　河南省土系调查工作的完成与本书的定稿离不开课题组成员和研究生们的辛苦付出。谨以此感谢参与野外调查、室内测定分析、土系数据库建设的各位同仁和研究生！也感谢在《中国土系志·河南卷》编写过程中给予指导和建议的专家们！

　　在此次工作中，虽然我们根据河南省自然地理特点，按照地质地貌的组合布局了调查样点，这 179 个土系基本代表了河南省的主要土壤类型，但是受时间和经费的限制，以及自然条件复杂、农业利用多样等情况的影响，本次土系调查并不能像土壤普查那样全面，尚有许多土系还没有被发现。因此，本书对河南省的土系研究仅仅是一个开端，要做的工作还有很多，新的土系有待进一步充实。另外，由于作者水平有限，疏漏之处在所难免，敬请读者谅解和批评指正。

吴克宁

2017 年 9 月于北京

目　　录

上篇　总　　论

下篇　区域典型土系

上篇 总 论

第1章　河南省概况与成土因素

1.1　区　域　概　况

河南省东连山东省、安徽省、江苏省，南靠湖北省，西邻陕西省，北接山西省、河北省，地理坐标位于东经 110°21′～116°39′与北纬 31°23′～36°22′，东西长约 580km，南北跨约 550km，承东启西、通南达北，土地面积 16.7 万 km²，占全国土地面积的 1.72%。

河南省地处黄河中下游，华北平原的南端，因大部分在黄河以南，故称河南；《禹贡》一书把中国分为九州，河南省大部属豫州，故简称"豫"；由于地处我国的中心腹地，故又有"中州""中原"之称。

河南省横跨我国第二、第三两级地貌台阶，地貌多样，有山地、丘陵、平原、洼地，其中山地面积 4.4 万 km²，占全省土地面积的 26.3%，丘陵面积 3.0 万 km²，占全省土地面积的 18.0%，二者合计面积 7.4 万 km²，占全省土地面积的 44.3%；平原与洼地面积 9.3 万 km²，占全省土地面积的 55.7%。

河南省地跨我国北亚热带与暖温带两个气候带，境内秦岭东延部分伏牛山主脉与淮河干流构成两个生物气候带的分界线，具有南北过渡的特点。气温、雨量由北向南呈递增趋势，年均温度 12～15℃，年降水量 600～1300mm，≥10℃活动积温 4000～5000℃，无霜期 190～230d，充沛的光、热、水资源为发展农业、林业、牧业生产提供了极为有利的条件。

河南省境内有长江、淮河、黄河、海河四大水系，黄河水系是河南省内的最大河流。大型与特大型水库如鸭河口水库、鲇鱼山水库、南湾水库、宿鸭湖水库等，具有防洪、蓄水、发电、灌溉、养殖、补充地下水源等作用，是发展工农业生产的宝贵资源。

河南省物产丰富，小麦、芝麻产量居全国第一位，棉花、花生、烟叶、玉米等作物产量亦位列全国前茅，灵宝苹果、新郑大枣、新县板栗、卢氏核桃闻名全国，辛夷、山萸肉、猕猴桃等为伏南山区特产；矿产资源丰富，有煤、金、银、钼、天然碱等大型矿床。

河南省是我国最重要的陆路交通枢纽之一，连南贯北，横贯东西，区位优势明显。国家实施的"五纵七横"十二条国道主干线中的北京至珠海、连云港至霍尔果斯两条高速公路在郑州交汇，最新规划的三十条国家重点干线公路中的东营至深圳、阿荣旗至深圳、太原至珠海、临汾至三亚、日照至南阳、上海至洛阳、上海至武威七条亦从河南省经过。另外还有 G105、G106、G107、G207、G209、G220、G310、G311、G312 九条国道穿越河南省。到 2010 年，全省公路总里程达到 10 万 km。其中，高速公路达到 5016km，一、二级公路里程达到 25000km，全省所有行政村通公路，平原区村村通柏油路，县到乡公路基本达到高级、次高级路面标准。

河南省历史悠久，仰韶文化与大河文化发源于此；开封、洛阳为我国多朝古都，自古以来就是我国的政治、经济、文化中心。河南省辖 18 个市，108 个县（市）（图 1-1），2015 年年末全省总人口 10722 万人，是我国土地人口承载率较高的区域之一。河南省现有耕地 1.22 亿亩[①]，其中基本农田面积 6.87 万 km²，占耕地面积的 87.29%；在现有耕地中，有效灌溉面积 4.95 万 km²，占耕地总面积的 62.90%。

图 1-1　河南省行政区划图

1.2　成　土　因　素

1.2.1　气候

气候直接影响着土壤的水热状况，影响着土壤中矿物质、有机碳的合成转化及其产物的迁移过程。所以，气候是直接和间接影响土壤形成过程方向与强度的基本因素。在气候因素中，气温、热量与土温、降水、蒸发与湿度以及灾害性天气对土壤都有很大影响。

河南省地跨北亚热带和暖温带地区，气候比较温和，具有明显的过渡性特征。南北

---

① 1 亩≈666.667m²。

各地区气候显著不同，同时还具有自东向西由平原向丘陵山地气候过渡的特征，具有四季分明、雨热同期、复杂多样和气象灾害频繁的特点。

1）气温、热量与土温

河南省年温一般为 12.8～15.5℃，由北向南递增。豫北因纬度较高，年均温 13.5℃左右，南阳盆地与淮南地区年均温 15℃左右；豫西山地和太行山地因海拔较高，年均温 13℃以下。

全年日均温稳定在 10℃以上的作物旺盛生长期，在淮河以南及南阳盆地西部达 225d 以上，豫东北平原约 210d。

农作物热量保证程度的基本指标为大于或等于 10℃的活动积温，它是衡量有效热量的重要指标之一，对农业生产具有很大的意义。河南省稳定通过 10℃的活动积温大体为 4000～5000℃，分布自东南向西北递减，最高值在信阳南部，最低值在灵宝、卢氏的深山区。

全年太阳辐射的总时数为 4428～4432h，日照率为 45%～55%，全年无霜期为 183～240d。作物生长期与无霜期密切相关。西北部山区作物生长期较短，信阳、淮南与南阳地区作物生长期较长。

土温与气温密切相关，总的规律是由北向南递增，而由平原到山区呈递减趋势。河南省各地平均土温略高于相应地区的平均气温，由北向南呈递增趋势。河南省各地平均土温一般为 15～17℃，月平均土温同样略高于相应地区的月平均气温。1 月与 7 月地面温度相差较大，越往南部 1 月与 7 月地面温度相差越小，4 月地面与 50cm 深处土温南北部均在 16℃以上。河南省不论南部与北部，7 月各层土温均在 30℃左右，而且适逢雨季，湿热同步，这对土体中矿物颗粒的风化、分解、养分释放与黏粒矿物的形成均有密切关系。

2）降水、蒸发与湿度

降水与气温同步，多年平均降水量为 784.8mm，年降水总量为 1296 亿 m^3，并由东南向西北逐渐减少，雨量集中在 6～8 月，占全年降水量的 50%～60%。

河南省各地年蒸发量为 1300～2300mm，远远超过年降水量，由南向北蒸发量逐渐增加，北部和中部地区蒸发量为降水量的 2～3 倍，淮南地区基本平衡。

河南省因受季风的影响，绝对湿度与相对湿度均自东南向西北逐渐减小。河南省各地年平均相对湿度为 59%～77%。淮南相对湿度最大达 77%，其次是淮北平原和南阳盆地，豫西丘陵及豫北地区年平均相对湿度为 59%～70%，是全省相对湿度较低的地区。另外，湿度通常用湿润系数或干燥度表示。河南省年湿润系数的分布规律是南部大、北部小，西部山区大、东部平原小。桐柏、驻马店和新蔡以南地区年湿润系数大于 1.0，水分收入大于支出，气候比较湿润；黄河沿岸及以北地区年湿润系数≤0.6，水分支出大于收入，气候比较干燥。

河南省根据湿润系数可划分为 3 个地带：①湿润地带，主要包括淮河沿岸丘陵、平原和大别山、桐柏山地区。年平均水分收入大于支出，年湿润系数＞1.0，年降水量在 1000mm 以上，生长季早期日数小于 50d。②半湿润地带，包括豫东平原、南阳盆地和伏牛山东麓低山丘陵区，年湿润系数为 0.7～1.0，年平均降水量 700～1000mm，其中 80%降水日平均气温≥10℃，有利于作物的生长发育。但由于降水变率大和局部地形影响，往往出现旱涝交替现象。③半干旱地带，包括豫北平原、中部丘陵和豫西黄河两岸及伊洛河谷地。该区湿润系数≤0.6，年降水量＜700mm，水分不足，季节干旱经常发生。

3）灾害性天气

河南省地处中原，冷暖空气交流频繁，易造成干旱、雨涝、干热风、大风、沙暴以及冰雹等多种自然灾害。

干旱是河南省最普遍、最频繁的气象灾害，在春季最为频繁，占37%。就地域而言，豫北地区干旱发生最频繁和最严重，豫东和豫中次之，豫东南又次之，豫西山区和豫西南、豫南出现最少，程度也最轻。

雨涝往往造成山丘黄土地区严重的水土流失、山前平原的洪水威胁、低洼排水不良地区的内涝灾害等，时间以6～9月较多，特别集中在7月和8月。

干热风在春末夏初容易发生，在豫东北平原地区最甚，淮河以南和豫西山区较少。干热风在河南省发生的概率由南向北、自西向东逐渐递增。干热风的危害程度不仅与其本身强度和持续时间有关，还与地形及土壤质地等有关，一般干热风在岗地和洼地危害程度比平原大，在沙土地比黏土地大。

大风是河南省的主要灾害性天气之一，主要出现在冬、春两季；冰雹多分布在太行山东南部、伏牛山地区、桐柏—大别山北部，呈一条弧状长带型，集中于山地和平原的交界地区。

4）河南省气候区划

河南省气象局农业气候区划办公室将全省划分为7个气候区（图1-2）。

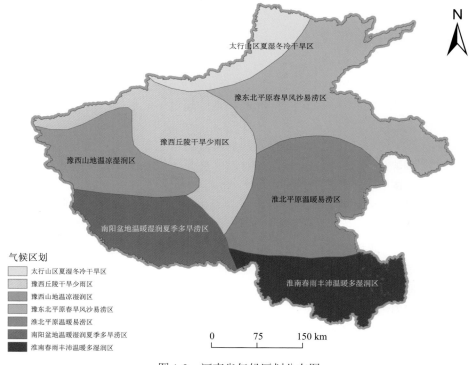

图1-2　河南省气候区划分布图

（1）太行山区夏湿冬冷干旱区，包括黄河以北、京广线以西的太行山东麓和林县盆地，地势起伏不平，海拔为 300～1000m，最高山地海拔达 1800m。该区纬度偏北，地势较高，气温偏低，年降水量为 700～1000mm，年湿润系数≤0.6，常有春旱。

（2）豫东北平原春旱风沙易涝区，包括京广线以东及京广线以西的部分华北平原。该区无霜期短，多为 200～220d，光照充足，全年日照时数为 2300～2600h，为全省日照时数最多的地区，年降水量为 600～700mm，是全省少雨区之一，春旱严重，在地势低洼地区，夏秋期间易积水成涝。

（3）豫西丘陵干旱少雨区，包括黄河以南、京广铁路以西和伏牛山东麓 500m 以下的丘陵地带。年平均气温 14℃以上，≥10℃活动积温为 4600～4700℃，无霜期为 210～220d，全年日照时数为 2200～2400h，年均降水量一般为 600mm 以上，水源不足，浅山丘陵区地表径流大，水土流失严重。

（4）豫西山地温凉湿润区，位于河南省西部伏牛山主脊地区，地势较高，气候温凉，年均温 12℃左右，为全省气温最低区，≥10℃活动积温为 3600～4000℃，无霜期为 180～210d，地形复杂，降水量不均，年降水量多为 700～800mm。

（5）淮北平原温暖易涝区，除确山和泌阳东部为海拔 200～500m 的伏牛山余脉外，其余均属黄淮平原，且处于淮河北侧主要支流汇合处，地势平坦低洼，海拔一般均在 50m 以下。该区属于南暖温带季风区，年均温在 14℃以上，≥10℃活动积温 4800℃，全年日照时数为 2100～2200h，年均降水量为 700～1000mm。

（6）南阳盆地温暖湿润夏季多旱涝区，位于伏牛山南侧，西、北、东三面环山，包括南阳地区的西峡、淅川、内乡、镇平、邓州、南阳、新野、社旗、唐河、桐柏和驻马店地区的泌阳等县（市），处于亚热带北缘，纬度偏南，地形依山向阳，光照时间长，热量丰富。年均温 15℃以上，无霜期长达 230d 以上，≥10℃活动积温 4700～4800℃，年日照时数为 2000h，年均降水量为 700～900mm。

（7）淮南春雨丰沛温暖多湿润区，位于河南最南部，北为淮河冲积平原，南为大别山丘陵山地，包括淮河以南各县及淮北部分淮滨、息县和正阳。该区属北亚热带，且纬度偏南，故水热资源丰富，年均气温大于 15℃，无霜期 220d 以上，≥10℃活动积温 4900℃左右，年日照时数为 2120～2220h，为全省热量最丰富的地区。年降水量达 1000～1300mm，为全省降水量最多的地区。

5）气候与土壤

气候是重要的成土因素之一，温度、雨量、干湿状况等影响着其他成土因素，进而综合影响着土壤的产生和发展，使土体中的物质转化与运行、淋溶与累积有着一定的规律性，决定着各地区有其特定的成土过程，因而各地区分布着不同的土壤。

河南省东北平原春旱风沙易涝区，由于雨量小，蒸发量大，冬春季土体中可溶性盐类运移以上行为主，易造成表土积盐。而在北纬 34°以南，淮北平原温暖易涝区，年降水量达 800mm 左右，蒸发量相比较低，表土不易积盐。

淮河一线以南为高温多雨区，化学风化与淋溶过程较强烈，土壤中钾、钠、钙、镁等盐基离子被淋洗，土壤无石灰反应，盐基不饱和，pH 为 5.5～6.5，土壤剖面中有大量铁锰结核新生体，但没有石灰新生体出现；而在偏西的南阳盆地，淋溶作用较弱，故土壤剖面中，石灰新生体与铁锰结核新生体往往同时出现。

土壤黏化层的形成也和气候条件有密切的关系。在温暖湿润的季节，土壤中的物质进行强烈的变化，特别是在剖面中部，温湿度较稳定，矿物质颗粒充分分解，由粗变细，黏粒与胶粒逐渐增加，再加上表层黏粒下移，使土层中部逐渐黏化，久而久之形成土壤的黏化层。

1.2.2　地形

河南省横跨我国第二、第三两级地貌台阶：西部的太行山、崤山、熊耳山、嵩山、外方山及伏牛山等属于第二级地貌台阶，东部的平原、南阳盆地则为第三级地貌台阶的组成部分。

1）地貌地形分布

河南省北部、西部和南部环围着太行山、伏牛山、桐柏山和大别山，主要是山地和丘陵，为河南省的主要生态屏障；东部为辽阔的黄淮海平原，是全国重要的粮食和畜产品生产基地。

河南省地貌类型基本分为中低山地、丘陵、山间断陷盆地、山前冲积平原或黄泛平原。中山一般海拔在 1000m 以上，高者超过 2000m；低山 500～1000m；丘陵低于 500m；平原海拔在 200m 以下，其中绝大部分在 100m 以下（图 1-3）。河南省平原、山地、丘陵分别占土地总面积的 55.70%、26.60%、17.70%。

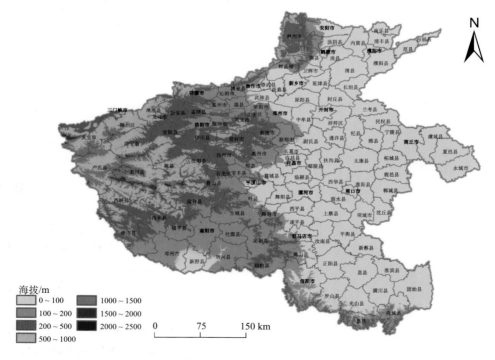

图 1-3　河南省地形分布图

河南省地貌总轮廓为西部山地，东部平原，地势由西向东呈阶梯状下降，由中山、低山、丘陵过渡到平原。西南部的南阳盆地是河南省最大的山间盆地。南部边境桐柏—大别山脉是第三级地貌台阶中的一条横向突起。淮河以南，地势自南向北明显降低，由中山、低山、丘陵过渡为起伏平原。太行山地和丘陵，位于河南省西北部，属太行山脉西南段尾，太行山沿晋豫两省边界延伸，成为山西高原和华北平原的分界线。丘陵多数是低山经过长期风化剥蚀的石质丘陵，有些是黄土高原经流水切割而形成的黄土丘陵，丘陵与山地往往相伴而分布；平原由黄河、淮河和海河冲积而成，亦称黄淮海平原，西起太行山和豫西山地东麓，南至大别山北麓，东面和北面至省界，面积广阔，土壤肥沃，是我国重要的农耕区。

2）地貌地形与土壤

地貌是自然地理景观中最基本的要素之一，密切影响土壤的发生与发展过程，所以在不同地貌地区会形成不同的土壤。

在中高山地区，气温较低，湿度较大，植被以天然次生林为主，林下有灌木草本植物，植被覆盖率较大，土壤冲刷不太严重，存在较强的淋溶作用。

豫西、豫北的黄土丘陵及石质低山丘陵区，气候比较干燥，自然植被稀疏，多旱生林木与耐旱灌丛，母质多为黄土、黄土状物质及岩石风化碎屑沉积物，人为活动频繁，地表侵蚀较重，水分入渗率较低，土体中物质淋失现象轻微，上部淋溶物质多在土体中淀积，碳酸钙以不同形态在不同深度土体中淀积。

在河湖沉积为主的低平原上，由于接受了山区与丘陵区大量的水土，形成巨厚的沉积层，地形平坦而低洼，地下水位高，在自然状态下，土壤内外排水不畅，土壤易发生潴育化、潜育化与盐碱化现象。

在广大的泛滥平原中，土壤形成多受地下水的影响，局部地区由于正负地形的存在，引起水盐水平方向的分异，造成盐分在洼地聚集；由于洼地积水情况不同，土壤盐渍化情况也不同。在黄河故道滩地，因主流所经，携带沉积较粗砂粒，再经风力搬运，形成沙丘、砂垄，其上土壤盐渍化程度较低。

1.2.3 母质

河南省以卢氏—栾川—确山—固始深大断裂带为界，划分为华北稳定地台和秦岭活动地槽两个一级大地构造单元。

华北地台指卢氏—栾川—确山—固始深大断裂带以北的广大地区，以变质程度较深的太古界登封群、太华群以及中、浅变质的元古代嵩山群、秦岭群等组成地台的结晶基底层，其上是由震旦系和古生界浅变质及未经变质的浅海相碎屑岩-碳酸盐岩沉积建造、海陆交互相与陆相含煤建造以及中、新生界的陆相碎屑岩建造组成的沉积盖层。基底与盖层之间呈角度不整合接触，且构造形态有明显的不同。

秦岭地槽指卢氏—栾川—确山—固始深大断裂带以南地区，中生代以前一直处于地槽状态，均为地槽型沉积，主要有类复理石沉积建造、海相碎屑岩和碳酸盐岩建造以及多次火山喷发相。各时代地层厚度大，变化复杂，褶皱变质强烈，前震旦系已全部区域变质，震旦系亦不同程度变质，是一个典型的多旋回地槽褶皱区。

河南省地层从太古宇至新生界均有出露，岩性多样，其岩石风化产物不同，而且风化产物很少存留在原地，往往由于风、水、冰等的搬运沉积作用，产生各种地表沉积体。因此，河南省由于地层、岩性及地形比较复杂，成土母质类型多种多样，理化性质具有明显的差异性。

1. 成土风化壳

1）碳酸盐风化壳

碳酸盐风化壳分布范围甚广，主要包括碳酸盐岩类、石灰质砂页岩、黄土和黄土状物质，以及黄淮海石灰性河流冲积物地区。

此类风化壳中易溶盐遭到淋失，但碳酸钙多残留于风化壳中，一般碳酸钙含量 50～150g/kg，在风化壳的一定深度因碳酸盐的淋移与淀积而出现多种形式的碳酸盐新生体，有粉末状、菌丝状、结核状、管状、层状等。碳酸盐结核中游离碳酸钙可达 700～800g/kg，碳酸镁的含量一般不足 10g/kg。风化壳中的水分和地下水矿化度通常为 5～15mg/L，阴离子以 HCO_3^- 为主，随矿化度增高而急剧上升；阳离子以 Ca^{2+} 为主，其上升趋势与 HCO_3^- 相似，K^+、Na^+ 含量最低，变化不大；Cl^- 的含量不高，随着矿化度增高而稍有增高趋势；Mg^{2+}、SO_4^{2-} 含量与变化趋势介于 K^+、Na^+ 与 HCO_3^-、Ca^{2+} 之间，因此风化壳中化学物质的变化主要是碳酸钙和重碳酸钙及部分重碳酸镁与碳酸镁的循环与积累。风化壳及地下水 pH 一般为 7.5～8.5，因富含游离碳酸钙，土壤吸收性复合体中代换性钙含量最高，因此在风化壳中铁、铝氧化物及其衍生物、腐殖质等多呈凝胶状态而很少迁移，锰、铜、锌、硼等微量元素的活性降低而常被固定，风化壳的标志化合物是钙、镁的碳酸盐。从资料可以明显看出，该地区 CaO 与 MgO 明显较高，特别是 CaO 的含量，各层都在 75.0g/kg 以上，而铁、铝氧化物的含量明显较少，pH 均在 8.0 以上，这与岩石矿物的风化程度密切相关。

根据淋溶和积聚情况，将河南省的碳酸盐风化壳划分为碳酸盐风化壳和次生堆积碳酸盐风化壳。碳酸盐风化壳主要是碳酸盐类岩石经过风化而成，风化壳中碳酸盐的淋溶情况因生物气候条件不同而有差异，一般在河南省北部淋溶程度较弱，而南部淋溶程度较强。次生堆积碳酸盐风化壳主要是黄土与黄土状物质以及沙颍河以北的河流冲积物，在颗粒比较均匀的情况下，碳酸盐的含量上下比较一致。河南省碳酸盐风化壳上多发育淋溶土、雏形土、变性土、新成土等。

2）硅铝风化壳

硅铝风化壳主要分布在河南省四大山区非石灰岩类山地及山前地带，以及沙颍河以南的广大地区，分布范围广泛。

硅铝风化壳一般呈中性到微酸性，碱金属与碱土金属已基本淋失，土壤无石灰反应，硅酸盐遭到一定程度的破坏与分解，但硅、铁、铝比较稳定，变化不大，钙、镁、钾、钠氧化物明显减少。

资料证实了硅铝风化壳的基本特点，如 CaO 与 MgO 含量相应降低，特别是 CaO 含量减少最多，一般多在 10g/kg 左右，而 Al_2O_3 与 Fe_2O_3 相对增多，pH 多在 7.0 以下，特别是弱富铝化的硅铝风化壳 pH 在 5.5 左右。

硅铝风化壳在一定条件下可形成漂白层，驻马店以南地区，因年降水量达 900mm 以上，所以在缓岗地区半坡的湿润淋溶土与平洼地湿润雏形土上往往形成漂白层，该层 SiO_2 含量相对增高，铁铝氧化物含量相对减少。

漂白层与非漂白层的 SiO_2 含量与铁铝氧化物的含量有非常明显的差异。漂白层 SiO_2 含量多在 756.2g/kg 以上，而非漂白层明显降低，一般在 650g/kg 左右，铁铝氧化物恰恰相反，漂白层 Al_2O_3 含量在 100g/kg 左右，Fe_2O_3 在 30g/kg 左右，非漂白层相应为 150g/kg 左右与 50g/kg 以上。

根据硅铝风化壳的淋溶程度，全省由北向南逐渐加强，据此将硅铝风化壳分为饱和硅铝风化壳与不饱和硅铝风化壳两类，其分界线大致以伏牛山主脊北侧海拔 1000m 至沙河一线为界，以北为饱和的，以南至大别山—桐柏山前为不饱和的，大别山—桐柏山区为弱富铝化硅铝风化壳。

在硅铝风化壳上发育的土壤比较复杂，范围也比较广泛，在饱和硅铝风化壳上发育的土壤有钙质/钙积/简育干润淋溶土、简育干润雏形土、红色正常新成土、简育湿润变性土、简育湿润雏形土等；在弱度不饱和的硅铝风化壳上发育的土壤有简育湿润淋溶土、简育湿润雏形土等；在弱富铝化硅铝风化壳上发育的土壤有简育湿润淋溶土等。

3）含盐风化壳

河南省含盐风化壳主要分布在黄河故道及现黄河道两侧的低洼地区，在半干旱半湿润的气候条件下，干湿季节明显，旱季盐分多积聚于风化壳表层，形成白色与黄白色的盐结皮，盐分组成以氯化物、硫酸盐为主，亦有少量苏打存在，盐分主要受地表水与地下水双重影响而运移积累，含盐风化壳的标志元素是 Cl^-、SO_4^{2-}，标志化合物是碱金属的氯化物与硫酸盐。在含盐风化壳上多发育弱盐淡色潮湿雏形土。

4）还原系列风化壳

河南省还原系列风化壳主要为还原性硅铝风化壳，集中分布在淮南垄岗地区较低的地形部位，由于受地表水、地下水，或地表水与地下水的双重影响而形成较强的还原状态。如果仅受地表水的影响，则地表呈强还原状态；如果受地下水影响而接近地表，或地表水与地下水联通，则整个剖面均呈强还原状态；如果地表水与地下水不联通，则地表与地下淹水层段呈还原状态，在强烈的还原条件下，铁锰的含量均显著提高，这可从氧化系列与还原系列风化壳铁、锰含量对比中得到证明。

从资料可以看出，还原状态风化壳比氧化状态风化壳的全铁量稍低，但还原状态和氧化状态游离铁含量近似，而前者铁游离度反较后者为高，前者各层变幅为 54.59%～67.47%，后者各层变幅为 39.32%～51.60%；尤为明显的是活性铁的含量与铁的活化度，前者较后者高数倍，前者含量变幅分别为 8.80～11.60g/kg 与 31.43%～48.95%，而后者分别为 1.80～3.30g/kg 与 7.66%～11.86%；铁晶化度后者反较前者为高，前者变幅为 51.05%～68.57%，后者变幅为 88.14%～92.34%。由此可见，还原系列风化壳中活性铁与游离铁的含量较氧化状态风化壳中为高，这与还原性风化壳季节性淹水密切相关。

另外，还原系列风化壳由于受淹水、脱水的交替影响，淹水时呈强还原状态，风化壳呈青灰色与蓝灰色，脱水时则呈氧化状态，低价铁、锰氧化为高价，因而使风化壳中有大量的红褐色或黑褐色的锈纹、斑块、胶膜、铁子等出现。

在淮南地区还原系列风化壳上发育的土壤主要是各种类型的水耕人为土。

2. 母质分布

河南省四大山系山体的脊部、腰部与麓部广泛分布着各种母岩风化碎屑物,部分残留原处,大部分受重力作用搬运成为坡积物。其性质因母岩成分不同而有很大差别,如太行山的沉积岩较多,岩浆岩与变质岩较少,因此较易风化,而风化后的母质亦较细;大别山、桐柏山地岩浆岩与变质岩较多,如花岗片麻岩、花岗岩等,较难风化,风化后含有较多的石砾。母质与母岩性质密切相关,如砂岩、石英岩因其中石英不易风化,风化后质地多为砂性;辉长岩、玄武岩等基性岩含铁、镁矿物较多,容易风化,风化后常形成铁、镁丰富而黏重的母质。

四大山系山前低丘、垄岗倾斜平原及山间盆地与较宽阔的峡谷,主要分布着洪积物,洪积物与各地区的岩性有密切关系。例如,河南省伏牛山北坡,由于风积黄土沉积层较厚,而且位置较高,故在洪积物中黄土状物质较多,而伏牛山南坡与大别山、桐柏山区黄土母质明显变少,但其他基岩风化物的来源较为广泛,故其母质成分相当复杂。洪积物的特性,由于流水的分选作用,由顶部向外缘粒度逐渐由粗变细,厚度则逐渐由厚变薄,而沉积物层亦随坡度有一定程度的倾斜。

豫西黄土丘陵与台塬主要分布着黄土与黄土状物质,属第四纪沉积物,一般认为是风力搬运堆积而成。特点是土层深厚,层次不明显,越向东南则土层逐渐变薄,土质疏松,有明显的垂直节理,易遭侵蚀,故黄土区沟壑纵横,黄土中有丰富的碳酸钙,一般均为 100g/kg 左右,大部分颗粒均为粉砂,而且质地越向东南越细。

豫西山间盆地,如卢氏盆地、嵩县—潭头盆地、伊洛盆地分布着古近纪、新近纪与第四纪红土母质,属古近纪、新近纪与第四纪沉积物,是在较湿热的生物气候条件下形成的。由于强烈的风化与淋溶作用,矿物质颗粒遭受较强烈的破坏与分解,盐基离子大量淋洗,而铁锰氧化物相对积聚,故呈暗红色或棕红色,铁锰氧化物呈胶膜、斑块与铁子出现。该地区土层厚,质地黏重,呈酸性,无石灰反应,后经地质年代变迁,气候条件转寒冷干旱,大量黄土及黄土状物质覆盖其上,因黄土多粉粒,质地松散,钙、镁含量丰富,由于淋洗,从而影响到下垫红土的性质,使其呈中性、微石灰反应。当上覆黄土剥蚀殆尽,红土裸露地表,逐渐成为现今北方红色正常新成土的母质。

南阳盆地与淮北平原洼地,广泛分布着河湖相沉积物,质地较细,有比较明显的层次,并且夹杂着湖中生活的藻类和动物遗体,有机碳含量较高,颜色较暗,湖积物越靠近中心质地越细,腐泥层越厚。河南省南阳盆地,周口地区南部,许昌、驻马店地区东部,淮河干流以北低洼易涝地区,广泛分布着湖积母质,这些湖积母质均属第四纪所形成的地层。河南省中东部洼地属第四系上更新统新蔡组湖相沉积物,而南阳盆地属第四系上更新统新野组湖相沉积物,二者在形成年代、形成过程及性状特点上均有很大的相似性。

豫东北部冲积平原为黄淮海诸河及其支流历次泛滥沉积的冲积母质,其他地区较大河流两岸也成带状分布着河流冲积物。由于河流多次沉积,故土层深厚,质地因受流水分选作用,层次明显,沉积物质的成分比较复杂,受河流上游流经地区母岩类型的影响甚大,如河南省黄河冲积平原由于黄河诸支流多流经黄土地区,故母质中黄土成分较多,冲积物的灰岩含量较高。

黄河故道滩地有带状风积沙丘出现。河南省沙丘系黄河多年泛滥改道后,主流沉积砂粒,经风力搬运而形成的,主要分布在黄河故道两侧。一般在河漫滩上多沉积较粗的砂粒,层次不明显,质地多属粗砂、细砂,松散而保水性差,易遭干旱。

3. 成土母质与土壤

成土母质密切影响着土壤的形成过程及一系列的理化生物学特性。

母岩与母质的成分会加速或延缓成土过程。暖热多雨的淮南地区,在基性或超基性母岩上发育而成的土壤,在绝对年龄相同的条件下,其淋溶程度远较在酸性与中性母岩上发育的土壤弱,从而使土壤具有不同的发育过程或发育阶段。

母岩与母质的矿物成分,很大程度上决定了土壤的化学成分,如在黄土母质上形成的土壤,含有丰富的碳酸钙与磷、钾等植物营养元素,在湖积母质上形成的土壤,一般多含丰富的有机碳及铁、锰等元素。干旱少雨的北部地区,母岩与母质中如含有丰富的碳酸钙,在长期发展过程中,土体中必然出现碳酸钙淀积,而在酸性或中性母岩上发育而成的土壤则没有碳酸钙淀积。

母岩与母质的性质,影响土壤的物理性质。如花岗岩等酸性岩类因含有大量的石英矿物,极难风化,形成的土壤土质粗而石砾多,通透性良好,保水性差,土温升降快;而页岩风化物上形成的土壤,土质黏重,保水保肥性良好,但透水通气性差。

1.2.4　生物

1)生物分布

河南省动植物资源丰富,境内野生动物资源中约有哺乳类 60 种、鸟类 300 余种、爬行类 35 种、两栖类 23 种,有各种陆栖脊椎动物 400 余种,占全国总种数的 1/5 左右。高等植物有 199 科、1107 属、3830 种,种质资源丰富。其中,被子植物有 160 科,占全国同类总科数的 63.7%;草本植物约占全国植物总科、属、种数的 70%,木本植物只占30%。河南省农作物资源十分丰富,主要的农作物品种有 35 种,其中大宗优势农作物品种有小麦、玉米、水稻、大豆、红薯、棉花、花生、油菜、芝麻、西瓜、大蒜和各类蔬菜等,是全国重要的优质农产品生产基地,小麦、烟叶、玉米、棉花、大豆、芝麻、花生、西瓜等种植面积居全国前列。

河南省的主要植被类型是落叶阔叶林,但地形复杂,气候变化大,环境条件差别明显,因而植物具有明显的水平地带性和垂直地带性的分布规律。河南省植被分布的纬度地带性变化规律为以豫西伏牛山主脉至豫东南淮河干流为分界线,该线以北为南暖温带落叶阔叶林地带,该线以南为亚热带常绿落叶阔叶混交林地带。

河南省植被水平地带的经向分布规律不及纬向分布规律明显,但由于夏季受东南季风的影响,导致有些植被类型呈径向的地带性分布。如东南部的大别山地受东南风影响较大,降水量较多,此地区的针叶林为黄山松,阔叶林虽仍以落叶栎林为主,但森林中有一些水湿条件要求较高的白栎、青冈和樟科植物,这些植被具有华东区系植被的特征。

河南省山地植被分布的垂直带谱明显，最高的小秦岭含有 6 个垂直带，最低的大别山则含有 3 个垂直带。大别山区、桐柏山区、伏牛山南部海拔 700m 以下低山区，植被类型为落叶阔叶混交林，包括马尾松、杉木等暖性常绿叶林和青冈、石栎与槲栎、栓皮栎、麻栎等常绿阔叶林。海拔 700m 以上主要为黄山松（华东与台湾共有种）等常绿针叶林和落叶栎类、化香树、千金榆等落叶阔叶林。伏牛山北部、太行山区的浅山区植被以酸枣、黄荆、黄背草、白羊草组成灌丛或草灌丛为主，往上栎属、杨属、千金榆属、桦属等各种落叶阔叶林占优势，而海拔 1500m 以上为华山松等常绿针叶林。

2）生物与土壤

生物积极参与岩石风化，进行着有机碳的合成与分解：土壤中的动物参与了一些有机残体的分解破碎以及搬运、疏松土壤和母质的活动，某些动物还参与土壤结构的形成，有的脊椎动物能够翻动土壤，改变土壤的剖面层次。土壤中的微生物种类多、数量大，促进有机碳分解和腐殖质合成，固氮菌能固定空气中的氮素，有些细菌能促进矿物的分解，增加养分的有效性，只有当母质中出现了微生物和植物时，土壤的形成才真正开始。植被在土壤形成过程中起主导作用，能累积和集中养分，使养分集中在表层；根系的穿插对土壤结构的形成有重要作用；根系分泌物能引起一系列的生物化学作用和物理化学作用。

不同植被归还到土壤中的有机碳的成分不同，引起土体中物质的淋溶和积累有明显差异，形成不同的土壤类型。如海拔 500～1000m 为落叶阔叶林、油松林及一些草灌，植被覆盖度增大，土壤中有机碳含量增多，由于有机碳分解产生弱酸淋溶作用，加之随地势渐高淋溶作用加强，导致土体中 $CaCO_3$ 被淋洗；海拔 1000～2000m 地带为落叶阔叶林、针阔混交林或针叶林，林下有灌木植物、藤本植物、草本植物，植被茂密，郁闭度大，地表积累有较厚的枯枝落叶层，大大地降低了地表径流，水分大部分渗入较厚的腐殖质层向下淋洗，从而有明显的淋溶现象，土体中 $CaCO_3$ 全部被淋洗，加之雨热同季，土体中出现黏化作用，土壤发育程度较为明显，而侧渗水流严重处，黏粒与铁锰被淋洗，出现白浆化过程。平原地区人工植被代替了自然植被，人为活动及耕作措施有利于有机碳的分解，土壤腐殖质缺乏，形成了与山地截然不同的土壤类型。

1.2.5　水文

1）地表水

河南省河流众多，有穿越河南省的过境河流、发源在河南省的出境河流和发源地在外省而流入河南省的入境河流三大类。大小河道 1500 多条，流域面积在 100km² 以上的河流 465 条，其中流域面积超过 10000km² 的 9 条，分别为黄河、沙洛河、沁河、淮河、沙河、洪河、卫河、白河、丹江。多年平均地表径流量为 312.7 亿 m³，多年平均水资源总量为 413.4 亿 m³。

黄河水系：黄河水系是河南省的最大河流，从陕西潼关流入河南省，经河南省中北部在台前出境，境内流长约 700km，流域面积约 3.62 万 km²，占全省总面积的 21.7%。从孟津以东进入平原，水流缓慢，泥沙大量淤积，河床抬高，郑州以东河床高出地面 3～7m，成为世界著名的"地上悬河"。黄河及其主要支流，含砂量及输砂量很大，每立方米河水平均含泥沙 34kg，年总输沙量平均为 16 亿 t。黄河水矿化度均在 200mg/L 左右，属弱矿化水，其化学成分中，阳离子以 Ca^{2+} 为主，阴离子以 HCO_3^- 为主，属钙质重碳酸盐水，是良好的灌溉水。

淮河水系：淮河是河南省的主要河流，发源于桐柏山北麓，东经长台关、息县、淮滨入安徽省，在河南省境内长约 340km，流域面积为 8.83 万 km^2，占全省总面积的 52.8%。河水输沙率南侧支流较北侧各支流小，这是因为南侧各支流流经淮南石质山区与丘陵，北侧多流经黄土丘陵及平原地区所致。淮河各支流河水矿化度多在 300mg/L 以下，属低、中矿化度水。就离子组成而言，贾鲁、沱河属钠质氯化物重碳酸盐水，水质较差，其他诸支流属钙质重碳酸盐水，是良好的灌溉用水。

长江水系：河南省西南部的唐河、白河和丹江是汉水的主要支流，经湖北境流入汉水。汉水是长江最长的支流，在河南省境内流域面积为 2.72 万 km^2，占全省土地面积的 16.3%。河水矿化度在 200mg/L 以下，属弱矿化度水，离子组成以 Ca^{2+} 和 HCO_3^- 为主，属钙质重碳酸盐水，是良好的灌溉水源。

海河水系：卫河发源于太行山，是海河主要支流，在河南境内长 400km，流域面积 1.53 万 km^2，占河南省土地面积的 9.2%。海河诸支流流量较小，有明显的丰水和枯水季节。河水矿化度较高，一般为 300～500mg/L，属中矿化度水。

2）地下水

河南省受地质构造、岩性及地貌格架的控制，有各种类型的地下水分布，大体分为豫西及豫南山地基岩裂隙水和东部平原松散岩类孔隙水（图 1-4）。豫西及豫南山区又可分为基岩裂隙潜水、碎屑岩孔隙裂隙潜水。地下水赋存在第四系、新第三系砂、砂砾、卵砾石层孔隙中；含水层自山前向平原厚度逐渐变大，有数米至数十米，颗粒亦由粗变细，含水层分布具条带状特征，分为浅层、中层、深层三个含水层组，在黄淮平原及山间盆地下隐伏有深层岩溶水。

河南省地下水的化学成分以重碳酸型低矿化的淡水为主：浅层地下水矿化度在山区、丘陵区及山前倾斜平原的中上部，一般均小于 0.5g/L，在倾斜平原的下部通常小于 1g/L，冲积平原地区地下水矿化度一般为 1～1.5g/L，在黄河冲积扇的前缘地带，如商丘、南乐、濮阳一带，地下水矿化度可达 2～3g/L，个别地区可达 3～5g/L。河南省大部分地区的地下水都符合灌溉用水、工业用水及生活用水标准。

地下水补给主要有降雨入渗、地表水渗漏、灌溉或排水回渗、侧向径流等；地下水的径流方向总体是由西向东，黄河两岸向两侧径流，淮河流域总体向东南径流；地下水的排泄主要有蒸发、侧向径流、人工开采等；许昌、洛阳、漯河等市地下水不同程度超采，地下水漏斗加大。

3）水文与土壤

水文影响土壤性质、土壤发生发育及利用改良。如黄河多次泛滥沉积，每次泛滥时主流所经地点不同，流速不同，沉积物粗细悬殊，从而形成如砂土、壤土、黏土及上砂下黏、上黏下砂、砂黏相间等不同的土壤质地类型及质地间层，对土壤理化性状影响显著；地下水参与土壤发生发育，如土体出现季节性水分饱和状态，土层中经常进行着氧化还原交替过程，影响土壤中物质的溶解、移动和淀积，特别是铁锰化合物，往往形成

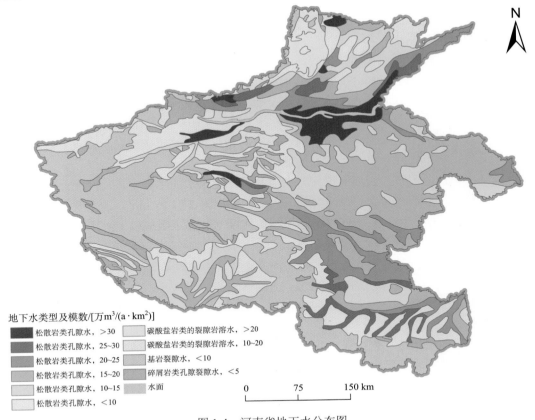

地下水类型及模数/[万m³/(a·km²)]

- ■ 松散岩类孔隙水，>30
- ▨ 松散岩类孔隙水，25~30
- ▨ 松散岩类孔隙水，20~25
- ▨ 松散岩类孔隙水，15~20
- ▨ 松散岩类孔隙水，10~15
- □ 松散岩类孔隙水，<10
- ▨ 碳酸盐岩类的裂隙岩溶水，>20
- ▨ 碳酸盐岩类的裂隙岩溶水，10~20
- ▨ 基岩裂隙水，<10
- ▨ 碎屑岩类孔隙裂隙水，<5
- □ 水面

0　　　75　　　150 km

图 1-4　河南省地下水分布图

各种色泽的铁锈斑纹或结核；水文影响土壤的理化性质，如土温、通气、酸碱度、养分、盐分的类型及动态等。

1.2.6　人为活动

对农业土壤来说，除自然成土因素影响外，人们的生产活动也起着十分重要的作用。在长期实践中，人们应该不断丰富和加深对土壤的认识，积极地采取措施去利用和改良土壤，提高土壤肥力，改变土壤属性，不断改变土壤发育进程。

河南省农垦历史悠久，是我国古农业发源地之一，在七八千年前新石器时代早期已有相当规模的原始农业，是夏、商、西周奴隶社会的主要活动区域。人为活动对土壤的影响是多方面的，如土地整理、修梯田、培地埂、闸沟淤地、兴修水利、间作套种、合理轮作、植树造林、深耕松土、培肥地力等各种措施的综合使用，在调节土壤理化性状，改善土壤水、气、热状况，加速养分转化，消除有毒物质，促进土壤熟化，保持水土，抵御自然灾害，改善生态环境等方面都有重要作用。

第2章 河南省土壤形成过程

土壤形成过程取决于成土条件，不同的成土条件产生不同的成土过程。河南省地处暖温带与北亚热带的过渡地区，有着不同的生物气候条件，而且存在山地、丘陵、平原、洼地等不同地貌类型、不同的地层与岩性、不同的水文及水文地质情况，并且河南省具有长期水耕与旱耕的历史，众多各异的自然和人为条件决定了复杂多样的土壤形成过程。

2.1 原始成土过程

原始成土过程是指土壤形成的初始阶段，也就是土壤中有机碳与氮素的开始积累过程，与岩石的风化作用同时同地进行，光秃岩面上开始着生生物，就标志着原始成土过程的开端，是各种成土过程的先导，由此形成的土壤被称为原始土壤。原始成土过程在全省四大山区各种裸露岩石和岩石碎屑上普遍存在。

根据朱显谟先生的研究，原始成土过程分为三个阶段，即岩漆阶段、地衣着生阶段与苔藓植物着生阶段。岩漆阶段即岩石及其碎块表面出现淡灰色、淡棕色、墨绿色及黑色的斑块，是由岩生植物体分泌的有机酸、生物碱与蜡脂状物质，并常有一些次生矿物与黏土矿物所构成，其外形因岩石种类不同而异，有斑点状、变形虫状、放射状、枝状与片状等。岩漆着生的植物经鉴定主要是蓝藻，其次是绿藻、甲藻和硅藻，并见原始菌藻共体的前原始体，其特征是岩石中的矿质养分被吸收利用。

岩漆阶段发展的结果为地衣的着生创造了条件。地衣包括壳状地衣、叶状地衣、枝状地衣等，而且其发生有一定次序，壳状地衣在前，枝状地衣居后，地衣菌丝体比较集中。除吸收矿质元素外，岩石经生物机械破坏或为其分泌物所腐蚀而形成生物风化层，当进入枝状地衣时，除地衣四周紧贴于岩面外，其基部已不完全和岩石密接，出现蜂窝状组织，同时出现细土，这是地衣阶段的重要标志。所形成的细土中黏土矿物以水云母为主，并伴有高岭石、蒙脱石等，为苔藓植物生长提供了条件。

苔藓植物首先着生在岩面和裂隙所积累的腐殖质与细土中，而后逐步掩盖整个岩面。苔藓植物的迅速繁衍，一方面增加腐殖质与细土，另一方面加强对细土与水分的阻拦与保蓄。细土中的黏土矿物以水云母与长石为主，并有高岭石与蛭石。随着苔藓植物的发展，腐殖质与细土在岩面与裂隙中逐渐加厚，为高等植物生长提供了必要的条件。

原始成土过程与风化作用相辅相成，它是各种成土过程的先导，但在不同的生物气候条件下，可能发展成为不同的成土过程，从而形成不同的土壤类型。

2.2 有机碳积累过程

有机碳积累过程普遍存在于各种土壤中，但因其环境条件不同，积累方式与速度有所不同。河南省土壤有机碳的积累方式，主要有以下几种。

1）草原-草甸有机碳积累过程

河南省地处暖温带与北亚热带的过渡地区，属半干旱半湿润的季风气候，所以既有草原草本植物，又有草甸草本植物。草原草本植物旱生性强，分布于北部，特别是在黄土丘陵与沙区所占比重较大，为一年生，土壤有机碳积累较少，一般年产草量为 1875～3750kg/hm²，其根系发达，往往相当于地上部分的 5 倍以上。植物化学组成成分中氮与灰分含量较高，氮为 5～8g/kg，灰分可达 60～160g/kg，腐殖质以胡敏酸为主。由于草原草本植物枯萎于八月中旬，此时进入雨热同季时期，在适宜的温度与水分条件下，有机碳进行着较强烈的分解，经过夏秋两季长时间的分解，每年积累在土壤中的有机碳较少。草甸草本植物生长要求较湿润的气候条件，多分布于豫东与豫南地区，特别是在豫南地区所占比重较大，为多年生，一般秋末冬初死亡，土壤有机碳积累丰富，一般年产草量在 3750kg/hm² 以上，而且根系发达，集中分布于较深土层，往往深达 50～60cm。植物化学组成成分中氮与灰分中的钙、钾、磷含量明显较草原草本植物多，而氯、钠等明显减少，腐殖质以胡敏酸为主，因其死亡在秋末冬初，气候很快变得干冷，微生物活动减弱，待到来年气温回升，土壤又往往处于干旱状态，微生物活动同样较弱，因而积累于土壤中的有机碳较多。由于所处地区条件的差异，且积累于土壤中有机碳的多少也有差异，就全省水平分布而言，有机碳由北而南、由西向东逐渐增加。就垂直分布而言，有机碳随着海拔的增加而增加。

2）沼泽-草甸有机碳的积累过程

淮北地区与南阳盆地，第四纪上更新世多为浅湖沼所在地。湖沼中植被以水生草本植物为主，如菹草、野慈姑、蒲、芦苇等，湖沼边缘为湿生性草本植物，如莎草、荆三棱、灯心草等，这些水生与湿生草本植物生长繁茂，大量有机体死亡后，在积水嫌气条件下，不可能得到充分分解，使大量有机碳残留于湖沼中。同时由于地形低洼，承受周围高地的地面流水，而流水携带大量泥沙，当流水注入湖沼时流速骤减，泥沙沉积，在嫌气条件下，泥沙中的易变价元素多呈低价而使泥沙呈蓝灰色，有机碳与泥沙经常交互沉积与积累，遂形成暗灰色与黑色腐泥层，其特点是颜色为青灰色，还原性物质较多，有机碳含量不高，有机碳与矿物质颗粒掺混。

另外，在太行山前局部洼地，由于长期积水，大量水生植物历代繁衍，残体遗留积聚于洼地中，不能充分分解，形成甚厚的泥炭层，后为洪积物所覆盖，埋藏于地面以下。

3）林下有机碳的积累过程

河南省地处暖温带与北亚热带的过渡地区，森林植被类型丰富。伏牛山北及太行山，林地以落叶阔叶林为主，并有针阔混交林，主要树种有栓皮栎、青冈、油松、华山松等；伏牛山南部与大别山、桐柏山地，为含常绿阔叶树种的落叶阔叶林，并有针阔混交林，主要树种为麻栎、马尾松、黄山松等，林下均有灌丛与草甸草本植物。据研究，森林凋落物每年每亩有 300kg 左右（风干重），凋落物逐年加厚，下部逐渐腐解而上部年年增加新的凋落物，遂形成较厚的有机碳层。森林有机碳的特点是覆于地面，具有弹性，疏松多孔，单宁、树脂、木质素较多，矿质元素较少。有机碳化学组成因树种不同而有差异，一般阔叶树较针叶树凋落物中含单宁、树脂少，而矿物质元素较多。森林有机碳根据其腐解程度一般分为三种，在最上部的为生腐殖质，包括新近落叶构成的残落物层、未分解的落叶碎片构成的发酵层及暗色无结构的腐殖物质层，可与表土剥离，厚度一般为10～15cm；其下为酸性腐殖质，又称酸性腐泥，一般紧接土壤表面，由于受小动物吞食与活动的影响，多变为植物碎屑，并有大量虫粪与动物躯壳；最下部的是熟腐殖质，又称细腐殖质，大多与矿质土壤掺和，呈褐色与暗褐色，有机碳含量可达 100g/kg 左右。

4）灌丛草甸有机碳的积累过程

河南省较高山顶部，如伏牛山的老君山、龙池漫、小秦岭的老鸦岔等，海拔多在 2000m 以上，由于气温较低，风力较大，树木已不能正常生长，为灌丛草甸所代替。由于山顶地面平坦或中部稍洼，自然降水时有积聚，加之气温低，蒸发量小，土壤水分经常处于湿润，甚至饱和状态。灌丛与匍匐地面的草甸草本植物每年的凋落物与残枝败叶在低温水湿的情况下，往往不能充分分解，故年年累积，易形成干泥炭状物质，同时由于灌丛与草甸植被根系的交织，形成草根层，较松软，似毡状，吸水性强，故有机碳含量达 100g/kg 左右，有机碳层厚 10～20cm，pH6.0 左右。

2.3　黏化过程

黏化过程是指土体中原生铝硅酸盐矿物经过风化变质而形成次生铝硅酸盐黏土矿物。黏化过程使土体中一定深度黏化的黏粒含量增加，从而形成黏化层。河南省土体中的黏化过程主要为残积-淋淀黏化过程与淋淀黏化过程两种形式。

残积-淋淀黏化过程，主要发生在全省干润淋溶土与湿润淋溶土中。由于夏季雨热同季，25℃以上土温一般连续在两三个月以上，在水分充足的情况下，土体中一定深度的原生铝硅酸盐矿物在化学风化作用下，经过转变与合成，形成次生黏土矿物，大部分残留在原处，但也有部分黏粒在下渗水流中呈悬浮状态下移，到一定深度，黏粒在结构面与裂隙面上淀积。不过因水热条件不同，土壤剖面中黏化层的部位与厚度有所不同，水热条件较充足的地区，土壤黏化层的部位一般较高，且黏化层较厚，反之，黏化层部位稍深且厚度较薄。全省干润淋溶土中的黏化层较湿润淋溶土的黏化层部位稍深且厚度较薄。

淋淀黏化过程，指黏粒在土体中的淋移淀积。淋淀黏化发生的前提通常是碳酸盐从土壤上层被淋洗。土壤在中性至微酸性条件下，失去了 Ca^{2+} 的凝聚作用，硅酸盐黏粒因带负电而互斥，或因腐殖质的络合作用作为氧化物的保护胶体，分散而下移，其下移方式可随渗漏水或毛管水而移动，到土壤下层一定深度，土壤 pH 增高，盐基离子增加，土壤中 Ca^{2+}、Mg^{2+} 对黏粒产生凝聚，硅酸盐黏粒与氧化物黏粒产生共淀物，并且毛细管引力从大孔隙中吸入水分使悬浮黏粒淀积。上述诸因均为黏粒淀积的机理，其形成的黏粒特点是呈定向排列，显示与较大结晶颗粒相似的光学性质，称之为光性定向黏粒，如黏土胶膜、条纹状光性定向黏粒等，均属淋淀黏化现象。河南省简育湿润淋溶土中的黏化现象，主要属于淋淀黏化。

2.4　钙　化　过　程

钙化过程即碳酸钙在土壤剖面中的淋溶淀积。在干湿季节分明的条件下，矿物风化所释放出来的易溶盐类，一般情况下多被淋失，不论土壤溶液、胶体表面、土壤水还是地下水中几乎都为钙镁饱和，因此土壤易发生钙化现象。土壤钙化过程包括三个阶段：第一阶段，脱钙，即碳酸钙在土体中的淋溶过程，土体上部的碳酸钙遇 H_2CO_3 产生 $Ca(HCO_3)_2$，由不溶性变为可溶性，随水下淋，土壤湿度越大，CO_2 分压越大，脱钙作用越强，其淋洗程度随气候湿润程度增加而加深，如简育干润淋溶土碳酸钙的淋淀深度较钙质干润淋溶土为深。第二阶段，积钙，随着干湿季节变化，重碳酸钙在土体中上下移动，由于水分变少，土壤 pH 增大，CO_2 分压变小，重碳酸钙变成碳酸钙重新淀积于土体中。其淀积方式有两种，一种是在雨季，由上部土体向下淋洗而淀积，钙质/钙积干润淋溶土中碳酸钙淀积多属这种类型，另一种情况是含 $Ca(HCO_3)_2$ 较多的地下水，在旱季时沿毛细管上升，到达土层一定深度而淀积于土体中，砂姜潮湿雏形土中碳酸钙的积累多属这种类型。第三阶段，复钙，由于受人为耕作、生物等的影响，土壤上层碳酸钙含量重新增加。如人为长期施用以黄土为主的土粪，或用含黄土等泥沙较多的水进行灌溉，都能提高土壤上层的碳酸钙含量，河南省简育干润淋溶土上层碳酸钙含量较高，即因大量施用土粪。另外，深根作物，特别是豆科作物能够从土壤下层吸收大量钙素，残体死亡后即遗留地表，增加土壤上层碳酸钙的含量，同样是复钙的重要原因。

碳酸钙在土体中的积聚形态有多种，如粉末、假菌丝、砂姜、砂姜磐层等。但很厚的砂姜磐层有时达 1m 至数米厚，可能是地质过程的产物，而不是土壤形成过程产生的。

2.5　盐化与脱盐化过程

盐化过程即指土壤表层盐分积聚，危害作物生长，也称为土壤积盐过程。河南省北部属半干旱的季风气候，一年中有明显的干湿交替季节，冬、春旱季属土壤积盐时期，夏秋两季雨水较多，属脱盐季节，故一年中土体有明显的积盐与脱盐过程。但由于积盐量大于脱盐量，故最终表现出土壤积盐现象，使地表出现盐结皮、盐霜等可溶性盐类，形成多种类型的弱盐淡色潮湿雏形土。西部有太行山、伏牛山两大山系，东部为华北平原的南端，西高东低，黄河、淮河、海河干、支流汇集，河水含有一定量的可溶性盐。另外，排水不畅地区，地下水位高，盐分集聚，地下水中的盐分得以由地下而上。因此，河南省土壤积盐过程是在地面水与地下水双重作用下进行的，但积盐主要来自于地下水。

冬春季节，地面蒸发十分强烈，地下水沿毛细管上升，溶解于水中的可溶盐随毛细管水源源不断上升至地表，水分蒸发而盐留在地表，地面蒸发越强烈，土壤积盐就越严重。就全省而言，一般 10 月雨季过后，到来年 5 月，连续 8 个月，均为地表积盐时期。土壤积盐有以下特点：第一，表聚性强，表层盐分一般多为 2.0g/kg 以上，多的可达10.02g/kg，20cm 以下锐减，多为 1.0～2.0g/kg。第二，盐分组成复杂，包括氯化物、硫酸盐、重碳酸盐与碳酸盐等。第三，与地形有关，河流两岸槽形洼地与封闭洼地，积盐现象较重。第四，与母质颗粒粗细有关，河南省土壤积盐主要发生在壤质土，因为水分在壤质土中运行距离远而且运行速度快，所以盐分易积累。第五，与水文地质条件有关，一般地表积盐情况与地下水矿化度大小及其化学组成密切相关。

土壤表层盐分由于自然降水，或者在人为影响下，排除地面积水与地下水，使土壤表层盐分降至 2.0g/kg 以下时，称为土壤脱盐过程。土壤脱盐过程普遍存在，近些年来由于大量机井灌溉，充分利用地下水源，同时由于大力疏浚河道，排除地面积水及降低了地下水位，加速了土壤的脱盐过程。

2.6 白浆化过程

土壤由于上层暂时性滞水产生潴育淋溶与漂洗，使 Fe、Mn 等有色金属元素与黏粒淋移积聚，从而使上部出现灰白色土层的现象，称为白浆化过程，河南省群众称为白散化过程。

白浆化过程形成的条件有三个：第一，该地区必须有一定的降水量，白浆化普遍发生地区在汝南县臻头河以南，降水量在 800mm 以上。第二，土壤下部必须有黏层，才能够阻止与延缓上部土壤水分下渗，从而产生临时性滞水，低价 Fe^{2+}、Mn^{2+} 才能随侧渗水漂洗。第三，必须处于缓岗地形部位，只有在稍有倾斜的地形的情况下，才能加强上部滞水沿斜坡侧渗漂洗。

白浆化过程的实质是 Fe、Mn 等易变价元素在土壤暂时滞水的情况下变成低价而遭到漂洗，在土壤失水氧化条件下又发生积聚而形成结核，SiO_2 含量上层相对积聚。据河南省资料分析，白土层 SiO_2 含量一般在 750g/kg 以上，而下层含量为 650g/kg 左右，二者相差 100g/kg，而 Fe_2O_3 的含量，漂白层一般为 25.0～30.0g/kg，下层则为 55.0g/kg 左右，上、下层相差近 1 倍，由此可知氧化硅相对积累，而氧化铁则明显淋洗到下部积聚。另外，黏粒随侧渗水而遭到漂洗与下移，据分析资料，白土层中粗粉粒（0.01～0.05mm）含量为下部土层含量的 1.5 倍，而下层黏粒（<0.00lmm）含量约为漂白层的 2 倍。由此可知，黏粒漂洗与淋移现象非常明显。此外，部分 SiO_2 成溶胶状态随水淋洗，存在于地下水与地面水中；地下水中 Fe^{2+} 含量不高，漂白层铁锰结核较多，证明 Fe、Mn 在土体中移动距离不大，而在失水氧化条件下，又聚积于土体中。

白浆化过程的发展结果，使土壤中的盐基离子与黏粒遭到淋移与漂洗，而粉砂粒相对积聚，致使土壤养分贫乏，团粒结构破坏，多呈单粒，易产生淀浆板结，通透性恶化，肥力下降，对作物生长极为不利，故该类土壤生产能力较低。

2.7 潴育化过程

当土壤处于间断性地下水升降频繁的情况下，土壤中氧化还原作用交替进行，当积水时，Fe、Mn 等易变价元素成低价而被还原，呈蓝灰色，产生淋溶移动，当土壤脱水后，土体中呈氧化状态，低价 Fe、Mn 被氧化而变成高价 Fe、Mn，呈黄棕色、红棕色、棕黑色，淀积成锈纹、锈斑、胶膜及结核等铁锰新生体。

潜育化过程标志着土体中氧化还原过程频繁，土壤水分条件供应较好，如潜育型水稻土具有潜育层，特别是有机碳含量较高的水稻土，潜育层有大量"鳝血斑"出现，实质上是腐殖质与铁的络合物淀积而形成的斑块，意味着此水耕人为土的肥力较高。干润雏形土剖面下层有锈斑纹出现，是地下水位升降的结果。

2.8　潜育化过程

土壤处于长期地面积水或地下水位过高的情况下，土体中呈嫌气还原状态，Eh 一般在 250mV 以下，Fe、Mn 等易变价元素多以低价化合物存在，如蓝铁矿[$Fe_3(PO_4)_2$]、菱铁矿（$FeCO_3$）、硫化铁（FeS）等，多呈蓝色、青色、黑色；而低价锰化合物如方锰矿（MnO）、菱锰矿（$MnCO_3$）、羟基锰[$Mn(OH)_2$]等，则常呈浅红棕色或稍带紫色。砂质土经过潜育化过程一般呈青灰色，不松散，板结性明显，不透气；而黏性土呈现出青绿色，黏糊状，塑性强，有很少裂隙与铁锰结核，耕时呈青泥条，垡面光滑。潜育化过程的强弱，可通过观察土壤剖面中潜育层的厚薄与深浅来判断。

土壤发生潜育化过程表明土壤水分过多，这将会严重影响植物根系的发育，这是稻田土壤低产原因之一，需采取排水措施，减轻与消除潜育化过程。

2.9　富铝化过程

富铝化过程是我国热带与亚热带地区土壤普遍且主要的成土过程，豫南地区地处北亚热带的北缘，因此在土壤形成过程中也存在较弱的富铝化过程。

豫南地区年均温在 15℃ 以上，年降水量 1000mm 以上，植被类型为含常绿阔叶树种的针阔叶混交林，主要树种有马尾松、麻栎、杉木、黄山松、茶树、油桐等。湿热的气候，为岩石矿物的风化分解与土体中物质的淋溶提供了条件，铝硅酸盐矿物水解释放出大量的盐基，使土壤溶液呈中性或微碱性，部分盐基淋失，释放出来的 SiO_2 在中性或微碱性条件下呈溶胶状态，随水淋失，土壤产生脱盐基与脱硅作用，而 Fe、Al、Mn 相对富集，不同形态的铁锰新生体积聚使土壤呈红色。红色的深浅程度与铁锰新生体的含量与形态特征，可以说明土壤富铝化程度的强弱。由于这种过程是铝铁富集的过程，铝更为稳定，故称富铝化过程，又因为过程是脱硅的，故又称脱硅富铝化过程。

在同一地带内，生物气候条件相同，但母岩不同，其脱硅、脱盐基与富铝化程度有明显差异。如在玄武岩上发育的土壤，其 SiO_2 与盐基的迁移量要比在花岗岩上发育的相应土类高出 30%左右，又如在石灰岩上发育的土壤，在高温多雨的条件下，大量盐基随水淋失，尤其是碳酸钙几乎被淋失殆尽，但在玄武岩上发育的土壤，有些风化物处于半风化状态，碱金属与碱土金属的含量可在 20%以上。

土壤的富铝化过程，同样反映在生长其上植物的化学组成上，一般来说，其上生长的植物灰分含量很低，而铝的含量特别高，一般含量为 0.5g/kg 左右（Al 占植物干物质的千分数），有些达 8.0g/kg 以上，植物对铝的富集，促进土壤的富铝化过程。

土壤富铝化程度越强，说明土壤风化淋溶程度越强，往往用 SiO_2/Al_2O_3 或 SiO_2/R_2O_3

表示，比值越小，富铝化程度越高，土壤发育程度也越强。

2.10　土壤熟化过程

土壤熟化过程是土壤在人为耕作措施影响下，土壤肥力逐步提高的过程。

旱耕熟化是人们种植旱作物所采取的一系列培肥土壤的过程，主要有培肥熟化、灌淤熟化、改土熟化三种方式。培肥熟化是最普遍的熟化土壤的方式，主要包括深耕施有机肥，灌溉排水，合理轮、间、套作，因土种植，因土耕作，因土施肥，达到改善土壤水分物理性质，改善土壤结构，改善土壤养分状况，协调土壤水、肥、气、热矛盾的目的。灌淤熟化主要是利用富含大量矿质营养元素的黄河水资源，采用划方围堤方式，或者利用含泥沙的黄河水灌溉稻田的方式，使泥沙落于地面达到一定厚度，既可改良砂土与盐碱土，又可提高土壤肥力。改土熟化主要是对低产土壤所采取的一系列改土措施，如采用灌排结合，利用改良相结合，农业措施与水利措施结合，达到降低地下水位、排除地表过多盐分的目的；坡地改梯田保持水土，增厚耕层，提高土壤蓄水保墒能力；破除障碍层次，如砾石层、砂姜层、潜育层等，提高土壤肥力等。

水耕熟化是人们种植水生作物所采取的一系列培肥土壤的过程，主要表现在以下几个方面：第一，氧化还原过程。这是水耕熟化中最主要的过程，河南省主要是稻麦轮作区，种稻灌水以后，耕层与大气间为淹水层所阻隔，整个耕层基本处于还原状态，水分下渗时为紧实犁底层所阻滞，缓慢渗漏，因此心土层的土壤水分不完全饱和。部分孔隙仍处于氧化状态，这样就使土壤剖面的不同部位产生氧化还原的剖面分异，一些元素淋洗，一些元素活化而移动，一些元素淀积，水稻收获后排水落干，耕犁晒田，耕层的还原状态变为氧化状态，土壤中积累的一些有害物质转化为无害物质，一些无效养分变为有效养分，土壤的板结与泥烂状况，通过干湿交替，结构得以改良，一些好气性微生物重新加强作用，促进有机碳的分解与转化，供应作物养分，土壤的肥力状况在年复一年氧化还原交替的过程中得以保持。第二，有机碳的积累与分解过程。在淹水条件下，有利于腐殖质的积累，在排干的情况下，有利于腐殖质的矿质化。水稻土中腐殖质的 H/F 比同地带的旱地土壤中的高，总的趋势是从北向南，随着水耕时间的加长，腐殖质的含量逐渐增高，而腐殖质的组成却逐渐变得简单。第三，盐基淋洗与复盐基过程。由于较长时间的灌水，土壤中释放出来的盐基离子，较强烈地向下淋洗，有些可能淋出土体，但施肥量较高，起到了复盐基的作用，使土壤养分状况得以协调与补充。第四，黏粒的积累与淋移过程。灌水中有大量黏粒悬浮，在灌水的同时起到落淤作用，使土壤表层的黏粒逐年增加，土层逐渐变厚，土壤肥力逐渐提高。但不同的微地形产生微差异，在平畈地，黏粒随灌水下渗而积累，在缓岗地，黏粒除随下渗水下移外，还随侧渗水流而漂洗。

第 3 章 河南省土壤分类

3.1 河南省土壤分类历史沿革

河南省土壤分类与我国近代土壤分类的进展演变类似,基本上分为美国马伯特分类、苏联土壤发生分类、全国第一次土壤普查分类、全国第二次土壤普查分类及土壤系统分类五个阶段,目前处于全国第二次土壤普查分类与土壤系统分类并存阶段。

3.1.1 美国马伯特分类阶段(1930~1952 年)

我国的土壤调查与分类工作是从 1930 年开始的。当时的主要工作机构是中央地质调查所下设的土壤研究室,另外还有少数省级土壤调查、研究机构。土壤分类系统主要沿袭美国马伯特(C. F. Marbut)的分类制,而马伯特的分类制受俄国土壤分类影响很大,因此,当时我国的土壤分类系统实质上是俄、美两个学派的结合。如显域土、隐域土、泛域土三个土纲及黑钙土、栗钙土、灰壤等土类都是从俄国引用过来的,而基层分类单元"土系"则是美国土壤分类的特色。

在这一时期,我国老一代的土壤学家朱莲青、侯光炯、宋达泉、马溶之、李连捷等,在极端简陋的条件下,做了大量的土壤调查分类工作;熊毅、席承藩、朱显谟、罗钟毓、文振旺等在河南省区域性土壤调查方面,建立了以地名为土系名称的 76 个土系,如开封砂壤系,即这种砂壤土在开封首次发现,积累了一定的科学资料。当时的《土壤专报》《土壤特刊》及部分地区的土壤调查报告等,都是当时土壤科技工作者辛勤劳动成果的结晶,为土壤调查与分类工作奠定了基础(表 3-1)。

表 3-1　河南省早期土系

文献名	作者	刊物	时间	土系名
中国盐碱土之初步研究	熊毅	土壤专报, 15: 39-43	1936	陈桥粉砂壤系、开封砂壤系(开封)
黄泛区土壤与复耕	席承藩等	土壤季刊, 6(2): 29-38	1947	流砂系(西华、中牟)
河南中牟泛区之土壤及其利用	朱显谟和何金海	土壤季刊, 6(4): 107-116	1947	七里岗系、十里头系、东关系、洞上系、西营系、尚庄系、五里岗系、段庄系、东营系、周庄系(西华、中牟)
河南密县禹县登封之土壤及土地利用	席承藩等	土壤专报, 26: 59-72	1951	禹县系、岗沟寨系、石羊岗系、蔡家蛮系、嵩山系、会善寺系、虎骨堆系(禹县、密县、登封)
淮河上游土壤概述	罗钟毓	中南土壤专刊第一号: 30-38	1950	大坡岭系、柴沟系、新庄系、马家湾系、萧家寨系、牛王庙系、龙山系、五里店系、赵庄系、大瓦草店系、石灰窑系、牛湾儿系、南湾系、周庄系、李田系、石头坡系(主要分布在信阳)

续表

文献名	作者	刊物	时间	土系名
豫西淮河上游的土壤	文振旺和汪安球	土壤专报，27：45-114	1953	铁牛岭系、龙池蟆系、玉皇顶系、冷风口系、五峰山系、油篓沟系、椿树岭系、游河系、萧家河系、黄土坡系、上河山系、象河关系、王店系、高地砂礓系、埋藏低地砂礓系、板桥系、漯河系、孙店系、双山街系、林楼系、明港系、砂子岗系、紫罗山系、云梦山系、羊角山系、顺河店系、杨树岭系、清泉寺系、白庙坡系、红崖系、嵖岈山系、大岗凹系、大营系、大金店系、十里铺系、竹园系、牛蹄系、车村系、窦庄系、范砦系、叶县系（主要为淮河上游山区）

3.1.2　苏联土壤发生学分类阶段（1953～1957 年）

苏联土壤发生学分类是从 1953 年春苏联土壤学家涅干诺夫来我国传授威廉斯土壤学开始的。全国土壤科技工作者基本上都去参加了当时举办的威廉斯土壤学讲习班，苏联土壤发生分类得到了普及，土壤统一形成、五大成土因素及土壤地带性学说至今对我国土壤分类仍有深刻的影响。我国 1954 年制定的土壤分类系统，也引入了一些苏联的土类名称，如冰沼土、灰化土、黑钙土等，土壤命名沿用苏联的连续命名法，如发育在花岗岩上的厚层壤质棕色森林土。1955 年，苏联土壤学家格拉西莫夫、柯夫达等来我国考察，首先提出了褐土与黄褐土的新概念，笼统地把华北地区的土壤视为褐土；同期，舒瓦洛夫在唐白河流域进行土壤考察，把南阳地区的土壤也作为褐土处理，这些都是机械地搬用地带性学说所导致的错误结论，在分类上产生了一些混乱。总之，在这一阶段土壤发生系统的理论水平有了很大提高，对高级分类单元土类、亚类等方面研究较多，而对基层分类与实际应用方面探讨较少，而且生搬硬套苏联的土壤类型，产生了脱离实际的严重倾向。

3.1.3　全国第一次土壤普查分类阶段（1958～1978 年）

1958 年我国进行了第一次全国性的土壤普查，强调土壤科学必须为农业生产服务，批判理论脱离实际的倾向。河南省也于 1958～1960 年进行了土壤普查，强调以耕作土壤为主要调查对象，强调总结农民群众认土、用土、改土经验，并以群众名称为主体，在广泛进行土壤普查的基础上，提出了农业土壤的新概念。同时，当时的土壤工作者对于深耕改土、土壤肥力发展等方面，也都从实践上与理论上做了深入的探讨，并总结出了成套经验。《中国农业土壤概论》一书，全面而系统地总结了我国第一次土壤普查的技术经验，并制订了我国农业土壤分类系统，标志着我国土壤分类密切联系实际，具有为农业生产服务的新特点。但是，由于过分强调农业土壤以及人为因素在土壤肥力发展中的特殊作用，而忽视广大地区的自然土壤与五大成土因素在土壤肥力发展中的作用，因此在我国土壤科学领域中出现了农业土壤与自然土壤两大分类体系的对立。

中国土壤学会 1963 年学术年会暨第三次会员代表大会沈阳会议，经过广大土壤科技工作者的充分酝酿讨论，按照发生学分类的基本原则，本着求大同存小异的精神，把自然土壤与农业土壤纳入统一的土壤分类系统之中；在命名上采用连续命名与分级命名相结合的办法。高级分类单元（土类、亚类）采用以往文献中沿用的发生学名称，但也增加了一些群众名称，如白浆土、黑土、潮土、黑垆土等；基层分类单元（土种、变种）多采用群众名称，如黄土、黄胶土、红黏土等。

　　1978 年全国土壤分类学术交流会议，在总结以往并经过广泛讨论的基础上，拟定了《中国土壤分类暂行草案》，基本上为全国广大土壤科技工作者所接受与沿用。该分类系统在以往六级分类制的基础上，把某些土类形成过程的共同特征进行综合归纳，增划为土纲，使得各土类在发生上的联系与异同更加明确，同时指出划分土类应将成土条件、成土过程与土壤属性三者综合考虑，尤其应侧重土壤属性。这就把我国土壤分类工作，从宏观与抽象逐步引向微观与具体，为正确地划分土壤类型积累资料指出了方向。

3.1.4　全国第二次土壤普查分类阶段（1979～1984 年）

　　1979 年，在席承藩、朱莲青先生的倡导下，进行了全国第二次土壤普查。随着全国第二次土壤普查的逐步深入，土壤分类系统不断得到补充、修订与发展。1984 年，全国土壤普查办公室召开昆明会议，制订了《中国第二次土壤普查分类系统》（修订稿），增添了不少土壤普查过程中发现的新土壤类型，如白浆化黄棕壤、脱潮土等；1985 年与 1986 年分别在滁州与太原召开了土壤基层分类单元学术研讨会，对土属与土种等基层分类单元进行了研究与探讨，赋予土属与土种以较确切的新定义，确立了土壤划分的原则与依据，对我国的土壤分类学科起到了积极的推动作用。全国第二次土壤普查时土壤分类的基础是苏联地理发生分类和实用分类结合确定的分类系统，经过修改，定稿形成《中国土壤分类系统》（1992），拟定的分类体系为土纲、亚纲、土类、亚类、土属和土种，全国分为 12 个土纲、28 个亚纲、61 个土类、233 个亚类，土壤学者编制了《中国的土壤》《中国土种志》《中国土壤图》及各省、县土壤报告及图件等，对我国土壤研究影响深远。

　　河南省第二次土壤普查在魏克循、张景略等带领下，查清河南省土壤资源面积 20635.27 万亩，采挖土壤剖面 204883 个，采集标本 20531 个，编著了《河南土壤》《河南土种志》《河南土壤地理》及各县土壤报告与图件等，目前仍在各相关部门和科研单位广泛使用。

　　河南省 2009 年将各县土种按照省级统一名称进行修订汇总，河南省土壤共计有 7 个土纲、11 个亚纲、17 个土类、42 个亚类、133 个土属、428 个土种。

3.1.5　土壤系统分类阶段（1985 年至今）

　　1984 年开始，中国科学院南京土壤研究所先后与 30 多个高等院校和研究所合作，开展以土壤诊断层和诊断特性为基础，以土壤属性为主的土壤系统分类，逐步建立以诊断层和诊断特性为基础的、全新的谱系式、具有我国特色、具有定量指标的土壤系统分类，实现了土壤分类由定性向定量的跨越。中国科学院南京土壤研究所先后提出了《中国土壤系统分类（初拟）》（1985）、《中国土壤系统分类（二稿）》（1987）、《中国土壤系统分类（三稿）》（1988）、《中国土壤系统分类（首次方案）》（1991，1993）、《中国土壤系统分类（修订方案）》（1995）、《中国土壤系统分类——理论·方法·实践》（1999）、《土壤发生与系统分类》（2007），在国内外产生了巨大的影响。目前，《中国土壤系统分类检索（第三版）》（2001）确立了从土纲、亚纲、土类、亚类、土族和土系的多级制的分类体系，将我国土壤划分出 14 个土纲、39 个亚纲、141 个土类、595 个亚类；除高级分类单元的框架外，对土族和土系的分类和命名做了明确规定；同时为便于国际交流和国内其他分类系统比较，出版了对应的英文版和参比内容。

在龚子同先生领导下，由国家自然科学重点基金资助，开展了我国土壤系统分类基层分类研究。于 1996 年开始，吴克宁、李玲、陈杰、武继承等在淮北平原、南阳盆地及豫东平原进行了一些土壤系统分类研究，分别建立了土壤样区，也进行了高级分类与基层分类的探索，如淮北平原的马乡系、慎水系、曹黄林系、寨河系、兰青系、张庄系、祁庄系、郭楼系、智庄系，南阳盆地的靳岗系、香铺系，开封样区的朱仙镇系、大营系、阎楼系、爪营系、练城系、宋寨系、木鱼寺系、杏花营系、朱仙镇北系等。

2009 年，在中国科学院南京土壤研究所主持的"我国土系调查与《中国土系志》编制"（2008FY110600）项目中对河南省分布面积较大的土壤类型进行了调查和系统分类，建立了 179 个土系。

3.2 河南省土壤系统分类

3.2.1 土壤分类特点

土壤系统分类是以诊断层和诊断特性为基础的，以土壤定量属性为主，谱系式的土壤分类，所以又称土壤诊断分类。这一分类的特点是：①以诊断层和诊断特性为基础，指标定量化，概念边界明晰化；②以发生学理论为依据，特别是将历史发生和形态发生结合起来；③与国际接轨，与美国土壤系统分类（ST 制）、联合国世界土壤图图例单元（FAO/UNESCO）和 WRB 分类的基础、原则和方法基本相同，可以相互参比；④充分体现本国特色；⑤有检索系统，检索立足于土壤本身性质，即根据土壤属性即可明确地检索到待查土壤的分类位置。

3.2.2 土壤分类体系

土壤系统分类为多级分类，共六级，即土纲、亚纲、土类、亚类、土族和土系。前四级为高级分类级别，主要供中小比例尺土壤图确定制图单元用；后两级为基层分类级别，主要供大比例尺土壤图确定制图单元用。

1）分类级别与依据

土纲：为最高土壤分类级别，根据主要成土过程产生的或影响主要成土过程的诊断层和诊断特征划分。人为土根据人为过程产生的灌淤表层、堆垫表层、肥熟表层、水耕表层、水耕氧化还原层等划分，淋溶土根据黏化过程产生的黏化层划分，变性土根据变性特征划分，雏形土根据蚀变（弱度风化发育）过程产生的雏形层划分。

亚纲：是土纲的辅助级别，主要根据影响现代成土过程的控制因素所反映的诊断特性（如水分状况、温度状况和岩性特征）或土壤性质划分。如人为土纲中分为水耕人为土、旱耕人为土，主要是根据水分状况划分；变性土纲中分为潮湿变性土、干润变性土和湿润变性土三个亚纲，主要是根据水分状况划分；淋溶土纲中分为冷凉淋溶土、干润淋溶土、常湿淋溶土和湿润淋溶土四个亚纲，主要是根据温度状况与水分状况划分；雏形土纲中的寒冻雏形土、潮湿雏形土、干润雏形土、湿润雏形土和常湿雏形土五个亚纲，主要是根据温度状况与水分状况划分；新成土纲中的人为新成土、砂质新成土、冲积新成土和正常新成土四个亚纲，除人为新成土外，其余亚纲根据岩性特征进行亚纲的划分。

土类：是亚纲的续分。土类类别多根据反映主要成土过程强度或次要成土过程或次要控制因素的表现性质划分。如水耕人为土亚纲中的潜育水耕人为土、铁渗水耕人为土、铁聚水耕人为土土类；潮湿变性土亚纲中的钙积潮湿变性土土类，干润变性土亚纲中的钙积干润变性土土类，湿润变性土亚纲中的钙积湿润变性土土类；干润淋溶土亚纲中的钙质干润淋溶土、钙积干润淋溶土、铁质干润淋溶土土类，湿润淋溶土亚纲中的钙质湿润淋溶土、黏磐湿润淋溶土、铁质湿润淋溶土土类；潮湿雏形土亚纲中的砂姜潮湿雏形土土类，干润雏形土亚纲中的灌淤干润雏形土、铁质干润雏形土、底锈干润雏形土、暗沃干润雏形土土类等；冲积新成土亚纲的潮湿冲积新成土、干旱冲积新成土、干润冲积新成土、湿润冲积新成土则反映了气候控制因素。

亚类：是土类的辅助级别，主要根据是否偏离中心概念，是否具有附加过程的特性和是否具有母质残留的特性划分。代表中心概念的亚类为普通亚类，具有附加过程特性的亚类为过渡性亚类，如灰化、漂白、黏化、龟裂、潜育、斑纹、表蚀、耕淀、堆垫、肥熟等；具有母质残留特性的亚类为继承亚类，如石灰性、酸性、含硫等。

土族：是土壤系统分类的基层分类单元。它在亚类范围内，主要反映与土壤利用管理有关的土壤理化性质发生明显分异的续分单元。同一亚类的土族划分是地域性（或地区性）成土因素引起土壤性质在不同地理区域的具体体现。不同类别的土壤划分土族所依据的指标各异。供土族分类选用的主要指标有剖面控制层段的土壤颗粒大小级别、不同颗粒级别的土壤矿物组成类型、土壤温度状况、土壤酸碱性、盐碱特性、污染特性以及其他特性等。

土系：低级分类的基层分类单元，它是发育在相同母质上，由若干剖面性态特征相似的单个土体组成的聚合土体所构成。其性状的变异范围较窄，在分类上更具直观性和客观性。同一土系的土壤成土母质、所处地形部位及水热状况均相似。在一定剖面深度内，土壤的特殊土层的种类、性态、排列层序和层位，以及土壤生产利用的适宜性能大体一致。如雏形土或新成土，其剖面中不同性状沉积物的质地层次出现的位置及厚薄对于农业利用影响较大，可以分别划分为不同的土系。

2）命名方法

土壤类型名称采用分段连续命名，即土纲、亚纲、土类、亚类、土族的名称结构是以土纲名称为基础，在其前依次叠加反映亚纲、土类、亚类和土族的名称。

土系命名为独立命名，选用该土系代表性剖面（单个土体）点位或首次描述该土系所在地的标准地名直接命名，或以地名加上控制土层的优势质地命名，如沉积黏土系。土系名称中的地名选择，以比例尺小于等于1：5万的国家标准地图上村（镇）级以上固定的地名为准。

3）检索方法

中国土壤系统分类是一个可以检索的分类系统，存在以下土壤检索顺序：①最先检出独特鉴别性质的土壤；②若某种土壤的次要鉴别性质与另一种土壤的主要鉴别性质相同，则先检出前一种土壤，以便根据它们的主要鉴别性质把二者分开；③若某两种或更多土壤的主要鉴别性质相同，则或按主要鉴别性质的发生强度或对农业生产的限制程度检索；④土纲类别的检索应严格依照规定顺序进行；⑤各土类下属的普通亚类在资料充分的情况下可从中细分出更多的亚类。

值得注意的是，检索顺序不等同于发生顺序，检索顺序是为了把相似发生的土壤归在同一类别，而对发生顺序做出适当的调整或重新排列。

3.3　诊断层与诊断特性

《中国土壤系统分类检索（第三版）》设有 33 个诊断层、20 个诊断现象和 25 个诊断特性（表 3-2），已经建立的 179 个河南土系归属为人为土纲、变性土纲、淋溶土纲、雏形土纲、新成土纲，主要涉及的诊断层与诊断现象有暗沃表层、淡薄表层、灌淤现象、水耕表层、水耕现象、漂白层、雏形层、水耕氧化还原层、黏化层、黏磐、钙积层、钙积现象、盐积现象；诊断特性有岩性特征、石质接触面、人为淤积物质、变性特征、变性现象、土壤水分状况、潜育特征、氧化还原特征、土壤温度状况、铁质特性、石灰性。

表 3-2　中国土壤系统分类诊断层、诊断现象和诊断特性

诊断层			诊断特性
（一）诊断表层	（二）诊断表下层	（三）其他诊断层	
A 有机物质表层类	**1.漂白层**	1.盐积层	1.有机土壤物质
1.有机表层	2.舌状层	盐积现象	**2.岩性特征**
有机现象	舌状现象	2.含硫层	**3.石质接触面**
2.草毡表层	**3.雏形层**		4.准石质接触面
草毡现象	4.铁铝层		**5.人为淤积物质**
B.腐殖质表层类	5.低活性富铁层		**6.变性特征**
1.暗沃表层	6.聚铁网纹层		变性现象
2.暗瘠表层	聚铁网纹现象		7.人为扰动层次
3.淡薄表层	7.灰化淀积层		**8.土壤水分状况**
C.人为表层类	灰化淀积现象		**9.潜育特征**
1.灌淤表层	8.耕作淀积层		潜育现象
灌淤现象	耕作淀积现象		**10.氧化还原特征**
2.堆垫表层	**9.水耕氧化还原层**		**11.土壤温度状况**
堆垫现象	水耕氧化还原现象		12.永冻层次
3.肥熟表层	**10.黏化层**		13.冻融特征

续表

诊断层			诊断特性
（一）诊断表层	（二）诊断表下层	（三）其他诊断层	
肥熟现象	**11.黏磐**		14.*n* 值
4.水耕表层	12.碱积层		15.均腐殖质特性
水耕现象	碱积现象		16.腐殖质特性
D.结皮表层类	13.超盐积层		17.火山灰特性
1.干旱表层	14.盐磐		**18.铁质特性**
2.盐结壳	15.石膏层		19.富铝特性
	石膏现象		20.铝质特性
	16.超石膏层		铝质现象
	17.钙积层		21.富磷特性
	钙积现象		富磷现象
	18.超钙积层		22.钠质特性
	19.钙磐		钠质现象
	20.磷磐		**23.石灰性**
			24.盐基饱和度
			25.硫化物物质

注：加粗字体为河南省已建立土系涉及的诊断层、诊断现象和诊断特性。

3.3.1　诊断层

1）暗沃表层（mollic epipedon）

暗沃表层为有机碳含量高或较高、盐基饱和、结构良好的暗色腐殖质表层。本书土壤调查中暗沃表层主要分布于湖积平原 120m 以下的低洼地带或海拔 1800m 以上的中山坡地，一般气温较低，土壤湿度较大，利于有机质的累积，有机质在剖面中的分布自上而下逐渐减少，颜色暗黑。暗沃表层主要出现在雏形土的 7 个土系中，其厚度为 17～41cm，平均为 30cm，干态明度 3～5.5，润态明度 2～3.5，润态彩度 1～3.5，有机质含量 6.54～95.72g/kg，盐基均呈饱和状态，土壤结构为团粒状或团块状，疏松。暗沃表层上述指标在各土纲中的统计见表 3-3。

表 3-3　暗沃表层表现特征统计

亚纲	厚度/cm		干态明度	润态明度	润态彩度	有机碳/（g/kg）	
	范围	平均				范围	平均
潮湿雏形土（5）	25～41	33	3～5.5	2～3.5	1～3	6.54～13.81	9.85
湿润雏形土（2）	17～37	27	5～5.5	3～3.5	3～3.5	79.86～95.72	89.40
合计	17～41	30	3～5.5	2～3.5	1～3.5	6.54～95.72	28.20

注：亚纲后括号内的数值等于该亚纲该土层出现的次数，下同。

2）淡薄表层（ochric epipedon）

淡薄表层为发育程度较差的淡色或较薄的腐殖质表层。淡薄表层是河南省土壤中最普遍存在的表土层，主要出现在变性土、淋溶土、雏形土、新成土的 158 个土系中，其厚度为 8～50cm，平均为 20cm，干态明度在 4～8，润态明度 2～7，润态彩度 1～8，有机碳含量由于地上植被类型不同差异较大，为 0.54～34.63g/kg，平均为 9.78g/kg。淡薄表层上述指标在各土纲中的统计见表 3-4。

表 3-4 淡薄表层表现特征统计

土纲	厚度/cm		干态明度	润态明度	润态彩度	有机碳/（g/kg）	
	范围	平均				范围	平均
变性土（1）	17	17	4	4	3	9.44	9.44
淋溶土（31）	10～40	22	4～8	3～7	3～8	1.58～22.61	10.84
雏形土（118）	8～50	20	4～8	2～7	1～8	0.54～27.23	9.27
新成土（8）	10～30	20	4～8	4	4～6	2.21～34.63	13.13
合计	8～50	20	4～8	2～7	1～8	0.54～34.63	9.78

3）灌淤现象（siltigic evidence）

长期引用富含泥沙的浑水灌溉，水中泥沙逐渐淤积，并经施肥、耕作等人为作用交叠影响，具有灌淤物质，厚度为 20～50cm。

在河南省黄灌区引黄灌淤曾经普遍存在，本书土系调查中灌淤现象出现在曹坡系，位于黄泛平原的背河低洼地，母质为冲积物，为干润雏形土，灌淤厚度 15～38cm，表层、亚表层有机碳含量分别为 9.05g/kg、8.16g/kg，向下急剧减少，有明显或较明显的沉积层理，土体上层有明显的人为淤积物质，不能达到灌淤表层条件，尚不能归属于灌淤旱耕人为土。

4）水耕表层（anthrostagnic epipedon）与水耕现象（anthrostagnic evidence）

水耕表层是在淹水耕作条件下形成的人为表层（包括耕作层和犁底层），主要存在于水稻土上。河南省水稻种植主要分布在信阳、南阳、驻马店、新乡等地，其中淮河以南的信阳市分布最多，只有具有人为滞水水分状况、水耕表层及水耕氧化还原层的土壤才能归属水耕人为土。在本书土系调查中所发现的 11 个土系属于水耕人为土，其中 10 个土系分布在信阳市，1 个土系分布在驻马店市。

11 个水耕人为土土系中，水耕表层中耕作层（Ap1）厚度 11～18cm，平均厚度 14.7cm，以团状结构为主，容重 1.26～1.43g/kg；犁底层（Ap2）厚度 6～12cm，平均厚度 9cm，一般为块状结构，容重 1.40～1.63g/kg；排水落干状态下，水耕表层中根孔壁上可见根锈，个别肥力高的土系可见鳝血斑，土壤结构体表面有 2%～40%的铁锰斑纹；耕作层和犁底层容重比 1.10～1.22，平均 1.13。二者的养分状况与化学性质统计特征见表 3-5 和表 3-6。

表 3-5　　水耕表层中耕作层养分状况与化学性质

指标	pH（H₂O）	有机碳 / （g/kg）	全氮（N） / （g/kg）	全磷（P₂O₅） / （g/kg）	全钾（K₂O） / （g/kg）	阳离子交换量 / （cmol/kg）	游离氧化铁 / （g/kg）
最小值	6.20	10.44	0.69	0.17	6.50	8.47	4.87
最大值	7.87	22.66	1.54	0.75	14.30	21.17	12.91
平均值	7.10	15.20	1.06	0.38	12.33	15.46	8.64

表 3-6　　水耕表层中犁底层养分状况与化学性质

指标	pH（H₂O）	有机碳 / （g/kg）	全氮（N） / （g/kg）	全磷（P₂O₅） / （g/kg）	全钾（K₂O） / （g/kg）	阳离子交换量 / （cmol/kg）	游离氧化铁 / （g/kg）
最小值	6.73	5.49	0.40	0.14	6.24	6.35	5.65
最大值	7.70	17.56	1.02	0.70	15.13	21.04	11.84
平均值	7.33	9.80	0.73	0.31	12.35	13.73	8.40

水耕现象是指水耕作用影响较弱的现象。水耕现象出现在涂楼系、夏庄系和十三里桥系，多分布在河流两岸，为潮湿雏形土，旱改水时间较短，犁底层发育弱或颜色等不完全满足水耕表层条件，归属为水耕淡色潮湿雏形土。

5）漂白层（albic horizon）

漂白层由黏粒和/或游离氧化铁淋失形成，有时伴有氧化铁的就地分凝。漂白层出现在曹黄林系，分布在丘陵缓坡下部，主要出现在 18～29cm，厚度 5～11cm，有时伴有氧化铁的就地分凝，干态明度 8 左右，润态明度 5，润态彩度 1～3，游离氧化铁含量 5.65g/kg。

6）雏形层（cambic horizon）

雏形层是在成土过程中形成的基本上无物质淀积，未发生明显黏化，带棕色、红棕色、红色、黄色或紫色等颜色，且有土壤结构发育的 B 层。土壤含有一定数量的黏粒，在成土作用下，土壤结构发育；在土壤水分作用下，土壤中游离出来的铁吸附在土壤胶体上，使土壤颜色变艳；含碳酸盐的母质有碳酸盐的淋溶淀积。

雏形层是河南省土壤中最普遍存在的表下层，在河南省除新成土土纲外，其余土纲均有雏形层出现，主要出现在雏形土中。雏形层出现的层位不一，主要与气候、地形地貌及地下水有关。雏形层的土壤结构以块状结构为主，质地以粉壤土居多。

潮湿雏形土的雏形层中一般出现 5%～15%的铁锰斑纹，一般在土体上部 20cm 左右即可出现；部分土系出现球形铁锰结核，出现的位置同铁锰斑纹；其中砂姜潮湿雏形土的雏形层出现砂姜，具有石灰性的淡色潮湿雏形土的雏形层有石灰反应。

干润雏形土母质多为黄土、红黏土与洪冲积物等，大部分雏形层有石灰反应，多以假菌丝、石灰粉末、石灰结核的形式出现；铁锰胶膜结核出现位置大部分低于潮湿雏形土，多在 40cm 以下出现。

湿润雏形土中的雏形层除石佛寺系母质为泥质石灰岩（白垩纪白土），丹水系母质为紫色砂页岩具有石灰反应外，其余均无石灰反应，其中斑纹简育湿润雏形土的雏形层出现铁锰胶膜或铁锰结核。

7）水耕氧化还原层（hydragric horizon）

水耕氧化还原层是水耕条件下铁锰自水耕表层或兼自其下垫土层的上部亚层还原淋溶，或兼有由下面具潜育特征或潜育现象的土层还原上移，并在一定深度氧化淀积的土层。它与水耕表层和人为滞水水分状况共同构成水耕人为土亚纲的诊断依据。

11 个水耕人为土土系中，水耕氧化还原层上界出现在 19～50cm，厚度 40～91cm，以块状结构为主，游离氧化铁含量 4.77～17.30g/kg，结构面上有 5%～40 %的铁锰斑纹，部分土层中有 2%～15 %的铁锰结核；一般色调 7.5YR 或 10YR，干态明度 7，润态明度 5 或 6，润态彩度 1 或 2；其中曹黄林系和东浦系水耕氧化还原层的游离铁含量分别为耕作层的 3.1 倍和 1.9 倍，归属为铁聚水耕人为土土类。

8）黏化层（argic horizon）

黏化层为黏粒含量明显高于上覆土层的表下层，主要是黏粒的淋移淀积或残积黏化。黏粒淋移淀积主要在孔隙壁和结构体表面形成厚度＞0.5mm、丰度大于 5%的黏粒胶膜。残积黏化主要由原土层中原生矿物发生土内风化作用就地形成黏粒并聚集，使得该层次的黏粒含量高于其他土层。若表层遭受侵蚀，此层可位于地表或接近地表。

黏化层是判定淋溶土纲的基本条件，本书调查的 34 个淋溶土土系中有 29 个土系出现黏化层，黏化层的厚度介于 20～128cm，上部淋溶层的黏粒含量 99～244g/kg，平均156g/kg；下部黏化层的黏粒含量 144～329g/kg，平均 208g/kg，B/A 黏粒比为 1～1.77，平均 1.34；其中朱阳系黏化层出现在 32～90cm，B/A 黏粒比为 1，含大量黏粒胶膜（超过 40%）。各亚类土壤的黏化层特征的统计见表 3-7。

表 3-7 黏化层特征统计

亚类	起始位置/cm		厚度/cm		淋溶层黏粒含量/（g/kg）	黏化层黏粒含量/（g/kg）	B/A 黏粒比
	范围	平均	范围	平均			
普通钙质干润淋溶土（1）	20	20	78	78	165	216	1.31
斑纹钙积干润淋溶土（2）	36～40	38	60～94	77	133～160	160～213	1.20～1.33
普通钙积干润淋溶土（6）	12～68	35	50～128	88	118～244	156～329	1.30～1.77
斑纹铁质干润淋溶土（1）	46	46	69	69	218	289	1.33
斑纹简育干润淋溶土（6）	28～88	60	30～112	56	116～200	176～266	1.22～1.68
普通简育干润淋溶土（5）	20～110	56	50～103	71	112～165	144～200	1.20～1.28
红色铁质湿润淋溶土（2）	20～110	65	20～95	58	99～197	167～249	1.26～1.69
斑纹简育湿润淋溶土（5）	20～45	32	48～100	72	131～198	175～211	1.0～1.51
普通简育湿润淋溶土（1）	18	18	82	82	146	197	1.35
平均		45		71	156	208	1.34

9）黏磐（claypan）

黏磐是一种黏粒含量与表层或上覆土层差异悬殊的黏重、紧实土层，其黏粒主要继承母质，但也有一部分由上层黏粒在此淀积所致。

河南省黏磐主要出现在河南省南部区域，在34个淋溶土土系中有5个土系出现黏磐，成土母质均为下蜀黄土，湿润土壤水分条件，均归属为黏磐湿润淋溶土，5个土系分别为申分系、尹楼系、东汪系、靳岗系和十里系，出现上界分别为0cm、45cm、60cm、50cm、80cm，厚度分别为80cm、75cm、40cm、40cm、50cm，黏粒含量175~259g/kg，容重1.53~1.82g/cm³，具强发育的棱块状结构，结构面上有15%~40%棕灰色铁锰胶膜及铁锰浸染的黏粒胶膜，部分黏磐中有2%~5%的明显铁锰结核。

10）钙积层（calcic horizon）与钙积现象（calcic evidence）

钙积层是富含次生碳酸盐的未胶结或未硬结土层。诊断要点为厚度≥15cm，$CaCO_3$相当物含量与体积百分比达到要求。河南省山地丘陵区的钙积层主要出现在富含碳酸盐的黄土母质发育的土壤中，半干旱区域碳酸盐以假菌丝体、石灰斑点的形式出现，也有些具有碳酸盐结核（砂姜）；在河南省西南部南阳盆地区，地势低洼，钙积层主要以碳酸盐结核（砂姜）的形式出现。钙积层出现在淋溶土、雏形土的27个土系中，出现位置0~130cm，厚度15~150cm。各亚类土壤的钙积层特征的统计见表3-8。

表3-8 钙积层特征统计

| 亚类 | 起始位置/cm | | 厚度/cm | | 碳酸钙相当物 | 碳酸钙结核含量 |
	范围	平均	范围	平均	含量/（g/kg）	（体积分数）/%
斑纹钙积干润淋溶土（2）	20~100	60	40~60	50	151~171	
普通钙积干润淋溶土（6）	30~110	62	35~80	52	128~335	
变性砂姜潮湿雏形土（1）	65	65	65	65		10~15
普通砂姜潮湿雏形土（8）	18~105	57	15~104	70		10~40
钙积简育干润雏形土（10）	0~130	42	50~150	89	151~357	
合计（27）	0~130	53	15~150	72	128~357	10~40

钙积现象：土层中有一定次生碳酸盐聚积的特征，厚度或含量或可辨认的次生碳酸盐数量不符合钙积层的条件，钙积现象多出现在河南省淋溶土、雏形土中。

3.3.2 诊断特征

1）岩性特征（lithologic characters）

岩性特征是土表至125cm范围内土壤性状明显或较明显保留母岩或母质的岩石学特征。本书土系调查中涉及的岩性特征主要有冲积物、砂质淀积物和碳酸盐岩岩性特征。

河南省目前基本没有洪水泛滥，本书调查的具有冲积物岩性特征的仅有一个土系，为贺庄系，位于冲积平原洼地，母质为近代河流冲积物，有明显的淀积层理，25～125cm有机碳含量随深度呈不规则的减少。

砂质淀积物岩性特征出现在南王庄系，为砂质风积物母质上发育的沙丘，以砂粒为主，呈单粒状，无沉积层理，有机碳含量极少。

碳酸盐岩岩性特征出现在汝州系和石佛寺系。汝州系位于石灰岩丘陵区，土体中含有大量石灰岩风化碎屑，100cm 左右出现半风化母岩，底部碳酸钙含量达 600g/kg 以上；石佛寺系母质为泥质石灰岩（白垩纪白土），18cm 出现大量石灰粉末，43cm 左右出现风化残余石灰淀积层，18cm 以下碳酸钙含量为 630g/kg 以上。

2）石质接触面（lithic contact）

石质接触面是土壤与紧实黏结的下垫物质（岩石）之间的界面层，不能用铁铲挖开，多为整块或碎块状。

本书土壤调查中石质接触面主要出现在雏形土和新成土中，分别为平桥系、庙口系、平桥震山系、大沃楼系，除平桥系为雏形土外，其余均为新成土。平桥系石质接触面出现位置为 80cm，其余三个土系出现位置分别为 15cm、40cm 和 20cm。

3）变性特征（vertic features）与变性现象（vertic evidence）

变性特征是富含蒙皂石等膨胀性黏土矿物、高胀缩性黏质土壤的开裂、翻转、扰动特征。本书土壤调查中仅有一个土系具有变性特征——溧河系，位于南阳盆地湖积平原，母质为湖相沉积物，地表至 82cm 土层黏粒含量 311～416g/kg，矿物类型为膨胀性强的蒙脱石类，具明显的发亮且有槽痕的滑擦面，干时有 0.5～1.2cm 的裂隙。

变性现象不完全符合变性特征全部条件。本书土壤调查中仅有一个土系具有变性现象——官路营系，位于南阳盆地湖积平原，母质为湖相沉积物，通体黏粒含量 324～403g/kg，干时仍可产生明显的宽度≥0.5cm 的裂隙，含混合型矿物，少量滑擦面。

4）土壤水分状况（soil moisture regimes）

在本书土系调查中，根据河南省降水量、蒸发量、地下水埋深及年均径流，结合人为耕作状况、土壤剖面形态与气象资料等来估计土壤水分状况。

河南省土壤水分状况大部分属于半干润和湿润的状况。半干润水分状况：干燥度为 1～3.3，平均降水量 600～800mm，年降水日数 80～110d，生长期旱期日数 50～150d，平均年径流深度＜300mm。湿润水分状况：干燥度为 0.5～0.9，平均降水量＞800mm，年降水日数 110～120d，生长期旱期日数＜50d，平均年径流深度 300～600mm。信阳大部分常年种植水稻的区域具有人为滞水土壤水分状况；其他少数区域因地下水位、微地形或人为等原因可能存在潮湿或常湿的土壤水分状况（图 3-1～图 3-5）。本书河南省土系调查所确定的 179 个土系分属于四种土壤水分状况：11 个土系属于人为滞水土壤水分状况，103 个土系属于半干润土壤水分状况，35 个土系属于湿润土壤水分状况，30 个土系属于潮湿土壤水分状况（表 3-9）。

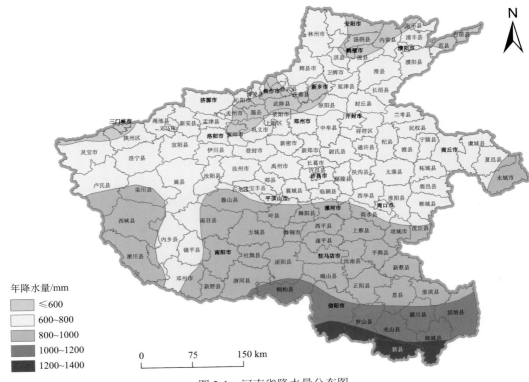

图 3-1　河南省降水量分布图

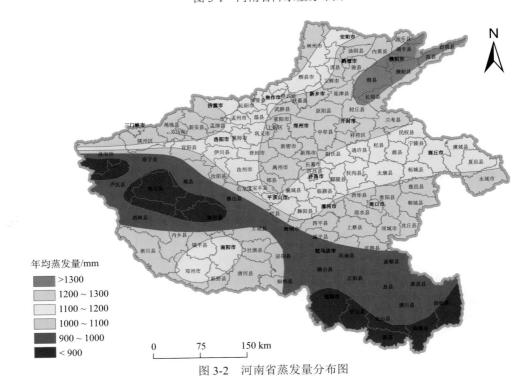

图 3-2　河南省蒸发量分布图

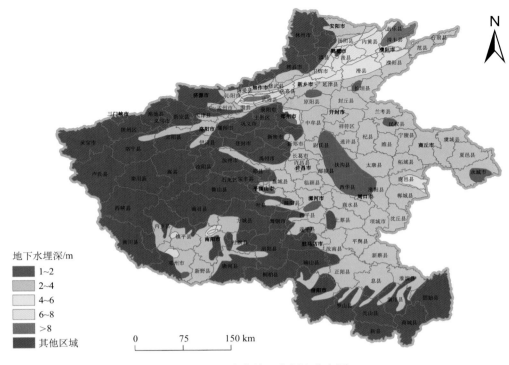

图 3-3 河南省地下水埋深分布图

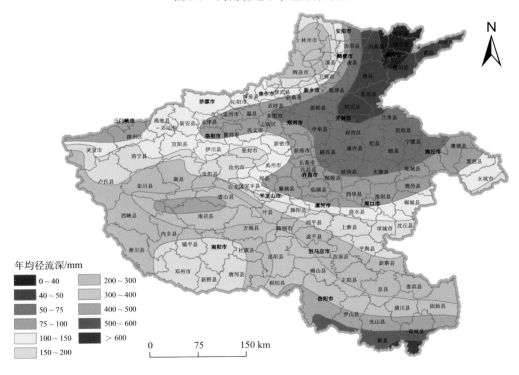

图 3-4 河南省年均径流深分布图

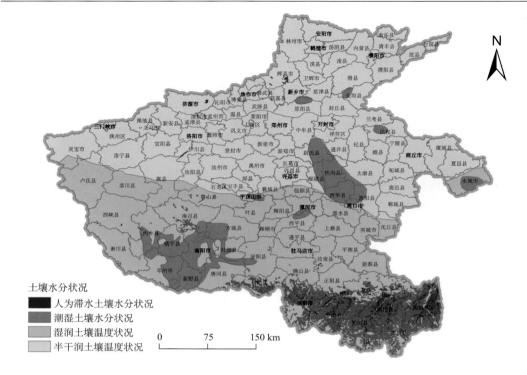

图 3-5　河南省土壤水分状况分布图

表 3-9　土壤水分状况统计

土纲	亚纲	土壤水分状况	土系数量
人为土	水耕人为土	人为滞水土壤水分状况	11
变性土	潮湿变性土	潮湿土壤水分状况	1
淋溶土	干润淋溶土	半干润土壤水分状况	21
	湿润淋溶土	湿润土壤水分状况	13
雏形土	潮湿雏形土	潮湿土壤水分状况	28
	干润雏形土	半干润土壤水分状况	77
	湿润雏形土	湿润土壤水分状况	20
新成土	人为新成土	半干润土壤水分状况	1
	砂质新成土	半干润土壤水分状况	1
	冲积新成土	潮湿土壤水分状况	1
	正常新成土	半干润土壤水分状况	3
	正常新成土	湿润土壤水分状况	2

5）潜育特征（gleyic features）

潜育特征是指长期被水饱和，导致土壤发生强烈还原的特征。本书河南省土系调查潜育特征主要出现在方楼系、寨河系和官路营系，其中方楼系、寨河系为水耕人为土，具有人为滞水土壤水分状况,方楼系潜育特征出现在 22cm 以下,土层色调为 7.5～10YR,润态明度 4～6,润态彩度为 1,结构面上有 2%～5%的铁锰斑纹和 2%的铁锰结核;寨河系潜育特征出现在 75cm 以下,结构面上有 15%～40%的铁锰斑纹,5%～15%的铁锰结核;官路营系位于湖积平原洼地,主要是由于浅层地下水位所致,潜育特征出现在 65cm 以下,土层色调为 5Y,润态明度 2,润态彩度为 1,结构面上有 10%～15%的铁锰斑纹。

6) 氧化还原特征 (redoxic features)

氧化还原特征是由于大多数年份的某一时期土壤受季节性水分饱和的影响,发生氧化还原交替作用而形成的特征,主要表现为锈纹锈斑和铁锰结核在土体内的分布。氧化还原特征是河南省分布范围广泛的诊断特性。本书河南省土系调查中 81 个土系出现氧化还原特征,出现在变性土、淋溶土、雏形土、新成土中,主要出现在雏形土中,各个土纲中氧化还原特征出现的频率分别是:变性土 1/1,淋溶土 14/34,雏形土 64/125,新成土 2/8。

7) 土壤温度状况 (soil temperature regimes)

土壤温度状况指土表下 50cm 深度处或浅于 50cm 的石质或准石质接触面处的土壤温度。

测定土壤温度往往需要大量人力、物力和时间,所以在前期实际操作中往往以年平均土温=常年平均气温+2℃作为土族分类的一个依据。河南省夏季(北半球 6 月至 8 月)平均土温 28.3℃,冬季(北半球 12 月至次年 2 月)平均土温 2.2℃,两个季节平均土温之差≥26.1℃。河南省年平均气温为 12.1～15.7℃,若增加 2℃,则年均土温为 14.1～17.7℃。根据《中国土壤系统分类检索(第三版)》(2001)土壤温度状况规定(温性土壤温度状况:年平均土温≥8℃,但<15℃;热性土壤温度状况:年平均土温≥15℃,但<22℃),通过对河南省分县气温数据的整合、分析,只有豫西丘陵西部和豫北太行山区少量土壤属温性土壤温度状况,其余均属热性土壤温度状况(图 3-6),与土壤性质、成土过程及农业种植等存在较多的矛盾。

在美国大部分地区土壤温度比气温高 2℉(1.1℃),主要是玉米、大豆、棉花种植区域,其划分土壤温度状况多以大豆、棉花种植区划为主,因此按照土壤温度=平均气温+2℉(1.1℃),其划分标准为:中性 8～15℃(玉米带)、热性 15～22℃(棉花带)。

河南省南北气候条件的不同导致了河南省土地利用类型和耕作方式呈现出由南向北过渡的特征,豫南林地、园地兼有亚热带品种,耕地以灌溉水田为主,一年两熟,从南至北灌溉水田逐渐减少,直至完全被旱地取代,耕作方式由水旱轮作,过渡为单一的旱作,由两年三熟变为一年一熟。根据此标准可以看出淮河区域以北均温 14.4℃,作物以小麦、玉米和大豆为主;淮南区域气温平均 15.1℃(信阳),作物类型以水稻、小麦为主(图 3-7);在伏南地区,气温为 14.5(方城)～15.1℃(新野、西峡),作物以小麦、玉米和水稻为主。这与河南省南部分布的原发生分类中的黄褐土与黄棕壤除具有黏化过程外,还有弱富铁铝化过程,处于中国温度带中的北亚热带区等的实际情况比较相符。

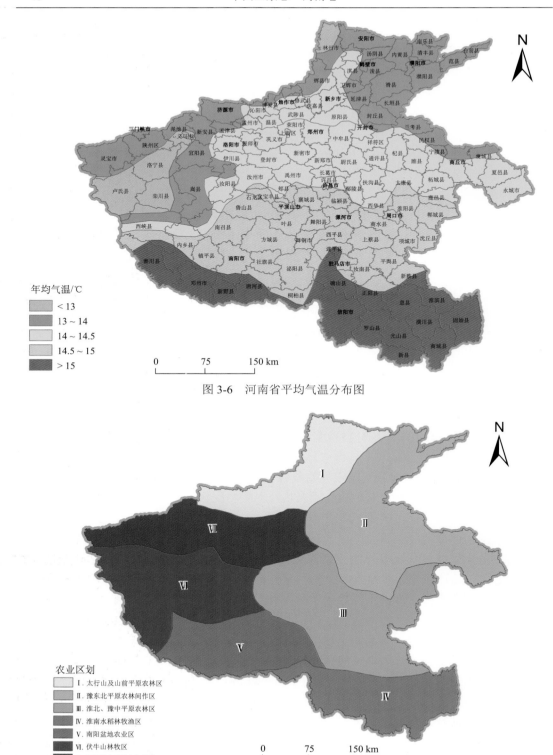

图 3-6　河南省平均气温分布图

图 3-7　河南省农业区划分布图

　　河南省以小麦、水稻、玉米为主,其中水稻要求日均温度在 12℃以上的天数为 180d 以及较高的积温与较长的日照,河南省水稻种植基本上分布在年均气温 14.5℃以上区域。吴克宁在《南阳盆地粘磐湿润淋溶土温度状况》中根据一年的实测数据分析,发现南阳盆地年均土温 16.3℃,比平均气温高 1.7℃,因此建议按照土壤温度=平均气温+1.5℃,并以 16℃作为温性和热性土壤温度状况的分界线(图 3-8),即其划分标准为:温性 9～16℃(小麦、玉米带)、热性 16～23℃(水稻带)。

图 3-8　河南省土壤温度状况分布图

　　以张甘霖为首的专家组,经充分研讨,认可了我国以 16℃作为温性和热性土壤温度状况的分界线这一结论,并作为《中国土壤系统用分类检索(第四版)》的修订依据。

　　本书河南省土系调查的 179 个土系中,有 65 个土系(河南省淮河以南地区)为热性土壤温度状况,其余 114 个土系为温性土壤温度状况。

　　8)铁质特性(ferric property)

　　铁质特性指土壤中游离氧化铁非晶质部分的浸润和赤铁矿、针铁矿微晶的形成,并充分分散于土壤基质内使土壤具有红化特性。本书河南省土系调查中有 4 个土系具有铁质特性,分别为樊村系、田关系、双井系、马沟系,颜色介于 2.5～5YR,土体中一般可见铁锰胶膜或铁锰结核。

　　9)石灰性(calcaric property)

　　石灰性是指土表至 50cm 范围内所有亚层中 $CaCO_3$ 相当物均≥10g/kg,用 1∶3HCl 溶液处理有泡沫反应的性质。河南省成土母质多是黄土母质或近代黄泛冲积物、古黄土性河流沉积物等，富含碳酸盐矿物，很多土壤存在石灰性。本书河南省土系调查中石灰性主要存在于淋溶土、雏形土和新成土中。

3.4　土族与土系

20 世纪 50 年代河南省曾建立了几十个土系，但实际资料比较少，也不是现代概念上的土系；全国第二次土壤普查分类中"土种"的内容已经存有部分定量化的指标，但属于发生分类，其上级分类单元可能完全不同，与目前系统分类的基层分类仍然差异较大；现阶段在对土壤系统分类中高级单元的划分研究已取得初步成果以后，在吸取国内外经验基础上已有一系列有关土系划分理论和方法的论述，在充分利用已有资料的基础上进行补充调查和分析研究，在高级分类的基础上进行土壤基层分类的进一步研究，并在农业、环境、土地等相关部门进行推广应用，成为基层研究的热点与趋势。

3.4.1　土族

1. 土族定义与控制层段

土族是土壤系统分类的基层分类单元。它是亚类的续分，主要反映与土壤利用管理有关的土壤理化性质的分异。这些土壤性质相对稳定，与植物生长密切有关。

土族的控制层段是指稳定影响土壤中物质迁移和转化及根系活动的主要土体层段，一般不包括表土层，是便于各类土壤性状比较的共同基础。由于土族的属性相对稳定并与植物生长有关，原则上土族的控制层段应包括诊断表层和部分诊断表下层，或者包括诊断表层、诊断表下层及其以下的根系活动层，或向下止于根系活动限制层与石质接触面。土族控制层段的深度范围因土壤而异，通常是取 Ap 层或土表下 25cm（取较深者）往下至 100cm 或至根系限制层（如黏磐层等）上界或石质接触面（取较浅者）；对于薄层（<50cm）的石质土，则指从矿质土表至石质接触面。河南省的黏化层、黏磐等一般在土壤深度25～100cm，若其厚度<50cm 则为控制层段，若其厚度≥50cm，则其上部50cm或 100cm 以内的层次归为控制层段。

2. 土族划分原则

（1）以土壤性质作为依据，确定土族划分指标：使用区域性成土因素所引起的相对稳定的土壤属性差异作为划分依据，而不用成土因素本身。

（2）指标体现"量"的差异：在同一亚类中土族的鉴别特征应当一致，主要表现在控制层段内其"量"的差异，在不同亚类中土族的鉴别特征可有所不同。

（3）土族划分指标不能与上级或下级分类单元重复使用或指标量化中有交叉。

3. 土族划分指标

参照国内外已有研究资料及中国土壤系统分类对土族划分的参考意见，河南省土壤的土族划分依据及指标是土族控制层段的土壤颗粒大小级别、矿物学类型、土壤温度状况等，以反映成土因素和土壤性质的地域性差异。

1）土壤颗粒大小级别

（1）土壤颗粒大小级别规定

颗粒大小级别是用于表征整个土壤的颗粒大小构成，包括细土（颗粒直径<2mm）和小于单个土体的岩石碎屑和类岩碎屑（颗粒直径 2～75mm），不包括有机物质和可溶性大于石膏的盐类。岩石碎屑是指直径≥2mm，水平尺寸小于单个土体的强胶结或结持性更强的所有颗粒物质。类岩碎屑是指直径≥2mm，水平尺寸小于单个土体，胶结程度弱于强胶结级别的碎屑。

砂质新成土、砂质潮湿新成土和颗粒大小级别为"砂质"的砂质新成土亚类不用颗粒大小级别名称，因为它们自身的定义就表明它们属于砂质颗粒级别。

矿质土壤颗粒大小级别划分为 3 个类别：

①碎屑含量≥75%，包括粗骨质；

②碎屑含量 25%～75%，包括粗骨砂质、粗骨壤质、粗骨黏质；

③碎屑含量<25%，包括砂质、壤质、黏壤质、黏质、极黏质。

（2）土壤颗粒大小级别检索

a．岩石碎屑含量≥75%（体积分数）[即细土部分（<2mm 颗粒）<25%]。粗骨质或

b．岩石碎屑含量≥25%（体积分数），细土部分砂粒含量≥55%（质量分数）。粗骨砂质或

c．岩石碎屑含量≥25%（体积分数），细土部分黏粒含量≥35%（质量分数）。粗骨黏质或

d．岩石碎屑含量≥25%（体积分数）的其他土壤。粗骨壤质或

e．岩石碎屑含量<25%（体积分数），细土部分砂粒含量≥55%（质量分数）。砂质或

f．岩石碎屑含量<25%（体积分数），细土部分黏粒含量≥60%（质量分数）。极黏质或

g．岩石碎屑含量<25%（体积分数），细土部分黏粒含量介于 35%～60%（质量分数）。黏质或

h．岩石碎屑含量<25%（体积分数），细土部分黏粒含量介于 20%～35%（质量分数）。黏壤质或

i．岩石碎屑含量<25%（体积分数）的其他土壤。壤质

（3）土壤颗粒大小级别强对比

当碎屑含量之差≥50%或黏粒绝对含量之差≥25%时构成颗粒大小强对比，根据检索出的颗粒大小级别命名（表 3-10）。

表 3-10 强对比土壤颗粒大小级别的颗粒含量

类别	I	II	III
I		碎屑含量之差≥50%或黏粒绝对含量之差≥25%	强对比

类别	I	II	III
II	碎屑含量之差≥50%或黏粒绝对含量之差≥25%	黏粒绝对含量之差≥25%	碎屑含量之差≥50%或黏粒绝对含量之差≥25%
III	强对比	碎屑含量之差≥50%或黏粒绝对含量之差≥25%	黏粒绝对含量之差≥25%

无强对比颗粒大小级别：土族名称中所用颗粒大小级别由控制层段内不同层次的颗粒大小的加权平均值决定。

一组强对比颗粒大小级别（两层）：如果颗粒大小控制层段由两个具有对比明显的颗粒大小级别或其替代级别的层次组成，且两层厚度都≥10cm（包括不在控制层段的部分），它们之间的过渡区厚度＜10cm，则两个级别名称要在土族名称中同时使用。

多组强对比颗粒大小级别（两层以上）：如果有两组及以上颗粒大小强烈对比层次，以对比最强烈的一组命名；若两两组合对比相似，以出现深度较浅的对比组命名，并附加"多层"名称。

2）矿物学类型

土壤原生矿物及次生黏粒矿物来自于母质的风化或综合成土过程，土体中不同矿物类型或矿物的组合群，反映了该类土壤的发生发育过程或强度，也是预示土壤重要性状的标志，如有些矿物学级别只出现于某些土壤或仅对某些颗粒大小级别显得重要，因其区域特征强，有助于预测土壤行为及其对管理的响应，是土族划分的重要依据。

土族矿物学类型根据（颗粒大小级别）控制层段内特定颗粒大小组分的矿物学组成来确定。在明确土壤颗粒大小级别基础上，通常是按土壤矿物组成选取单一的矿物类型或混合类型来命名土壤，若遇强烈对比的颗粒大小级别土壤，则用相应的两种矿物类型名的组合名称来命名，如黏质盖砂质或砂质-粗骨质的土壤，可命名为蒙脱石盖混合型等。

依据下表矿物学类型，对土壤进行依次检索，土族矿物学类型即为首先检出的满足其标准的类型（表 3-11）。例如，如果控制层段 $CaCO_3$ 相当量大于 40%，即使同时满足其他标准，依然视为碳酸盐型。

表 3-11　土族矿物学类型检索

矿物学类型	定义	决定组分
适用于所有颗粒大小级别的矿物学类别		
碳酸盐型	碳酸盐（$CaCO_3$ 表示）与石膏含量之和≥40%（重量计），其中碳酸盐占总量的65%以上	＜2mm 或 ＜20mm
石膏型	碳酸盐（$CaCO_3$ 表示）与石膏含量之和≥40%（重量计），其中石膏占总量的35%以上	＜2mm 或 ＜20mm
氧化铁型	连二亚硫酸盐-柠檬酸盐浸提性氧化铁（Fe_2O_3）含量＞40%（重量计）	＜2mm
三水铝石型	三水铝石含量＞40%（重量计）	＜2mm

续表

矿物学类型	定义	决定组分
氧化物型	连二亚硫酸盐-柠檬酸盐浸提性氧化铁（%）+三水铝石（%）与黏粒含量之比（%）≥0.20%	<2mm
蛇纹石型	蛇纹石矿物含量>40%（重量计）	<2mm
海绿石型	海绿石含量>40%（重量计）	<2mm
适用于土族颗粒大小级别为粗骨质、粗骨砂质、粗骨壤质、砂质、壤质、黏壤质的矿物学类别		
云母型	云母含量>40%（重量计）	0.02～2mm
云母混合型	云母含量20%～40%（重量计），余为其他矿物	0.02～2mm
硅质型	二氧化硅和其他极耐风化矿物含量>90%（重量计）	0.02～2mm
硅质混合型	二氧化硅含量40%～90%（重量计），余为其他矿物	0.02～2mm
长石型	长石含量>40%（重量计）	0.02～2mm
长石混合型	长石含量20%～40%（重量计），余为其他矿物	0.02～2mm
混合型	其他土壤	0.02～2mm
适用于土族颗粒大小级别为粗骨黏质、黏质、极黏质的矿物学类别		
埃洛石型	埃洛石含量>50%（重量计）	≤0.002mm
埃洛石混合型	埃洛石含量30%～50%（重量计），余为其他矿物	≤0.002mm
高岭石型	高岭石及较少量其他1∶1或非膨胀的2∶1型层状矿物含量>50%（重量计）	≤0.002mm
高岭石混合型	高岭石及较少量其他1∶1或非膨胀的2∶1型层状矿物含量30%～50%（重量计），余为其他矿物	≤0.002mm
蒙脱石型	蒙脱石类矿物（蒙脱石或绿脱石）含量>50%（重量计）	≤0.002mm
蒙脱石混合型	蒙脱石类矿物（蒙脱石或绿脱石）含量30%～50%（重量计），余为其他矿物	≤0.002mm
伊利石型	伊利石（水合云母）含量>50%（重量计）	≤0.002mm
伊利石混合型	伊利石（水合云母）含量30%～50%（重量计），余为其他矿物	≤0.002mm
蛭石型	蛭石含量>50%（重量计）	≤0.002mm
蛭石混合型	蛭石含量30%～50%（重量计），余为其他矿物	≤0.002mm
绿泥石型	绿泥石含量>50%（重量计）	≤0.002mm
绿泥石混合型	绿泥石含量30%～50%（重量计），余为其他矿物	≤0.002mm
云母型	云母含量>50%（重量计）	≤0.002mm
云母混合型	云母含量30%～50%（重量计），余为其他矿物	≤0.002mm
混合型	其他土壤	≤0.002mm

　　河南省大部分地区属于暖温带，南部属暖温带与北亚热带过渡区，土壤母岩、母质类型多样，风化作用、淋溶作用因外界成土条件的差异而程度不一，由此造成土壤矿物类型相应的差异。河南省土壤黏粒矿物混合型居多，其中大部分区域是以伊利石为主，即伊利石混合型，豫西南湖相沉积物母质发育的土壤黏重，黏粒矿物以蒙脱石为主，即蒙脱石混合型，尚有高岭石、蛭石等矿物。

　　3）土壤温度状况

　　土壤温度状况指土表下50cm深度处或浅于50cm的石质或准石质接触面处的土壤温度。土壤温度受气候条件的影响，有明显的区域特征，土壤温度制约着土壤中有机物质与无机物质的形成、释放及运移，是影响植物生长及土壤肥力性状的重要因素。

　　土壤温度状况在高级分类单元中已经使用的，土族就不再考虑，列于矿物学或石灰性与酸碱反应类别之后，其分类检索可参考土壤温度状况诊断特征。

　　4. 土族命名

　　采用连续命名法，根据土壤颗粒大小级别、矿物学类型、土壤温度状况等指标先后检索顺序将其限定词依次连续加在亚类后面。

3.4.2　土系

　　1. 土系定义与控制层段

　　土系是土壤系统分类中最基层的分类单元，是发育在相同母质上、处于相同景观部位、具有相同土层排列和相似土壤属性的土壤集合。

　　土系控制层段始于土表，一般情况下，土系的控制层段为0～150cm，即从土表至以下最浅者处为：

　　①石质或石化铁质层；或

　　②如果150cm内有致密土层或准石质接触层，则取致密土层或准石质接触层以下25cm处或土表以下150cm处，依浅者；或

　　③如果最深的诊断层底部未达到土表以下150cm处，则取土表下150cm处；或

　　④如果最深的诊断层下界距土表150cm或更深，则取最深诊断层的下界或200cm深处，依浅者。

　　2. 土系划分原则

　　土系是具有实用目的的分类单元，划分依据应主要考虑土族内影响土壤利用的性质差异。相对于其他分类级别，土系能够对不同的土壤类型给出精确的解释。土系的划分应以土壤实体为基础，划分指标应相对明确、相对独立存在与稳定，能直接运用于大比例尺土壤调查制图，服务于生产，并可最终纳入土壤信息系统，实现其管理、应用与分类的自动化和可共享。具体来说为：

　　（1）土系鉴别特征必须在土系控制层段内使用。

　　（2）土系鉴别特征的变幅范围不能超过土族，但要明显大于观测误差。

　　（3）使用易于观测且较稳定的土壤属性，如深度、厚度等。

　　（4）土系鉴别特征也可考虑土壤发生层的发育程度。

　　（5）与利用有关但不属于土壤本身性质的指标，如坡度或地表砾石，一般不作为土系划分依据。

　　（6）不同利用强度和功能的土壤，土系属性变幅可以不同。一般地，具有重要功能

的土壤类型可以适当细分，否则划分可以相对较粗。

3. 土系划分指标

在统一的分类原则指导下，找出土系性状差异及其划分依据，对自然界土壤详尽划分，做到土系与高级单元的紧密联系，从而建成一个上下衔接和完整的土壤分类系统。

同一土系的土壤成土母质、所处地形部位及水热状况均相似。土系也具有所属高级分类单元的诊断层和诊断特性及其分异性，主要是区域性因素引起土族级土壤性状的分异性。在一定剖面深度内，土壤的土层种类、性态、排列层序和层位，以及土壤生产利用的适宜性能大体一致。土系性状的变异范围较窄，在分类上更具直观性和客观性。

土系划分依据众多，凡是用以划分土壤性质的，如由外界综合条件下形成的重要属性及其分异，以及直接影响植物生长的如养分含量、酸碱度、质地、孔隙、结构等，均是土系划分的依据。

1）特殊土层深度和厚度

一些诊断层、诊断特征多规定了其性质量化特征，如黏化层规定了黏粒含量绝对值和相对值的量化，但并未规定其出现的位置和厚度；漂白层、耕作淀积层规定了其层次最小厚度，但并未规定其出现的位置和土层厚度，而这些层次出现的位置和厚度对于植物生长与土壤物质的迁移和转化影响重大。因此在考虑土系划分指标时，若诊断层和诊断特征的深度和厚度在其上级分类中没有体现，优先选择其作为土系划分的指标；其余还包括一些其他特殊土层（雏形层除外），如根系限制层、砂姜层、残留母质层等。

深度可按照上界出现深度分为 0～50cm（浅位）、50～100cm（深位）、100～150cm（底位）。

厚度可按照厚度差异超过 30cm 划分，即 0～30cm（薄层）、30～60cm（中层）、60cm以上（厚层），或厚度差异达到两倍（即相差达到 3 倍）。

2）表层土壤质地

当表层（或耕作层）20cm 混合后质地为不同的类别时，可以按照质地类别区分土系。土壤质地类别为砂土类、壤土类、黏壤土类、黏土类。

3）土壤中岩石碎屑、结核、侵入体等

在同一土族中，当土体内加权碎屑、结核、侵入体等（直径或最大尺寸为 2～75mm）绝对含量差异超过 30%时，可以划分为不同土系。

4）土壤盐分含量

盐化类型的土壤（非盐成土）按照表层土壤盐分含量，以 2～5g/kg（低盐）、5～10g/kg（中盐）、10～20g/kg（高盐）划分为不同的土系。

4. 土系命名

土系是一群相邻而又相似的单个土体的组合，是具相对独立性和稳定性的基层分类单元，不直接依附于高级分类单元，也不因高级分类单元的改变而改变，因此土系的命名与高级分类单元的土壤名称脱钩而独立存在。

土系名称是以 1∶5 万国家标准地图上村（镇）级以上固定的地名为准，以保持土系的独立性和相对稳定性。

5. 土系记述

土系作为土壤基层单元，不仅仅是土壤剖面形态与属性的概括，它是具有一群相邻而又相似单个土体组合为聚合土体的概念。由于单个土体是一三维实体，占有一定的小范围，并与外界条件密切相关，能综合反映土壤性状，并能方便研究的采样计量单位，通过单个土体与聚合土体的研究，能为土系的划分取得确切依据，保证土壤实体的属性与土系分类单元概念的一致，体现了系统分类按土壤属性划分各级土壤的统一原则。因此，土系主要记述内容包括土系名称、土系分类归属、生境条件、土壤形态特征、土壤主要形状及分异、与相邻土系的主要分异特征、主要生产性能评述、与发生分类参比、单个土体描述等。

土系名称以 1∶5 万国家标准地图上村（镇）级以上固定的地名为准，本书调查中若同一地点附近出现不同土系，以地名颠倒记录土系名称。

分类归属确定该土系在中国土壤系统分类中所属土纲、亚纲、土类、亚类和土族。

生境条件在于指明该土系的地（市）、县（区）所处地理环境，包括地形、地势、海拔、母质、气候和其他有助于鉴别该土系的景观特征，如地形名称、坡度变化范围、岩石露头、侵蚀面或沉积面、温度、降水量、无霜期和有效积温、排水状况和渗透性、主要利用方式及分布面积等。

土壤主要性状及其分异指明该土系各种理化性状，如有机碳、全氮、全磷、全钾、阳离子交换量、容重、田间持水量等变异范围。

土壤形态特征记述该土系的代表性单个土体的土体构型、各层厚度、颜色、质地、结构、新生体、松紧度、根系及层次过渡等，并指明上述特征在该土系的变化范围。

与相邻土系的主要分异特征主要是指与分类位置上相邻的土系进行对比，说明其分异特征，以便于区分。

主要生产性能评述重点记述并反映该土系的水、肥、气、热等特点，以及作物适宜性、种植制度、生产力水平、产量、限制因素和灾害情况及改良利用的建议等。

与发生分类参比记述该土系与发生分类的土种参比，包括该土系的代表性单个土体的土种名称及该土系不能完全等同于发生分类土种的情况说明。

单个土体记述，包括描述人、描述日期、单个土体的相对位置和绝对位置、地形、坡降、海拔、地下水位、年均气温和积温、降水、土壤温度状况和水分状况、利用状况和存在问题、剖面形态描述、理化数据分析等。

3.5　河南省土系调查与建立

3.5.1　主要目标

根据定量化分类的总体要求，整理、规范现有资料，在河南省开展系统的土壤调查和基层分类研究；按照统一的土系研究技术规范，采集样品，进行野外调查和室内分析，完成河南省土系建立，获得典型土系的完整信息和部分新调查典型土系的整段模式标本，并建立标准参比剖面。

3.5.2　过程与规范

收集和整理了《河南土壤地理》《河南土壤》《河南土种志》《中国土种志》及各县全国第二次土壤普查时所编的《××土壤》等文字资料；河南省土壤图集、河南省地形地貌图、河南省水文地质图、河南省土地利用现状图（2009 年）、河南省遥感影像（2009 年）、河南省部分县土种图等图件、影像资料。

1）样点的布设与采集

整理所得报告、图件和遥感影像等资料，并对图件资料进行数字化，构建数据库，然后叠加、整合，形成土壤成土环境空间数据库（包括地形、地貌、地质、土壤、降水、温度、辐射、地下水等），分析土壤和地形、母质、土地利用/覆被的发生关系及其空间分布特征，作为土壤剖面采样点的布设和野外采样的基础依据。

根据资料整理、图件整合结果分析各成土要素，在不同地形区域预设典型土系样点，分别在豫北平原、豫东冲积平原、豫西北黄土丘陵区、南阳盆地及淮北平原的大部分地区布设土系样点，主要预设分布在全国第二次土壤普查时河南省典型土类上面积较大、耕地、林地为主的区域，涵盖了分布在河南省的部分土壤类型，涉及的中国土壤系统分类亚纲主要有水耕人为土、旱耕人为土、干润淋溶土、湿润淋溶土、潮湿雏形土、干润雏形土、湿润雏形土、人为新成土、砂质新成土、冲积新成土和正常新成土等。

实地采集样点时，根据实际情况进行调整，并进行剖面挖掘和记录。按照项目组制定的野外土壤描述与采样规范进行剖面的挖掘、描述和分层取样。土壤颜色比色依据 Munsell 比色卡判定。

2）室内测定与数据入库

依据系统分类定量化的诊断层、诊断特性及土系控制层段内的土壤剖面的特性，结合《土壤调查实验室分析方法》（张甘霖和龚子同，2012），选定实验室待测的土壤理化性质指标和技术方法（表 3-12）。

表 3-12　实验室待测土壤理化指标和方法

土壤理化指标	实验室方法
土壤颗粒组成及质地	Mastersizer2000 激光粒度仪
容重	环刀法
pH	水提 + 氯化钾浸提，电位法
电导率	电导仪
有机碳	重铬酸钾-硫酸消化法
全氮（TN）	硒粉、硫酸铜、硫酸消化-蒸馏法（开氏法）
全磷（TP）	氢氧化钠碱溶-钼锑抗比色法
全钾（TK）	氢氧化钠碱溶-火焰光度法
有效磷（AP）	碳酸氢钠浸提-钼锑抗比色法（适用于中性和石灰性土壤）
阳离子交换量（CEC）	醋酸铵浸提-火焰光度法

续表

土壤理化指标	实验室方法
交换性钙（EXCa）	醋酸铵浸提-原子吸收
交换性镁（ECMg）	醋酸铵浸提-原子吸收
交换性钾（EXK）	醋酸铵浸提-火焰光度法
交换性钠（ECNa）	醋酸铵浸提-火焰光度法
游离氧化铁（Fed）	柠檬酸钠-连二亚硫酸钠-碳酸氢钠（DCB）浸提-邻啡罗林比色法
碳酸钙相当物含量	气量法
黏粒的黏土矿物组成	X衍射仪

3）土层符号

主要土层，以大写字母表示：O（有机层）、A（腐殖质表层或受耕作影响的表层）、E（淋溶、漂白层）、B（物质淀积或聚积层，或风化B层）、C（母质层）、R（基岩）。特性发生层（土层的从属特征），在主要土层大写字母后缀小写字母为：b（埋藏层）、g（潜育特征）、h（腐殖质聚积）、k[碳酸盐聚积（指碳酸钙结核、假菌丝体）]、m（强胶结）、o（根系盘结）、p（耕作影响）、r（氧化还原）、s（铁锰聚积）、t（黏粒聚积）、u[人为活动（堆积、灌淤）及人工制品的存在]、v（变性特征）、w（就地风化形成的显色、有结构层，多为雏形层）、x（不太坚硬的胶结，未形成磐）。

3.5.3 河南省土系

在野外剖面描述和实验室土样分析的基础上，参考环境条件，主要依据剖面形态特征和理化性质，对照《中国土壤系统分类检索（第三版）》和《中国土壤系统分类土族和土系划分标准》，从土纲-亚纲-土类-亚类-土族-土系，自上而下逐级确定剖面的各级分类名称。本书中河南省共建立5个土纲、11个亚纲、25个土类、41个亚类、79个土族、179个土系（表3-13）。

表3-13 河南省典型土系

亚类	土族	土系
普通潜育水耕人为土	黏壤质混合型非酸性热性-普通潜育水耕人为土	方楼系
漂白铁聚水耕人为土	黏壤质混合型非酸性热性-漂白铁聚水耕人为土	曹黄林系
普通铁聚水耕人为土	黏壤质混合型非酸性热性-普通铁聚水耕人为土	东浦系
底潜简育水耕人为土	黏壤质混合型非酸性热性-底潜简育水耕人为土	寨河系
普通简育水耕人为土	黏壤质混合型非酸性热性-普通简育水耕人为土	大林系
	壤质混合型非酸性热性-普通简育水耕人为土	长陵系
	壤质混合型非酸性热性-普通简育水耕人为土	吴老湾系
	壤质混合型非酸性热性-普通简育水耕人为土	三湾系
	壤质混合型非酸性热性-普通简育水耕人为土	游河系
	壤质混合型非酸性热性-普通简育水耕人为土	高庙系
	壤质混合型非酸性热性-普通简育水耕人为土	东双河系

亚类	土族	土系
普通简育潮湿变性土	黏质蒙脱石混合型非酸性热性-普通简育潮湿变性土	溧河系
普通钙质干润淋溶土	黏壤质混合型石灰性温性-普通钙质干润淋溶土	汝州系
斑纹钙积干润淋溶土	壤质混合型温性-斑纹钙积干润淋溶土	王屋系
	壤质混合型温性-斑纹钙积干润淋溶土	霍沟系
普通钙积干润淋溶土	黏壤质混合型温性-普通钙积干润淋溶土	箕阿系
	壤质混合型温性-普通钙积干润淋溶土	马村系
	壤质混合型温性-普通钙积干润淋溶土	瓦岗系
	壤质混合型温性-普通钙积干润淋溶土	盐高系
	壤质混合型温性-普通钙积干润淋溶土	龙驹系
	壤质混合型温性-普通钙积干润淋溶土	潭头系
斑纹铁质干润淋溶土	黏壤质混合型石灰性温性-斑纹铁质干润淋溶土	樊村系
斑纹简育干润淋溶土	黏壤质混合型石灰性温性-斑纹简育干润淋溶土	刘果系
	黏壤质混合型石灰性温性-斑纹简育干润淋溶土	大仙沟系
	壤质混合型石灰性温性-斑纹简育干润淋溶土	来集系
	壤质混合型石灰性温性-斑纹简育干润淋溶土	石牛系
	壤质混合型石灰性温性-斑纹简育干润淋溶土	大冶系
	壤质混合型石灰性温性-斑纹简育干润淋溶土	朱阁系
普通简育干润淋溶土	壤质混合型石灰性温性-普通简育干润淋溶土	杨岭系
	壤质混合型石灰性温性-普通简育干润淋溶土	洛龙系
	壤质混合型石灰性温性-普通简育干润淋溶土	胡营系
	壤质混合型石灰性温性-普通简育干润淋溶土	郑科系
	壤质混合型非酸性温性-普通简育干润淋溶土	夹津口系
表蚀黏磐湿润淋溶土	黏壤质混合型非酸性热性-表蚀黏磐湿润淋溶土	申分系
	黏壤质混合型非酸性热性-表蚀黏磐湿润淋溶土	尹楼系
	壤质混合型非酸性热性-表蚀黏磐湿润淋溶土	东汪系
砂姜黏磐湿润淋溶土	黏壤质混合型非酸性热性-砂姜黏磐湿润淋溶土	靳岗系
饱和黏磐湿润淋溶土	黏壤质混合型非酸性热性-饱和黏磐湿润淋溶土	十里系
红色铁质湿润淋溶土	黏壤质混合型非酸性热性-红色铁质湿润淋溶土	田关系
	壤质混合型石灰性热性-红色铁质湿润淋溶土	双井系
斑纹简育湿润淋溶土	黏壤质混合型非酸性热性-斑纹简育湿润淋溶土	官庄系
	壤质混合型非酸性热性-斑纹简育湿润淋溶土	集寨系
	壤质混合型非酸性热性-斑纹简育湿润淋溶土	辛店系
	壤质混合型非酸性温性-斑纹简育湿润淋溶土	朱阳系
	粗骨壤质混合型非酸性热性-斑纹简育湿润淋溶土	尚店系
普通简育湿润淋溶土	壤质混合型非酸性温性-普通简育湿润淋溶土	灵宝系
变性砂姜潮湿雏形土	黏质混合型非酸性热性-变性砂姜潮湿雏形土	官路营系
普通砂姜潮湿雏形土	黏壤质混合型非酸性热性-普通砂姜潮湿雏形土	栗盘系
	黏壤质混合型非酸性热性-普通砂姜潮湿雏形土	曾家系
	黏壤质混合型非酸性热性-普通砂姜潮湿雏形土	大冀系

续表

亚类	土族	土系
普通砂姜潮湿雏形土	黏壤质混合型非酸性热性–普通砂姜潮湿雏形土	郭关庙系
	黏壤质混合型非酸性热性–普通砂姜潮湿雏形土	权寨系
	黏壤质混合型非酸性热性–普通砂姜潮湿雏形土	张林系
	壤质混合型非酸性热性–普通砂姜潮湿雏形土	老君系
	壤质盖粗骨壤质混合型非酸性热性–普通砂姜潮湿雏形土	惠河系
普通暗色潮湿雏形土	黏壤质混合型非酸性热性–普通暗色潮湿雏形土	范坡系
	壤质混合型非酸性热性–普通暗色潮湿雏形土	大徐营系
	壤质混合型非酸性热性–普通暗色潮湿雏形土	王庄系
水耕淡色潮湿雏形土	黏壤质混合型非酸性热性–水耕淡色潮湿雏形土	涂楼系
	黏壤质混合型非酸性热性–水耕淡色潮湿雏形土	夏庄系
	壤质混合型非酸性热性–水耕淡色潮湿雏形土	十三里桥系
弱盐淡色潮湿雏形土	壤质混合型石灰性温性–弱盐淡色潮湿雏形土	韩楼系
石灰淡色潮湿雏形土	黏壤质混合型温性–石灰淡色潮湿雏形土	来童寨系
	黏壤质混合型温性–石灰淡色潮湿雏形土	岗李滩系
	壤质混合型温性–石灰淡色潮湿雏形土	花园口系
	壤质混合型温性–石灰淡色潮湿雏形土	游堂系
	壤质混合型温性–石灰淡色潮湿雏形土	常峪堡系
	壤质混合型温性–石灰淡色潮湿雏形土	宗寨系
	黏质混合型温性–石灰淡色潮湿雏形土	范楼系
普通淡色潮湿雏形土	黏质混合型非酸性热性–普通淡色潮湿雏形土	上庄系
	黏壤质混合型非酸性热性–普通淡色潮湿雏形土	宋庄系
	黏壤质混合型非酸性热性–普通淡色潮湿雏形土	花庄系
	黏壤质混合型非酸性热性–普通淡色潮湿雏形土	田庄系
	壤质混合型非酸性热性–普通淡色潮湿雏形土	赵竹园系
普通灌淤干润雏形土	壤质混合型石灰性温性–普通灌淤雏形土	曹坡系
普通铁质干润雏形土	黏壤质混合型石灰性温性–普通铁质干润雏形土	马沟系
石灰底锈干润雏形土	黏壤质混合型温性–石灰底锈干润雏形土	川口系
	黏壤质混合型温性–石灰底锈干润雏形土	文殊系
	黏壤质混合型温性–石灰底锈干润雏形土	北留系
	黏壤质混合型温性–石灰底锈干润雏形土	南坞系
	壤质混合型温性–石灰底锈干润雏形土	王头系
	壤质混合型温性–石灰底锈干润雏形土	大金店系
	壤质混合型温性–石灰底锈干润雏形土	大裕沟系
	壤质混合型温性–石灰底锈干润雏形土	小浪底系
	壤质混合型温性–石灰底锈干润雏形土	白马系
	壤质混合型温性–石灰底锈干润雏形土	祭城系
	壤质混合型温性–石灰底锈干润雏形土	姚桥系

续表

亚类	土族	土系
石灰底锈干润雏形土	壤质混合型温性-石灰底锈干润雏形土	南小李系
	壤质混合型温性-石灰底锈干润雏形土	岗刘系
	壤质混合型温性-石灰底锈干润雏形土	古荥系
	砂质混合型温性-石灰底锈干润雏形土	螺蛏湖系
	粗骨壤质混合型温性-石灰底锈干润雏形土	寻村系
	壤质混合型温性-石灰底锈干润雏形土	郭店系
普通底锈干润雏形土	黏壤质混合型非酸性温性-普通底锈干润雏形土	天池系
	壤质混合型非酸性温性-普通底锈干润雏形土	西源头系
	粗骨壤质混合型非酸性温性-普通底锈干润雏形土	石桥系
	粗骨壤质混合型非酸性温性-普通底锈干润雏形土	大坪系
	黏壤质混合型非酸性温性-普通底锈干润雏形土	兴隆系
钙积简育干润雏形土	壤质混合型温性-钙积简育干润雏形土	孟津系
	壤质混合型温性-钙积简育干润雏形土	渑池系
	壤质混合型温性-钙积简育干润雏形土	寺沟系
	粗骨壤质混合型温性-钙积简育干润雏形土	白寺系
	黏壤质混合型温性-钙积简育干润雏形土	汲水系
	壤质混合型温性-钙积简育干润雏形土	尹庄系
	壤质混合型温性-钙积简育干润雏形土	宜沟系
	壤质混合型温性-钙积简育干润雏形土	坡头系
	壤质混合型温性-钙积简育干润雏形土	杏园系
	黏壤质混合型温性-钙积简育干润雏形土	五顷系
普通简育干润雏形土	黏壤质混合型石灰性温性-普通简育干润雏形土	大吕系
	黏壤质混合型石灰性温性-普通简育干润雏形土	李胡同系
	壤质盖黏质混合型石灰性温性-普通简育干润雏形土	辛庄系
	壤质混合型石灰性温性-普通简育干润雏形土	白沙系
	壤质混合型石灰性温性-普通简育干润雏形土	君召系
	壤质混合型石灰性温性-普通简育干润雏形土	观音寺系
	壤质混合型石灰性温性-普通简育干润雏形土	薛店系
	壤质混合型石灰性温性-普通简育干润雏形土	函谷关系
	壤质混合型石灰性温性-普通简育干润雏形土	北常庄系
	壤质混合型石灰性温性-普通简育干润雏形土	仰韶系
	壤质混合型石灰性温性-普通简育干润雏形土	岗李系
	壤质混合型石灰性温性-普通简育干润雏形土	邙山系
	壤质混合型石灰性温性-普通简育干润雏形土	郑黄系
	壤质混合型石灰性温性-普通简育干润雏形土	全垌系
	壤质混合型石灰性温性-普通简育干润雏形土	大口系
	壤质混合型石灰性温性-普通简育干润雏形土	曹寨系

亚类	土族	土系
	壤质混合型石灰性温性-普通简育干润雏形土	曲梁系
	壤质混合型石灰性温性-普通简育干润雏形土	东赵系
	壤质混合型石灰性温性-普通简育干润雏形土	贾寨系
	壤质混合型石灰性温性-普通简育干润雏形土	潘店系
	壤质混合型石灰性温性-普通简育干润雏形土	十里铺系
	壤质混合型石灰性温性-普通简育干润雏形土	八里湾系
	壤质混合型石灰性温性-普通简育干润雏形土	前庄系
	壤质混合型石灰性温性-普通简育干润雏形土	王军庄系
	壤质混合型石灰性温性-普通简育干润雏形土	姚店堤系
	壤质混合型石灰性温性-普通简育干润雏形土	东窑系
	壤质混合型石灰性温性-普通简育干润雏形土	张涧系
	壤质混合型石灰性温性-普通简育干润雏形土	西双桥系
	壤质混合型石灰性温性-普通简育干润雏形土	大河遗址系
普通简育干润雏形土	壤质混合型石灰性温性-普通简育干润雏形土	仰韶遗址系
	壤质混合型石灰性温性-普通简育干润雏形土	首阳遗址系
	壤质混合型石灰性温性-普通简育干润雏形土	二里头遗址系
	壤质混合型石灰性温性-普通简育干润雏形土	刘胡垌系
	壤质混合型石灰性温性-普通简育干润雏形土	苟堂系
	壤质混合型石灰性温性-普通简育干润雏形土	枣陈系
	砂质混合型石灰性温性-普通简育干润雏形土	小刘庄系
	壤质混合型非酸性温性-普通简育干润雏形土	尚庄系
	砂质混合型石灰性温性-普通简育干润雏形土	老鸦陈系
	砂质混合型石灰性温性-普通简育干润雏形土	李马庄系
	粗骨盖壤质混合型石灰性温性-普通简育干润雏形土	桥盟系
	粗骨壤质混合型非酸性温性-普通简育干润雏形土	唐庄系
	壤质盖粗骨壤质混合型非酸性温性-普通简育干润雏形土	庙下系
	粗骨壤质混合型石灰性温性-普通简育干润雏形土	思礼系
普通钙质湿润雏形土	壤质碳酸盐型热性-普通钙质湿润雏形土	石佛寺系
暗沃简育湿润雏形土	壤质混合型非酸性温性-暗沃简育湿润雏形土	伏牛系
	粗骨壤质混合型非酸性温性-暗沃简育湿润雏形土	老界岭系
	黏壤质混合型石灰性热性-斑纹简育湿润雏形土	栗营系
	黏壤质混合型石灰性热性-斑纹简育湿润雏形土	天齐庙系
	黏壤质混合型石灰性热性-斑纹简育湿润雏形土	毛庄系
斑纹简育湿润雏形土	黏壤质混合型非酸性热性-斑纹简育湿润雏形土	枣林系
	黏壤质混合型非酸性热性-斑纹简育湿润雏形土	赵河系
	黏壤质混合型非酸性热性-斑纹简育湿润雏形土	博望系
	壤质混合型非酸性热性-斑纹简育湿润雏形土	玉皇庙系

亚类	土族	土系
斑纹简育湿润雏形土	壤质混合型非酸性热性-斑纹简育湿润雏形土	段窑系
	壤质混合型非酸性热性-斑纹简育湿润雏形土	侯集系
	壤质混合型非酸性热性-斑纹简育湿润雏形土	平桥系
	壤质混合型非酸性热性-斑纹简育湿润雏形土	春水系
	壤质混合型非酸性热性-斑纹简育湿润雏形土	浉河港系
	粗骨质混合型非酸性热性-斑纹简育湿润雏形土	象河系
普通简育湿润雏形土	黏壤质混合型非酸性热性-普通简育湿润雏形土	尹湾系
	壤质混合型非酸性热性-普通简育湿润雏形土	王里桥系
	粗骨壤质混合型非酸性热性-普通简育湿润雏形土	贾楼系
	粗骨砂质混合型石灰性热性-普通简育湿润雏形土	丹水系
斑纹淤积人为新成土	砂质混合型石灰性温性-斑纹淤积人为新成土	京水系
石灰干润砂质新成土	混合型温性-石灰干润砂质新成土	南王庄系
石灰潮湿冲积新成土	砂质混合型温性-石灰潮湿冲积新成土	贺庄系
石质干润正常新成土	粗骨质混合型石灰性温性-石质干润正常新成土	庙口系
石灰干润正常新成土	砂质混合型温性-石灰干润正常新成土	侯李系
	砂质混合型温性-石灰干润正常新成土	南曹系
石质湿润正常新成土	粗骨壤质混合型非酸性热性-石质湿润正常新成土	平桥震山系
	粗骨壤质混合型非酸性热性-石质湿润正常新成土	大沃楼系

3.6　河南省土壤分类参比

　　目前我国土壤系统分类和发生分类并存,全国第二次土壤普查时分析了大量土壤实体数据,并且吸取了系统分类的一些内容,积累了大量土壤资料。因此,根据本书所采集的具体土壤剖面、前期研究所记录的土壤剖面及全国第二次土壤普查时所记录的土壤实体属性数据与信息,判断其诊断层与诊断特征,按照检索系统的顺序检索高级分类,并根据基层分类标准进行土族和土系的划分,进行土壤分类的近似参比是可能的。进行土壤系统分类与发生分类的参比,能够使原有大量历史资料为土壤分类学科的发展服务,使土壤信息能够更好地为生产服务,使之具有重要理论和应用意义。

3.6.1　高级分类近似参比

　　因为分类的依据不同,严格意义上讲,发生分类和系统分类两个分类体系不是平行的关系,二者之间不可一一对比,很难做简单的分类参比。河南省土壤分类无论是发生分类还是系统分类在高级分类中都明显地体现了发生学分类的思想,重视成土环境、成土过程对土壤性质的影响。发生分类多倾向于根据一定的景观成土条件,推测一定的成土过程,与土壤实体具备的属性进行对照统一,因此,发生分类中心概念清楚,边界模糊;而系统分类引入诊断层、诊断特性等定量化的判别指标,倾向利用土壤本身属性而非外界条件进行土壤类别的划分,将各土壤分类级别土壤性质界限定量化。

　　河南省各县市都有土壤普查报告与土壤图,并且吸收了系统分类的一些内容,因此,在目前国内土壤系统分类和发生分类并存的现状下,根据掌握的土壤实体具体信息,如形态描述、质地、理化性质等,可以对两个系统进行近似参比。发生分类中高级分类的基本单元是土类,土类相对稳定,土纲、亚纲并不稳定,发生分类的中心概念明确但是边界模糊,某一土类中可包含不同发育程度的亚类,除反映中心概念的典型亚类和附加过程的亚类外,还有很多未成熟亚类,如"××性土",表明这些幼年亚类与典型亚类在性质上相差甚远,而从系统分类观点看,这种差异可能是土纲水平上的差异,河南省此类土壤多归属为新成土纲或雏形土纲。

　　因此,在对不同的土壤类型进行两个土壤分类系统参比时存在"多对一"或"一对多"的关系,即发生分类中的一个土类可能相当于系统分类中的若干土纲、亚纲或土类,或者发生分类中的多个土类对应系统分类的某个土纲、亚纲或土类,因此需要考虑其土壤具体属性,按照诊断层、诊断特征和分类检索来进行土壤类别的合并或分离,可以实现土壤分类的近似参比(表3-14)。

表3-14　河南省高级分类的近似参比

发生分类				系统分类——亚类
土纲	亚纲	土类	亚类	
淋溶土	湿暖淋溶土	黄棕壤	黄棕壤	普通简育湿润淋溶土
				石质湿润正常新成土
			黄棕壤性土	石质湿润正常新成土
		黄褐土	黄褐土	斑纹简育湿润淋溶土
				普通简育湿润雏形土
			黏盘黄褐土	砂姜黏磐湿润淋溶土
				饱和黏磐湿润淋溶土
				普通黏磐湿润淋溶土
			白浆化黄褐土	漂白简育湿润淋溶土
			黄褐土性土	普通简育湿润雏形土
	湿暖温淋溶土	棕壤	棕壤	普通简育湿润淋溶土
				石质简育湿润淋溶土
				暗沃简育湿润雏形土
			白浆化棕壤	漂白简育湿润雏形土
			棕壤性土	普通简育湿润雏形土
				石质湿润正常新成土
半淋溶土	半湿暖温半淋溶土	褐土	褐土	普通钙质干润淋溶土
				普通简育干润淋溶土
				斑纹钙积干润淋溶土
				普通简育干润雏形土

发生分类				系统分类——亚类
土纲	亚纲	土类	亚类	
半淋溶土	半湿暖温半淋溶土	褐土	淋溶褐土	斑纹简育干润淋溶土
				普通简育干润淋溶土
			石灰性褐土	普通简育干润雏形土
			潮褐土	斑纹简育干润淋溶土
				普通简育干润雏形土
			褐土性土	普通简育干润雏形土
初育土	土质初育土	红黏土	红黏土	石灰红色正常新成土
				普通红色正常新成土
				普通铁质干润雏形土
		新积土	冲积新积土	石灰潮湿冲积新成土
				石灰干润冲积新成土
				普通干润冲积新成土
		风沙土	草甸风沙土	石灰干润砂质新成土
				普通干润砂质新成土
	石质初育土	紫色土	中性紫色土	普通紫色正常新成土
			石灰性紫色土	石灰紫色正常新成土
		石质土	中性石质土	石质干润正常新成土
				石质湿润正常新成土
			钙质石质土	石灰干润正常新成土
		粗骨土	中性粗骨土	饱和红色正常新成土
				石质干润正常新成土
				石质湿润正常新成土
			钙质粗骨土	石灰干润正常新成土
			硅质粗骨土	普通干润正常新成土
半水成土	暗半水成土	砂姜黑土	砂姜黑土	普通简育潮湿变性土
				普通简育湿润变性土
				变性砂姜潮湿雏形土
				普通砂姜潮湿雏形土
				普通暗色潮湿雏形土
				水耕淡色潮湿雏形土
				漂白简育湿润雏形土
				斑纹简育湿润雏形土
				普通简育湿润雏形土
			石灰性砂姜黑土	普通简育湿润变性土
				斑纹简育湿润雏形土
				普通简育湿润雏形土
		山地草甸土	山地草甸土	普通简育湿润雏形土

发生分类				系统分类——亚类
土纲	亚纲	土类	亚类	
半水成土	淡半水成土	潮土	潮土	石灰底锈干润雏形土
				普通简育干润雏形土
			灰潮土	普通底锈干润雏形土
				斑纹简育湿润雏形土
			灌淤潮土	斑纹灌淤旱耕人为土
				普通灌淤旱耕人为土
				普通灌淤干润雏形土
				斑纹淤积人为新成土
			湿潮土	石灰淡色潮湿雏形土
				普通淡色潮湿雏形土
				石灰潮湿冲积新成土
			脱潮土	石灰底锈干润雏形土
				普通简育干润雏形土
				普通底锈干润雏形土
			盐化潮土	弱盐淡色潮湿雏形土
			碱化潮土	弱碱底锈干润雏形土
水成土	水成土	沼泽土	草甸沼泽土	普通简育正常潜育土
盐碱土	碱土	碱土	草甸碱土	弱碱底锈干润雏形土
	盐土	盐土	草甸盐土	弱盐淡色潮湿雏形土
			碱化盐土	弱盐淡色潮湿雏形土
人为土	水稻土	水稻土	潴育型水稻土	底潜铁聚水耕人为土
				普通铁聚水耕人为土
				底潜简育水耕人为土
			淹育型水稻土	普通简育水耕人为土
			潜育型水稻土	普通潜育水耕人为土
				铁渗潜育水耕人为土
			漂洗型水稻土	漂白铁渗水耕人为土
				漂白铁聚水耕人为土
				漂白简育水耕人为土
				水耕淡色潮湿雏形土

　　河南省第二次土壤普查时共有 7 个土纲（淋溶土、半淋溶土、初育土、半水成土、水成土、盐碱土、人为土）、11 个亚纲（湿暖淋溶土、湿暖温淋溶土、半湿暖温半淋溶土、土质初育土、石质初育土、暗半水成土、淡半水成土、水成土、碱土、盐土、水稻土）、17 个土类、42 个亚类。

　　河南省土壤系统分类按照近似参比共有 6 个土纲（人为土、变性土、潜育土、淋溶土、雏形土、新成土）、13 个亚纲（水耕人为土、潮湿变性土、湿润变性土、正常潜育土、干润淋溶土、湿润淋溶土、潮湿雏形土、干润雏形土、湿润雏形土、人为新成土、砂质新成土、冲积新成土、正常新成土）、26 个土类、56 个亚类（表 3-15）。

表 3-15　河南省土壤系统分类中的高级分类

土纲	亚纲	土类	亚类
人为土	水耕人为土	潜育水耕人为土	铁渗潜育水耕人为土
			普通潜育水耕人为土
		铁渗水耕人为土	漂白铁渗水耕人为土
		铁聚水耕人为土	漂白铁聚水耕人为土
			底潜铁聚水耕人为土
		简育水耕人为土	漂白简育水耕人为土
			底潜简育水耕人为土
			普通简育水耕人为土
变性土	潮湿变性土	简育潮湿变性土	普通简育潮湿变性土
	湿润变性土	简育湿润变性土	普通简育湿润变性土
潜育土	正常潜育土	简育正常潜育土	普通简育正常潜育土
淋溶土	干润淋溶土	钙质干润淋溶土	普通钙质干润淋溶土
		钙积干润淋溶土	斑纹钙积干润淋溶土
			普通钙积干润淋溶土
		简育干润淋溶土	斑纹简育干润淋溶土
			普通简育干润淋溶土
	湿润淋溶土	黏磐湿润淋溶土	表蚀黏磐湿润淋溶土
			砂姜黏磐湿润淋溶土
			饱和黏磐湿润淋溶土
			普通黏磐湿润淋溶土
		铁质湿润淋溶土	红色铁质湿润淋溶土
		简育湿润淋溶土	石质简育湿润淋溶土
			漂白简育湿润淋溶土
			斑纹简育湿润淋溶土
			普通简育湿润淋溶土
雏形土	潮湿雏形土	淡色潮湿雏形土	变性砂姜潮湿雏形土
			普通砂姜潮湿雏形土
			普通暗色潮湿雏形土
			水耕淡色潮湿雏形土
			弱盐淡色潮湿雏形土
			石灰淡色潮湿雏形土
			普通淡色潮湿雏形土

土纲	亚纲	土类	亚类
雏形土	干润雏形土	灌淤干润雏形土	普通灌淤干润雏形土
		底锈干润雏形土	弱碱底锈干润雏形土
			石灰底锈干润雏形土
			普通底锈干润雏形土
		简育干润雏形土	普通简育干润雏形土
	湿润雏形土	简育湿润雏形土	漂白简育湿润雏形土
			暗沃简育湿润雏形土
			斑纹简育湿润雏形土
			普通简育湿润雏形土
新成土	人为新成土	淤积人为新成土	斑纹淤积人为新成土
	砂质新成土	干润砂质新成土	石灰干润砂质新成土
			普通干润砂质新成土
	冲积新成土	潮湿冲积新成土	石灰潮湿冲积新成土
		干润冲积新成土	石灰干润冲积新成土
			普通干润冲积新成土
	正常新成土	紫色正常新成土	石灰紫色正常新成土
			普通紫色正常新成土
		红色正常新成土	石灰红色正常新成土
			饱和红色正常新成土
			普通红色正常新成土
		干润正常新成土	石质干润正常新成土
			石灰干润正常新成土
			普通干润正常新成土
		湿润正常新成土	石质湿润正常新成土

注：本表中的河南省土壤系统分类的高级分类按近似参比所得。

3.6.2　基层分类近似参比

　　土系集成并体现了高级分类单元的信息，同时具有明显的地域特色，因此具有定量（精确的属性范围）、定型（稳定的土层结构）和定位（明确的地理位置）的特征，在学科上为土壤高级分类单元提供支撑，是土地评价、土地利用规划、生态环境建设的重要基础数据，可以直接为生产实践服务，直接联系着各区域的实际，因此是土壤学和相关学科发展、农业生产以及生态与环境建设的重要基础数据。

　　目前我国土壤系统分类已进入基层单元的时代，但在作为土壤基层分类单元的"土系"方面，虽然陆续取得了一些研究成果，但起步较晚，总体上在研究广度、深度以及取得的成果规模与应用价值方面还存在不足，所记述的土系还不能完全反映各地区的土系信息。

　　我国第二次土壤普查积累了大量丰富的数据和资料,其最终汇总时所建立的土种具有一定的微域景观条件、近似的水热条件、相同的母质以及相同的植被与利用方式;同一土种的剖面发生层或其他土层的层序排列及厚度是相似的;同一土种的土壤特征、土层的发育程度相同;同一土种的生产性能及生产潜力相同。这些土种与土类脱钩,命名也比较简单,实际上已接近土系的含义(表 3-16)。土种的建立是在评土、比土基础上得到的,是根据典型剖面的描述、记载、分析化验结果确立的,在地理空间上代表一定的面积分布,这实际上也代表着土壤实体。根据统一部署和规范,所有的县都以土种为单元绘制了大比例尺的土壤图,编写了土壤志,逐个土种阐明了其所处景观部位、分布面积、特征土层性状、有效土层厚度、养分含量变幅、土壤障碍因素、利用方向、改良措施等土种特性。

表 3-16　河南省基层分类比较

发生分类		系统分类	
土属	成土母质的成因、岩性和区域水分条件等	土族	土壤颗粒大小级别、矿物学类型、土壤温度状况等
土种	相同的母质、景观条件,具有相似的土体构型(特征层的层位、层序、层厚、质地、颜色等),相似的生产性能及管理措施等	土系	同一上级分类下的剖面性态特征相似的单个土体组合成的聚合土体构成,母质、地形、水热条件相似,特殊土层的种类、性质、层位、排列、层厚相似,生产利用适宜性大体一致

　　土种与土系存在着重要区别,如概念上和划分标准上有一定的差异,但在许多方面是一致的或相近的。

　　(1)土种与土系都选择了地区性的影响因素,都是通过对土壤的实体剖面研究得到数据信息;都对各层次土壤样品的理化性质进行了系统的实验室分析,除个别项目外,剖面描述和实验室分析的方法基本是统一、规范的[如关于土壤质地的划分,全国第二次土壤普查之初按苏联土壤发生学分类,后期按国际制,而中国土壤系统分类中按美国土壤系统分类使用的质地类型划分标准(简称美国制)]。

　　(2)全国第二次土壤普查对土种都进行了详细的记述,如命名归属、主要性状、典型剖面和生产性能等。土种的描述和分析化验资料已经包含了鉴别土系的主要土壤特性,如土层厚度(包括表土层厚度、心土层厚度、石质层出现深度)、土壤各层次质地、土壤中碎屑含量与类型、土壤反应、碳酸钙含量、颜色、低彩度的土壤氧化还原特征等,这些正是土系记述所必需的。

　　(3)土种与土系都以土壤实体为对象采用独立命名。全国第二次土壤普查时的土种采用在土属名称前加特征土层定量级别修饰语或群众名称的独立命名法;土系采用首次发现地名或优势分布地区地名的独立命名法,均以土壤实体为对象脱离上级分类进行独立命名。

　　土种与土系的划分原则和标准不同,在划分土种时这些信息没有得到充分体现,相关的土壤特性资料没有充分利用。只要按照土系的划分原则、标准和方法对这些资料重新进行分析、整理、归纳,就可以提炼出划分土系的有用信息。对于一些鉴别土系的重要性状,如土壤水分、土壤温度、矿物学特征等,在土种资料中记载的较少,但这些特征可以通过土壤所处的地理环境、母质类型、地形地貌部位、植被等因素推断出来，有条件时对一些典型地区也可以进行补充定位观测和分析鉴定。

　　因此，在正确区分高级分类单元的基础上，严格遵循中国土壤系统分类的分类原则和分类体系，保证高级分类单元的一致性、土系概念和划分方法的一致性、描述方法与土层符号的一致性，以大量实地调查研究资料为支撑，将全国第二次土壤普查资料中的土种信息转化为土系或"准土系"是可能的，本次也对典型土系与土种进行了基层分类参比（表 3-17）。湖北省、浙江省、海南省、黑龙江省等省根据土壤普查资料，结合各自区域特点已经做了一些有益的探索，不仅可以加快我国土壤系统分类的基层分类研究进度，完善我国的土壤系统分类，促进土壤科学的发展，更好地为生产实际服务，而且能够节约大规模土壤调查所需要的时间和资金，使宝贵的土壤普查资料充分发挥作用，为未来逐步建立大量土系及数据库奠定基础。

表 3-17　河南省土系基层分类单元及参比

土系	土族	参比土种
方楼系	黏壤质混合型非酸性热性-普通潜育水耕人为土	浅位薄层青泥田（黄褐土性潜育型水稻土）
曹黄林系	黏壤质混合型非酸性热性-漂白铁聚水耕人为土	白散土田（黄褐土性漂洗型水稻土）
东浦系	黏壤质混合型非酸性热性-普通铁聚水耕人为土	黄胶泥田（黄褐土性潴育型水稻土）
寨河系	黏壤质混合型非酸性热性-底潜简育水耕人为土	底潜青泥田（黄褐土性潜育型水稻土）
大林系	黏壤质混合型非酸性热性-普通简育水耕人为土	壤黄土田（黄褐土性淹育型水稻土）
长陵系	壤质混合型非酸性热性-普通简育水耕人为土	黄泥田（黄褐土性潴育型水稻土）
吴老湾系	壤质混合型非酸性热性-普通简育水耕人为土	浅位厚层黄胶泥田（黄褐土性潴育型水稻土）
三湾系	壤质混合型非酸性热性-普通简育水耕人为土	潮壤泥田（潮土性潴育型水稻土）
游河系	壤质混合型非酸性热性-普通简育水耕人为土	潮壤泥田（潮土性潴育型水稻土）
高庙系	壤质混合型非酸性热性-普通简育水耕人为土	黄泥田（黄褐土性潴育型水稻土）
东双河系	壤质混合型非酸性热性-普通简育水耕人为土	浅位厚层黄胶泥田（黄褐土性潴育型水稻土）
溧河系	黏质蒙脱石混合型非酸性热性-普通简育潮湿变性土	青黑土
汝州系	黏壤质混合型石灰性温性-普通钙质干润淋溶土	中层钙质石灰性褐土
王屋系	壤质混合型温性-斑纹钙积干润淋溶土	厚幼褐泥土
霍沟系	壤质混合型温性-斑纹钙积干润淋溶土	浅位多量砂姜石灰性红黏土
箕阿系	黏壤质混合型温性-普通钙积干润淋溶土	壤覆红黄土质淋溶褐土
马村系	壤质混合型温性-普通钙积干润淋溶土	少姜卧黄土（浅位少量砂姜红黄土质褐土）
瓦岗系	壤质混合型温性-普通钙积干润淋溶土	垆土（壤质洪积褐土）
盐高系	壤质混合型温性-普通钙积干润淋溶土	壤质红黄土质淋溶褐土
龙驹系	壤质混合型温性-普通钙积干润淋溶土	黏质红黄土质淋溶褐土
潭头系	壤质混合型温性-普通钙积干润淋溶土	壤质洪积褐土
樊村系	黏壤质混合型石灰性温性-斑纹铁质干润淋溶土	红黏土（红黏土始成褐土）
刘果系	黏壤质混合型石灰性温性-斑纹简育干润淋溶土	少姜底石灰卧黄土（深位少量砂姜红黄土质褐土）
大仙沟系	黏壤质混合型石灰性温性-斑纹简育干润淋溶土	壤质洪冲积淋溶褐土

续表

土系	土族	参比土种
来集系	壤质混合型石灰性温性-斑纹简育干润淋溶土	潮黄土（壤质潮褐土）
石牛系	壤质混合型石灰性温性-斑纹简育干润淋溶土	白面土（黄土质石灰性褐土）
大冶系	壤质混合型石灰性温性-斑纹简育干润淋溶土	少量砂姜黄白土（中壤质黄土质石灰性褐土）
朱阁系	壤质混合型石灰性温性-斑纹简育干润淋溶土	黄土质褐土
杨岭系	壤质混合型石灰性温性-普通简育干润淋溶土	轻壤黄土质褐土
洛龙系	壤质混合型石灰性温性-普通简育干润淋溶土	红黄土（红黄土质褐土）
胡营系	壤质混合型石灰性温性-普通简育干润淋溶土	潮洪土（中壤质洪积潮褐土）
郑科系	壤质混合型石灰性温性-普通简育干润淋溶土	立黄土（黄土质褐土）
夹津口系	壤质混合型非酸性温性-普通简育干润淋溶土	厚层灰岩淋溶褐土
申分系	黏壤质混合型非酸性热性-表蚀黏磐湿润淋溶土	浅位厚层黄胶土（浅位黏化黄土质黄褐土）
尹楼系	黏壤质混合型非酸性热性-表蚀黏磐湿润淋溶土	浅位厚层黄胶土（浅位黏化黄土质黄褐土）
东汪系	壤质混合型非酸性热性-表蚀黏磐湿润淋溶土	浅位厚层黄胶土（浅位黏化黄土质黄褐土）
靳岗系	黏壤质混合型非酸性热性-砂姜黏磐湿润淋溶土	砂姜黄胶土（深位砂姜黄土质黄褐土）
十里系	黏壤质混合型非酸性热性-饱和黏磐湿润淋溶土	深位厚层黄胶土（深位黏化黄土质黄褐土）
田关系	黏壤质混合型非酸性热性-红色铁质湿润淋溶土	厚紫泥土（厚层泥质中性紫色土）
双井系	壤质混合型石灰性热性-红色铁质湿润淋溶土	石灰性红黏土（厚层石灰性红黏土）
官庄系	黏壤质混合型非酸性热性-斑纹简育湿润淋溶土	浅黏僵黄土（浅位黏化黄土质黄褐土）
集寨系	壤质混合型非酸性热性-斑纹简育湿润淋溶土	浅黏僵黄砂泥土（浅位黏化洪冲积黄褐土）
辛店系	壤质混合型非酸性热性-斑纹简育湿润淋溶土	浅位厚层黄胶土（浅位黏化黄土质黄褐土）
朱阳系	壤质混合型非酸性温性-斑纹简育湿润淋溶土	中层坡黄土（红黄土质淋溶褐土）
尚店系	粗骨壤质混合型非酸性热性-斑纹简育湿润淋溶土	浅位厚层麻岗土（浅位黏化黄土质黄褐土）
灵宝系	壤质混合型非酸性温性-普通简育湿润淋溶土	厚淋褐暗土（厚层硅钾质淋溶褐土）
官路营系	黏质混合型非酸性热性-变性砂姜潮湿雏形土	青黑土
栗盘系	黏壤质混合型非酸性热性-普通砂姜潮湿雏形土	青黑土
曾家系	黏壤质混合型非酸性热性-普通砂姜潮湿雏形土	青黑土
大冀系	黏壤质混合型非酸性热性-普通砂姜潮湿雏形土	少姜底砂姜黑土
郭关庙系	黏壤质混合型非酸性热性-普通砂姜潮湿雏形土	底位多量砂姜黑土
权寨系	黏壤质混合型非酸性热性-普通砂姜潮湿雏形土	壤盖石灰性砂姜黑土
张林系	黏壤质混合型非酸性热性-普通砂姜潮湿雏形土	黏覆砂姜黑土
老君系	壤质混合型非酸性热性-普通砂姜潮湿雏形土	浅位多量砂姜黑土
惠河系	壤质盖粗骨壤质混合型非酸性热性-普通砂姜潮湿雏形土	浅位多量砂姜黑土
范坡系	黏壤质混合型非酸性热性-普通暗色潮湿雏形土	壤质厚覆砂姜黑土
大徐营系	壤质混合型非酸性热性-普通暗色潮湿雏形土	青黑土

续表

土系	土族	参比土种
王庄系	壤质混合型非酸性热性-普通暗色潮湿雏形土	壤质漂白砂姜黑土
涂楼系	黏壤质混合型非酸性热性-水耕淡色潮湿雏形土	灰白土田（砂姜黑土性漂洗型水稻土）
夏庄系	黏壤质混合型非酸性热性-水耕淡色潮湿雏形土	灰白泥田（砂姜黑土性漂洗型水稻土）
十三里桥系	壤质混合型非酸性热性-水耕淡色潮湿雏形土	浅位厚层黄胶泥田（黄褐土性潴育型水稻土）
韩楼系	壤质混合型石灰性温性-弱盐淡色潮湿雏形土	碱化潮土
来童寨系	黏壤质混合型温性-石灰淡色潮湿雏形土	底砂薄层淤土（底砂薄层灌淤黏质潮土）
岗李滩系	黏壤质混合型温性-石灰淡色潮湿雏形土	壤质冲积湿潮土
花园口系	壤质混合型温性-石灰淡色潮湿雏形土	砂壤质冲积湿潮土
游堂系	壤质混合型温性-石灰淡色潮湿雏形土	底黏小两合土
常峪堡系	壤质混合型温性-石灰淡色潮湿雏形土	壤襄洪积潮褐土
宗寨系	壤质混合型温性-石灰淡色潮湿雏形土	氯化物碱化盐土
范楼系	黏质混合型温性-石灰淡色潮湿雏形土	淤土（黏质潮土）
上庄系	黏质混合型非酸性热性-普通淡色潮湿雏形土	壤覆砂姜黑土
宋庄系	黏壤质混合型非酸性热性-普通淡色潮湿雏形土	壤覆砂姜黑土
花庄系	黏壤质混合型非酸性热性-普通淡色潮湿雏形土	壤复砂姜黑土
田庄系	黏壤质混合型非酸性热性-普通淡色潮湿雏形土	壤复砂姜黑土
赵竹园系	壤质混合型非酸性热性-普通淡色潮湿雏形土	壤质漂白砂姜黑土
曹坡系	壤质混合型石灰性温性-普通灌淤干润雏形土	白土（厚层堆垫褐土性土）
马沟系	黏壤质混合型石灰性温性-普通铁质干润雏形土	砂姜红僵瓣土（浅位少量砂姜红黏土）
川口系	黏壤质混合型温性-石灰底锈干润雏形土	壤垆土（壤质洪积石灰性褐土）
文殊系	黏壤质混合型温性-石灰底锈干润雏形土	壤质洪积石灰性褐土
北留系	黏壤质混合型温性-石灰底锈干润雏形土	大蒙金土（壤质脱潮两合土）
南坞系	黏壤质混合型温性-石灰底锈干润雏形土	黏覆石灰性砂姜黑土
王头系	壤质混合型温性-石灰底锈干润雏形土	洪积石灰性褐土
大金店系	壤质混合型温性-石灰底锈干润雏形土	多砾质洪淤壤土（壤质洪积褐土）
大裕沟系	壤质混合型温性-石灰底锈干润雏形土	灰石土（中层钙质褐土性土）
小浪底系	壤质混合型温性-石灰底锈干润雏形土	少姜坡卧黄土（浅位少量砂姜红黄土质褐土）
白马系	壤质混合型温性-石灰底锈干润雏形土	体砂两合土
祭城系	壤质混合型温性-石灰底锈干润雏形土	底砂厚层灌淤土
姚桥系	壤质混合型温性-石灰底锈干润雏形土	砂壤土
南小李系	壤质混合型温性-石灰底锈干润雏形土	中壤黄土质褐土性土
岗刘系	壤质混合型温性-石灰底锈干润雏形土	白墙土（轻壤黄土质褐土性土）
古荥系	壤质混合型温性-石灰底锈干润雏形土	轻壤黄土质褐土性土

续表

土系	土族	参比土种
螺蛳湖系	砂质混合型温性-石灰底锈干润雏形土	褐土化砂土（砂质脱潮土）
寻村系	粗骨壤质混合型温性-石灰底锈干润雏形土	红黄土质碳酸盐褐土
郭店系	壤质混合型石灰性温性-石灰底锈干润雏形土	砂性黄土（砂壤质洪积潮褐土）
天池系	黏壤质混合型非酸性温性-普通底锈干润雏形土	红黏土褐土性土
西源头系	壤质混合型非酸性温性-普通底锈干润雏形土	红僵瓣土（红黏土始成褐土）
石桥系	粗骨壤质混合型非酸性温性-普通底锈干润雏形土	砾质洪积褐土性土
大坪系	粗骨壤质混合型非酸性温性-普通底锈干润雏形土	厚幼褐泥土（厚层砂泥质褐土性土）
兴隆系	黏壤质混合型非酸性温性-普通底锈干润雏形土	黏质厚层洪积潮褐土
孟津系	壤质混合型温性-钙积简育干润雏形土	多姜坡卧黄土（深位多量砂姜红黄土质褐土）
渑池系	壤质混合型温性-钙积简育干润雏形土	多姜卧黄土（浅位多量砂姜红黄土质褐土）
寺沟系	壤质混合型温性-钙积简育干润雏形土	少姜卧黄土（浅位少量砂姜红黄土质褐土）
白寺系	粗骨壤质混合型温性-钙积简育干润雏形土	深位中层砂姜厚覆潮褐土
汲水系	黏壤质混合型温性-钙积简育干润雏形土	黏质鸡粪土（黏质洪积潮褐土）
尹庄系	壤质混合型温性-钙积简育干润雏形土	壤白垆土（中壤质黄土质石灰性褐土）
宜沟系	壤质混合型温性-钙积简育干润雏形土	壤质潮褐土
坡头系	壤质混合型温性-钙积简育干润雏形土	浅位料姜白面土（浅位少量砂姜黄土质石灰性褐土）
杏园系	壤质混合型温性-钙积简育干润雏形土	白面土（中壤质黄土质石灰性褐土）
五顷系	黏壤质混合型温性-钙积简育干润雏形土	少砾中层钙质淋溶褐土
大吕系	黏壤质混合型石灰性温性-普通简育干润雏形土	黏盖石灰性砂姜黑土
李胡同系	黏壤质混合型石灰性温性-普通简育干润雏形土	底砂淤土
辛庄系	壤质盖黏质混合型石灰性温性-普通简育干润雏形土	小两合土
白沙系	壤质混合型石灰性温性-普通简育干润雏形土	小两合土
君召系	壤质混合型石灰性温性-普通简育干润雏形土	幼褐土（两合洪积褐土性土）
观音寺系	壤质混合型石灰性温性-普通简育干润雏形土	砂壤质黄土质石灰性褐土
薛店系	壤质混合型石灰性温性-普通简育干润雏形土	黄土质褐土性土
函谷关系	壤质混合型石灰性温性-普通简育干润雏形土	砂性白面土（砂壤质黄土质石灰性褐土）
北常庄系	壤质混合型石灰性温性-普通简育干润雏形土	砂壤质砂质脱潮土
仰韶系	壤质混合型石灰性温性-普通简育干润雏形土	红黄土质少量砂姜碳酸盐褐土
岗李系	壤质混合型石灰性温性-普通简育干润雏形土	厚黏腰砂小两合土（深位砂脱潮土）
邙山系	壤质混合型石灰性温性-普通简育干润雏形土	白立土（黄土质褐土性土）
郑黄系	壤质混合型石灰性温性-普通简育干润雏形土	细砂土（砂壤质砂质脱潮土）
全垌系	壤质混合型石灰性温性-普通简育干润雏形土	红黄土（红黄土质褐土性土）
大口系	壤质混合型石灰性温性-普通简育干润雏形土	红褐土（红黄土质褐土）

续表

土系	土族	参比土种
曹寨系	壤质混合型石灰性温性-普通简育干润雏形土	厚层堆垫褐土
曲梁系	壤质混合型石灰性温性-普通简育干润雏形土	黄土（轻壤黄土质褐土性土）
东赵系	壤质混合型石灰性温性-普通简育干润雏形土	两合土（壤质潮土）
贾寨系	壤质混合型石灰性温性-普通简育干润雏形土	白墡土（轻壤黄土质褐土性土）
潘店系	壤质混合型石灰性温性-普通简育干润雏形土	浅位黏砂壤土
十里铺系	壤质混合型石灰性温性-普通简育干润雏形土	体壤两合土
八里湾系	壤质混合型石灰性温性-普通简育干润雏形土	脱潮小两合土
前庄系	壤质混合型石灰性温性-普通简育干润雏形土	浅位黏小两合土
王军庄系	壤质混合型石灰性温性-普通简育干润雏形土	壤质潮褐土
姚店堤系	壤质混合型石灰性温性-普通简育干润雏形土	底砂脱潮小两合土
东窑系	壤质混合型石灰性温性-普通简育干润雏形土	壤质洪积褐土
张涧系	壤质混合型石灰性温性-普通简育干润雏形土	壤质洪积潮褐土
西双桥系	壤质混合型石灰性温性-普通简育干润雏形土	薄幼褐垫土（薄层堆垫褐土性土）
大河遗址系	壤质混合型石灰性温性-普通简育干润雏形土	壤质冲积湿潮土
仰韶遗址系	壤质混合型石灰性温性-普通简育干润雏形土	废墟褐土性土
首阳遗址系	壤质混合型石灰性温性-普通简育干润雏形土	壤质废墟潮褐土
二里头遗址系	壤质混合型石灰性温性-普通简育干润雏形土	废墟土
刘胡垌系	壤质混合型石灰性温性-普通简育干润雏形土	红黄土（红黄土质褐土）
枣陈系	壤质混合型石灰性温性-普通简育干润雏形土	立黄土（黄土质褐土）
小刘庄系	砂质混合型石灰性温性-普通简育干润雏形土	轻壤黄土质褐土
尚庄系	壤质混合型非酸性温性-普通简育干润雏形土	黄垆土（壤质洪积褐土）
苟堂系	壤质混合型石灰性温性-普通简育干润雏形土	白面土（黄土质石灰性褐土）
老鸦陈系	砂质混合型石灰性温性-普通简育干润雏形土	砂性白面土（砂壤质黄土质石灰性褐土）
李马庄系	砂质混合型石灰性温性-普通简育干润雏形土	褐土化体壤砂壤土（浅位壤砂壤质砂质脱潮土）
桥盟系	粗骨盖壤质混合型石灰性温性-普通简育干润雏形土	厚层洪积褐土性土
思礼系	粗骨壤质混合型石灰性温性-普通简育干润雏形土	砾幼褐土（砾质洪积褐土性土）
唐庄系	粗骨壤质混合型非酸性温性-普通简育干润雏形土	少砾砂质淋溶褐土（中层硅质淋溶褐土）
庙下系	壤质盖粗骨壤质混合型非酸性温性-普通简育干润雏形土	洪积壤质褐土性土
石佛寺系	壤质碳酸盐型热性-普通钙质湿润雏形土	薄层白底黄土
伏牛系	壤质混合型非酸性温性-暗沃简育湿润雏形土	厚有机质中层淡岩棕壤（厚腐中层硅铝质棕壤）
老界岭系	粗骨壤质混合型非酸性温性-暗沃简育湿润雏形土	薄有机质薄层淡岩棕壤（薄有机质中层硅铝质棕壤）
栗营系	黏壤质混合型石灰性热性-斑纹简育湿润雏形土	壤盖石灰性砂姜黑土

续表

土系	土族	参比土种
天齐庙系	黏壤质混合型石灰性热性-斑纹简育湿润雏形土	石灰性青黑土
毛庄系	黏壤质混合型石灰性热性-斑纹简育湿润雏形土	石灰性青黑土
枣林系	黏壤质混合型非酸性热性-斑纹简育湿润雏形土	壤黄土（壤质洪冲积黄褐土）
赵河系	黏壤质混合型非酸性热性-斑纹简育湿润雏形土	老黄土（浅位黏化洪冲积黄褐土）
博望系	黏壤质混合型非酸性热性-斑纹简育湿润雏形土	浅黏僵黄土（浅位黏化黄土质黄褐土）
玉皇庙系	壤质混合型非酸性热性-斑纹简育湿润雏形土	少姜僵黄土（浅位少量砂姜黄土质黄褐土）
段窑系	壤质混合型非酸性热性-斑纹简育湿润雏形土	壤质洪冲积淋溶褐土
侯集系	壤质混合型非酸性热性-斑纹简育湿润雏形土	有底壤质暗黄土（壤质洪冲积淋溶褐土）
平桥系	壤质混合型非酸性热性-斑纹简育湿润雏形土	少砾厚层砂泥质黄棕壤
春水系	壤质混合型非酸性热性-斑纹简育湿润雏形土	少砾质中层酸性岩石渣土（中层硅铝质黄棕壤性土）
浉河港系	壤质混合型非酸性热性-斑纹简育湿润雏形土	少砾质厚层硅铝质黄棕壤
象河系	粗骨质混合型非酸性热性-斑纹简育湿润雏形土	浅砾层幼僵黄砂泥土（浅位砾层洪冲积黄褐土性土）
尹湾系	黏壤质混合型非酸性热性-普通简育湿润雏形土	壤复砂姜黑土
王里桥系	壤质混合型非酸性热性-普通简育湿润雏形土	厚紫泥土（厚层泥质中性紫色土）
贾楼系	粗骨壤质混合型非酸性热性-普通简育湿润雏形土	厚麻骨石土（厚层硅铝质中性粗骨土）
丹水系	粗骨砂质混合型石灰性热性-普通简育湿润雏形土	中灰紫泥土（中层石灰性紫色土）
京水系	砂质混合型石灰性温性-斑纹淤积人为新成土	厚层黏质灌淤潮土
南王庄系	混合型温性-石灰干润砂质新成土	固定草甸风沙土
贺庄系	砂质混合型温性-石灰潮湿冲积新成土	湿潮砂土
庙口系	粗骨质混合型石灰性温性-石质干润正常新成土	厚灰石碴土（厚层钙质粗骨土）
侯李系	砂质混合型温性-石灰干润正常新成土	砂壤土
南曹系	砂质混合型温性-石灰干润正常新成土	砂土（砂质脱潮土）
平桥震山系	粗骨壤质混合型非酸性热性-石质湿润正常新成土	泥质中性石质土
大沃楼系	粗骨壤质混合型非酸性热性-石质湿润正常新成土	厚层泥质中性粗骨土

注：上表只是大致对应，以《河南土种志》及县市级土壤普查报告为依据。

下篇　区域典型土系

第4章 人 为 土

4.1 普通潜育水耕人为土

4.1.1 方楼系（Fanglou Series）

土　族：黏壤质混合型非酸性热性-普通潜育水耕人为土
拟定者：李　玲，鞠　兵，吴克宁

分布与环境条件　主要分布在淮南地区南部的山区盆地与较开阔的河谷，海拔范围 50～100m，母质为下蜀黄土，水田，小麦-水稻轮作。年均气温 14～16℃，年降水量 1000～1100mm。

方楼系典型景观

土系特征与变幅　该土系诊断层有水耕表层和水耕氧化还原层；诊断特性有人为滞水土壤水分状况、热性土壤温度状况、潜育特征。混合型矿物，质地黏重。Bg 层发育 2%～5%的铁锰斑纹及铁锰结核，通体无石灰反应。

对比土系　寨河系，黏壤质混合型非酸性热性-底潜简育水耕人为土。二者地形部位相似，母质相同，剖面构型不同，土类不同。寨河系底部（75cm 以下）出现潜育特征，Br 层发育大量铁锰斑纹，而在 Bg 层可见明显的铁锰结核淀积现象，铁锰结核淀积层较方楼系低，底部出现潜育特征；而方楼系，40cm 内出现潜育特征，属于黏壤质混合型非酸性热性-普通潜育水耕人为土。

利用性能综述　该土系耕层质地较为黏重，水耕较易，水凉土冷，潜在养分高，还原物质多，水稻产量不高。今后改良利用要健全田间排水设施，防止涝灾而减产。有条件的可掺砂改良耕层过黏不良性状，提高排水能力。应加强水稻-绿肥轮作休耕模式，增加有机肥施用量，改良耕层结构。化肥施用要普遍重视磷肥施用，个别缺钾田块要补施钾肥，以协调土壤营养元素比例，提高施肥经济效益。

参比土种　浅位薄层青泥田（黄褐土性潜育型水稻土）。

代表性单个土体　剖面于 2011 年 7 月 16 日采自信阳市光山县城关镇方楼村(编号 41-076)，31°59′11″N，114°51′46″E，河谷倾斜平原，耕地，水旱轮作，一年两熟，母质为下蜀黄土。

方楼系单个土体剖面

Ap1: 0～13 cm，淡灰色（2.5Y 7.5/1，干），灰黄棕色（10YR 6/2，润），粉壤土，团块状结构，大量根系，2%～5% 的铁锰斑纹，2%～5% 的铁锰结核，pH 7.44，向下层呈渐变波状过渡。

Ap2: 13～22 cm，淡灰色（2.5Y 7.5/1，干），灰黄棕色（10YR 6/2，润），粉壤土，块状结构，稍紧实，2%～5% 的铁锰斑纹，2%～5% 的铁锰结核，pH 7.52，向下层渐变波状过渡。

Bg1: 22～40 cm，淡灰色（10YR 7/1，干），棕灰色（10YR 5.5/1，润），粉壤土，团块状结构，2%～5% 的铁锰斑纹，有亚铁反应，pH 7.74，向下层渐变波状过渡。

Bg2: 40 cm 以下，淡灰色（2.5YR 7.5/4，干），棕灰色（10YR 6/1，润），粉壤土，粒状结构，5% 左右的铁锰斑纹，2% 的铁锰结核，有亚铁反应，pH 7.73。

方楼系代表性单个土体物理性质

| 土层 | 深度 /cm | 细土颗粒组成(粒径：mm)/(g/kg) | | | 质地 | 容重 /(g/cm³) |
		砂粒 2～0.05	粉粒 0.05～0.002	黏粒 <0.002		
Ap1	0～13	96	679	224	粉壤土	1.37
Ap2	13～22	90	665	230	粉壤土	1.56
Bg1	22～40	88	679	231	粉壤土	1.59
Bg2	>40	56	695	247	粉壤土	1.55

方楼系代表性单个土体化学性质

深度 /cm	pH (H₂O)	有机碳 /(g/kg)	全氮(N) /(g/kg)	全磷(P₂O₅) /(g/kg)	全钾(K₂O) /(g/kg)	阳离子交换量 /(cmol/kg)	游离氧化铁 /(g/kg)
0～13	7.44	12.03	1.07	0.25	11.83	12.46	8.24
13～22	7.52	8.03	0.91	0.20	12.54	10.84	8.57
22～40	7.74	8.74	0.77	0.17	13.07	5.93	8.92
>40	7.73	6.26	0.48	0.23	13.49	4.94	12.08

深度 /cm	电导率 /(μS/cm)	有效磷 /(mg/kg)	交换性镁 /(cmol/kg)	交换性钙 / (cmol/kg)	交换性钾 /(cmol/kg)	交换性钠 /(cmol/kg)	碳酸钙相当物 /(g/kg)
0～13	45	9.67	0.22	3.98	0.57	3.03	0.84
13～22	43	5.11	0.25	3.46	0.55	2.79	0.94
22～40	44	5.26	0.33	3.09	0.45	2.06	0.93
>40	48	6.68	0.22	3.19	0.45	3.03	0.76

4.2 漂白铁聚水耕人为土

4.2.1 曹黄林系（Caohuanglin Series）

土　族：黏壤质混合型非酸性热性-漂白铁聚水耕人为土
拟定者：李　玲，鞠　兵，吴克宁

分布与环境条件　　主要分布在丘陵、岗地缓地中下部，海拔范围 50～100m，母质为下蜀黄土，主要农作物有水稻、小麦等，亚热带向暖温带过渡性气候。年均气温 15～16℃，年均降水量 1000～1100mm。

曹黄林系典型景观

土系特征与变幅　　该土系诊断层有水耕表层、水耕氧化还原层和漂白层；诊断特性有人为滞水土壤水分状况、热性土壤温度状况。混合型矿物，质地以粉壤土为主，形态特征分异明显，剖面中有明显的物质淋移过程，漂白层位于土系水耕表层之下，有机碳和阳离子交换量较下部土层低，通体无石灰反应。

对比土系　　长陵系，壤质混合型非酸性热性-普通简育水耕人为土。二者地理位置接近，母质相同，土层厚度相似，剖面构型不同，土类不同。长陵系无漂白层和铁聚特征；曹黄林系剖面中部发育棱柱状结构，强烈的物质淋溶过程形成了显著的漂白层，剖面的 Br 层出现明显的铁聚特征，属于黏壤质混合型非酸性热性-漂白铁聚水耕人为土。

利用性能综述　　该土系质地黏重，通透性差，水、气不协调，早春地温低，水耕比较容易，旱耕时耕性差，适耕期短。土壤养分含量低，保肥性强，供肥力较弱。

参比土种　　白散土田（黄褐土性漂洗型水稻土）。

代表性单个土体　　剖面于 2011 年 7 月 17 日采自信阳市息县曹黄林乡吕店村（编号 41-067），32°10′27″N，114°48′48″E，丘陵缓坡下部，耕地，水旱轮作，一年两熟，母质为下蜀黄土。

曹黄林系单个土体剖面

Ap1：0～18cm，橙白色（10YR 8/1，干），浊棕色（7.5YR 5/3，润），粉壤土，团块状结构，大量根系，2%～5%的铁锰斑纹及小铁锰软结核，pH 7.87，向下层渐变波状过渡。

Ap2：18～29cm，橙白色（10YR 8/1，干），浊棕色（7.5YR 5/3，润），粉壤土，块状结构，pH 7.70，向下层清晰波状过渡。

Br1：29～65cm，橙白色（10YR 8/1，干），浊棕色（7.5YR 5/2，润），粉壤土，棱块状结构，2%～5%的铁锰斑纹，pH 7.57，向下层渐变波状过渡。

Br2：65～90cm，橙白色（10YR 8/1，干），灰棕色（7.5YR 5/3，润），粉黏壤土，棱柱状结构，15%～40%的铁锰斑纹，pH 7.33，向下层渐变波状过渡。

Br3：90cm 以下，浊橙色（7.5YR 7/3，干），棕色（7.5YR 4/4，润），粉壤土，块状结构，15%～40%的铁锰斑纹，5%～15%的球形棕灰色软小铁锰结核，pH 7.53。

曹黄林系代表性单个土体物理性质

土层	深度/cm	细土颗粒组成(粒径：mm)/(g/kg)			质地	容重/(g/cm³)
		砂粒 2～0.05	粉粒 0.05～0.002	黏粒 <0.002		
Ap1	0～18	114	695	190	粉壤土	1.43
Ap2	18～29	60	676	263	粉壤土	1.60
Br1	29～65	52	651	295	粉壤土	1.63
Br2	65～90	45	627	326	粉黏壤土	1.64
Br3	>90	84	683	232	粉壤土	1.63

曹黄林系代表性单个土体化学性质

深度/cm	pH (H₂O)	有机碳/(g/kg)	全氮(N)/(g/kg)	全磷(P₂O₅)/(g/kg)	全钾(K₂O)/(g/kg)	阳离子交换量/(cmol/kg)	游离氧化铁/(g/kg)
0～18	7.87	10.44	1.54	0.25	14.18	8.47	4.87
18～29	7.70	7.65	0.83	0.21	14.08	11.82	5.65
29～65	7.57	7.68	0.85	0.33	14.18	16.37	16.53
65～90	7.33	7.65	0.95	0.46	14.30	21.68	17.30
>90	7.53	4.50	0.42	0.64	14.81	16.41	7.38

4.3 普通铁聚水耕人为土

4.3.1 东浦系（Dongpu Series）

土　族：黏壤质混合型非酸性热性-普通铁聚水耕人为土
拟定者：李　玲，鞠　兵，吴克宁

分布与环境条件　主要分布在淮南地区南部的山区盆地与较开阔的河谷，海拔范围 50～100m，母质为下蜀黄土，水田，小麦-水稻轮作。年均气温 14～16℃，年均降水量 1000～1100mm。

东浦系典型景观

土系特征与变幅　该土系诊断层有水耕表层和水耕氧化还原层；诊断特性有人为滞水土壤水分状况、热性土壤温度状况。混合型矿物，质地黏重，土体坚实，块状结构。通体有铁锰斑纹，并随深度增加而增多，通体无石灰反应。

对比土系　吴老湾系，壤质混合型非酸性热性-普通简育水耕人为土。二者地理位置接近，土体厚度相似，剖面构型相似，母质相同，土类不同。吴老湾系，Br 层铁锰斑纹和结核数量更多，分布更集中，但不满足铁聚特征；东浦系剖面具有铁聚特征，属于黏壤质混合型非酸性热性-普通铁聚水耕人为土。

利用性能综述　该土系耕层水耕较易，土垡浸水后分散成泥浆，犁底层托水托肥，潴育层氧化还原交替进行，因而栽秧后发秧快，生长健壮，产量较高。目前多水旱轮作，种植水稻-小麦（或油菜、绿肥）。

参比土种　黄胶泥田（黄褐土性潴育型水稻土）。

代表性单个土体　剖面于 2011 年 7 月 16 日采自信阳市罗山县东浦乡黄湾村（编号 41-077），32°16′6″N，114°35′19″E，河谷平原，耕地，水旱轮作，一年两熟，母质为下蜀黄土。

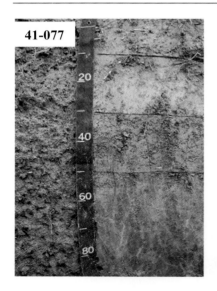

41-077

Ap1：0～18cm，灰黄色（2.5Y 7/2，干），黄灰色（2.5YR 5/1，润），粉壤土，团块状结构，大量根系，2%～5%的铁锰斑纹，pH 6.20，向下层渐变波状过渡。

Ap2：18～30cm，浊黄橙色（10YR 7/3，干），浊黄棕色（10YR 5/4，润），粉壤土，团块状结构，5%～15%的亮棕色（7.5YR 5/6）铁锰斑纹和2%～5%的黑色铁锰结核，pH 7.42，向下层渐变波状过渡。

Br1：30～70cm，浊橙色（7.5YR 6/4，干），棕色（7.5YR 4/3.5，润），粉壤土，块状结构，5%～15%的铁锰斑纹及球形铁锰结核，pH 7.45，向下层渐变波状过渡。

Br2：70～100cm，浊黄橙色（10YR 7/2，干），棕灰色（7.5YR 5/1，润），粉壤土，块状结构，15%～40%的铁锰斑纹，pH 7.94。

东浦系单个土体剖面

东浦系代表性单个土体物理性质

土层	深度/cm	细土颗粒组成(粒径：mm)/(g/kg)			质地	容重/(g/cm³)
		砂粒 2～0.05	粉粒 0.05～0.002	黏粒 <0.002		
Ap1	0～18	178	675	145	粉壤土	1.32
Ap2	18～30	100	703	195	粉壤土	1.48
Br1	30～70	76	684	239	粉壤土	1.41
Br2	70～100	133	647	219	粉壤土	1.56

东浦系代表性单个土体化学性质

深度/cm	pH (H₂O)	有机碳/(g/kg)	全氮(N)/(g/kg)	全磷(P₂O₅)/(g/kg)	全钾(K₂O)/(g/kg)	阳离子交换量/(cmol/kg)	游离氧化铁/(g/kg)
0～18	6.20	12.52	0.69	0.20	10.19	9.89	5.75
18～30	7.42	7.11	0.42	0.19	11.39	13.97	5.96
30～70	7.45	5.91	0.42	0.16	13.15	22.67	7.98
70～100	7.94	6.27	0.36	0.21	15.13	8.02	11.15

4.4 底潜简育水耕人为土

4.4.1 寨河系（Zhaihe Series）

土　族：黏壤质混合型非酸性热性-底潜简育水耕人为土
拟定者：李　玲，鞠　兵，吴克宁

分布与环境条件　主要分布于豫
南河谷倾斜平原、山前倾斜平原
的底部，海拔范围 50～100m，母
质为下蜀黄土，主要种植水稻。
年均气温 15～16℃，年均降水量
1000～1100mm。

寨河系典型景观

土系特征与变幅　该土系诊断层有水耕表层和水耕氧化还原层；诊断特性有人为滞水土
壤水分状况、热性土壤温度状况、潜育特征。混合型矿物，质地为粉壤土，土体坚实，块状
结构。Br 层发育≥40%的铁锰斑纹，Bg 层中可见明显的铁锰结核淀积，通体无石灰反应。

对比土系　方楼系，黏壤质混合型非酸性热性-普通潜育水耕人为土。二者地形部位相似，
母质相同，剖面构型相似，土类不同。方楼系潜育层出现位置距离地表较近，40cm 出现
潜育特征；而寨河系底潜水位较深，底部（75cm 以下）出现潜育特征，属于黏壤质混合
型非酸性热性-底潜简育水耕人为土。

利用性能综述　该土系犁底层托水托肥，发秧快，生长健壮，产量较高。旱作土质黏重
致密，适耕期短，渗水性能差，常因滞水影响产量。目前多水旱轮作，种植水稻-小麦，
今后改良利用要健全田间排水设施，防止涝灾而减产。应加强水稻-绿肥轮作休耕模式，
增加有机肥施用量，改良耕层结构。

参比土种　底潜青泥田（黄褐土性潜育型水稻土）。

代表性单个土体　剖面于 2011 年 7 月 17 日采自信阳市光山县寨河镇李围孜村（编号
41-074），32°8′21″N，114°9′30″E，河谷倾斜平原，耕地，水旱轮作，一年两熟，母质为
下蜀黄土。

Ap1：0～18 cm，灰黄色（2.5YR 7/2，干），黄灰色（2.5YR 6/1，润），粉壤土，团块状结构，2%～5%的亮棕色（10YR 6/8）铁锰斑纹，pH 7.08，向下层渐变波状过渡。

Ap2：18～28 cm，灰白色（5YR 8/1，干），淡灰色（2.5YR 7/1，润），粉壤土，块状结构，5%～15%的铁锰斑纹（亮棕色，10YR 6/8），pH 7.12，向下层渐变波状过渡。

Br：28～75 cm，灰白色（2.5YR 8/1，干），灰白色-淡灰色（2.5YR 7.5/1，润），粉壤土，块状结构，≥40%的铁锰斑纹（亮棕色，10YR 6/8），pH 7.17，向下层渐变波状过渡。

Bg：75～110 cm，灰白色（2.5YR 8/1，干），淡灰色（2.5YR 7/1，润），粉壤土，块状结构，15%～40%的铁锰斑纹（亮棕色，10YR 6/8），5%～15%的铁锰结核，pH 7.28。

寨河系单个土体剖面

寨河系代表性单个土体物理性质

| 土层 | 深度/cm | 细土颗粒组成(粒径：mm)/(g/kg) | | | 质地 | 容重/(g/cm³) |
		砂粒 2～0.05	粉粒 0.05～0.002	黏粒 <0.002		
Ap1	0～18	189	646	166	粉壤土	1.33
Ap2	18～28	90	698	211	粉壤土	1.63
Br	28～75	122	684	193	粉壤土	1.62
Bg	75～110	79	683	237	粉壤土	1.47

寨河系代表性单个土体化学性质

深度/cm	pH(H₂O)	电导率/(μS/cm)	有机碳/(g/kg)	全氮(N)/(g/kg)	全磷(P₂O₅)/(g/kg)	全钾(K₂O)/(g/kg)	有效磷/(mg/kg)	阳离子交换量/(cmol/kg)	游离氧化铁/(g/kg)
0～18	7.08	180	22.66	1.31	0.19	12.16	8.56	18.86	6.75
18～28	7.12	78	5.94	0.40	0.14	12.47	7.47	6.35	5.99
28～75	7.17	72	4.88	0.30	0.14	11.73	5.58	6.35	4.77
75～110	7.28	46	3.63	0.36	0.12	13.36	6.52	11.64	6.33

4.5　普通简育水耕人为土

4.5.1　大林系（Dalin Series）

土　族：黏壤质混合型非酸性热性-普通简育水耕人为土
拟定者：李　玲，鞠　兵，吴克宁

分布与环境条件　主要分布于丘陵、岗地缓坡下部，海拔 50～100m，母质为下蜀黄土，种植小麦、水稻。年均气温 15～16℃，年均降水量 1000～1100mm。

大林系典型景观

土系特征与变幅　该土系诊断层有水耕表层和水耕氧化还原层；诊断特性有人为滞水土壤水分状况、热性土壤温度状况。混合型矿物，质地为粉壤土，块状结构，土体紧实，呈暗棕色，多发育铁锰斑纹，耕层土壤有机碳含量较高，阳离子交换量剖面分异不大，一般为 19.00～22.00 cmol/kg；全氮含量低，而有效磷含量较高，尤其是心土层和底土层，明显相对较高，为 15～28 g/kg，通体无石灰反应。

对比土系　方楼系，黏壤质混合型非酸性热性-普通潜育水耕人为土。二者地理位置接近，母质相同，地形部位不同，剖面构型不同，土类不同。方楼系多位于河谷倾斜平原，具有潜育层，出现位置距离地表较近（40cm）；而大林系多分布在缓岗底部，位置高于方楼系，Br 层出现位置较浅（约 40cm），无潜育层，属于黏壤质混合型非酸性热性-普通简育水耕人为土。

利用性能综述　该土壤砂黏适中，耕性好，适耕期长，耕作容易；但土壤颗粒以粉砂为主，粉黏比大，水耕后易淀浆板结，土壤养分低。在改良利用方面应增施有机肥，重施磷肥，改良土壤结构，提高土壤肥力。

参比土种　壤黄土田（黄褐土性淹育型水稻土）。

代表性单个土体　剖面于 2011 年 7 月 16 日采自驻马店市正阳县大林乡涂店村（编号 41-080），32°19′9″N，114°33′11″E，丘陵缓岗底部，耕地，水旱轮作，一年两熟，母质为下蜀黄土。

大林系单个土体剖面

Ap1：0～15cm，浊棕色（7.5YR 6/3，干），暗棕色（7.5YR 3/4，润），粉壤土，团块状结构，大量根系，2%～5%的橙色（7.5YR 6/8）铁锰斑纹，pH 6.79，向下层渐变波状过渡。

Ap2：15～22cm，浊棕色（7.5YR 5.5/4，干），暗棕色（7.5YR 3/3，润），粉壤土，块状结构，2%～5%的铁锰斑纹，pH 7.02，向下层渐变波状过渡。

AB：22～40cm，浊棕色（7.5YR 5.5/4，干），暗棕色（7.5YR 3/4，润），粉壤土，块状结构，2%～5%的铁锰斑纹，pH 7.30，向下层渐变波状过渡。

Br：40～80cm，浊棕色（7.5YR 5/4，干），暗棕色（7.5YR 3/4，润），粉壤土，块状结构，5%～15%的黑棕色（7.5YR 3/1）铁锰斑纹，pH 7.85，向下层渐变波状过渡。

BC：80～110cm，浊橙色（7.5YR 6/4，干），暗棕色（7.5YR 3/4，润），粉壤土，块状结构，5%～15%的铁锰斑纹，pH 8.13。

大林系代表性单个土体物理性质

土层	深度/cm	细土颗粒组成(粒径：mm)/(g/kg)			质地	容重/(g/cm³)
		砂粒 2～0.05	粉粒 0.05～0.002	黏粒 <0.002		
Ap1	0～15	141	671	187	粉壤土	1.42
Ap2	15～22	104	677	195	粉壤土	1.57
AB	22～40	81	699	218	粉壤土	1.69
Br	40～80	90	702	207	粉壤土	1.71
BC	80～110	77	690	231	粉壤土	1.65

大林系代表性单个土体化学性质

深度/cm	pH(H₂O)	电导率/(μS/cm)	有机碳/(g/kg)	全氮(N)/(g/kg)	全磷(P₂O₅)/(g/kg)	全钾(K₂O)/(g/kg)	有效磷/(mg/kg)	阳离子交换量/(cmol/kg)	游离氧化铁/(g/kg)
0～15	6.79	84	12.30	0.95	0.44	14.30	6.21	19.46	9.41
15～22	7.02	87	10.50	0.88	0.43	13.70	5.74	21.04	9.36
22～40	7.30	93	6.04	1.01	0.42	15.93	3.53	22.07	9.56
40～80	7.85	81	4.88	0.54	0.48	12.71	15.03	19.28	7.98
80～110	8.13	120	5.86	0.54	0.50	14.51	27.93	19.41	8.09

4.5.2　长陵系（**Changling Series**）

土　族：壤质混合型非酸性热性-普通简育水耕人为土
拟定者：李　玲，鞠　兵，吴克宁

分布与环境条件　主要出现在
沿河倾斜平地、岗坡、冲沟中部
及平原较高处，海拔 100～
150m，母质为下蜀黄土，主要
农作物有水稻、小麦等，亚热带
向暖温带过渡性气候。年均气温
15～16℃，年均降水量 1000～
1100mm。

长陵系典型景观

土系特征与变幅　该土系诊断层有水耕表层和水耕氧化还原层；诊断特性有人为滞水土
壤水分状况、热性土壤温度状况。混合型矿物，质地为粉壤土，常见块状结构，Br2 层
有≥40%的铁锰斑纹，通体无石灰反应。

对比土系　曹黄林系，黏壤质混合型非酸性热性-漂白铁聚水耕人为土。二者地理位置接
近，母质相同，土层厚度相似，剖面构型不同，土类不同。曹黄林系发育较明显的漂白
层，剖面下部出现明显的铁锰淀积；而长陵系淋洗作用不强烈，无漂白层和铁聚特征，
属于壤质混合型非酸性热性-普通简育水耕人为土。

利用性能综述　该土系耕层质地较为黏重，水耕较易，浸水后分散成泥浆，糊而不乱，
利于水、肥、气、热调节，发秧快，生长健壮，产量较高。旱作时由于土质黏重致密，
适耕期短。

参比土种　黄泥田（黄褐土性潴育型水稻土）。

代表性单个土体　剖面于 2011 年 7 月 19 日采自信阳市息县长陵乡申庄村（编号 41-069），
32°23′15″N，115°6′58″E，河谷倾斜平原，耕地，水旱轮作，一年两熟，母质为下蜀黄土。

长陵系单个土体剖面

Ap1：0～12cm，浊黄橙色（10YR 7/3，干），棕色（10YR 4/6，润），粉壤土，团块状结构，大量根系，15%～40%的铁锰斑纹，pH 6.77，向下层清晰波状过渡。

Ap2：12～19cm，灰黄棕色-浊黄橙色（10YR 6.5/2，干），棕色（10YR 4/6，润），粉壤土，团块状结构，15%～40%的铁锰斑纹，pH 6.73，向下层清晰平滑过渡。

Br1：19～55cm，浊黄橙色（10YR 7/3.5，干），棕色（10YR 4/6，润），粉壤土，块状结构，5%～15%的铁锰斑纹，pH 7.34，向下层模糊平滑过渡。

Br2：55～85cm，浊黄橙色（10YR 7/4，干），棕色（10YR 4/6，润），粉壤土，块状结构，≥40%的铁锰斑纹，pH 7.28，向下层渐变波状过渡。

Br3：85～110cm，浊黄橙色（10YR 6.5/3，干），暗棕色（10YR 3/4，润），粉壤土，块状结构，pH 7.42。

长陵系代表性单个土体物理性质

土层	深度/cm	细土颗粒组成(粒径：mm)/(g/kg)			质地	容重/(g/cm³)
		砂粒 2～0.05	粉粒 0.05～0.002	黏粒 <0.002		
Ap1	0～12	231	596	172	粉壤土	1.26
Ap2	12～19	113	694	192	粉壤土	1.44
Br1	19～55	109	709	181	粉壤土	1.66
Br2	55～85	96	703	201	粉壤土	1.64
Br3	85～110	87	688	224	粉壤土	1.59

长陵系代表性单个土体化学性质

深度/cm	pH(H₂O)	电导率/(μS/cm)	有机碳/(g/kg)	全氮(N)/(g/kg)	全磷(P₂O₅)/(g/kg)	全钾(K₂O)/(g/kg)	有效磷/(mg/kg)	阳离子交换量/(cmol/kg)	游离氧化铁/(g/kg)
0～12	6.77	62	12.33	0.83	0.75	13.05	15.37	21.17	9.50
12～19	6.73	41	10.78	0.66	0.70	15.13	3.38	17.99	9.89
19～55	7.34	48	5.32	0.54	0.69	11.21	5.06	16.51	8.38
55～85	7.28	32	5.33	0.54	0.59	13.41	4.85	15.45	8.67
85～110	7.42	34	6.07	0.24	0.62	13.85	3.49	24.94	10.17

4.5.3　吴老湾系（**Wulaowan Series**）

土　　族：壤质混合型非酸性热性-普通简育水耕人为土
拟定者：李　玲，鞠　兵，吴克宁

分布与环境条件　主要分布
于沿河倾斜平地，海拔 50～
100m，母质为下蜀黄土，主
要农作物有水稻、小麦等，
亚热带向暖温带过渡性气
候。年均气温 15～16℃，年
均降水量 1000～1100mm。

吴老湾系典型景观

土系特征与变幅　该土系诊断层有水耕表层和水耕氧化还原层；诊断特性有人为滞水土
壤水分状况、热性土壤温度状况。混合型矿物，质地为粉壤土，块状结构，Br 层有 15%～
40%的铁锰斑纹，通体无石灰反应。

对比土系　东浦系，黏壤质混合型非酸性热性-普通铁聚水耕人为土。二者地理位置接近，
土体厚度相似，母质相同，诊断特性不同，土类不同。东浦系具有铁聚特征；吴老湾系
Br 层铁锰斑纹和铁锰结核数量较多，分布集中，但不满足铁聚特征，属于壤质混合型非
酸性热性-普通简育水耕人为土。

利用性能综述　该土系多为水旱轮作，稻-麦两熟，质地黏重，水耕较易，潴育层有托
水保肥作用。旱耕较为困难，同时小麦、油菜生育期常渍水，影响产量，属于中产土壤
类型。

参比土种　浅位厚层黄胶泥田（黄褐土性潴育型水稻土）。

代表性单个土体　剖面于 2011 年 7 月 16 日采自信阳市罗山县龙山乡吴老湾村（编号
41-072），32°14′37″N，114°33′13″E，河谷倾斜平原，耕地，水旱轮作，一年两熟，母质
为下蜀黄土。

吴老湾系单个土体剖面

Ap1：0～13cm，浊黄橙色（10YR 6/3，干），棕色（10YR 4/4，润），粉壤土，团块状结构，大量根系，<2%的铁锰斑纹，pH 7.08，向下层渐变波状过渡。

Ap2：13～22cm，灰黄棕色-浊黄橙色（10YR 6.5/2，干），浊黄橙色（10YR 6.5/3，润），粉壤土，块状结构，15%～40%的铁锰斑纹，2%～5%的小铁锰结核，pH 7.60，向下层渐变波状过渡。

AB：22～40cm，浊黄橙色（10YR 7/2，干），浊黄棕色（10YR 7/3，润），粉壤土，团块状结构，2%～5%的铁锰斑纹，pH 7.67，向下层模糊波状过渡。

Br1：40～60cm，浊黄橙色（10YR 7/3，干），浊黄棕色（10YR 5/4，润），粉壤土，块状结构，15%～40%的铁锰斑纹，pH 7.12，向下层模糊波状过渡。

Br2：60～85cm，浊黄棕色-浊黄橙色（10YR 6.5/3，干），暗棕色（10YR 3/4，润），粉壤土，块状结构，5%～15%的铁锰斑纹，pH 7.47。

吴老湾系代表性单个土体物理性质

土层	深度 /cm	细土颗粒组成(粒径：mm)/(g/kg)			质地	容重 /(g/cm^3)
		砂粒 2～0.05	粉粒 0.05～0.002	黏粒 <0.002		
Ap1	0～13	152	677	170	粉壤土	1.28
Ap2	13～22	111	703	184	粉壤土	1.46
AB	22～40	107	697	194	粉壤土	1.56
Br1	40～60	103	697	196	粉壤土	1.53
Br2	60～85	96	699	204	粉壤土	1.57

吴老湾系代表性单个土体化学性质

深度 /cm	pH (H$_2$O)	电导率 /(μS/cm)	有机碳 /(g/kg)	全氮(N) /(g/kg)	全磷(P$_2$O$_5$) /(g/kg)	全钾(K$_2$O) /(g/kg)	有效磷 /(mg/kg)	阳离子交换量 /(cmol/kg)	游离氧化铁 /(g/kg)
0～13	7.08	99	21.30	1.25	0.54	13.43	8.00	18.42	10.61
13～22	7.60	50	11.16	0.71	0.27	12.90	5.23	6.45	10.96
22～40	7.67	58	11.15	0.69	0.22	12.80	3.45	6.20	9.07
40～60	7.12	49	8.42	0.54	0.23	11.69	5.10	14.40	8.02
60～85	7.47	42	6.88	0.54	0.31	14.23	4.48	20.20	9.99

4.5.4 三湾系（Sanwan Series）

土　族：壤质混合型非酸性热性-普通简育水耕人为土
拟定者：吴克宁，李　玲，鞠　兵

分布与环境条件　主要分布于河谷倾斜平原下部，海拔 100～150m，母质是河流沉积物，多种植小麦、水稻。年均气温 15～16℃，年均降水量 1000～1100mm。

三湾系典型景观

土系特征与变幅　该土系诊断层有水耕表层和水耕氧化还原层；诊断特性有人为滞水土壤水分状况、热性土壤温度状况。混合型矿物，质地为粉壤土，块状结构，剖面可见铁锰斑纹，表层有机碳含量较高，一般大于 10 g/kg，并随深度增加而减少，底部有机碳含量仅有 3.98 g/kg，阳离子交换量 13～14 cmol/kg，通体无石灰反应。

对比土系　游河系，壤质混合型非酸性热性-普通简育水耕人为土。二者地理位置接近，土体厚度相似，母质相同，剖面构型相似，土族相同。游河系分布位置稍高，通体出现铁锰斑纹，50cm 以下出现大量铁锰斑纹和铁锰结核淀积；三湾系土壤剖面有少量的铁锰斑纹。

利用性能综述　该土系大多为水旱轮作，稻-麦两熟，潴育层有托水保肥作用，水耕较易，有利于水、肥、气、热调节，潴育层氧化还原交替进行，发秧快，生长健壮，产量较高。今后改良利用要健全田间排水设施，防止因涝灾而减产。

参比土种　潮壤泥田（潮土性潴育型水稻土）。

代表性单个土体　剖面于 2011 年 7 月 18 日采自信阳市石河区游河乡三湾村（编号 41-082），32°4′27″N，114°7′3″E，河谷倾斜平原下部，耕地，水旱轮作，母质为河流沉积物。

三湾系单个土体剖面

Ap1: 0～15cm，浊黄橙色（10Y 6/4，干），棕色（10YR 4/6，润），粉壤土，团块状结构，大量根系，2%～5%的亮黄棕色（10YR 6/6）铁锰斑纹，pH 7.35，向下层渐变波状过渡。

Ap2: 15～21cm，浊黄橙色（10YR 6/4，干），棕色（10YR 4/6，润），粉壤土，块状结构，2%～5%的铁锰斑纹，pH 7.41，向下层渐变波状过渡。

Br1: 21～50cm，浊黄橙色（10YR 7/4，干），棕色（10YR 4/6，润），粉壤土，块状结构，2%～5%的铁锰斑纹，pH 7.52，向下层渐变波状过渡。

Br2: 50～85cm，浊黄橙色（10YR 7/4，干），棕色（10YR 4/6，润），粉壤土，2%～5%的铁锰斑纹，pH 8.10，向下层渐变波状过渡。

Br3: 85～120cm，浊黄橙色（10Y 7/4，干），棕色（10YR 4/6，润），粉壤土，块状结构，2%～5%的铁锰斑纹，pH 8.07。

三湾系代表性单个土体物理性质

| 土层 | 深度/cm | 细土颗粒组成（粒径：mm)/(g/kg) | | | 质地 | 容重/(g/cm³) |
		砂粒 2～0.05	粉粒 0.05～0.002	黏粒 <0.002		
Ap1	0～15	174	661	164	粉壤土	1.27
Ap2	15～21	160	643	166	粉壤土	1.40
Br1	21～50	198	631	170	粉壤土	1.45
Br2	50～85	151	682	166	粉壤土	1.65
Br3	85～120	186	649	163	粉壤土	1.61

三湾系代表性单个土体化学性质

深度/cm	pH(H₂O)	电导率/(μS/cm)	有机碳/(g/kg)	全氮(N)/(g/kg)	全磷(P₂O₅)/(g/kg)	全钾(K₂O)/(g/kg)	有效磷/(mg/kg)	阳离子交换量/(cmol/kg)	游离氧化铁/(g/kg)
0～15	7.35	55	10.46	0.71	0.17	12.21	6.36	13.47	10.30
15～21	7.41	57	10.05	0.66	0.19	12.38	4.25	14.21	9.95
21～50	7.52	63	9.13	0.95	0.24	12.49	1.49	14.41	9.37
50～85	8.10	120	7.38	0.54	0.26	12.81	1.99	13.71	8.89
85～120	8.07	63	3.98	1.01	0.30	11.48	3.88	6.37	9.20

4.5.5 游河系（Youhe Series）

土　族：壤质混合型非酸性热性-普通简育水耕人为土
拟定者：李　玲，鞠　兵，吴克宁

分布与环境条件　主要分布于垄岗地区的岗坡、沟冲中部及平原中部，海拔 100～150m，母质为河流沉积物，种植小麦、水稻。年均气温 15～16℃，年均降水量 1000～1100mm。

游河系典型景观

土系特征与变幅　该土系诊断层有水耕表层和水耕氧化还原层；诊断特性有人为滞水土壤水分状况、热性土壤温度状况。混合型矿物，质地为粉壤土，块状结构，50cm 以下发育≥40%的铁锰斑纹和铁锰结核淀积，通体无石灰反应。

对比土系　三湾系，壤质混合型非酸性热性-普通简育水耕人为土。二者地理位置接近，土体厚度相似，母质相同，剖面构型相似，土族相同。三湾系的土壤剖面铁锰斑纹数量较少；而游河系土壤潴育层发育明显，具有不同深度的铁锰聚集特征，50cm 以下出现大量铁锰斑纹和铁锰结核淀积。

利用性能综述　该土系大多为水旱轮作，稻-麦两熟，潴育层有托水保肥作用，水耕比较容易，因而栽秧后发秧快，生长健壮，产量较高。今后改良利用要健全田间排水设施，防止因涝灾而减产。

参比土种　潮壤泥田（潮土性潴育型水稻土）。

代表性单个土体　剖面于 2011 年 7 月 19 日采自信阳市石河区游河乡三湾村（编号41-081），32°14′27″N，113°57′45″E，河谷倾斜平原中部，耕地，水旱轮作，一年两熟，母质为河流沉积物。

游河系单个土体剖面

Ap1: 0～17cm, 浊黄橙色（10Y 7/2, 干）, 棕灰色（7.5YR 6/1, 润）, 粉壤土, 团块状结构, 大量根系, 2%～5%的橙色（7.5YR 6/8）铁锰斑纹, pH 7.60, 向下层渐变波状过渡。

Ap2: 17～28cm, 浊黄橙色（10Y 7/2, 干）, 棕灰色（7.5YR 6/1, 润）, 粉壤土, 块状结构, 大量根系, 2%～5%的橙色（7.5YR 6/8）铁锰斑纹, pH 7.57, 向下层渐变波状过渡。

AB: 28～50cm, 浊黄橙色（10YR 7/3, 干）, 棕灰色（7.5YR 5/1, 润）, 粉壤土, 块状结构, 5%～15%的亮棕色（7.5YR 5/8）铁锰斑纹, pH 7.60, 向下层渐变平滑过渡。

Br1: 50～100cm, 浊黄橙色（7.5YR 8/2, 干）, 浊棕色（7.5YR 6/3, 润）, 粉壤土, 块状结构, ≥40%的亮棕色（7.5YR 5/6）铁锰斑纹, 2%～5%的球形黑色（7.5YR 2/1）铁锰结核, pH 7.75, 向下层渐变波状过渡。

Br2: 100～113cm, 黄色（7.5YR 8/6, 干）, 淡棕色（7.5YR 7/1, 润）, 粉壤土, 块状结构, ≥40%的橙色（7.5YR 6/6）铁锰斑纹, 2%～5%的球形黑色（7.5YR 2/1）铁锰结核, pH 7.70。

游河系代表性单个土体物理性质

| 土层 | 深度 /cm | 细土颗粒组成(粒径: mm)/(g/kg) | | | 质地 | 容重 /(g/cm³) |
		砂粒 2～0.05	粉粒 0.05～0.002	黏粒 <0.002		
Ap1	0～17	172	663	165	粉壤土	1.31
Ap2	17～28	177	648	170	粉壤土	1.44
AB	28～50	186	637	178	粉壤土	1.50
Br1	50～100	218	612	168	粉壤土	1.36
Br2	100～113	106	678	214	粉壤土	1.55

游河系代表性单个土体化学性质

深度 /cm	pH (H₂O)	电导率 /(μS/cm)	有机碳 /(g/kg)	全氮(N) /(g/kg)	全磷(P₂O₅) /(g/kg)	全钾(K₂O) /(g/kg)	有效磷 /(g/kg)	阳离子交换量 /(cmol/kg)	游离氧化铁 /(g/kg)
0～17	7.60	48	15.88	1.07	0.38	13.79	6.68	13.99	8.31
17～28	7.57	45	13.55	0.96	0.26	13.25	5.98	13.55	8.01
28～50	7.60	49	11.28	0.87	0.28	13.75	5.68	13.79	8.22
50～100	7.75	60	5.64	0.66	0.15	13.57	4.01	13.59	7.86
100～113	7.70	49	5.78	0.60	0.13	11.09	2.74	13.57	8.36

4.5.6 高庙系（Gaomiao Series）

土　　族：壤质混合型非酸性热性-普通简育水耕人为土
拟定者：李　玲，鞠　兵，吴克宁

分布与环境条件　主要出现在沿河倾斜平地，海拔范围 100～150m，母质为冲积物，主要农作物有水稻、小麦等，亚热带向暖温带过渡气候。年均气温 15～16℃，年均降水量 1000～1100mm。

高庙系典型景观

土系特征与变幅　该土系诊断层有水耕表层和水耕氧化还原层；诊断特性有人为滞水土壤水分状况、热性土壤温度状况。混合型矿物，质地为粉壤土，Br 层有中量铁锰斑纹和软铁锰结核，表层有机碳含量较高，约为 16.64g/kg，阳离子交换量约为 16.08 cmol/kg，通体无石灰反应。

对比土系　东双河系，壤质混合型非酸性热性-普通简育水耕人为土。二者地理位置接近，地形部位相似，母质相同，剖面构型相同，土族相同。东双河系剖面构型呈 Ap-Br，Br 层铁锰斑纹和铁锰结核分异较明显，出现位置较浅，但铁锰淀积层较厚；高庙系剖面构型呈 Ap-Br，剖面 90cm 内含大量铁锰斑纹和中量铁锰结核，分异不明显。

利用性能综述　该土系土体深厚，耕层质地适中，疏松易耕。旱耕适耕期长，湿耕容易，通透良好，水、肥、气、热状况协调。地下水位适中，土体构型好，无障碍层，适种作物广，是一种高产土壤类型。

参比土种　黄泥田（黄褐土性潴育型水稻土）。

代表性单个土体　剖面于 2011 年 7 月 11 日采自信阳市竹竿乡高庙村（编号 41-071），32°16′16″N，114°38′46″E，河谷倾斜平原，耕地，水旱轮作，一年两熟，母质为冲积物。

高庙系单个土体剖面

Ap1：0～11cm，浊黄橙色（10YR 7/2，干），灰黄棕色（10YR 5/2，润），粉壤土，团块状结构，大量根系，5%～15% 的铁锰斑纹，pH 6.68，向下层渐变波状过渡。

Ap2：11～20cm，浊黄橙色（10YR 7/2，干），棕灰色（7.5YR 5/1，润），粉壤土，块状结构，大量根系，5%～15%的 铁锰斑纹，pH 7.21，向下层渐变波状过渡。

Br1：20～35cm，浊黄橙色（10YR 7/2，干），棕灰色（7.5YR 5/1，润），粉壤土，块状结构，5%～15%的铁锰斑纹， pH 7.62，向下层渐变波状过渡。

Br2：35～80cm，浊黄橙色（10YR 7/2，干），灰黄棕色（10YR 6/2，润），粉壤土，块状结构，中量的铁锰斑纹和铁锰 结核，pH 7.67，向下层渐变波状过渡。

Br3：80～110 cm，浊黄橙色（10YR 7/2，干），棕灰色（7.5YR 5.5/1，润），粉壤土，块状结构，有大量的铁锰斑纹， pH 7.80，向下层渐变波状过渡。

高庙系代表性单个土体物理性质

| 土层 | 深度 /cm | 细土颗粒组成(粒径：mm)/(g/kg) | | | 质地 | 容重 /(g/cm³) |
		砂粒 2～0.05	粉粒 0.05～0.002	黏粒 <0.002		
Ap1	0～11	126	701	171	粉壤土	1.42
Ap2	11～20	107	704	188	粉壤土	1.61
Br1	20～35	138	685	176	粉壤土	1.55
Br2	35～80	150	662	187	粉壤土	1.51
Br3	80～110	91	684	224	粉壤土	1.59

高庙系代表性单个土体化学性质

深度 /cm	pH (H₂O)	电导率 /(μS/cm)	有机碳 /(g/kg)	全氮(N) /(g/kg)	全磷(P₂O₅) /(g/kg)	全钾(K₂O) /(g/kg)	有效磷 /(mg/kg)	阳离子交换量 /(cmol/kg)	游离氧化铁 /(g/kg)
0～11	6.68	71	16.64	1.01	0.55	13.95	26.47	16.08	8.38
11～20	7.21	51	5.49	0.54	0.48	11.82	25.67	16.93	6.24
20～35	7.62	62	5.78	0.46	0.51	12.90	62.32	7.20	6.45
35～80	7.67	47	4.89	0.42	0.68	13.64	84.22	4.73	7.16
80～110	7.80	58	5.60	0.42	0.57	15.43	36.21	7.45	11.42

4.5.7 东双河系（Dongshuanghe Series）

土　族：壤质混合型非酸性热性-普通简育水耕人为土
拟定者：李　玲，鞠　兵，吴克宁

分布与环境条件　土壤主要分布在淮南地区南部的山区盆地与较开阔的河谷，海拔范围 100～150m，母质为下蜀黄土，多种植小麦、水稻。年均气温 15～16℃，年均降水量 1000～1100mm。

东双河系典型景观

土系特征与变幅　该土系诊断层有水耕表层和水耕氧化还原层；诊断特性有人为滞水土壤水分状况、热性土壤温度状况。混合型矿物，质地为粉壤土，20cm 以下出现氧化还原特征，多见铁锰斑纹，铁锰结核，20～65cm 层段土体湿时疏松，通体无石灰反应。

对比土系　高庙系，壤质混合型非酸性热性-普通简育水耕人为土。二者地理位置接近，地形部位相似，母质相同，剖面构型相同，土族相同。高庙系剖面 90cm 内发育大量铁锰斑纹和中量铁锰结核，分异不明显；东双河系深度 35cm 以下发育中量铁锰结核新生体，铁锰淀积层较厚，厚度大于 60cm。

利用性能综述　该土系耕层质地为粉壤土，水耕较易，浸水后分散成泥浆，糊而不乱，有利于水、肥、气、热调节，发秧快，生长健壮，产量较高。旱作适耕期短，耕耙较为困难。渗水性能差，常因滞水受渍而影响产量。今后改良利用要健全田间排水设施，防止因涝灾而减产，提高内排水能力。应加强水稻-绿肥轮作休耕模式，增加有机肥施用量，改良耕层结构。

参比土种　浅位厚层黄胶泥田（黄褐土性潴育型水稻土）。

代表性单个土体　剖面于 2011 年 7 月 19 日采自信阳市平桥区东双河镇响山村（编号 41-083），32°2′56″N，114°6′5″E，河谷平原，耕地，水旱轮作，一年两熟，母质为下蜀黄土。

41-083

东双河系单个土体剖面

Ap1：0～12cm，灰黄色（2.5Y 7/2，干），灰黄棕色（10YR 5/2，润），粉壤土，团块状结构，大量根系，15%～40%的橙色（5YR 6/8）铁锰斑纹，pH 7.27，向下层渐变波状过渡。

Ap2：12～20cm，灰黄色（2.5Y 7/2，干），灰黄棕色（10YR 5/2，润），粉壤土，块状结构，大量根系，15%～40%的橙色（5YR 6/8）铁锰斑纹，pH 7.36，向下层渐变波状过渡。

Br1：20～50cm，灰白棕色-浊黄橙色（10YR 6.5/2，干），灰黄棕色（10YR 5.5/2，润），粉壤土，块状结构，15%～40%的橙色（7.5YR 6/8）铁锰斑纹，有黑色铁锰结核，pH 7.50，向下层渐变波状过渡。

Br2：50～65cm，浊橙色（10YR 7/4，干），亮棕色（7.5YR 5/2，润），粉壤土，块状结构，15%～40%的橙色（7.5YR 6/8）铁锰斑纹，有黑棕色（7.5YR 3/1）铁锰结核，pH 7.64，向下层渐变波状过渡。

Br3：65～100cm 以下，浊黄橙色（10Y 7/4，干），棕灰色（10YR 6/1，润），粉壤土，块状结构，15%～40%的红棕色（5YR 4/8）铁锰斑纹，有黑色（7.5YR 2/1）铁锰结核，pH 7.60。

东双河系代表性单个土体物理性质

| 土层 | 深度 /cm | 细土颗粒组成（粒径：mm）/(g/kg) | | | 质地 | 容重 /(g/cm³) |
		砂粒 2～0.05	粉粒 0.05～0.002	黏粒 <0.002		
Ap1	0～12	173	693	132	粉壤土	1.43
Ap2	12～20	165	684	142	粉壤土	1.58
Br1	20～50	148	699	152	粉壤土	1.63
Br2	50～65	123	707	168	粉壤土	1.66
Br3	65～100	123	697	179	粉壤土	1.64

东双河系代表性单个土体化学性质

深度 /cm	pH (H₂O)	电导率 /(μS/cm)	有机碳 /(g/kg)	全氮(N) /(g/kg)	全磷(P₂O₅) /(g/kg)	全钾(K₂O) /(g/kg)	有效磷 /(mg/kg)	阳离子交换量 /(cmol/kg)	游离氧化铁 /(g/kg)
0～12	7.27	52	20.60	1.25	0.42	6.50	5.20	17.84	12.91
12～20	7.36	51	17.56	1.02	0.34	6.24	7.25	17.85	11.84
20～50	7.50	49	11.28	0.84	0.18	5.23	11.01	15.18	11.55
50～65	7.64	42	6.86	0.68	0.38	7.94	9.26	15.59	11.55
65～100	7.60	39	7.96	0.66	0.07	8.96	16.40	14.44	12.23

第5章 变 性 土

5.1 普通简育潮湿变性土

5.1.1 溧河系（Lihe Series）

土　族：黏质蒙脱石混合型非酸性热性-普通简育潮湿变性土
拟定者：陈　杰，万红友，赵　燕

分布与环境条件　主要分布于湖积平原或盆地、洼地边缘地带，海拔范围100～150m，成土母质为湖相沉积物，北亚热带和暖温带的过渡气候。年均气温15.0～16.0℃，年均降水量800～900mm，雨热同季，地下水位为1.5～3.5m。

溧河系典型景观

土系性状与变幅　该土系诊断层有淡薄表层、雏形层；诊断特性有潮湿土壤水分状况、热性土壤温度状况、变性特征、氧化还原特征。蒙脱石混合型矿物，表层为粉砂黏土。B层为灰棕色的块状黏土，100cm以内黏粒含量300～410g/kg，40cm以下为棱块状和块状结构，土体内较多铁锰结核，通体无石灰反应。

对比土系　官路营系，黏质混合型非酸性热性-变性砂姜潮湿雏形土。二者地理位置相近，土壤水分状况和土壤温度状况相同，诊断特性不同，属于不同的土纲。官路营系具有雏形层，质地黏重，但黏粒含量低于溧河系，仅具有变性现象；溧河系具有变性特征，黏粒含量更高，为蒙脱石混合矿物学类型，属于黏质蒙脱石混合型非酸性热性-普通简育潮湿变性土。

利用性能综述　该土系质地黏重，土体胀缩性大，湿时泥泞，干时僵硬，耕性差，对作物根系生长具有较强障碍作用，且残余黑土层对水分运移有较强影响，易引发旱涝。农业生产利用方面应加强以降低地下水位、保证作物生理需水为核心的灌排基础设施建设，以腐熟秸秆还田、加大有机肥施用量为基础，以深耕深翻为基本手段，促进土壤结构改良，改善水肥供给能力。

参比土种　青黑土。

代表性单个土体　剖面于 2009 年 12 月 11 日采自南阳市宛城区溧河乡沙岗村（编号 41-104），32°54′36″N，112°36′2″E，海拔 111m，南阳盆地湖积平原，母质为湖相沉积物，耕地，小麦-玉米轮作。

溧河系单个土体剖面

Ap：0～17cm，棕色（10YR 4/4，干），浊黄棕色（10YR 4/3，润），粉砂黏土，团块状结构，大量根系，5%～10%的铁锰斑纹，pH 7.7，向下层模糊平滑过渡。

AB：17～34cm，浊黄棕色（10YR 5/3，干），橄榄棕色（2.5Y 4/3，润），粉砂黏土，团块状结构，10%左右的铁锰斑纹，pH 7.4，向下层清晰平滑过渡。

Bv1：34～45cm，浊黄棕色（10YR 4/3，干），黑棕色（2.5Y 3/2，润），黏土，棱块状结构，干时很硬，润时很坚实，湿时黏着，强塑，具发亮且有槽痕的滑擦面，15%左右的铁锰斑纹，pH 7.1，向下层清晰平滑过渡。

Bv2：45～82cm，黄棕色（2.5Y 5/3，干），暗灰黄色（2.5Y 5/2，润），黏土，棱块状结构，干时很硬，润时很坚实，湿时黏着，强塑，30%～35%的铁锰斑纹，pH 7.4，向下层模糊平滑过渡。

Br：82～120cm，浊黄棕色（10YR 5/3，干），暗灰黄色（2.5Y 4/2，润），粉砂壤土，块状结构，35%以上的铁锰斑纹，pH 7.5。

溧河系代表性单个土体物理性质

土层	深度/cm	砾石（>2mm，体积分数）/%	细土颗粒组成（粒径：mm）/(g/kg)			质地	容重/(g/cm³)
			砂粒 2～0.05	粉粒 0.05～0.002	黏粒 <0.002		
Ap	0～17	≤25	126	563	311	粉砂黏土	1.32
AB	17～34	≤25	92	564	344	粉砂黏土	1.66
Bv1	34～45	≤25	56	540	404	黏土	1.49
Bv2	45～82	≤25	52	532	416	黏土	1.42
Br	82～120	≤25	133	599	268	粉砂壤土	1.53

溧河系代表性单个土体化学性质

深度/cm	有机碳/(g/kg)	全氮/(g/kg)	有效磷/(mg/kg)	速效钾/(mg/kg)	pH (H₂O)
0～17	9.44	1.18	52.34	277.8	7.7
17～34	6.24	1.06	7.46	161.1	7.4
34～45	7.11	0.55	3.37	166.7	7.1
45～82	3.98	0.61	2.37	183.3	7.4
82～120	4.13	0.49	2.15	188.9	7.5

第6章 淋 溶 土

6.1 普通钙质干润淋溶土

6.1.1 汝州系（Ruzhou Series）

土　族：黏壤质混合型石灰性温性-普通钙质干润淋溶土
拟定者：吴克宁，鞠　兵，李　玲

分布与环境条件　主要分布于丘陵中上部，海拔范围 350～400m，母质为石灰岩残、坡积物，暖温带大陆性季风气候。年均气温 13.0℃，年均降水量 650～700mm。

汝州系典型景观

土系特征与变幅　该土系诊断层有淡薄表层、黏化层；诊断特性有半干润土壤水分状况、温性土壤温度状况、碳酸盐岩岩性特征。混合型矿物，土体自 20cm 处开始出现碳酸盐岩性特征并且由上至下白色岩石碎屑含量逐渐增多，Btk/C 层出现半风化母岩，大量浊红棕黏粒胶膜和棕灰铁锰结核，通体强烈石灰反应。

对比土系　石佛寺系，壤质碳酸盐型热性-普通钙质湿润雏形土。二者剖面形态相似，具有碳酸盐岩性特征，诊断层不同，属于不同的土纲。石佛寺系，土体强烈石灰反应，土层较薄，43cm 左右出现风化残余石灰淀积层，并有铁锰结核等新生体，表层质地以粉壤土为主，为雏形土；而汝州系母质为石灰岩残、坡积物，具有黏化层，属于黏壤质混合型石灰性温性-普通钙质干润淋溶土。

利用性能综述　该土系表层质地为粉壤土，不宜耕作。生产中的主要障碍因素是心土层和底土层含有大量碳酸钙岩石碎屑，影响耕作、根系生长及水、气、热协调。应结合平整深翻，拾除砾石，退耕还林，保持水土。

参比土种　中层钙质石灰性褐土。

代表性单个土体　剖面于 2010 年 7 月 31 日采自河南省平顶山市汝州市神沟村（编号41-041），34°16′55″N，112°39′3″E，丘陵中上部，林地、荒草地，母质为石灰岩残、坡积物。

Ah：0～20cm，浊棕色-亮棕色（7.5YR 5/5，干），棕色（7.5YR 4/6，润），粉壤土，团块状结构，干时硬，少量白色岩石碎屑，强烈石灰反应，pH 7.96，向下层波状清楚过渡。

Btk1：20～42cm，浊橙色-橙色（7.5YR 6/5，干），棕色（7.5YR 5/8，润），粉壤土，块状结构，干时硬，大量白色岩石碎屑，强烈石灰反应，pH 7.95，向下层波状清楚过渡。

Btk2：42～100cm，淡黄橙色（7.5YR 8/5，干），浊红棕色（7.5YR 5/8，润），粉壤土，块状结构，干时很硬，2%～5%的黑色铁锰结核，多量白色岩石碎屑，强烈石灰反应，pH 7.93，向下层不规则清晰过渡。

Btk/C：100～140 cm，红棕色（5YR 4/7，干），红棕色（5YR 4/8，润），粉壤土，块状结构，干时极硬，15%～40%的浊红棕黏粒胶膜和棕灰铁锰结核，多量白色岩石碎屑，出现半风化母岩，强烈石灰反应，pH 8.26。

汝州系单个土体剖面

汝州系代表性单个土体物理性质

| 土层 | 深度/cm | 砾石(>2mm)/(g/kg) | 细土颗粒组成(粒径：mm)/(g/kg) | | | 质地 |
			砂粒 2～0.05	粉粒 0.05～0.002	黏粒 <0.002	
Ah	0～20	338.9	156	680	165	粉壤土
Btk1	20～42	243.38	128	656	216	粉壤土
Btk2	42～100	120.28	137	661	202	粉壤土
Btk/C	100～140	357.26	74.9	669	256	粉壤土

汝州系代表性单个土体化学性质

深度/cm	pH(H₂O)	有机碳/(g/kg)	全氮(N)/(g/kg)	全磷(P₂O₅)/(g/kg)	全钾(K₂O)/(g/kg)	阳离子交换量/(cmol/kg)
0～20	7.96	13.11	1.17	0.73	11.66	19.49
20～42	7.95	6.32	0.65	0.80	16.69	13.35
42～100	7.93	1.76	0.33	0.63	13.00	10.73
100～140	8.26	0.32	0.17	0.66	11.97	6.59

深度/cm	电导率/(μS/cm)	有效磷/(mg/kg)	交换性镁/(cmol/kg)	交换性钙/(cmol/kg)	交换性钾/(cmol/kg)	交换性钠/(cmol/kg)	碳酸钙相当物/(g/kg)
0～20	169	3.15	5.18	7.97	0.41	2.34	47.33
20～42	183	3.12	2.10	12.55	0.38	2.67	138.28
42～100	183	3.12	2.10	12.55	0.38	2.67	170.11
100～140	486	3.57	1.09	18.75	0.18	2.93	606.15

6.2　斑纹钙积干润淋溶土

6.2.1　王屋系（Wangwu Series）

土　族：壤质混合型温性-斑纹钙积干润淋溶土
拟定者：吴克宁，鞠　兵，李　玲

分布与环境条件　多出现于泥质岩低山丘陵的鞍部及坡麓，海拔范围 550～600m，母质为泥质页岩类残积、坡积物，暖温带大陆性季风气候。年均气温 13.0～14.0℃，年均降水量约 900mm，年均蒸发量约 1700mm。

王屋系典型景观

土系特征与变幅　该土系诊断层有淡薄表层、黏化层、钙积层；诊断特性有半干润土壤水分状况、温性土壤温度状况、氧化还原特征。混合型矿物，以粉壤土为主。Ap 层团块状结构，含 2%～5% 的铁锰结核；Bt 层橙色，黏粒明显增加，块状结构；Bkr 层红棕色，含 15%～40% 的铁锰胶膜，碳酸钙相当物含量大于 150g/kg，在 100cm 处出现厚度达 60cm 的钙积层；Cr 层含 5%～15% 的铁锰胶膜。有机碳含量较低，阳离子交换量较高，全剖面呈碱性，通体有石灰反应。

对比土系　霍沟系，壤质混合型温性-斑纹钙积干润淋溶土。二者母质不同，特征土层相似，同一土族。霍沟系母质为第四纪红土，一般分布在丘陵坡地中上部，土体砂姜含量较多，通体强石灰反应，土体下部有中量明显的黏粒胶膜和铁锰氧化物胶膜，呈红棕色棱块状结构；王屋系成土母质为泥质页岩类残积、坡积物，100cm 以下出现钙积层，强石灰反应，无砂姜。

利用性能综述　该土系土体深厚，土壤养分含量较低，多分布于坡地，易水土流失，易旱。目前已经搞好土地平整，加强农田基本建设，修筑水平梯田，采用等高种植，提高了土壤蓄水保墒能力，防止水土流失，培肥地力。

参比土种　厚幼褐泥土。

代表性单个土体　　剖面于 2010 年 7 月 17 日采自河南省济源市王屋乡封门村（编号41-025），35°6′16″N，112°18′38″E，丘陵坡地中部，耕地，小麦-玉米轮作，一年两熟，母质为泥质页岩类残积、坡积物。

Ap：　0～40cm，浊橙色（7.5YR 6.5/4，干），浊棕色-亮棕色（7.5YR 5/6，润），粉壤土，团块状结构，大量根系，2%～5%的铁锰结核，有石灰反应，pH 8.29，向下层波状逐渐过渡。

Bt：　40～100cm，橙色（7.5YR 6/6，干），浊黄棕色（7.5YR 4/6，润），粉壤土，块状结构，有石灰反应，pH 8.19，向下层波状逐渐过渡，该层黏化率大于 1.2，为 1.33。

Bkr：100～160cm，红棕色（5YR 4/6，干），暗红棕色（5YR 5/6，润），粉壤土，块状结构，坚实，15%～40%的铁锰胶膜，强烈石灰反应，pH 8.01，向下层波状模糊过渡。

Cr：　160～200cm，浊红棕色（2.5YR 5/3，干），浊红棕色（2.5YR 4/3，润），粉壤土，坚实，5%～15%的铁锰胶膜，强烈石灰反应，pH 8.31。

王屋系单个土体剖面

王屋系代表性单个土体物理性质

土层	深度/cm	细土颗粒组成(粒径：mm)/(g/kg)			质地	容重/(g/cm³)
		砂粒 2～0.05	粉粒 0.05～0.002	黏粒 <0.002		
Ap	0～40	221	619	160	粉壤土	1.46
Bt	40～100	133	655	213	粉壤土	1.53
Bkr	100～160	196	641	164	粉壤土	1.58
Cr	160～200	205	647	148	粉壤土	1.51

王屋系代表性单个土体化学性质

深度/cm	pH (H₂O)	有机碳/(g/kg)	全氮(N)/(g/kg)	全磷(P₂O₅)/(g/kg)	全钾(K₂O)/(g/kg)	阳离子交换量/(cmol/kg)
0～40	8.29	2.63	0.51	0.82	16.22	22.68
40～100	8.19	2.82	0.50	0.73	17.80	20.23
100～160	8.01	2.51	0.52	0.66	15.00	29.98
160～200	8.31	2.85	0.64	0.79	14.98	23.72

深度/cm	电导率/(μS/cm)	有效磷/(mg/kg)	交换性镁/(cmol/kg)	交换性钙/(cmol/kg)	交换性钾/(cmol/kg)	交换性钠/(cmol/kg)	碳酸钙相当物/(g/kg)
0～40	96	14.18	0.99	20.30	0.28	1.64	13.36
40～100	104	16.32	0.50	18.61	0.26	2.10	12.32
100～160	112	8.52	6.04	25.15	0.26	3.24	171.23
160～200	123	6.92	1.49	22.82	0.43	2.76	25.39

6.2.2 霍沟系（Huogou Series）

土　族：壤质混合型温性-斑纹钙积干润淋溶土
拟定者：陈　杰，赵彦锋，万红友

分布与环境条件　主要分布在黄土丘陵坡地中上部，海拔范围350～400m，母质为第四纪红土，暖温带大陆性季风气候，冬季盛行偏北风，寒冷干燥，夏季盛行偏南风，炎热多雨。年均气温13.5℃，年均降水量650mm左右。

霍沟系典型景观

土系特征与变幅　该土系诊断层有淡薄表层、黏化层、钙积层；诊断特性有半干润土壤水分状况、温性土壤温度状况、氧化还原特征。混合型矿物，土体深厚，在 20cm 处出现厚度达 40cm 的钙积层。Btk 层为红棕色棱块状结构，含 10%的石灰结核，pH 7.8～8.2，碱性，通体中度至强烈石灰反应。

对比土系　王屋系，壤质混合型温性-斑纹钙积干润淋溶土。二者母质不同，特征土层相似，同一土族。王屋系成土母质为泥质页岩类残积-坡积物，100cm 以下出现钙积层，强石灰反应，无砂姜；霍沟系成土母质为第四纪红土，一般分布在丘陵坡地中上部，土体砂姜含量较多，通体强石灰反应，土体下部有中量明显的黏粒胶膜和铁锰氧化物胶膜，呈红棕色棱块状结构。

利用性能综述　该类土壤保肥性能好，通体质地黏重，适耕期短，耕性不良，通透性差，有砂姜，养分释放慢，蓄水能力差，分布于坡地，水土易流失。因此，旱、瘠、姜、黏是该土种生产中的主要障碍因素。耕地多种植甘薯、谷子等。农业利用应选种耐旱作物，利用休闲季节种植绿肥，繁衍肥田，增加有机碳含量，提高土壤蓄水保墒能力，施用粉煤灰及农家肥，改良土壤黏性、低温不良性状，平整土地，减少水土流失。

参比土种　浅位多量砂姜石灰性红黏土。

代表性单个土体　剖面于 2011 年 10 月 4 日采自河南省洛阳市伊川县吕店镇霍沟村（编号 41-160），34°27′1″N，112°36′16″E，丘陵坡地中上部，海拔380m，旱地，小麦-玉米轮作，一年两熟，母质为第四纪红土。

霍沟系单个土体剖面

Ap：0～20cm，亮棕色（7.5YR 5/6，干），棕色（7.5YR 4/6，润），粉壤土，碎块状结构，大量根系，2%～5%的石灰结核，强烈石灰反应，pH 8.0，向下层模糊平滑过渡。

Bk：20～36cm，亮棕色（7.5YR 5/6，干），红棕色（5YR 4/6，润），粉壤土，强发育块状结构，5%的石灰结核，强烈石灰反应，pH 8.2，向下层清晰平滑过渡。

Btk：36～60cm，亮红棕色（5YR 5/6，干），亮棕色（7.5YR 5/6，润），粉壤土，棱块状结构，10%的石灰结核，中量明显的黏粒胶膜和铁锰氧化物胶膜，强烈石灰反应，pH 8.1，向下层渐变平滑过渡。

Btr：60～130cm，亮红棕色（2.5YR 5/6，干），暗红棕色（2.5YR 3/6，润），粉壤土，棱块状结构，5%～15%明显的黏粒胶膜和铁锰氧化物胶膜，5%左右的石灰结核，强烈石灰反应，pH 7.8。

霍沟系代表性单个土体物理性质

| 土层 | 深度 /cm | 砾石 (>2mm，体积分数)/% | 细土颗粒组成(粒径：mm)/(g/kg) | | | 质地 | 容重 /(g/cm³) |
			砂粒 2～0.05	粉粒 0.05～0.002	黏粒 <0.002		
Ap	0～20	≤25	165	702	133	粉壤土	1.44
Bk	20～36	≤25	88	765	147	粉壤土	1.49
Btk	36～60	≤25	52	788	160	粉壤土	1.44
Btr	60～130	≤25	93	730	177	粉壤土	1.55

霍沟系代表性单个土体化学性质

深度 /cm	pH (H₂O)	有机碳 /(g/kg)	全氮(N) /(g/kg)	全磷(P₂O₅) /(g/kg)	全钾(K₂O) /(g/kg)	阳离子交换量 /(cmol/kg)
0～20	8.0	9.16	1.00	0.51	20.8	7.6
20～36	8.2	4.41	0.54	0.32	17.0	5.4
36～60	8.1	1.89	0.29	0.12	19.5	25.8
60～130	7.8	1.36	0.26	0.17	21.2	24.8

6.3 普通钙积干润淋溶土

6.3.1 箕阿系（Ji'a Series）

土　族：黏壤质混合型温性-普通钙积干润淋溶土
拟定者：陈　杰，赵彦锋，万红友

分布与环境条件　主要分布于黄
土塬、岭平地，海拔范围 400～
500m，母质为马兰黄土，暖温带
大陆性季风气候。年均气温
13.8℃，年均降水量 630～
740mm，降水集中在 6～8 月，
占年均降水量的 54%。

箕阿系典型景观

土系特征与变幅　该土系诊断层有淡薄表层、黏化层、钙积层；诊断特性有半干润土壤
水分状况、温性土壤温度状况。混合型矿物，质地较为均一，土体深厚，耕层质地为粉
砂质黏壤土，但黏粒含量偏高。Btk 层在 68cm 左右出现，亮棕色，棱块状结构，碳酸钙
积淀成假菌丝、结核状。全剖面土壤 pH7.6～7.8，通体中度至强烈石灰反应。

对比土系　杏园系，壤质混合型温性-钙积简育干润雏形土。二者均分布于黄土塬、岭，
土体深厚，母质为马兰黄土，剖面颜色也近似，主要色彩为 10YR。二者因诊断层不同
而属于不同的土纲。杏园系多在塬边和岭坡地，具有雏形层、钙积层；箕阿系主要分布
在塬上或岭上的平地，全剖面中、强石灰反应，具有黏化层和钙积层，属于黏壤质混合
型温性-普通干润淋溶土。

利用性能综述　该类土壤分布于塬、岭平地，坡度缓，地表径流小，水土流失轻，质地
适中，土体上虚下实，托水托肥，结构良好，适耕期长，易耕作，年降水量偏低，应注
重修库蓄水发展提灌，改善农田水利。

参比土种　壤覆红黄土质淋溶褐土。

代表性单个土体　剖面于 2011 年 10 月 20 日采自河南省许昌市禹州市梁北镇箕阿村（编
号 41-167），34°5′36″N，113°28′19″E，黄土岭平地，海拔 465m，耕地，小麦-玉米轮作，
一年两熟，母质为马兰黄土。

箕阿系单个土体剖面

Ap: 0～25cm，浊黄棕色（10YR 5/4，干），棕色（10YR 4/4，润），粉砂质黏壤土，团块状结构，干时松软，大量根系，有石灰反应，pH 7.8，向下层突变平滑过渡。

Bk: 25～68cm，黄棕色（10YR 5/8，干），亮棕色（7.5YR 5/6，润），粉砂质黏壤土，棱块状结构，干时硬，15%～20%的假菌丝和明显黏粒胶膜，中度石灰反应，pH 7.7，向下层清晰平滑过渡。

Btk: 68～118cm，黄棕色（10YR 5/8，干），亮棕色（7.5YR 5/6，润），粉砂质黏土，棱块状结构，干时很硬，较多的假菌丝，较多黏粒胶膜，石灰结核，强石灰反应，pH 7.7，向下层清晰平滑过渡。

Ck: 118～145cm，黄棕色（10YR 5/8，干），黄棕色（10YR 5/6，润），粉砂质黏壤土，棱块状结构，干时硬，有钙积特征，强烈石灰反应，pH 7.6。

箕阿系代表性单个土体物理性质

| 土层 | 深度 /cm | 细土颗粒组成(粒径：mm)/(g/kg) | | | 质地 | 容重 /(g/cm³) |
		砂粒 2～0.05	粉粒 0.05～0.002	黏粒 <0.002		
Ap	0～25	172	584	244	粉砂质黏壤土	1.47
Bk	25～68	165	630	205	粉砂质黏壤土	1.56
Btk	68～118	149	522	329	粉砂质黏土	1.55
Ck	118～145	156	660	184	粉砂质黏壤土	1.60

箕阿系代表性单个土体化学性质

深度 /cm	pH (H₂O)	有机碳 /(g/kg)	全氮(N) /(g/kg)	全磷(P₂O₅) /(g/kg)	全钾(K₂O) /(g/kg)	阳离子交换量 /(cmol/kg)	碳酸钙相当物 /(g/kg)
0～25	7.8	11.48	0.99	0.55	18	12.6	54
25～68	7.7	3.16	0.41	0.36	20.8	18.6	36
68～118	7.7	1.69	0.28	0.33	21	18.4	128
118～145	7.6	1.11	0.22	0.46	21.3	19	242

6.3.2　马村系（Macun Series）

土　族：壤质混合型温性-普通钙积干润淋溶土
拟定者：吴克宁，鞠　兵，李　玲

分布与环境条件　主要分布于黄土塬、黄土丘陵区的平缓地带、山前倾斜平原、河谷阶地及河谷平原两侧的缓岗地区，海拔范围 200～250m，成土母质为午城黄土，暖温带南缘向北亚热带过渡气候。年均气温为 14.2℃，土壤矿质土表以下 50cm 深度处年均温度小于 16℃，年均降水量为 600～700mm。

马村系典型景观

土系特征与变幅　该土系诊断层有淡薄表层、黏化层、钙积层；诊断特性有半干润土壤水分状况、温性土壤温度状况。混合型矿物，耕层质地为粉壤土。普遍存在砂姜、黏粒胶膜等。在细土部分中，黏粒含量在距剖面表层 90cm 层段内为 150～200g/kg，而下垫土层黏粒含量明显较高，大于 250g/kg，质地类型上部为粉壤土，下部为粉砂质黏壤土。碳酸钙相当物上部 90cm 内含量为 112～151g/kg，而下部不足 50g/kg。全剖面中度至强烈石灰反应。

对比土系　杨岭系，壤质混合型石灰性温性-普通简育干润淋溶土。二者母质相似，土体厚度相似，具有相同的土壤水分和土壤温度状况，特征土层不同，属于不同的土类。杨岭系母质为马兰黄土，黏化层出现的位置较浅，土体中出现较多假菌丝体，未达到钙积层，具有石灰性；马村系母质为午城黄土，黏化层出现的位置较深，钙积现象主要为砂姜，属于壤质混合型温性-普通钙积干润淋溶土。

利用性能综述　土壤多呈轻度侵蚀，灌溉条件较差，因而土壤性状不良，肥力低。应注意深翻平整，拾除砂姜，修筑水平梯田，打实田埂，硬埂种植紫穗槐等护坡植物，防止土壤被侵蚀，增强土壤抗旱能力。

参比土种　少姜卧黄土（浅位少量砂姜红黄土质褐土）。

代表性单个土体　剖面于 2011 年 8 月 27 日采自偃师市大口乡马村（编号 41-135），34°33′55″N，112°43′40″E，丘陵平地交接地带，倾斜平地的下部，耕地，小麦-玉米轮作，一年两熟，母质为午城黄土。

马村系单个土体剖面

Ap：0～20cm，浊黄橙色（10YR 7/4，干），亮棕色（7.5YR 5/6，润），粉壤土，屑粒状结构，大量根系，少量小砂姜，强烈的石灰反应，pH 9.09，向下层模糊平滑过渡。

AB：20～55cm，橙色（7.5YR 6/6，干），亮棕色（7.5YR 5/6，润），粉壤土，团块状结构，强烈的石灰反应，pH 9.20，向下层模糊平滑过渡。

Btk：55～90cm，橙色（7.5YR 7/6，干），亮棕色（7.5YR 5/6，润），粉壤土，团块状结构，有中量砂姜，强烈的石灰反应，pH 9.04，向下层渐变平滑过渡。

Bt：90～155cm，橙色（5YR 6/8，干），亮红棕色（5YR 5/8，润），粉砂质黏壤土，块状结构，可见黏粒胶膜，中度石灰反应，pH 7.96，向下层模糊平滑过渡。

C：155cm 以下，浊橙色-橙色（5YR 6/5，干），亮红棕色（5YR 5/6，润），粉壤土，块状结构，有少量砂姜，中度石灰反应，pH 8.13。

马村系代表性单个土体物理性质

土层	深度/cm	细土颗粒组成(粒径：mm)/(g/kg)			质地	容重/(g/cm³)
		砂粒 2～0.05	粉粒 0.05～0.002	黏粒 <0.002		
Ap	0～20	172	674	154	粉壤土	1.51
AB	20～55	125	687	188	粉壤土	1.51
Btk	55～90	120	682	198	粉壤土	1.59
Bt	90～155	84	644	272	粉砂质黏壤土	1.49
C	>155	92	652	256	粉壤土	1.54

马村系代表性单个土体化学性质

深度/cm	pH (H₂O)	电导率/(μS/cm)	有机碳/(g/kg)	全氮(N)/(g/kg)	全磷(P₂O₅)/(g/kg)	全钾(K₂O)/(g/kg)	有效磷/(mg/kg)	阳离子交换量/(cmol/kg)	碳酸钙相当物/(g/kg)
0～20	9.09	80	4.92	0.33	0.46	14.40	10.36	17.02	112.93
20～55	9.20	92	5.01	0.24	0.42	13.79	11.47	20.22	128.44
55～90	9.04	106	2.00	0.18	0.31	13.26	12.87	18.52	151.18
90～155	7.96	215	3.62	0.24	0.28	13.56	15.14	26.59	25.61
>155	8.13	199	3.84	0.24	0.23	15.02	12.25	28.79	8.82

6.3.3　瓦岗系（Wagang Series）

土　族：壤质混合型温性-普通钙积干润淋溶土
拟定者：吴克宁，鞠　兵，李　玲

分布与环境条件　主要分布在
岗丘下部倾斜平地及黄土丘陵
洼地，海拔范围 50～100m，母
质为洪积物，暖温带大陆性季风
气候区。年均气温 13.8℃，年均
降水量 500～600mm。

瓦岗系典型景观

土系特征与变幅　该土系诊断层有淡薄表层、黏化层、钙积层；诊断特性有半干润土壤
水分状况、温性土壤温度状况。混合型矿物。Btk 层黏粒明显增加，质地较黏，块状结
构，有少量白色石灰粉末及假菌丝体。耕表层有机碳一般大于 10.0g/kg，随深度增加而
减少，阳离子交换量一般为 16.0～25.0cmol/kg，并随深度增加而增加。全剖面 pH 呈中
性至弱碱性，BC 层碳酸钙相当物含量约 166.07g/kg，通体有石灰反应。

对比土系　胡营系，壤质混合型石灰性温性-普通简育干润淋溶土。二者地理位置接近，
母质不同，土类不同。胡营系母质为洪积冲积物，阳离子交换量稍低；瓦岗系110～150cm
土层碳酸钙相当物远高于胡营系，达到钙积层，属于壤质混合型温性-普通钙积干润淋溶
溶土。

利用性能综述　该土系所处地形部位地势低平，地面较为平整，水利条件好，土体养分
储量高，土壤熟化程度高，保肥性能好，土壤质地黏重，耕性较差，适耕期较短。应适
时耕作，精细整地，推广测土配方施肥。

参比土种　垆土（壤质洪积褐土）。

代表性单个土体　剖面于 2010 年 7 月 11 日采自安阳市汤阴县瓦岗镇小元村（编号
41-007），35°51′42″N，114°29′35″E，丘陵下部缓坡地，耕地，小麦-玉米轮作，一年两
熟，母质为洪积物。

Ap: 0～30cm，亮黄橙色（10YR 6/6，干），浊黄棕色（10YR 4/3，润），粉壤土，团块状结构，大量根系，中度石灰反应，pH 7.12，向下层波状渐变过渡。

Btk1：30～60cm，浊黄橙色（10YR 5/4，干），棕灰色（10YR 4/1，润），粉壤土，块状结构，有少量白色石灰粉末，中度石灰反应，pH 7.16，向下层波状渐变过渡。

Btk2：60～110cm，浊黄橙色（10YR 6/3，干），棕灰色（10YR 4.5/1，润），粉壤土，块状结构，少量假菌丝体，轻度石灰反应，pH 7.69，向下层波状明显过渡。

BC: 110～150cm，浊黄橙色（10YR 7/4，干），浊黄橙色（10YR 6/4，润），粉壤土，块状结构，极强的石灰反应，pH 7.86。

瓦岗系单个土体剖面

瓦岗系代表性单个土体物理性质

土层	深度 /cm	细土颗粒组成(粒径：mm)/(g/kg)			质地	容重 /(g/cm³)
		砂粒 2～0.05	粉粒 0.05～0.002	黏粒 <0.002		
Ap	0～30	237	631	131	粉壤土	1.47
Btk1	30～60	148	658	195	粉壤土	1.57
Btk2	60～110	149	681	170	粉壤土	1.53
BC	110～150	147	681	172	粉壤土	1.62

瓦岗系代表性单个土体化学性质

深度 /cm	pH (H₂O)	有机碳 /(g/kg)	全氮(N) /(g/kg)	全磷(P₂O₅) /(g/kg)	全钾(K₂O) /(g/kg)	阳离子交换量 /(cmol/kg)
0～30	7.12	10.54	0.99	0.89	16.27	16.54
30～60	7.16	5.35	0.44	0.82	16.26	20.72
60～110	7.69	4.71	0.41	0.80	16.26	25.03
110～150	7.86	2.98	0.33	0.74	16.34	13.57

深度 /cm	电导率 /(μS/cm)	有效磷 /(mg/kg)	交换性镁 /(cmol/kg)	交换性钙 /(cmol/kg)	交换性钾 /(cmol/kg)	交换性钠 /(cmol/kg)	碳酸钙相当物 /(g/kg)
0～30	270	11.42	1.00	15.94	0.33	2.31	35.74
30～60	220	4.68	1.20	19.22	0.31	2.31	15.51
60～110	183	2.92	1.00	24.40	0.31	2.89	12.80
110～150	106	4.28	0.30	16.67	0.26	2.39	166.07

6.3.4　盐高系（Yangao Series）

土　族：壤质混合型温性-普通钙积干润淋溶土
拟定者：赵彦锋，陈　杰，万红友

分布与环境条件　主要分布在黄土丘陵坡地，海拔范围 400～450m，母质为黄土，暖温带大陆性季风气候。年均气温 14.4℃，地表 50cm 以下深处年均土温约为 15.9℃，年均降水量 600～700mm。

盐高系典型景观

土系特征与变幅　该土系诊断层有淡薄表层、黏化层、钙积层；诊断特性有半干润土壤水分状况、温性土壤温度状况。混合型矿物。Btk 层在剖面出现的深度约为 30cm，块状结构，少量石灰结核与假菌丝体，耕作层养分含量较低，平均有机碳含量<10g/kg，全磷含量 0.3～0.5 g/kg，全钾含量 17～20g/kg。全剖面 pH 7.8～8.1，弱碱性，通体有石灰反应。

对比土系　龙驹系，壤质混合型温性-普通钙积干润淋溶土。二者母质相同，均为黄土，土体都较深厚，分布地形部位均是黄土丘陵坡地。龙驹系多分布在平坡地，土壤剖面发育程度相对较强，分化出明显的 Btk 层，呈明显的 Ap-Btk 构型。另外，从土壤剖面颜色上看，龙驹系较盐高系更红。

利用性能综述　该类土壤分布于黄土丘陵坡地，地面坡度较大，水土流失严重，质地适中，耕性好，土壤肥力低，结构差，水源缺乏，无灌溉条件。应做好土地平整，搞好水土保持，增施有机肥料，改善灌溉条件。

参比土种　壤质红黄土质淋溶褐土。

代表性单个土体　剖面于 2011 年 10 月 2 日采自河南省洛阳市宜阳县盐镇乡盐高村（编号 41-153），34°38′6″N，112°5′13″E，黄土丘陵坡地，海拔 409m，耕地，小麦-玉米轮作，一年两熟，母质为黄土。

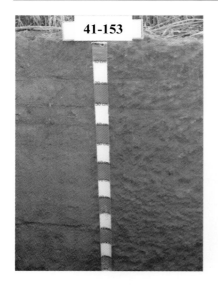

盐高系单个土体剖面

Ap： 0～20cm，橙色（7.5YR 6/6，干），棕色（7.5YR 4/6，润），粉砂质壤土，团粒状结构，少量假菌丝，小于5%的石灰结核，有石灰反应，pH 7.8，向下层清晰平滑过渡。

AB： 20～30cm，橙色（7.5YR 6/6，干），棕色（7.5YR 4/6，润），粉砂质壤土，团块状结构，少量石灰结核，有石灰反应，pH 8.1，向下层渐变平滑过渡。

Btk1：30～100cm，橙色（7.5YR 6/6，干），棕色（7.5YR 4/6，润），粉砂质黏壤土，块状结构，5%的假菌丝，可见黏粒胶膜，10%～15%的石灰结核，有石灰反应，pH 8.1，向下层渐变平滑过渡。

Btk2：100～150cm，橙色（7.5YR 6/6，干），棕色（7.5YR 4/6，润），粉砂质黏壤土，块状结构，坚实，有黏粒胶膜，含10%左右的石灰结核，有石灰反应，pH 7.8。

盐高系代表性单个土体物理性质

| 土层 | 深度 /cm | 细土颗粒组成(粒径：mm)/(g/kg) | | | 质地 | 容重 /(g/cm^3) |
		砂粒 2～0.05	粉粒 0.05～0.002	黏粒 <0.002		
Ap	0～20	90	763	141	粉砂质壤土	1.34
AB	20～30	91	791	118	粉砂质壤土	1.42
Btk1	30～100	70	773	157	粉砂质黏壤土	1.37
Btk2	100～150	90	750	160	粉砂质黏壤土	1.41

盐高系代表性单个土体化学性质

深度 /cm	pH (H$_2$O)	有机碳 /(g/kg)	全氮(N) /(g/kg)	全磷(P$_2$O$_5$) /(g/kg)	全钾(K$_2$O) /(g/kg)	阳离子交换量 /(cmol/kg)	碳酸钙相当物 /(g/kg)
0～20	7.8	5.07	0.64	0.48	19.7	2.8	72.4
20～30	8.1	4.51	0.57	0.38	20.2	3.0	65.3
30～100	8.1	3.1	0.4	0.34	17.8	3.8	156.5
100～150	7.8	2.44	0.37	0.39	19.4	3.8	95.3

6.3.5 龙驹系（Longju Series）

土　族：壤质混合型温性-普通钙积干润淋溶土
拟定者：陈　杰，赵彦锋，万红友

分布与环境条件　主要分布于
黄土丘陵倾斜平坡地，海拔范
围 350～400m，母质为离石黄
土，暖温带大陆性季风气候。
年均气温 14.0℃，地表 50cm
以下深处平均土温为 15.5℃，
年均降水量 600～700mm。

龙驹系典型景观

土系特征与变幅　该土系诊断层有淡薄表层、黏化层、钙积层；诊断特性有半干润土壤
水分状况、温性土壤温度状况。混合型矿物，质地为粉砂质黏壤土至砂质黏土。Btk 层
一般在 20cm 左右出现，块状结构，有明显黏粒淀积，碳酸钙淀积呈假菌丝、结核状，
表层有机碳含量较高，全钾含量较低。全剖面 pH7.7～8.1，微碱性，有强石灰反应。

土系对比　盐高系，壤质混合型温性-普通钙积干润淋溶土。二者母质相同，剖面构型近
似，土族相同。母质均为黄土，土体同样都较深厚，分布地形部位也类似，均属于黄土
丘陵坡地。二者区别在于盐高系分布地形部位较龙驹系坡度略大，水土流失更显著，土
壤发育程度较弱，黏化层和钙积层没有龙驹系明显。另外，龙驹系除耕层外，全剖面颜
色基本为 5YR，而盐高系土壤剖面颜色一般为 7.5YR，较龙驹系更偏向棕色。

利用性能综述　该类土壤黏粒含量较高，耕性一般，适耕期中等偏短，土壤有机碳、全
氮、全磷含量较低。应注意深耕晒垡、秸秆覆盖、勤中耕以蓄水保墒，重施有机肥和磷
肥，重视微肥。

参比土种　黏质红黄土质淋溶褐土。

代表性单个土体　剖面于 2011 年 10 月 3 日采自河南省洛阳市嵩县库区乡龙驹村（编号
41-157），34°11′56″N，112°6′58″E，黄土丘陵缓坡地，海拔 362m，耕地，小麦-玉米轮
作，一年两熟，母质为离石黄土。

41-157

龙驹系单个土体剖面

Ap：0～12cm，亮棕色（7.5YR 5/6，干），棕色（7.5YR 4/6，润），粉砂质黏壤土，团粒状结构，干时松软，大量根系，5%左右的石灰结核，中度石灰反应，pH 7.7，向下层清晰平滑过渡。

Btk1：12～27cm，亮棕色（7.5YR 5/6，干），红棕色（5YR 4/6，润），粉砂质黏土，块状结构，干时硬，5%左右的石灰结核，结构体表面可见黏粒胶膜，中度石灰反应，pH 8.0，向下层清晰平滑过渡。

Btk2：27～60cm，红棕色（5YR 4/8，干），浊红棕色（5YR 4/4，润），粉砂质黏壤土，块状结构，干时硬，有5%的石灰结核，结构体表面有较多黏粒胶膜，强烈石灰反应，pH 8.1，向下层清晰平滑过渡。

Btk3：60～82cm，红棕色（5YR 4/8，干），红棕色（5YR 4/6，润），粉砂质黏土，棱块状结构，干时硬，结构体表面有较多黏粒胶膜，5%的石灰结核，强烈石灰反应，pH 8.0，向下层清晰平滑过渡。

Btk4：82～140cm，红棕色（5YR 4/8，干），红棕色（5YR 4/8，润），粉砂质黏土，块状结构，干时硬，5%左右的石灰结核，结构体表面可见黏粒胶膜，pH 7.9，强烈石灰反应。

龙驹系代表性单个土体物理性质

土层	深度/cm	细土颗粒组成(粒径：mm)/(g/kg)			质地
		砂粒 2～0.05	粉粒 0.05～0.002	黏粒 <0.002	
Ap	0～12	113	658	229	粉砂质黏壤土
Btk1	12～27	121	623	256	粉砂质黏土
Btk2	27～60	92	678	230	粉砂质黏壤土
Btk3	60～82	101	582	317	粉砂质黏土
Btk4	82～140	76	602	322	粉砂质黏土

龙驹系代表性单个土体化学性质

深度/cm	pH (H$_2$O)	有机碳/(g/kg)	全氮(N)/(g/kg)	全磷(P$_2$O$_5$)/(g/kg)	全钾(K$_2$O)/(g/kg)	阳离子交换量/(cmol/kg)	碳酸钙相当物/(g/kg)
0～12	7.7	7.83	1.01	0.48	19.8	19.3	112.3
12～27	8.0	6.03	0.66	0.37	21.0	20.0	89.0
27～60	8.1	3.93	0.44	0.32	23.8	18.1	123.5
60～82	8.0	3.54	0.5	0.23	21.2	18.7	335.3
82～140	7.9	2.13	0.25	0.28	20.0	25.3	234.9

6.3.6　潭头系（Tantou Series）

土　族：壤质混合型温性-普通钙积干润淋溶土
拟定者：陈　杰，赵彦锋，万红友

分布与环境条件　分布于山前倾斜平原的中部，海拔范围 450～550m，母质为洪冲积物，暖温带大陆性季风气候。年均气温 13.7 ℃，地表 50cm 以下深处平均土温为 15.2℃，年均降水量 700～800mm。

潭头系典型景观

土系特征与变幅　该土系诊断层有淡薄表层、黏化层、钙积层；诊断特性有半干润土壤水分状况、温性土壤温度状况。混合型矿物，质地为粉砂质壤土。Bt 层在剖面中出现的位置一般在 20cm 左右，多为块状结构；Bk 层出现的平均深度为 50～60cm，钙积呈假菌丝状，有机碳 4.7～12.9g/kg，全磷 0.5～1.1g/kg，全钾 22.7～24.6g/kg，阳离子交换量 13.7～21.8cmol/kg。全剖面呈微碱性，pH 7.9～8.1，通体有石灰反应。

对比土系　东窑系，壤质混合型石灰性温性-普通简育干润雏形土。二者成土母质相同，地形部位相似，剖面构型类似，颜色接近。东窑系黏粒在剖面中的淋淀不明显，没有清晰的黏粒淀积层次，具有雏形层，石灰反应弱；潭头系具有黏化层、钙积层，剖面中黏粒淋淀现象明显，有较为清晰的 Bt 层，50～90cm 的碳酸钙相当物的含量大于 150g/kg，发育假菌丝体等新生体，属壤质混合型温性-普通钙积干润淋溶土。

利用性能综述　该类土壤地处山前倾斜平原及河流两岸高阶地，水源条件好，质地适中，适耕期长，好耕作，熟化程度高，养分含量一般较为丰富，结构性、孔隙状况、保肥和供肥性良好。应重视微量元素施用，重施磷肥，因土施钾，做好土地整理，改善灌溉条件。

参比土种　壤质洪积褐土。

代表性单个土体　剖面于 2011 年 10 月 3 日采自河南省洛阳市栾川县潭头镇潭头村（编号 41-158），34°0′0″N，111°44′53″E，山前倾斜平原的中部，海拔465m，当前为撂荒地，之前为耕地，小麦-玉米轮作，一年两熟，母质为洪冲积物。

潭头系单个土体剖面

Ap：　0~18cm，棕色（10YR 4/6，干），暗棕色（10YR 3/4，润），粉砂质壤土，团块状结构，大量根系，较强石灰反应，pH 7.9，向下层模糊平滑过渡。

Bt1：　18~29cm，棕色（10YR 4/6，干），暗棕色（10YR 4/6，润），粉砂质壤土，块状结构，少量黏粒胶膜，强石灰反应，pH 8.0，向下层模糊平滑过渡。

Bt2：　29~50cm，黄棕色（10YR 5/6，干），棕色（7.5YR 4/6，润），粉砂质壤土，块状结构，10%~15%的黏粒胶膜，5%左右的假菌体，强石灰反应，pH 8.1，向下层清晰平滑过渡。

Bk：　50~90cm，黄棕色（10YR 5/6，干），棕色（7.5YR 4/6，润），粉砂质壤土，块状结构，10%左右的黏粒胶膜和10%~15%的假菌丝体，强石灰反应，pH 8.1，向下层模糊平滑过渡。

C：90~130cm，黄棕色（10YR 5/6，干），浊红棕色（5YR 4/4，润），粉砂质壤土，块状结构，结构体表面有黏粒胶膜和假菌丝，强石灰反应，pH 8.1。

潭头系代表性单个土体物理性质

| 土层 | 深度 /cm | 砾石 (>2mm，体积 分数)/% | 细土颗粒组成(粒径：mm)/(g/kg) | | | 质地 |
			砂粒 2~0.05	粉粒 0.05~0.002	黏粒 <0.002	
Ap	0~18	≤25	138	742	120	粉砂质壤土
Bt1	18~29	≤25	129	715	156	粉砂质壤土
Bt2	29~50	≤25	98	757	145	粉砂质壤土
Bk	50~90	≤25	107	754	139	粉砂质壤土
C	90~130	≤25	84	744	172	粉砂质壤土

潭头系代表性单个土体化学性质

深度 /cm	pH (H$_2$O)	有机碳 /(g/kg)	全氮(N) /(g/kg)	全磷(P$_2$O$_5$) /(g/kg)	全钾(K$_2$O) /(g/kg)	阳离子交换量 /(cmol/kg)	碳酸钙相当物 /(g/kg)
0~18	7.9	12.88	1.39	1.07	24	17.4	82.5
18~29	8.0	10.67	1.08	0.67	24.6	13.7	119.4
29~50	8.1	6.90	0.76	0.7	22.9	21	123.8
50~90	8.1	8.53	0.72	0.72	22.7	21.8	167.5
90~130	8.1	4.76	0.58	0.58	24	18.7	137.6

6.4 斑纹铁质干润淋溶土

6.4.1 樊村系（Fancun Series）

土　族：黏壤质混合型石灰性温性-斑纹铁质干润淋溶土
拟定者：吴克宁，鞠　兵，李　玲

分布与环境条件　多分布在地壳较稳定的崤山和熊耳山两侧的低丘和黄土台地，母质为红黏土，暖温带大陆性季风气候。年均气温 12.2～14.5℃，矿质土表至 50cm 处年均土温约为 15℃，年均降水量 528～780mm，多集中在 6～8 月。

樊村系典型景观

土系特征与变幅　该土系诊断层有淡薄表层、黏化层；诊断特性有铁质特性、氧化还原特征、半干润土壤水分状况、温性土壤温度状况等。混合型矿物，颜色较为均一，为亮红棕色-红棕色，质地多为粉黏壤土，土壤质地黏重并非由黏粒淋淀形成，而是继承母质。Bt 层为粉壤土，块状结构，2%～5%的黑色铁锰结核，15%～40%的铁锰胶膜、结核，有机碳含量很低，阳离子交换量 25.15～32.33cmol/kg，并随深度增加逐渐增大。全剖面呈弱碱性，弱至中度石灰反应。

对比土系　马沟系，黏壤质混合型石灰性温性-普通铁质干润雏形土。二者位置邻近，土壤水分和温度状况相似，母质、地形相同，诊断层不同，属不同土纲，且碳酸钙相当物含量不同，石灰反应不同。马沟系表层及亚表层出现石灰砂姜，碳酸钙相当物的含量随深度增加逐渐减少，具有明显的复钙作用，剖面构型为 Ap-AB-Brk-Ck，全剖面具有中到强烈的石灰反应；樊村系剖面构型为 Ap-AB-Bt-BC，全剖面无砂姜，碳酸钙相当物含量较低且比较均一，质地更黏重。

利用性能综述　该土系受红黏土母质的影响，土壤质地黏重，孔隙度小，通透性较差，不利于有机碳的分解和矿质养分的释放，土壤养分含量低且不协调，属中低产土壤。该区降水量小，干燥度大，为 1～1.2，伏旱严重，建议增加投入，培肥地力，加深耕层，增加蓄水保墒的能力，或发展放牧业，改善生态环境。

参比土种　红黏土（红黏土始成褐土）。

代表性单个土体　剖面于2010年7月14日采自河南省洛阳市宜阳县樊村乡后杓柳村（编号 41-017），34°26′37″N，112°13′29″E，低山丘陵台地，耕地，小麦-红薯轮作，一年两熟，母质为红黏土。

樊村系单个土体剖面

Ap:　0～10cm，亮红棕色-红棕色（2.5YR 4.5/6，干），浊红棕色（2.5YR 4/4，润），粉壤土，团块状结构，大量根系，2%～5%的小砾石，弱石灰反应，pH 7.83，向下层波状清楚过渡。

AB:　10～46cm，亮红棕色-红棕色（2.5YR 4.5/6，干），浊红棕色-红棕色（10YR 4/5，润），粉黏壤土，块状结构，弱石灰反应，pH 7.75，向下层波状清楚过渡。

Bt1:　46～69cm，亮红棕色-红棕色（5YR 4.5/6，干），红棕色（5YR 4/8，润），粉壤土，块状结构，2%～5%的黑色铁锰结核和小砾石，可见黏粒胶膜，中度石灰反应，pH 7.77，向下层波状清晰过渡。

Bt2:　69～115cm，亮红棕色（2.5YR 5/6，干），红棕色-暗红棕色（2.5YR 3.5/6，润），粉黏壤土，块状结构，15%～40%的黑色铁锰结核，2%～5%的小砾石，可见黏粒胶膜，中度石灰反应，pH 7.78，向下层波状清楚过渡。

BC:　115cm 以下，棕色-亮红棕色（2.5YR 5.5/6，干），浊黄橙色（2.5YR 4.5/6，润），粉黏壤土，块状结构，弱石灰反应，pH 7.85。

樊村系代表性单个土体物理性质

土层	深度/cm	细土颗粒组成(粒径：mm)/(g/kg)			质地	容重/(g/cm³)
		砂粒 2～0.05	粉粒 0.05～0.002	黏粒 <0.002		
Ap	0～10	97	685	218	粉壤土	1.16
AB	10～46	66	644	289	粉黏壤土	1.50
Bt1	46～69	56	690	255	粉壤土	1.51
Bt2	69～115	46	659	295	粉黏壤土	1.57
BC	>115	32	627	341	粉黏壤土	1.75

樊村系代表性单个土体化学性质

深度 /cm	pH (H₂O)	有机碳 /(g/kg)	全氮(N) /(g/kg)	全磷(P₂O₅) /(g/kg)	全钾(K₂O) /(g/kg)	阳离子交换量 /(cmol/kg)
0～10	7.83	1.58	0.92	0.69	15.85	25.15
10～46	7.75	5.82	0.91	0.79	15.63	27.83
46～69	7.77	5.53	0.84	0.65	15.60	30.00
69～115	7.78	4.96	0.84	0.71	15.16	31.63
>115	7.85	1.67	0.43	0.68	15.62	32.33

深度 /cm	电导率 /(μS/cm)	有效磷 /(g/kg)	交换性镁 /(cmol/kg)	交换性钙 /(cmol/kg)	交换性钾 /(cmol/kg)	交换性钠 /(cmol/kg)	碳酸钙相当物 /(g/kg)
0～10	171	2.20	0.00	60.52	0.56	2.44	4.88
10～46	246	2.47	1.00	30.06	0.46	2.40	5.30
46～69	198	1.25	0.70	31.31	0.46	2.31	9.47
69～115	196	1.66	13.89	19.84	0.43	2.30	15.10
>115	209	4.49	0.20	33.67	0.41	2.31	5.22

6.5 斑纹简育干润淋溶土

6.5.1 刘果系（Liuguo Series）

土　族：黏壤质混合型石灰性温性-斑纹简育干润淋溶土
拟定者：吴克宁，鞠　兵，李　玲

分布与环境条件　主要分布在起伏丘陵坡地的中、上部，海拔范围 500～600m，母质为离石黄土，暖温带大陆性季风气候。年均气温 14.1℃，矿质土表以下 50cm 深度处土壤年均温度小于 16℃，年均降水量 600～700mm。

刘果系典型景观

土系特征与变幅　该土系诊断层有淡薄表层、黏化层；诊断特性有半干润土壤水分状况、温性土壤温度状况、氧化还原特征。混合型矿物，粉壤土。表土层的全氮、有效磷和有机碳含量均比表下层土壤含量明显高，阳离子交换量分布较均匀；28cm 以下颜色偏红；剖面 70～140cm 处可见 10%左右的砂姜，碳酸钙相当物含量明显高于上覆土层。全剖面土壤呈强碱性，由上至下石灰反应变强。

对比土系　大冶系，壤质混合型石灰性温性-斑纹简育干润淋溶土。二者母质相似，诊断层与诊断特性相同，都具有黏化层、铁锰胶膜、结核，属于同一亚类。大冶系，黏化层出现的位置较深；而刘果系黏化层出现的位置较浅，Bk 层出现钙积现象，黏粒含量更高，属于黏壤质混合型石灰性温性-斑纹简育干润淋溶土。

利用性能综述　该土系土体深厚，质地为粉壤土，由于分布地形平坦，内排水不良，土体 70cm 以下出现白色砂姜，应保持水土，培肥地力。

参比土种　少姜底石灰卧黄土（深位少量砂姜红黄土质褐土）。

代表性单个土体　剖面于 2011 年 8 月 2 日采自渑池县仰韶乡刘果村（编号 41-128），34°47′58″N，111°45′49″E，丘陵中部，耕地，旱作，一年两熟，母质为离石黄土。

Ap：0～28cm，浊橙色（7.5YR 6/4，干），棕色（7.5YR 4/6，润），粉壤土，团粒状结构，干时稍硬，大量根系，中度石灰反应，pH 9.03，向下层清晰波状过渡。

Btr：28～70cm，橙色（7.5YR 6/6，干），棕色（7.5YR 4/6，润），粉壤土，块状结构，干时很硬，2%～5%的棕灰色黏粒胶膜和黑色铁锰结核，中度石灰反应，pH 8.97，向下层渐变平滑过渡。

Bk：70～140cm，亮棕色（7.5YR 5/6，干），棕色（7.5YR 4/6，润），粉壤土，块状结构，干时很硬，10%左右的砂姜，强度石灰反应，pH 8.93，向下层模糊波状过渡。

Cr：140～170cm，橙色（7.5YR 6/6，干），亮棕色（7.5YR 5/8，润），粉壤土，团块状结构，干时很硬，2%～5%的黑色（7.5YR 2/1）铁锰小结核，强烈的石灰反应，pH 9.24。

刘果系单个土体剖面

刘果系代表性单个土体物理性质

土层	深度 /cm	细土颗粒组成(粒径：mm)/(g/kg)			质地	容重 /(g/cm³)
		砂粒 2～0.05	粉粒 0.05～0.002	黏粒 <0.002		
Ap	0～28	179	654	167	粉壤土	1.38
Btr	28～70	133	650	218	粉壤土	1.60
Bk	70～140	114	663	223	粉壤土	1.49
Cr	140～170	147	657	196	粉壤土	1.53

刘果系代表性单个土体化学性质

深度 /cm	pH (H₂O)	电导率 /(μS/cm)	有机碳 /(g/kg)	全氮(N) /(g/kg)	全磷(P₂O₅) /(g/kg)	全钾(K₂O) /(g/kg)	有效磷 /(mg/kg)	阳离子交换量 /(cmol/kg)	碳酸钙相当物 /(g/kg)
0～28	9.03	53	18.94	1.01	0.48	13.88	12.33	16.51	11.27
28～70	8.97	56	14.25	0.71	0.33	14.60	4.75	16.64	11.21
70～140	8.93	78	7.37	0.48	0.25	12.98	4.82	22.72	79.03
140～170	9.24	76	6.14	0.36	0.22	12.52	3.35	22.30	17.81

6.5.2　大仙沟系（Daxiangou Series）

土　　族：黏壤质混合型石灰性温性-斑纹简育干润淋溶土
拟定者：吴克宁，鞠　兵，李　玲

分布与环境条件　多出现于山前倾斜平原的上、中部，海拔范围 300～350m，母质为洪冲积物，暖温带大陆性季风气候。年均气温约 14.3℃，温性土壤温度状况，年均降水量 500～600mm，经长期旱耕熟化形成旱作土壤。

大仙沟系典型景观

土系特征与变幅　该土系诊断层有淡薄表层、黏化层；诊断特性有半干润土壤水分状况、温性土壤温度状况、氧化还原特征。混合型矿物，质地较均匀，为粉壤土。Btk 层为淀积黏化层，出现在 30cm 深度处，呈橙色-亮棕色，块状结构，中部有 5～30cm 长、3～5mm 宽的垂直裂隙，表层有机碳为 22.48g/kg，随深度增加而减少，阳离子交换量除表层外，均在 20cmol/kg 以上，通体有石灰反应。

对比土系　君召系，壤质混合型石灰性温性-普通简育干润雏形土。二者位置相近，母质相同，特征土层不同，剖面构型不同，属于不同的土纲。君召系位于山前倾斜平原中下部，剖面构型为 Ap-AB-Bw-Cr，通体石灰反应；大仙沟位于山前倾斜平原中上部，剖面构型为 A-ABr-Btk-Cr，具有黏化层和铁锰胶膜、结核，剖面整体质地较黏，属于黏壤质混合型石灰性温性-斑纹简育干润淋溶土。

利用性能综述　该土系多耕性好，适耕期长，保水保肥，土体有机碳、全氮含量较高，全磷、全钾含量一般，生产中的主要障碍因素是土地不平整，农田灌溉工程不健全，土体含砾石，影响耕作、根系生长及水、气、热协调。

参比土种　壤质洪冲积淋溶褐土。

代表性单个土体　剖面于 2010 年 7 月 7 日采自登封市大金店镇大仙沟村（编号 41-027），34°25′4″N，112°58′14″E，山前倾斜平原中上部，林地，母质为洪冲积物。

A: 0～10cm，淡棕灰色（7.5YR 7/1，干），棕色（7.5YR 4/4，润），粉壤土，团粒状结构，干时硬，大量根系，5%左右的砾石，有石灰反应，pH 7.70，向下层平整清楚过渡。

ABr: 10～30cm，橙色（7.5YR 6/6，干），棕色（7.5YR 4/6，润），粉壤土，强发育块状结构，干时硬，多量亮棕色锈纹，5%左右的砾石，有石灰反应，pH 7.74，向下层平整清楚过渡。

Btk: 30～60cm，橙色-亮棕色（7.5YR 5.5/6，干），棕色（7.5YR 4/6，润），粉壤土，块状结构，干时很硬，中部有 5～30cm 长、3～5mm 宽的垂直裂隙，中度石灰反应，pH 7.60，向下层波状清楚过渡。

Cr1: 60～78cm，干时亮棕色（7.5YR 5/6，干），浊棕色-棕色（7.5YR 4.5/6，润），粉壤土，块状结构，多量黑色铁锰胶膜，2%～5%的石灰结核，强烈石灰反应，pH 7.97，向下层波状清楚过渡。

Cr2: 78～140cm，浊棕色（7.5YR 7/4，干），多量亮棕色（7.5YR 5/8，干），橙色（7.5YR 6/6，润），粉壤土，块状结构，黑色铁锰胶膜结核，5%～10%的石灰粉末，5%左右的小砾石，强烈石灰反应，pH 8.20。

大仙沟系单个土体剖面

大仙沟系代表性单个土体物理性质

土层	深度 /cm	细土颗粒组成（粒径：mm)/(g/kg)			质地	容重 /(g/cm³)
		砂粒 2～0.05	粉粒 0.05～0.002	黏粒 <0.002		
A	0～10	224	655	121	粉壤土	1.37
ABr	10～30	125	675	200	粉壤土	1.73
Btk	30～60	110	624	266	粉壤土	1.47
Cr1	60～78	87	716	197	粉壤土	1.67
Cr2	78～140	91	729	180	粉壤土	1.62

大仙沟系代表性单个土体化学性质

深度 /cm	pH (H₂O)	有机碳 /(g/kg)	全氮(N) /(g/kg)	全磷(P₂O₅) /(g/kg)	全钾(K₂O) /(g/kg)	阳离子交换量 /(cmol/kg)
0～10	7.70	22.48	1.87	0.83	15.45	16.42
10～30	7.74	6.15	1.29	0.77	13.82	23.30
30～60	7.60	4.30	0.52	0.73	13.03	32.17
60～78	7.97	3.24	0.30	0.83	14.23	28.14
78～140	8.20	2.99	0.47	0.75	15.47	27.66

深度 /cm	电导率 /(µS/cm)	有效磷 /(mg/kg)	交换性镁 /(cmol/kg)	交换性钙 /(cmol/kg)	交换性钾 /(cmol/kg)	交换性钠 /(cmol/kg)	碳酸钙相当物 /(g/kg)
0～10	141	7.72	4.20	9.80	0.38	2.96	4.65
10～30	108	2.76	1.78	19.80	0.23	2.84	6.56
30～60	168	2.74	3.21	26.91	0.26	3.06	10.84
60～78	193	2.73	2.01	32.19	0.23	2.62	29.10
78～140	187	2.73	2.00	30.18	0.22	2.51	18.47

6.5.3　来集系（Laiji Series）

土　族：壤质混合型石灰性温性-斑纹简育干润淋溶土
拟定者：吴克宁，鞠　兵，李　玲

分布与环境条件　主要分布于海拔 800～1100m 的低山地区，母质为马兰黄土，暖温带大陆性季风气候。年均气温 9.1℃，矿质土表至 50cm 深度处年均土壤温度约为 11℃，年均降水量 850～950mm。

来集系典型景观

土系特征与变幅　该土系诊断层有淡薄表层、黏化层；诊断特性有半干润土壤水分状况、温性土壤温度状况、氧化还原特征。混合型矿物，全剖面大致呈壤土。AB 过渡层，浊橙色-浊棕色，质地为壤土，团块状结构，2%～5%的锈纹锈斑等；Br 层有 15%～40%的锈纹和锈斑；Bt 层黏粒明显增加；有机碳由上至下减少，阳离子交换量较低，随黏粒含量的增加而增加。全剖面呈碱性，有石灰反应。

对比土系　曲梁系，壤质混合型石灰性温性-普通简育干润雏形土。二者位置相近，母质相同，特征土层不同，属于不同的土纲。曲梁系土体有白色的假菌丝体，团块状结构，石灰反应比来集系强，未达到黏化层；来集系出现黏化层，土体中部存在锈纹锈斑，属于壤质混合型石灰性温性-斑纹简育干润淋溶土。

利用性能综述　该土系土体深厚，质地大致呈壤土，质地上轻下重，底土层为黏化层，结构良好，保水保肥能力强，适耕期长，适宜多种植物生长。应增施有机肥，平衡施用化肥，少施多次，防止养分淋失。

参比土种　潮黄土（壤质潮褐土）。

代表性单个土体　剖面于 2010 年 6 月 8 日采自郑州市新密市来集镇西于沟（编号 41-032），34°29′23″N，113°24′44″E，丘陵中上部，耕地，小麦-玉米轮作，一年两熟，母质为马兰黄土。

Ap: 0～32cm,浊黄橙色（10YR 7/4,干）,棕色（7.5YR 4/4,
　　润）,壤土,团粒状结构,干时松软,大量根系,有石灰
　　反应,pH 8.17,向下层波状渐变过渡。

AB: 32～50cm,浊橙色-浊棕色（10YR 6.5/4,干）,棕色（7.5YR
　　4/5,润）,壤土,团块状结构,干时稍硬,2%～5%
　　的锈纹锈斑,中度石灰反应,pH 8.06,向下层波状渐
　　变过渡。

Br: 50～88cm,浊红棕色（7.5YR 6.5/4,干）,浊棕色（7.5YR
　　5/4,润）,壤土,团块状结构,干时稍硬,15%～40%
　　的橙色锈纹锈斑,弱石灰反应,pH 7.81,向下层波状渐
　　变过渡。

Bt: 88～140cm,橙色（7.5YR 7/6,干）,浊红棕色（7.5YR 4/6,
　　润）,粉壤土,块状结构,干时硬,弱石灰反应,pH 7.77。

来集系单个土体剖面

来集系代表性单个土体物理性质

| 土层 | 深度 /cm | 细土颗粒组成(粒径：mm)/(g/kg) | | | 质地 | 容重 /(g/cm³) |
		砂粒 2～0.05	粉粒 0.05～0.002	黏粒 <0.002		
Ap	0～32	411	474	116	壤土	1.36
AB	32～50	435	447	118	壤土	1.56
Br	50～88	385	501	114	壤土	1.36
Bt	88～140	145	660	195	粉壤土	1.60

来集系代表性单个土体化学性质

深度 /cm	pH (H₂O)	有机碳 /(g/kg)	全氮(N) /(g/kg)	全磷(P₂O₅) /(g/kg)	全钾(K₂O) /(g/kg)	阳离子交换量 /(cmol/kg)
0～32	8.17	16.14	0.95	0.63	12.57	10.32
32～50	8.06	5.90	0.45	0.69	12.94	10.35
50～88	7.81	3.76	0.4	0.74	13.07	9.56
88～140	7.77	3.93	0.53	0.66	12.55	16.17

深度 /cm	电导率 /(μS/cm)	有效磷 /(mg/kg)	交换性镁 /(cmol/kg)	交换性钙 /(cmol/kg)	交换性钾 /(cmol/kg)	交换性钠 /(cmol/kg)	碳酸钙相当物 /(g/kg)
0～32	171	15.68	1.98	6.93	0.66	3.79	10.06
32～50	157	8.67	4.02	4.02	0.64	3.75	8.94
50～88	340	9.05	2.48	7.94	0.36	3.19	1.69
88～140	449	10.82	0.3	16.83	0.53	3.29	2.13

6.5.4　石牛系（Shiniu Series）

土　族：壤质混合型石灰性温性-斑纹简育干润淋溶土
拟定者：吴克宁，鞠　兵，李　玲

分布与环境条件　多出现于黄土丘陵坡地,海拔范围 100～200m,母质为马兰黄土,暖温带大陆性季风气候。年均气温 14.6℃，年均土壤温度为 15～16℃,温性土壤温度状况，年均降水量约为 922mm ，年均蒸发量约为 1720mm。

石牛系典型景观

土系特征与变幅　该土系诊断层有淡薄表层、黏化层;诊断特性有半干润土壤水分状况、温性土壤温度状况、氧化还原特征。混合型矿物，全剖面质地均一，为粉壤土，中度发育的团块状结构，心土层和底土层发育少量至中量石灰粉末，碳酸钙相当物含量平均约为 29.5 g/kg。全剖面 pH7.8～8.3，呈弱碱性，通体强烈石灰反应。

对比土系　坡头系，壤质混合型温性-钙积简育干润雏形土。二者位置相近，母质相同，特征土层不同，属于不同的土纲。坡头系通体质地均一，约 20cm 以下至剖面底部发育石灰粉末，并有少量砂姜，150cm 以上碳酸钙相当物含量绝大部分在 150 g/kg 以上，且可辨认的次生碳酸盐按体积计≥5%，达到钙积层，通体有强烈的石灰反应；而石牛系具有黏化层，并且其下发育少量棕灰色铁锰结核，属于壤质混合型石灰性温性-斑纹简育干润淋溶土。

利用性能综述　石牛系土体深厚，质地适中，适耕期长，好耕作，但有机碳分解较快，含量较低。应注意增施有机肥，合理配施化肥，做好土地平整，减少水土流失。

参比土种　白面土（黄土质石灰性褐土）。

代表性单个土体　剖面于 2010 年 7 月 17 日采自河南省济源市思礼镇石牛村（编号 41-024），35°6′52″N，112°30′29″E，丘陵坡地中部，耕地，小麦-玉米轮作，一年两熟，母质为马兰黄土。

Ap：0~28cm，浊橙色–橙色（7.5YR 6/5，干），棕色（7.5YR 4/6，润），粉壤土，团块状结构，干时松软，大量根系，少量砾石，强烈石灰反应，pH 8.29，向下层清晰波状过渡。

AB：28~80cm，浊橙色（7.5YR 6.5/4，干），棕色（5YR 4/5，润），粉壤土，团块状结构，干时稍硬，少量棕灰色铁锰结核，中量白色石灰粉末，强烈石灰反应，pH 8.02，向下层模糊平滑过渡。

Bt：80~122cm，浊橙色（7.5YR 6.5/4，干），棕色（7.5YR 4/6，润），粉壤土，块状结构，干时很硬，中量白色石灰粉末，强烈石灰反应，pH 8.09，向下层模糊平滑过渡。

BC：122~150cm，浊橙色（7.5YR 6/4，干），棕色（7.5YR 4/6，润），粉壤土，块状结构，干时很硬，少量白色石灰粉末，强烈石灰反应，pH 7.88。

石牛系单个土体剖面

石牛系代表性单个土体物理性质

土层	深度 /cm	细土颗粒组成(粒径：mm)/(g/kg)			质地	容重 /(g/cm³)
		砂粒 2~0.05	粉粒 0.05~0.002	黏粒 <0.002		
Ap	0~28	171	677	152	粉壤土	1.29
AB	28~80	138	701	162	粉壤土	1.29
Bt	80~122	113	689	198	粉壤土	1.27
BC	122~150	141	683	176	粉壤土	1.33

石牛系代表性单个土体化学性质

深度 /cm	pH (H₂O)	有机碳 /(g/kg)	全氮(N) /(g/kg)	全磷(P₂O₅) /(g/kg)	全钾(K₂O) /(g/kg)	阳离子交换量 /(cmol/kg)
0~28	8.29	6.32	0.83	0.81	16.36	15.22
28~80	8.02	4.62	0.80	1.02	14.28	17.66
80~122	8.09	4.28	0.79	0.74	15.42	16.70
122~150	7.88	4.55	0.58	0.67	15.85	17.62

深度 /cm	电导率 /(μS/cm)	有效磷 /(mg/kg)	交换性镁 /(cmol/kg)	交换性钙 /(cmol/kg)	交换性钾 /(cmol/kg)	交换性钠 /(cmol/kg)	碳酸钙相当物 /(g/kg)
0~28	191	5.29	0.59	16.73	0.28	2.58	31.17
28~80	413	2.60	0.50	15.59	0.26	2.27	38.24
80~122	431	3.42	5.19	9.78	0.23	2.17	23.92
122~150	326	3.14	6.06	10.10	0.36	2.11	22.87

6.5.5　大冶系（Daye Series）

土　族：壤质混合型石灰性温性-斑纹简育干润淋溶土
拟定者：吴克宁，鞠　兵，李　玲

分布与环境条件　多出现于黄土丘陵坡地下部，海拔范围300～400m，母质为马兰黄土，暖温带大陆性季风气候。年均气温14.3℃，年均降水量500～600mm。

大冶系典型景观

土系特征与变幅　该土系诊断层有淡薄表层、黏化层；诊断特性有半干润土壤水分状况、温性土壤温度状况、氧化还原特征。混合型矿物，粉壤土。AB层，团块状结构，2%～5%的铁锰结核；Btk层为黏化层，黏粒明显增多，2%～5%的铁锰结核；Cr层有5%～15%的铁锰结核。全剖面pH7.9～8.2，呈弱碱性，通体有强烈石灰反应。

对比土系　君召系，壤质混合型石灰性温性-普通简育干润雏形土。二者位置相近，母质不同，剖面构型不同，特征土层不同，属于不同的土纲。君召系位于山前倾斜平原中下部，母质为洪冲积物，1m土体内有石灰反应；大冶系位于黄土丘陵坡地下部，母质为马兰黄土，具有黏化层，Btk层有少量白色石灰结核，通体石灰反应，具有铁锰结核，属于壤质混合型石灰性温性-斑纹简育干润淋溶土。

利用性能综述　该土系土壤土体深厚，质地大致呈粉壤土，质地上轻下重，底土层为黏化层，结构良好，适耕期长，分布于坡麓及坡的鞍部，易水土流失。应注意搞好土地平整，修筑水平梯田，增强土壤蓄水能力，防止水土流失。

参比土种　少量砂姜黄白土（中壤质黄土质石灰性褐土）。

代表性单个土体　剖面于2010年7月13日采自登封市大冶镇川口村（编号41-028），34°25′11″N，113°13′15″E，黄土丘陵坡地下部，耕地，小麦-玉米轮作，一年两熟，母质为马兰黄土。

Ap: 0～20cm，橙色（7.5YR 6.5/6，干），棕色（7.5YR 4/6，润），粉壤土，团粒状结构，干时松软，强烈石灰反应，pH 8.18，向下层波状模糊过渡。

AB: 20～46cm，橙色（7.5YR 6.5/6，干），棕色（7.5YR 4/6，润），粉壤土，团块状结构，干时稍硬，2%～5%的黑色铁锰结核，强烈石灰反应，pH 8.16，向下层波状模糊过渡。

Br: 46～80cm，橙色（7.5YR 6/6，干），亮红棕色-红棕色（5YR 4.5/6，润），粉壤土，块状结构，干时硬，少量黑色铁锰结核，强烈石灰反应，pH 7.96，向下层波状模糊过渡。

Btk: 80～125cm，橙色-亮棕色（7.5YR 5.5/6，干），棕色（7.5YR 4/6，润），粉壤土，块状结构，干时很硬，少量石灰结核，强烈石灰反应，pH 7.95，向下层波状明显过渡。

Cr: 125～150cm，浊红棕色（2.5YR 4.5/4，干），红棕色（2.5YR 4/6，润），粉壤土，块状结构，干时很硬，中量黑色铁锰结核，少量石灰结核，强烈石灰反应，pH 8.00。

41-028

大冶系单个土体剖面

大冶系代表性单个土体物理性质

土层	深度 /cm	砾石 (>2mm)/(g/kg)	细土颗粒组成(粒径：mm)/(g/kg)			质地	容重 /(g/cm³)
			砂粒 2～0.05	粉粒 0.05～0.002	黏粒 <0.002		
Ap	0～20	95	269	610	121	粉壤土	1.35
AB	20～46	195	265	607	128	粉壤土	1.25
Br	46～80	107	227	626	147	粉壤土	1.42
Btk	80～125	100	198	608	195	粉壤土	1.32
Cr	125～150	103	129	651	221	粉壤土	1.50

大冶系代表性单个土体化学性质

深度 /cm	pH (H₂O)	有机碳 /(g/kg)	全氮(N) /(g/kg)	全磷(P₂O₅) /(g/kg)	全钾(K₂O) /(g/kg)	阳离子交换量 /(cmol/kg)
0～20	8.18	13.29	1.13	0.81	13.75	15.87
20～46	8.16	12.38	1.05	0.82	13.29	16.05
46～80	7.96	11.73	0.76	0.84	12.90	12.69
80～125	7.95	6.49	0.70	0.74	14.45	14.18
125～150	8.00	12.78	1.09	0.79	13.97	16.25

深度 /cm	电导率 /(μS/cm)	有效磷 /(mg/kg)	交换性镁 /(cmol/kg)	交换性钙 /(cmol/kg)	交换性钾 /(cmol/kg)	交换性钠 /(cmol/kg)	碳酸钙相当物 /(g/kg)
0～20	162	5.51	2.15	15.21	0.21	1.83	10.08
20～46	183	5.70	2.01	15.09	0.21	2.54	7.42
46～80	270	3.94	1.90	16.97	0.20	1.65	19.73
80～125	170	3.54	1.88	15.97	0.23	1.65	19.51
125～150	194	4.49	2.00	15.03	0.33	3.05	9.23

6.5.6　朱阁系（**Zhuge Series**）

土　　族：壤质混合型石灰性温性-斑纹简育干润淋溶土
拟定者：吴克宁，鞠　兵，李　玲

分布与环境条件　多出现于丘陵缓坡地，海拔范围 100～200m，母质为下蜀黄土，暖温带大陆性季风气候。年均气温 14.4℃，年均降水量 630～740mm。

朱阁系典型景观

土系特征与变幅　该土系诊断层有淡薄表层、黏化层；诊断特性有半干润土壤水分状况、温性土壤温度状况、氧化还原特征。混合型矿物，颜色较为均一，质地为粉壤土。Btr 层黏粒明显增加，为黏化淀积层，15%～40%的铁锰胶膜；BC 层 5%～15%的暗红灰铁锰胶膜；土壤有机碳含量、全氮含量、阳离子交换量较低。全剖面 pH 8.0～8.3，呈弱碱性，110cm 以上有石灰反应。

对比土系　大冶系，壤质混合型石灰性温性-斑纹简育干润淋溶土。二者母质相似，诊断层与诊断特征相同，都具有黏化层、铁锰胶膜结核，土壤质地相似，属于同一土族。大冶系母质为马兰黄土，黏化层出现的位置较深（80～125cm），通体强烈石灰反应；而朱阁系母质为下蜀黄土，黏化层出现的位置较浅（52～110cm），土体底部 BC 层无石灰反应。

利用性能综述　该土系土壤质地为粉壤土，土体养分含量较高，呈中性，适宜发展林、草。目前多种植甘薯、豆类。黏化层和母质层质地较黏重，结构紧实，影响根系下扎，渗水性极差。应注意精耕细作，重施有机肥，增施化肥，特别是钾肥，培肥改土，提高肥力。

参比土种　黄土质褐土。

代表性单个土体　剖面于 2010 年 6 月 10 日采自河南省禹州市朱阁乡樊刘村（编号 41-039），34°12′12″N，113°26′50″E，丘陵缓坡地下部，坡度 5°左右，地下水位 70～80m，耕地，小麦-花生轮作，一年两熟，母质为下蜀黄土。

Ap: 0～21cm，浊橙色（7.5YR 6/4，干），棕色（7.5YR 4/4，润），粉壤土，团粒状结构，干时松软，大量根系，有石灰反应，pH 8.24，向下层波状逐渐过渡。

AB: 21～52cm，浊橙色（7.5YR 6/4，干），浊棕色-棕色（7.5YR 3/4，润），粉壤土，团块状结构，干时硬，强烈石灰反应，pH 8.31，向下层波状逐渐过渡。

Btr1: 52～87cm，橙色（7.5YR 7/6，干），棕色-亮棕色（7.5YR 4.5/6，润），粉壤土，块状结构，干时硬，15%～40%的铁锰胶膜，有石灰反应，pH 8.08，向下层波状模糊过渡。

Btr2: 87～110cm，浊橙色-橙色（7.5YR 7/5，干），棕色-亮棕色（7.5YR 4.5/6，润），块状结构，干时很硬，5%～15%的铁锰胶膜，有石灰反应，pH 7.97，向下层波状模糊过渡。

BC: 110～140cm，浊橙色-橙色（7.5YR 7/5，干），棕色（7.5YR 4/6，润），粉壤土，块状结构，干时很硬，5%～15%的铁锰胶膜，无石灰反应，pH 8.06。

朱阁系单个土体剖面

朱阁系代表性单个土体物理性质

| 土层 | 深度/cm | 细土颗粒组成(粒径：mm)/(g/kg) | | | 质地 | 容重/(g/cm³) |
		砂粒 2～0.05	粉粒 0.05～0.002	黏粒 <0.002		
Ap	0～21	250	621	129	粉壤土	1.39
AB	21～52	299	571	131	粉壤土	1.42
Btr1	52～87	152	672	176	粉壤土	1.56
Btr2	87～110	211	569	220	粉壤土	1.32
BC	110～140	190	605	205	粉壤土	1.35

朱阁系代表性单个土体化学性质

深度/cm	pH (H₂O)	有机碳/(g/kg)	全氮(N)/(g/kg)	全磷(P₂O₅)/(g/kg)	全钾(K₂O)/(g/kg)	阳离子交换量/(cmol/kg)
0～21	8.24	8.29	1.05	0.63	14.11	14.43
21～52	8.31	5.36	0.61	0.60	14.01	14.22
52～87	8.08	3.21	0.4	0.48	13.88	20.17
87～110	7.97	2.74	0.51	0.73	11.71	15.98
110～140	8.06	2.96	0.87	0.65	11.66	17.73

深度/cm	电导率/(μS/cm)	有效磷/(mg/kg)	交换性镁/(cmol/kg)	交换性钙/(cmol/kg)	交换性钾/(cmol/kg)	交换性钠/(cmol/kg)	碳酸钙相当物/(g/kg)
0～21	172	6.15	2.61	12.45	0.31	2.53	11.52
21～52	178	4.72	1.01	13.45	0.33	2.43	13.71
52～87	350	28.26	1.09	19.74	0.33	2.59	2.27
87～110	233	44.02	2.99	14.94	0.2	2.43	3.19
110～140	216	43.11	4.99	11.98	0.28	2.95	0.82

6.6　普通简育干润淋溶土

6.6.1　杨岭系（Yangling Series）

土　族：壤质混合型石灰性温性-普通简育干润淋溶土
拟定者：吴克宁，鞠　兵，李　玲

分布与环境条件　多出现于中低山地、丘陵地区土壤侵蚀较为严重的地带，海拔范围 200～300m，母质为马兰黄土，暖温带大陆性季风气候。年均气温 14.0～14.5℃，年均降水量 599～707mm。

杨岭系典型景观

土系特征与变幅　该土系诊断层有淡薄表层、黏化层；诊断特性有半干润土壤水分状况、温性土壤温度状况。土体深厚，大多达 1m 以上，垂直节理发育，混合型矿物，土壤质地为粉壤土。黏化层位置出现较浅（20～79cm），土壤养分含量较低。全剖面 pH 8.0～8.3，呈弱碱性。剖面中除表层外均有假菌丝体石灰淀积，碳酸钙相当物含量除底层（BCk 层）约为 106 g/kg，其余各层低于 30g/kg，通体中度至强烈石灰反应。

对比土系　夹津口系，壤质混合型非酸性温性-普通简育干润淋溶土。二者地理位置相邻，母质不同，特征土层相似，属同一亚类。夹津口系主要分布在中低山丘陵坡地上部，母质为石灰岩类风化残积-坡积物，黏化层位置出现较深（110～160cm），通体无石灰反应；杨岭系主要分布在黄土丘陵坡地上部，母质为马兰黄土，黏化层位置出现较浅（20～79cm），土体中出现较多假菌丝体，通体中度至强烈石灰反应，属壤质混合型石灰性温性-普通简育干润淋溶土。

利用性能综述　该土系土层深厚，心土层质地以粉壤土为主，通透性好，适耕期长，易耕作，耕性好，但土壤养分含量较低，水土流失严重，易遭干旱。农业生产中，应搞好土地平整。

参比土种　轻壤黄土质褐土。

代表性单个土体　剖面于 2010 年 7 月 7 日采自巩义市杨岭村（编号 41-012），34°48′5″N，112°55′11″E，黄土丘陵坡地上部，耕地，小麦-玉米轮作，一年两熟，母质为马兰黄土。

Ap: 0~20cm，浊橙色-浊棕色（7.5YR 5.5/4，干），暗棕色（7.5YR 3/4，润），粉壤土，团粒状结构，干时松软，大量根系，强烈石灰反应，pH 8.17，向下层平整过渡。

Bt1: 20~50cm，浊橙色（7.5YR 6/4，干），棕色（7.5YR 4/5，润），粉壤土，团块状结构，干时硬，5%~15%的假菌丝体，强烈的石灰反应，pH 8.13，向下层波状渐变过渡。

Bt2: 50~79cm，浊橙色-橙色（7.5YR 6/5，干），棕色（7.5YR 4/6，润），粉壤土，块状结构，干时很硬，5%~15%的白色假菌丝体，中度石灰反应，pH 8.04，向下层波状渐变过渡，该层黏化率大于1.2，为1.23。

Bk: 79~115cm，浊橙色-橙色（7.5YR 6/5，干），棕色（7.5YR 4/6，润），粉壤土，团块状结构，干时很硬，5%~15%的假菌丝体，中度石灰反应，pH 8.10，向下层波状渐变过渡。

BCk: 115~140cm，淡黄橙色（10YR 8/3，干），橙色-亮棕色（7.5YR 5.5/6，润），粉壤土，团块状结构，干时硬，润时坚实，湿时稍黏着，稍塑，15%~20%的假菌丝体，强烈石灰反应，pH 8.32。

杨岭系单个土体剖面

杨岭系代表性单个土体物理性质

| 土层 | 深度/cm | 细土颗粒组成(粒径: mm)/(g/kg) | | | 质地 | 容重/(g/cm³) |
		砂粒 2~0.05	粉粒 0.05~0.002	黏粒 <0.002		
Ap	0~20	242	626	133	粉壤土	1.43
Bt1	20~50	197	637	166	粉壤土	1.32
Bt2	50~79	188	649	163	粉壤土	1.57
Bk	79~115	246	619	135	粉壤土	1.37
BCk	115~140	270	610	120	粉壤土	1.34

杨岭系代表性单个土体化学性质

深度/cm	pH(H₂O)	有机碳/(g/kg)	全氮(N)/(g/kg)	全磷(P₂O₅)/(g/kg)	全钾(K₂O)/(g/kg)	阳离子交换量/(cmol/kg)
0~20	8.17	10.27	0.79	0.74	16.57	13.31
20~50	8.13	4.77	0.73	0.80	16.43	16.30
50~79	8.04	3.01	0.47	0.78	15.03	14.08
79~115	8.10	2.56	0.31	0.81	15.53	13.07
115~140	8.32	1.42	0.52	0.75	15.53	7.79

深度/cm	电导率/(μS/cm)	有效磷/(mg/kg)	交换性镁/(cmol/kg)	交换性钙/(cmol/kg)	交换性钾/(cmol/kg)	交换性钠/(cmol/kg)	碳酸钙相当物/(g/kg)
0~20	185	9.34	0.51	14.14	0.39	2.56	29.66
20~50	242	5.38	0.50	14.82	0.36	2.85	19.54
50~79	329	4.96	0.99	15.90	0.33	2.59	5.27
79~115	214	4.42	1.00	12.95	0.31	2.53	3.50
115~140	234	5.92	1.39	9.76	0.28	2.53	106.06

6.6.2　洛龙系（Luolong Series）

土　族：壤质混合型石灰性温性-普通简育干润淋溶土
拟定者：吴克宁，鞠　兵，李　玲

分布与环境条件　多分布在黄土丘陵倾斜平坡地，海拔范围100～200m，母质为红黄土，暖温带大陆性季风气候。年平均气温 12.2～14.6℃，矿质土表至50cm 处年均土温约为15℃，年均降水量 528～880mm。

洛龙系典型景观

土系特征与变幅　该土系诊断层有淡薄表层、黏化层；诊断特性有半干润土壤水分状况、温性土壤温度状况。混合型矿物，颜色较为均一，为浊红棕色-棕色。Btk 层为黏化层，黏粒明显增多，并有 2%～5%的假菌丝体淀积，有机碳表层含量较高，约 14.85g/kg，阳离子交换量在剖面中分布均衡，平均约 12.15cmol/kg。全剖面 pH 8.0～8.7，呈碱性，通体中度石灰反应。

对比土系　胡营系，壤质混合型石灰性温性-普通简育干润淋溶土。二者母质不同，诊断层与诊断特性相同，为同一土族。胡营系母质为洪积冲积物，黏化层出现在土体中部（60～100cm）；而洛龙系母质为红黄土，黏化层出现得较深（90cm 以下），底部有假菌丝体出现，碳酸钙相当物含量高于胡营系，但均未达到钙积层。

利用性能综述　该土系土壤质地为粉壤土，通透性好，适耕期长，易耕作，耕性好。应增加投入，培肥地力，加深耕层，增加蓄水保墒的能力，或发展牧业，改善生态环境。

参比土种　红黄土（红黄土质褐土）。

代表性单个土体　剖面于 2010 年 7 月 14 日采自河南省洛阳市洛龙区诸葛镇（编号 41-139），34°34′7″N，112°31′37″E，丘陵坡地下部，耕地，小麦-玉米轮作，一年两熟，母质为红黄土。

Ap: 0～20cm，浊红棕色（5YR 5/4，干），浊红棕色（2.5YR 4/3，润），粉壤土，团块状结构，干时松软，润时稍坚实，湿时黏着，中塑，大量根系，中度石灰反应，pH 8.63，向下层模糊平滑过渡。

AB: 20～60cm，浊棕色（7.5YR 5/4，干），浊红棕色（5YR 4/4，润），粉壤土，团块状结构，干时硬，中度石灰反应，pH 8.34，向下层模糊平滑过渡。

Bk: 60～90cm，浊棕色（7.5YR 5/4，干），浊红棕色（5YR 4/3，润），粉壤土，团块状结构，干时硬，2%～5%的石灰粉末，中度石灰反应，pH 8.17，向下层清晰平滑过渡。

Btk1: 90～120cm，浊红棕色（5YR 5/4，干），浊红棕色（5YR 4/4，润），粉壤土，块状结构，干时很硬，2%～5%的假菌丝体，中度石灰反应，pH 8.04，向下层模糊平滑过渡。

Btk2: 120～150cm，浊红棕色（5YR 5/4，干），浊红棕色（5YR 4/4，润），粉壤土，块状结构，干时很硬，5%～15%的假菌丝体，中度的石灰反应，pH 8.38。

洛龙系单个土体剖面

洛龙系代表性单个土体物理性质

土层	深度/cm	细土颗粒组成(粒径：mm)/(g/kg)			质地	容重/(g/cm³)
		砂粒 2～0.05	粉粒 0.05～0.002	黏粒 <0.002		
Ap	0～20	178	665	158	粉壤土	1.27
AB	20～60	176	665	159	粉壤土	1.39
Bk	60～90	151	684	165	粉壤土	1.37
Btk1	90～120	114	687	200	粉壤土	1.44
Btk2	120～150	125	685	190	粉壤土	

洛龙系代表性单个土体化学性质

深度/cm	pH (H₂O)	有机碳/(g/kg)	全氮(N)/(g/kg)	全磷(P₂O₅)/(g/kg)	全钾(K₂O)/(g/kg)	阳离子交换量/(cmol/kg)
0～20	8.63	14.85	0.89	0.64	16.44	12.17
20～60	8.34	8.75	0.66	0.38	15.72	11.11
60～90	8.17	6.47	0.36	0.47	11.79	11.37
90～120	8.04	7.73	0.42	0.48	14.59	13.32
120～150	8.38	6.89	0.30	0.50	15.64	12.77

深度/cm	电导率/(μS/cm)	有效磷/(mg/kg)	交换性镁/(cmol/kg)	交换性钙/(cmol/kg)	交换性钾/(cmol/kg)	交换性钠/(cmol/kg)	碳酸钙相当物/(g/kg)
0～20	641	4.62	1.09	4.18	0.51	1.84	63.81
20～60	276	8.49	0.47	5.09	0.29	1.58	38.24
60～90	636	0.01	0.38	6.04	0.13	2.41	39.13
90～120	1539	5.07	0.73	6.02	0.13	2.51	98.78
120～150	662	6.11	0.33	7.20	0.06	2.59	131.82

6.6.3　胡营系（Huying Series）

土　　族：壤质混合型石灰性温性-普通简育干润淋溶土
拟定者：吴克宁，鞠　兵，李　玲

分布与环境条件　多出现于山前倾斜平原中上部，海拔范围 50～100m，母质为洪积冲积物，暖温带大陆性季风气候。年均气温 13.4℃，年均降水量 600～700mm。

胡营系典型景观

土系特征与变幅　该土系诊断层有淡薄表层、黏化层；诊断特性有半干润土壤水分状况、温性土壤温度状况。混合型矿物，粉壤土，淡黄橙色为主。Bt 层和 Btk 层黏粒增多，有 5%～10%的石灰粉末和假菌丝体淀积。全剖面 pH 7.3～7.6，呈中性，通体碳酸钙相当物含量小于 20 g/kg，中度至强烈石灰反应。

对比土系　宜沟系，壤质混合型温性-钙积简育干润雏形土。二者位置相近，相同的母质、土壤水分和土壤温度状况，特征土层不同，属于不同的土纲。宜沟系主要分布于山前倾斜平原的中、下部，具有雏形层，出现浅位中量锈斑，碳酸钙相当物含量高，达到钙积层，分布均匀，各层均在 150 g/kg 以上；而胡营系具有黏化层，黏化层出现在土体中部（60～100cm），属壤质混合型石灰性温性-普通简育干润淋溶土。

利用性能综述　该土系土体深厚，质地为粉壤土，疏松易耕，适耕期长，好管理，通气透水性能好，作物易出苗，养分含量较低。应增施有机肥，化肥施用要勤施少量，充分利用所处地域水资源丰富的优势发展灌溉。

参比土种　潮洪土（中壤质洪积潮褐土）。

代表性单个土体　剖面于 2010 年 7 月 11 日采自安阳市汤阴县白营乡胡营村（编号 41-006），35°56′18″N，114°26′9″E，山前倾斜平原中上部，林地，母质为洪积冲积物。

Ap： 0～15cm，淡黄橙色（10YR 5/6，干），浊棕色（10YR 4/6，润），粉壤土，弱发育团块状结构，干时稍坚硬，强烈石灰反应，pH 7.49，向下层波状模糊过渡。

Bt： 15～60cm，淡黄橙色（10YR 6/6，干），浊棕色（7.5YR 4.5/4，润），粉壤土，中度发育块状结构，干时坚硬，强烈石灰反应，pH 7.39，向下层波状模糊过渡。

Btk： 60～100cm，淡黄橙色（10YR 5/6，干），浊棕色-棕色（10YR 4/6，润），粉壤土，中度发育棱柱状结构，干时坚硬，可见假菌丝体，中度石灰反应，pH 7.59，向下层波状模糊过渡。

BC： 100～140cm，淡黄橙色（10YR 5/6，干），橙色-亮橙色（10YR 4/4，润），粉壤土，强度发育棱柱状结构，干时坚硬，中度石灰反应，pH 7.55，向下层波状模糊过渡。

Ck： 140～160cm，浊黄棕色-亮黄棕色（10YR 8/6，干），浊棕色-亮棕色（10YR 5/8，润），粉壤土，团块状结构，干时坚硬，可见假菌丝体，中度石灰反应，pH 7.53。

胡营系单个土体剖面

胡营系代表性单个土体物理性质

土层	深度 /cm	砾石 (>2mm)/(g/kg)	细土颗粒组成(粒径：mm)/(g/kg)			质地	容重 /(g/cm³)
			砂粒 2～0.05	粉粒 0.05～0.002	黏粒 <0.002		
Ap	0～15	2.47	260	628	112	粉壤土	1.45
Bt	15～60	—	209	648	144	粉壤土	1.52
Btk	60～100	—	157	686	157	粉壤土	1.41
BC	100～140	—	130	701	168	粉壤土	1.48
Ck	140～160	1.06	181	663	156	粉壤土	1.55

胡营系代表性单个土体化学性质

深度 /cm	pH (H₂O)	有机碳 /(g/kg)	全氮(N) /(g/kg)	全磷(P₂O₅) /(g/kg)	全钾(K₂O) /(g/kg)	阳离子交换量 /(cmol/kg)
0～15	7.49	9.67	0.90	0.83	17.15	12.48
15～60	7.39	3.72	0.52	0.76	16.53	8.84
60～100	7.59	4.26	0.57	0.73	16.50	16.31
100～140	7.55	3.03	0.60	0.69	16.59	17.36
140～160	7.53	2.95	0.31	0.91	15.26	14.55

深度 /cm	电导率 /(μS/cm)	有效磷 /(mg/kg)	交换性镁 /(cmol/kg)	交换性钙 /(cmol/kg)	交换性钾 /(cmol/kg)	交换性钠 /(cmol/kg)	碳酸钙相当物 /(g/kg)
0～15	204	5.78	1.00	12.05	0.33	2.18	9.97
15～60	151	3.46	0.30	15.47	0.31	2.24	13.36
60～100	135	4.69	1.00	16.97	0.33	2.46	12.52
100～140	120	4.69	1.99	17.93	0.31	2.31	11.32
140～160	343	6.06	0.60	16.40	0.28	2.31	16.36

6.6.4　郑科系（Zhengke Series）

土　族：壤质混合型石灰性温性-普通简育干润淋溶土
拟定者：吴克宁，鞠　兵，李　玲

分布与环境条件　土壤多出现于塬、岭平地或丘陵与平原过渡地带，海拔范围 100～200m，母质为马兰黄土，暖温带大陆性季风气候。年均气温 14.4℃，矿质土表至 50cm 深度处年均土壤温度约为 15℃，年均降水量 600～700mm。

郑科系典型景观

土系特征与变幅　该土系诊断层有淡薄表层、黏化层；诊断特性有半干润土壤水分状况、温性土壤温度状况。混合型矿物，粉壤土，土壤颜色以浊黄橙色或亮黄橙色为主，剖面上部以团粒状为主，中部块状结构，有机碳含量随深度增加而减少，阳离子交换量随黏粒含量增加而增加。全剖面土壤呈碱性，通体有石灰反应。

对比土系　花园口系，壤质混合型温性-石灰淡色潮湿雏形土，在地理位置上与郑科系邻近，母质、地形地貌不同，诊断层、诊断特性不同，土纲不同。花园口系发育在河流冲积母质上，并长期受地下水影响，为潮湿土壤水分状况，发育多种类型的氧化还原特征；而郑科系则发育在半干润土壤水分条件下的黄土母质上，形成黏化层，属于壤质混合型石灰性温性-普通简育干润淋溶土。

利用性能综述　该土系分布于丘陵与平原过渡地带，坡度缓，地表水土流失少，质地适中，结构良好，易耕作，一定深度处发育黏化层，具有良好的保水保肥的性能，养分含量较低。应扩大灌溉面积，增施有机肥，发展绿肥。

参比土种　立黄土（黄土质褐土）。

代表性单个土体　剖面于 2010 年 7 月 22 日采自郑州市高新区科学大道南侧（编号41-195），34°48′26″N，113°34′8″E，丘陵与平原过渡地带，林地，母质为马兰黄土。

Ap: 0～22cm，浊黄橙色（10YR 7/4，干），棕色（10YR 7/4，润），粉壤土，团粒状结构，干时稍硬，大量根系，有石灰反应，pH 8.37，向下层模糊平滑过渡。

AB: 22～45cm，亮黄橙色（10YR 7/6，干），黄棕色（10YR 5/6，润），粉壤土，团粒状结构，干时稍硬，有石灰反应，pH 8.36，向下层模糊平滑过渡。

Bt1: 45～80cm，浊黄橙色（10YR 7/4，干），棕色（10YR 4/6，润），粉壤土，块状结构，干时硬，有石灰反应，pH 8.30，向下层模糊平滑过渡，该层黏化率大于 1.20，为 1.49。

Bt2: 80～148cm，浊黄橙色（10YR 7/4，干），棕色（10YR 4/6，润），粉壤土，块状结构，干时硬，有石灰反应，pH 8.37，向下层模糊平滑过渡，该层黏化率大于 1.20，为 1.28。

C: 148～170cm，亮黄橙色（10YR 7/6，干），棕色（10YR 4/6，润），壤土，团块状结构，干时硬，有石灰反应，pH 8.22。

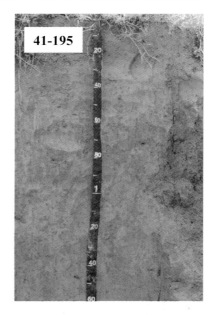

郑科系单个土体剖面

郑科系代表性单个土体物理性质

土层	深度 /cm	细土颗粒组成(粒径：mm)/(g/kg)			质地	容重 /(g/cm³)
		砂粒 2～0.05	粉粒 0.05～0.002	黏粒 <0.002		
Ap	0～22	372	525	103	粉壤土	1.42
AB	22～45	345	534	121	粉壤土	1.50
Bt1	45～80	291	557	153	粉壤土	1.52
Bt2	80～148	329	539	132	粉壤土	1.51
C	148～170	431	455	115	壤土	1.51

郑科系代表性单个土体化学性质

深度 /cm	pH (H₂O)	有机碳 /(g/kg)	全氮(N) /(g/kg)	阳离子交换量 /(cmol/kg)
0～22	8.37	11.31	0.50	9.86
22～45	8.36	4.45	0.73	9.27
45～80	8.30	4.06	0.54	13.34
80～148	8.37	4.34	0.39	11.40
148～170	8.22	2.66	1.14	8.78

深度 /cm	电导率 /(μS/cm)	有效磷 /(mg/kg)	交换性镁 /(cmol/kg)	交换性钙 /(cmol/kg)	交换性钾 /(cmol/kg)	交换性钠 /(cmol/kg)
0～22	165	3.22	0.40	8.90	0.20	1.45
22～45	160	8.79	0.50	9.44	0.15	1.37
45～80	147.	1.61	1.90	11.08	0.18	1.52
80～148	153	2.03	0.20	10.91	0.18	1.58
148～170	246	3.75	0.00	9.86	0.15	1.80

6.6.5　夹津口系（*Jiajinkou Series*）

土　族：壤质混合型非酸性温性-普通简育干润淋溶土
拟定者：吴克宁，鞠　兵，李　玲

分布与环境条件　主要分布于豫西北地区海拔 800～1200m 的中低山地、豫中海拔 500m 左右的低山，分布区的南缘多分布在垄岗和海拔200m 左右的丘陵地区，母质为石灰岩类风化残积-坡积物，暖温带大陆性季风气候。年均气温 14.0～14.3℃，年均降水量 599～707mm。

夹津口系典型景观

土系特征与变幅　该土系诊断层有淡薄表层、黏化层；诊断特性有半干润土壤水分状况、温性土壤温度状况。混合型矿物，颜色较为均一，粉壤土，以浊橙色-浊棕色为主。Bt 层出现在 110cm 左右，黏粒增加，质地黏重，棱块状结构，养分和阳离子交换量含量较低，土壤呈弱碱性，通体无石灰反应。

对比土系　石牛系，壤质混合型石灰性温性-斑纹简育干润淋溶土。二者母质不同，均有黏化层，剖面构型不同，亚类不同。石牛系发育少量棕灰色铁锰结核，具有氧化还原特征，通体强烈石灰反应，心土层和底土层发育中量至少量白色石灰粉末；夹津口系通体无石灰反应，属于壤质混合型非酸性温性-普通简育干润淋溶土。

利用性能综述　该系土体较厚，土壤质地为粉壤土，粉黏比较大，易板结，通透性差，养分含量缺乏，海拔较高，坡度较大，有一定的水土流失现象，易干旱。应注意加深耕层，精耕细作，重施有机肥，增施化肥，特别是钾肥，培肥改土，适宜发展林、草。

参比土种　厚层灰岩淋溶褐土。

代表性单个土体　剖面于 2010 年 7 月 7 日采自巩义市夹津口镇韵沟村（编号 41-011），34°33′58″N，113°1′3″E，中低山丘陵坡地上部，耕地，小麦-花生轮作，一年两熟，母质为石灰岩类风化残积-坡积物。

Ap：0～40cm，浊橙色–浊棕色（7.5YR 5.5/4，干），棕色（7.5YR 4/6，润），粉壤土，团粒状结构，干时硬，大量根系，pH 8.02，向下层模糊渐变过渡。

AB：40～110m，浊红棕色（5YR 5/4，干），暗红棕色（5YR 3/4，润），粉壤土，棱块状结构，干时很硬，中量暗棕黏粒胶膜，pH 7.85，向下层波状渐变过渡。

Bt：110～160cm，浊橙色（7.5YR 6/4，干），棕色（7.5YR 4/6，润），粉壤土，棱块状结构，干时很硬，15%～40%的暗棕黏粒胶膜，pH 7.77，向下层波状渐变过渡。

BC：160cm 以下，浊橙色（7.5YR 6/4，干），棕色（7.5YR 4/6，润），粉壤土，块状结构，干时很硬，15%～40%的暗棕黏粒胶膜，pH 7.72。

夹津口系单个土体剖面

夹津口系代表性单个土体物理性质

土层	深度 /cm	细土颗粒组成(粒径：mm)/(g/kg)			质地	容重 /(g/cm³)
		砂粒 2～0.05	粉粒 0.05～0.002	黏粒 <0.002		
Ap	0～40	129	696	174	粉壤土	1.49
AB	40～110	130	703	164	粉壤土	1.36
Bt	110～160	123	681	197	粉壤土	1.57
BC	>160	129	683	188	粉壤土	1.50

夹津口系代表性单个土体化学性质

深度 /cm	pH (H₂O)	有机碳 /(g/kg)	全氮(N) /(g/kg)	全磷(P₂O₅) /(g/kg)	全钾(K₂O) /(g/kg)	阳离子交换量 /(cmol/kg)
0～40	8.02	5.43	0.62	0.71	14.10	21.62
40～110	7.85	4.55	0.34	0.74	15.31	19.59
110～160	7.77	4.18	0.54	0.76	17.22	18.98
>160	7.72	3.83	0.51	0.70	16.87	18.02

深度 /cm	电导率 /(μS/cm)	有效磷 /(mg/kg)	交换性镁 /(cmol/kg)	交换性钙 /(cmol/kg)	交换性钾 /(cmol/kg)	交换性钠 /(cmol/kg)	碳酸钙相当物 /(g/kg)
0～40	175	17.83	1.00	23.05	0.38	2.47	0.51
40～110	249	28.78	1.59	22.27	0.38	2.52	1.95
110～160	237	27.12	10.1	10.1	0.41	2.71	1.49
>160	216	26.99	4.02	16.06	0.39	2.76	1.69

6.7　表蚀黏磐湿润淋溶土

6.7.1　申分系（Shenfen Series）

土　族：黏壤质混合型非酸性热性-表蚀黏磐湿润淋溶土
拟定者：吴克宁，鞠　兵，李　玲

分布与环境条件　主要分布于豫南黄土丘陵岗地，海拔范围 0～100m，母质为下蜀黄土，北亚热带向暖温带过渡气候。年均气温为 15～16℃，年均降水量约为 1039mm。

申分系典型景观

土系特征与变幅　该土系诊断层有淡薄表层、黏磐层；诊断特性有湿润土壤水分状况、热性土壤温度状况。混合型矿物，土体深厚，质地黏重，黄棕色至棕色，紧实，坚硬如磐，结构面有明显的黏粒胶膜淀积结构体，缝隙之间常发育灰白色漂白物质。从细土部分质地的数据和黏化率分析，土壤黏重多继承于母质特征。土壤呈中性至弱碱性，通体无石灰反应。

对比土系　东汪系，壤质混合型非酸性热性-表蚀黏磐湿润淋溶土。二者地理位置相近，地形部位、母质、温度和水分状况相同，剖面类型相似，属于同一亚类。东汪系剖面构型为 Bt-Btm-BC，剖面下部有明显的铁锰淀积现象，表层土壤容重及黏粒含量明显小于申分系；申分系黏磐出露地表，黄棕色至棕色，紧实，坚硬如磐，剖面构型为 Btm-BC-(C)，属黏壤质混合型非酸性热性-表蚀黏磐湿润淋溶土。

利用性能综述　该土系多处于丘顶岗坡、高低不平的地理环境，表土易受侵蚀，灌溉条件差，质地黏重，紧实，结构差，强塑性，耕性差，耕层浅，通透性差，养分含量低且转化慢，各养分比例失调。应增施有机肥，合理配施化肥，改良土壤结构。

参比土种　浅位厚层黄胶土（浅位黏化黄土质黄褐土）。

代表性单个土体　剖面于 2011 年 7 月 19 日采自信阳市罗山县龙山乡申分村（编号41-073），32°15′60″N，114°31′16″E，黄土丘陵岗地上部，林地，母质为下蜀黄土。

Btm1: 0～20cm，黄棕色（10YR 5/6，干），棕色（10YR 4/6，润），粉壤土，棱块状结构，干时很硬，大量根系，大量铁锰浸染的黏粒胶膜，有间断的土内裂隙，pH 7.15，向下层模糊波状过渡。

Btm2: 20～50cm，浊黄橙色（10YR 7/4，干），黄棕色（10YR 5/6，润），粉壤土，棱块状结构，干时很硬，2%～5%明显的铁锰结核和铁锰浸染的黏粒胶膜，pH 7.22，向下层模糊波状过渡。

Btm3: 50～80cm，浊黄橙色（10YR 7/4.5，干），棕色（10YR 4/6，润），粉壤土，棱块状结构，干时很硬，发育中量垂直贯通式裂隙，并在裂隙间有明显的漂白物质，5%～15%的铁锰结核和铁锰浸染的黏粒胶膜，pH 7.80，向下层模糊波状过渡。

BC: 80～160cm，浊黄橙色（10YR 7/4，干），棕色（10YR 4/6，润），粉壤土，棱块状结构，干时很硬，有间断的土内裂隙，并在裂隙间有中量的漂白物质，锈斑为亮红棕色（10YR 7/6），明显的铁锰结核和铁锰浸染的黏粒胶膜，pH 8.00，向下层模糊波状过渡。

申分系单个土体剖面

申分系代表性单个土体物理性质

土层	深度 /cm	细土颗粒组成(粒径：mm)/(g/kg)			质地	容重 /(g/cm³)
		砂粒 2～0.05	粉粒 0.05～0.002	黏粒 <0.002		
Btm1	0～20	131	655	215	粉壤土	1.82
Btm2	20～50	87	667	245	粉壤土	1.60
Btm3	50～80	87	662	252	粉壤土	1.62
BC	80～160	87	675	238	粉壤土	1.70

申分系代表性单个土体化学性质

深度 /cm	pH (H₂O)	有机碳 /(g/kg)	全氮(N) /(g/kg)	全磷 (P₂O₅) /(g/kg)	全钾 (K₂O) /(g/kg)	有效磷 /(mg/kg)	电导率 /(µS/cm)	碳酸钙相当物 /(g/kg)	阳离子交换量 /(cmol/g)	游离氧化铁 /(g/kg)
0～20	7.15	9.52	0.54	0.39	13.83	8.71	50	0.34	20.81	12.61
20～50	7.22	3.85	0.48	0.29	13.67	17.21	48	0.25	16.16	9.81
50～80	7.80	4.20	0.36	0.28	14.27	18.41	62	0.00	9.41	7.42
80～160	8.00	4.06	0.30	0.21	13.88	12.35	33	0.58	8.22	4.51

6.7.2　尹楼系（Yinlou Series）

土　族：黏壤质混合型非酸性热性-表蚀黏磐湿润淋溶土
拟定者：吴克宁，鞠　兵，李　玲

分布与环境条件　多出现于豫南黄土状沉积物岗丘坡地中上部，海拔范围 100~200m，母质为下蜀黄土，北亚热带和暖温带过渡气候。年均气温 14.7℃，年均土壤温度大于 16℃，年均降水量为 800~1100mm，多集中在 6~8 月。

尹楼系典型景观

土系特征与变幅　该土系诊断层有淡薄表层、黏化层、黏磐层；诊断特性有湿润土壤水分状况、热性土壤温度状况。混合型矿物，质地黏重，表层出现黏化层。黏磐层（45~120cm）出现 15%~40%的黏粒胶膜和铁锰胶膜，与上覆的土层呈波状模糊过渡，厚度一般为 75~80cm，土壤 pH 6.6~7.3，碳酸钙相当物含量极低，不足 1 g/kg，通体无石灰反应。

对比土系　东汪系，壤质混合型非酸性热性-表蚀黏磐湿润淋溶土。二者母质相同，地形部位相似，诊断层和诊断特性相同，剖面构型相似，均为 Bt-Btm-BC，属于同一亚类。东汪系黏磐层位于土体剖面中部区域（60~100cm），黏粒含量低于尹楼系；而尹楼系黏磐层位于土体剖面中上部区域（45~120cm），比东汪系黏磐更厚，通体质地黏粒含量高于东汪系，属于黏壤质混合型非酸性热性-表蚀黏磐湿润淋溶土。

利用性能综述　多处于岗丘坡地，表土易受侵蚀，灌溉条件差，质地黏重，紧实，结构差，可塑性强，耕性差，耕层浅，通透性差，水、肥、气、热状况不协调，养分含量低且转化慢，各养分比例失调，对作物生长影响较大。建议掺砂客土改良，深耕改土，有机肥和无机肥结合使用，培肥地力。

参比土种　浅位厚层黄胶土（浅位黏化黄土质黄褐土）。

代表性单个土体　剖面于 2010 年 10 月 1 日采自平顶山市舞钢市尚店镇尹楼村（编号 41-051），33°12′1″N，113°28′16″E，岗丘坡地中上部，耕地，小麦-红薯轮作，一年两熟，母质为下蜀黄土。

Bt1: 0～20cm，浊橙色（7.5YR 6/4，干），暗棕色（7.5YR 3/4，润），粉壤土，块状结构，干时很硬，大量根系，大量铁锰浸染的黏粒胶膜，pH 7.15，向下层波状逐渐过渡。

Bt2: 20～45cm，亮黄棕色（10YR 7/6，干），棕色（7.5YR 6/6，润），粉壤土，块状结构，干时很硬，15%～40%（N 5/0）的铁锰胶膜及铁锰浸染的黏粒胶膜，pH 6.64，向下层波状逐渐过渡。

Btm: 45～120cm，橙色（7.5YR 6/6，干），棕色（7.5YR 4/6，润），粉壤土，强度发育棱块状结构，干时极硬，15%～40%（N 5/0）的铁锰胶膜及铁锰浸染的黏粒胶膜，pH 7.25，向下层波状模糊过渡。

BC: 120～150cm，橙色（5YR 6/6，干），红棕色（5YR 4/8，润），粉壤土，强度发育棱块状结构，干时极硬，5%～15%（N 5/0）的铁锰胶膜及铁锰浸染的黏粒胶膜，pH 7.22。

尹楼系单个土体剖面

尹楼系代表性单个土体物理性质

土层	深度/cm	细土颗粒组成(粒径: mm)/(g/kg)			质地	容重/(g/cm³)
		砂粒 2～0.05	粉粒 0.05～0.002	黏粒 <0.002		
Bt1	0～20	104	708	188	粉壤土	1.33
Bt2	20～45	105	692	203	粉壤土	1.45
Btm	45～120	92	733	175	粉壤土	1.77
BC	120～150	89	717	193	粉壤土	1.53

尹楼系代表性单个土体化学性质

深度/cm	pH(H₂O)	有机碳/(g/kg)	全氮(N)/(g/kg)	全磷(P₂O₅)/(g/kg)	全钾(K₂O)/(g/kg)	阳离子交换量/(cmol/kg)
0～20	7.15	2.16	0.85	0.77	11.40	19.72
20～45	6.64	2.33	0.73	0.81	11.32	20.77
45～120	7.25	1.17	0.34	0.76	11.50	22.58
120～150	7.22	1	0.49	0.68	11.54	21.89

深度/cm	电导率/(μS/cm)	有效磷/(mg/kg)	交换性镁/(cmol/kg)	交换性钙/(cmol/kg)	交换性钾/(cmol/kg)	交换性钠/(cmol/kg)	碳酸钙相当物/(g/kg)
0～20	62	2.44	8.03	20.08	0.23	2.18	—
20～45	122	4.28	2.99	19.92	0.33	1.99	0.59
45～120	62	4.28	1.00	22.46	0.36	2.78	0.65
120～150	48	6.28	0.5	22.28	0.3	2.67	0.21

6.7.3　东汪系（Dongwang Series）

土　族：壤质混合型非酸性热性-表蚀黏磐湿润淋溶土
拟定者：吴克宁，鞠　兵，李　玲

分布与环境条件　多出现于豫南黄土状沉积物岗丘缓坡的中上部，海拔范围 100～200m，母质为下蜀黄土，暖温带和北亚热带过渡气候。年均气温约 14.9℃，年均土温大于 16℃，热性土壤温度状况，年均降水量 900～1000mm，多集中在 6～8 月。

东汪系典型景观

土系特征与变幅　该土系诊断层有淡薄表层、黏化层、黏磐层；诊断特性有湿润土壤水分状况、热性土壤温度状况。混合型矿物，质地较为黏重，紧实，黏磐层 60～100cm 出现 15%～40%的黏粒淀积胶膜，100cm 以下出现 15%～40%的铁锰胶膜，土壤 pH 6.5～7.2，碳酸钙相当物含量极低，均不足 1.00 g/kg，通体无石灰反应。

对比土系　申分系，黏壤质混合型非酸性热性-表蚀黏磐湿润淋溶土。二者地理位置相近，地形部位、母质、温度和水分状况相同，剖面类型相似，属于同一亚类。申分系黏磐出露地表，黄棕色至棕色，紧实，坚硬如磐，剖面构型为 Btm-BC-(C)，土壤容重及黏粒含量较高；而东汪系剖面构型为 Bt-Btm-BC，黏磐层位于土体剖面中部区域（60～100cm），表层土壤容重及黏粒含量明显小于申分系，属于壤质混合型非酸性热性-表蚀黏磐湿润淋溶土。

利用性能综述　土体中下部质地黏重，植物根系下扎困难，不利于排水。建议种植浅根系作物，加强田间排水渠系，避免暗渍的发生；增施有机肥，合理配施化肥，协调氮磷钾等土壤养分元素的均衡，改良土壤结构，培肥地力。

参比土种　浅位厚层黄胶土（浅位黏化黄土质黄褐土）。

代表性单个土体　剖面于 2010 年 10 月 6 日采自驻马店市正阳县慎水乡东汪庄村（编号 41-054），32°38′40″N，114°24′15″E，山前岗丘缓坡，耕地，小麦-玉米轮作，一年两熟，母质为下蜀黄土。

Bt1：0～20cm，亮黄棕色（10YR 6/6，干），棕色（7.5YR 4/4，润），粉壤土，强度发育块状结构，干时很硬，大量根系，大量铁锰浸染的黏粒胶膜，pH 6.58，向下层渐变波状过渡。

Bt2：20～60cm，浊橙色（7.5YR 7/4，干），棕色（7.5YR 4/4，润），粉壤土，强度发育棱块状结构，干时很硬，大量铁锰浸染的黏粒胶膜，pH 6.97，向下层渐变波状过渡。

Btm：60～100cm，浊橙色（7.5YR 6/6，干），浊棕色（7.5YR 5/4，润），粉壤土，强度发育棱块状结构，干时极硬，15%～40%的淡棕灰色（7.5YR 7/1）铁锰浸染的黏粒胶膜，pH 7.20，向下层模糊波状过渡。

BC：100～150cm，浊橙色（7.5YR 6/4，干），棕色（7.5YR 4/4，润），粉壤土，强度发育棱块状结构，干时极硬，15%～40%的棕灰色（7.5YR 5/1）铁锰浸染的黏粒胶膜，pH 7.19。

东汪系单个土体剖面

东汪系代表性单个土体物理性质

土层	深度 /cm	细土颗粒组成(粒径：mm)/(g/kg)			质地	容重 /(g/cm³)
		砂粒 2～0.05	粉粒 0.05～0.002	黏粒 <0.002		
Bt1	0～20	140	699	161	粉壤土	1.48
Bt2	20～60	112	713	175	粉壤土	1.59
Btm	60～100	101	722	176	粉壤土	1.53
BC	100～150	101	713	187	粉壤土	1.69

东汪系代表性单个土体化学性质

深度 /cm	pH (H₂O)	有机碳 /(g/kg)	全氮(N) /(g/kg)	全磷(P₂O₅) /(g/kg)	全钾(K₂O) /(g/kg)	阳离子交换量 /(cmol/kg)
0～20	6.58	6.57	0.66	0.44	10.48	20.96
20～60	6.97	0.83	0.55	0.51	9.93	18.67
60～100	7.20	2.94	0.45	0.56	10.55	17.97
100～150	7.19	3.39	0.28	0.53	10.46	18.30

深度 /cm	电导率 /(μS/cm)	有效磷 /(mg/kg)	交换性镁 /(cmol/kg)	交换性钙 /(cmol/kg)	交换性钾 /(cmol/kg)	交换性钠 /(cmol/kg)	碳酸钙相当物 /(g/kg)
0～20	51	7.13	0.5	12.97	0.20	2.17	0.37
20～60	177	4.57	1.0	17.57	0.21	2.18	0.70
60～100	76	9.72	1.0	16.93	0.31	2.34	0.53
100～150	74	12.69	0.4	16.57	0.28	2.88	0.15

6.8　砂姜黏磐湿润淋溶土

6.8.1　靳岗系（**Jingang Series**）

土　族：黏壤质混合型非酸性热性-砂姜黏磐湿润淋溶土
拟定者：吴克宁，鞠　兵，李　玲

分布与环境条件　主要分布于豫南黄土丘陵岗地，海拔范围 100~200m，母质为下蜀黄土，亚热带向暖温带过渡气候。年均气温为 15.0℃ 左右，矿质土表下 50cm 深度处土壤年均温度大于16℃，年均降水量约为 840mm。

靳岗系典型景观

土系特征与变幅　该土系诊断层有淡薄表层、黏化层、黏磐；诊断特性有湿润土壤水分状况、热性土壤温度状况。混合型矿物，质地黏重，形成黏磐层。黏磐层 Btmk 含有小于 25%的铁锰胶膜，15%~40%的黑色铁锰结核，且随深度增加，结核的大小和硬度都随之增加，含有大于 15%相当体积的砂姜；心土层和底土层有机碳含量比较低，全氮、有效磷的含量分布规律相似，阳离子交换量在剖面中差异不大。通体细土物质无石灰反应。

对比土系　田关系，黏壤质混合型非酸性热性-红色铁质湿润淋溶土。二者地理位置邻近，母质不同，剖面构型不同，土类不同。田关系母质为紫色页岩，剖面构型为 A-Bt-Btr，具有黏化层、铁质特性、氧化还原特征；靳岗系母质为下蜀黄土，剖面构型为Ap-AB-Btmk-Brt，具有黏磐层、氧化还原特征和砂姜结核，属于黏壤质混合型非酸性热性-砂姜黏磐湿润淋溶土。

利用性能综述　该土质地黏重，适耕期短，耕性差，紧实，透水困难，根系难扎，土体水、肥、热、气不协调，为低产土壤类型。应增施有机肥，合理配施化肥，改良土壤结构。

参比土种　砂姜黄胶土（深位砂姜黄土质黄褐土）。

代表性单个土体　剖面于 2011 年 8 月 6 日采自南阳市靳岗乡董岗村（编号 41-118），33°0′53″N，112°27′27″E，黄土丘陵岗地，耕地，1 麦-蔬菜轮作，一年两熟，母质为下蜀黄土。

Ap:　0～16cm，亮棕色（7.5YR 5/6，干），棕色（7.5YR 4/6，润），粉壤土，团粒状结构，干时稍硬，大量根系，pH 8.59，向下层模糊平滑过渡。

AB:　16～50cm，浊棕色（7.5YR 5/4，干），浊红棕色（5YR 4/3，润），粉壤土，块状结构，干时很硬，5%～15%的黑色小铁锰结核，pH 8.43，向下层模糊平滑过渡。

Btmk：50～90cm，浊棕色（7.5YR 5/4，干），浊红棕色（5YR 4/3，润），粉壤土，棱块状结构，干时很硬，大量厚度大于 0.5mm 的黏粒胶膜，小于 2%的棕灰色（10YR 5/1）铁锰胶膜，15%～40%的黑色铁锰结核，大于 15%的砂姜结核，pH 8.45，向下层渐变平滑过渡。

Btr:　90～120cm，亮棕色（7.5YR 5/6，干），棕色（7.5YR 4/6，润），粉壤土，棱块状结构，干时很硬，小于 2%的棕灰色（10YR 5/1）铁锰胶膜，15%～40%的黑色铁锰结核，pH 8.32。

靳岗系单个土体剖面

靳岗系代表性单个土体物理性质

| 土层 | 深度 /cm | 颗粒组成(粒径：mm)/(g/kg) | | | 质地 | 容重 /(g/cm³) |
		砂粒 2～0.05	粉粒 0.05～0.002	黏粒 <0.002		
Ap	0～16	194	616	189	粉壤土	1.32
AB	16～50	115	651	234	粉壤土	1.40
Btmk	50～90	74	666	259	粉壤土	1.53
Btr	90～120	83	654	264	粉壤土	1.42

靳岗系代表性单个土体化学性质

深度 /cm	pH (H₂O)	电导率 /(μS/cm)	有机碳 /(g/kg)	全氮(N) /(g/kg)	全磷(P₂O₅) /(g/kg)	全钾(K₂O) /(g/kg)	有效磷 /(mg/kg)	阳离子交换量 /(cmol/kg)	碳酸钙相当物 /(g/kg)
0～16	8.59	122	22.61	1.55	0.38	10.44	7.81	25.02	6.27
16～50	8.43	147	5.39	0.54	0.18	10.89	2.43	26.64	2.67
50～90	8.45	164	3.34	0.45	0.15	10.08	1.57	22.85	9.87
90～120	8.32	215	2.68	0.42	0.11	8.87	2.28	28.87	6.20

6.9　饱和黏磐湿润淋溶土

6.9.1　十里系（Shili Series）

土　族：黏壤质混合型非酸性热性-饱和黏磐湿润淋溶土
拟定者：李　玲，鞠　兵，吴克宁

分布与环境条件　主要分布在河南省东南部缓岗地区，海拔范围 100～200m，母质为下蜀黄土，暖温带和北亚热带过渡气候。年均气温 15.6℃，年均降水量 1000～1100mm。

十里系典型景观

土系特征与变幅　该土系诊断层有淡薄表层、黏化层、黏磐；诊断特性有湿润土壤水分状况、热性土壤温度状况。混合型矿物，质地黏重，可见铁锰胶膜和铁锰锈斑。黏磐层 Btm，强发育棱块状结构，结构体表面发育棕灰色（7.5YR 4/1）铁锰胶膜及铁锰浸染的黏粒胶膜。土壤 pH 7.2～7.5，呈中性，通体无石灰反应。

对比土系　尹楼系，黏壤质混合型非酸性热性-表蚀黏磐湿润淋溶土。二者母质相同，地形部位相似，剖面构型相似，属于同一土族。尹楼系剖面构型为 Bt-Btm-BC，表层出现黏化层，黏磐层位于土体剖面中上部区域（45～120cm）；十里系剖面构型为 Ap-AB-Bt-Btm，黏磐出现在土体下部区域（80cm 以下），通体质地黏粒含量高于尹楼系，属黏壤质混合型非酸性热性-饱和黏磐湿润淋溶土。

利用性能综述　该土系质地黏重，耕层浅薄，水耕比较容易，旱耕时耕性差，适耕期短，保水保肥性强。应修塘、堰增加水源，增施有机肥，合理配施化肥，改良土壤结构。

参比土种　深位厚层黄胶土（深位黏化黄土质黄褐土）。

代表性单个土体　剖面于 2011 年 7 月 16 日采自信阳市光山县十里镇王岗村（编号 41-078），32°4′8″N，114°56′38″E，大地形为丘陵缓岗中部，耕地，水旱轮作，一年两熟，母质为下蜀黄土。

Ap: 0～30cm，浊黄橙色（10Y 8/3，干），黄棕色（10YR 5/6，润），粉壤土，强发育棱块状结构，干时很硬，大量根系，5%～15%的铁锈斑纹，pH 7.25，向下层渐变波状过渡。

AB: 30～60cm，浊橙色（5YR 6/4，干），极暗红棕色（5YR 2/4，润），粉壤土，强发育棱柱状结构，干时硬，5%～15%的棕灰色（5YR 6/1）铁锈斑纹，pH 7.45，向下层渐变波状过渡。

Bt: 60～80cm，浊橙色（7.5YR 6/4，干），浊棕色（7.5YR 3/4，润），粉壤土，强发育块状结构，干时硬，15%～40%的棕灰色（7.5YR 4/1）铁锰胶膜及铁锰浸染的黏粒胶膜，pH 7.46，向下层渐变波状过渡。

Btm: 80～130cm，浊橙色（7.5YR 7/4，干），浊棕色（7.5YR 3/4，润），粉壤土，强发育棱块状结构，干时很硬，大量棕灰色（7.5YR 4/1）铁锰胶膜及铁锰浸染的黏粒胶膜，pH 7.46。

十里系单个土体剖面

十里系代表性单个土体物理性质

土层	深度/cm	细土颗粒组成(粒径：mm)/(g/kg)			质地	容重/(g/cm³)
		砂粒 2～0.05	粉粒 0.05～0.002	黏粒 <0.002		
Ap	0～30	106	685	208	粉壤土	1.30
AB	30～60	68	694	235	粉壤土	1.56
Bt	60～80	70	693	236	粉壤土	1.67
Btm	80～130	71	690	239	粉壤土	1.70

十里系代表性单个土体化学性质

深度/cm	pH (H₂O)	电导率/(μS/cm)	有机碳/(g/kg)	全氮(N)/(g/kg)	全磷(P₂O₅)/(g/kg)	全钾(K₂O)/(g/kg)	有效磷/(mg/kg)	碳酸钙相当物/(g/kg)	阳离子交换量/(cmol/kg)	游离氧化铁/(g/kg)
0～30	7.25	58	6.20	0.48	0.14	12.32	9.99	1.18	12.43	9.95
30～60	7.45	42	6.47	0.36	0.19	13.44	21.41	0.92	20.24	11.44
60～80	7.46	50	5.99	0.41	0.21	13.30	25.59	0.72	20.37	10.36
80～130	7.46	55	5.89	0.42	0.27	13.22	27.74	0.51	20.42	10.09

6.10　红色铁质湿润淋溶土

6.10.1　田关系（Tianguan Series）

土　　族：黏壤质混合型非酸性热性-红色铁质湿润淋溶土
拟定者：吴克宁，鞠　兵，李　玲

分布与环境条件　主要分布于豫西和豫南低山丘陵坡地的坡麓及台地，集中分布在大别山、伏牛山脉的低山丘陵地段，海拔范围100～300m，母质为紫色页岩风化残、坡积物，亚热带向暖温带的过渡地带。年均气温为15.0℃左右，矿质土表下50cm深度处土壤年均温度大于16℃，年均降水量约为840mm。

田关系典型景观

土系特征与变幅　该土系诊断层有淡薄表层、黏化层；诊断特性有湿润土壤水分状况、热性土壤温度状况、铁质特性。混合型矿物，质地较重，含有2%～5%的铁锰胶膜。土体20～115cm处土壤色调为5YR，有机碳和其他土壤养分含量比较低，阳离子交换量在剖面中差异不大，土层较厚，土壤pH 8.2～8.5，呈碱性，通体无石灰反应。

对比土系　王里桥系，壤质混合型非酸性热性-普通简育湿润雏形土。二者地理位置相邻，母质均为紫色页岩风化残、坡积物，诊断层与诊断特性不同，剖面构型不同，属于不同土纲。王里桥系土体厚度大于60cm，全剖面质地为粉壤土，土体中部有弱发育的雏形层，下部有少量铁锰胶膜淀积现象；田关系土壤虽然同样发育于紫色页岩风化物之上，但土壤淋溶作用较强而形成明显的黏化层、铁质特性、氧化还原特征，剖面构型为A-Bt-Btr，通体颜色更红，属于黏壤质混合型非酸性热性-红色铁质湿润淋溶土。

利用性能综述　该土系质地为粉壤土和粉黏壤土，适耕期短，耕性差，紧实，透水困难，根系难扎。应增施有机肥，合理配施化肥，改良土壤结构。

参比土种　厚紫泥土（厚层泥质中性紫色土）。

代表性单个土体　剖面于2011年8月6日，采自南阳市西峡县田关镇高速出口处路南（编号41-116），33°11′6″N，111°40′29″E，低山丘陵，林地，母质为紫色页岩风化残、坡积物。

A: 0～20cm，亮棕色（7.5YR 5/6，干），棕色（7.5YR 4/6，润），粉壤土，团块状结构，干时很硬，大量根系，pH 8.26，向下层清晰平滑过渡。

Bt: 20～44cm，橙色（5YR 6/6，干），亮红棕色（5YR 5/8，润），粉壤土，团块状结构，干时很硬，小于 2%的棕灰色（10YR 5/1）铁锰胶膜，pH 8.48，向下层模糊平滑过渡。

Btr1: 44～80cm，橙色（5YR 6/6，干），亮红棕色（5YR 5/8，润），粉黏壤土，块状结构，干时很硬，小于 2%的棕灰色（10YR 5/1）铁锰胶膜，pH 8.50，向下层渐变平滑过渡。

Btr2: 80～115cm，橙色（5YR 6/6，干），红棕色（5YR 4/6，润），粉壤土，块状结构，干时很硬，2%～5%的棕灰色（10YR 5/1）铁锰胶膜，pH 8.54。

田关系单个土体剖面

田关系代表性单个土体物理性质

土层	深度/cm	颗粒组成(粒径：mm)/(g/kg)			质地	容重/(g/cm³)
		砂粒 2～0.05	粉粒 0.05～0.002	黏粒 <0.002		
A	0～20	209	594	197	粉壤土	1.17
Bt	20～44	117	634	249	粉壤土	1.32
Btr1	44～80	93	635	271	粉黏壤土	1.48
Btr2	80～115	168	572	260	粉壤土	1.63

田关系代表性单个土体化学性质

深度/cm	pH(H₂O)	电导率/(μS/cm)	有机碳/(g/kg)	全氮(N)/(g/kg)	全磷(P₂O₅)/(g/kg)	全钾(K₂O)/(g/kg)	有效磷/(mg/kg)	阳离子交换量/(cmol/kg)
0～20	8.26	100	7.88	0.77	0.41	12.49	9.86	21.17
20～44	8.48	81	3.37	0.48	0.22	12.97	12.33	22.04
44～80	8.50	77	2.05	0.36	0.22	11.72	11.74	25.32
80～115	8.54	63	2.06	0.54	0.20	11.80	12.10	22.24

6.10.2　双井系（Shuangjing Series）

土　　族：壤质混合型石灰性热性-红色铁质湿润淋溶土
拟定者：吴克宁，鞠　兵，李　玲

分布与环境条件　主要出现于豫南丘陵岗地，海拔范围 100～200m，母质为红土，北亚热带向暖温带过渡气候。年均气温大于 15℃，热性土壤温度状况，年均降水量为 1023mm，湿润土壤水分状况。

双井系典型景观

土系特征与变幅　该土系诊断层有淡薄表层、黏化层；诊断特性有湿润土壤水分状况、热性土壤温度状况、铁质特性。混合型矿物，粉壤土。土体容重较大，为 $1.84～1.97g/cm^3$。表层干时橙色，润时红棕色，质地为粉壤土，块状结构；Brk 层橙色红棕色、亮红棕色，质地为粉壤土，通体含有铁锰胶膜，黏粒含量由上至下逐渐增多；Btk 层黏粒淀积达到黏化层，结构呈棱块状。土壤 pH 为 8.5～9.2，强碱性，碳酸钙相当物含量较高，随深度增加而含量逐渐减少，通体强石灰反应。

对比土系　田关系，黏壤质混合型非酸性热性-红色铁质湿润淋溶土。二者具有相同的土壤温度和水分状况，诊断特性相同，母质不同，质地不同，石灰反应不同，属同一亚类，不同的土族。田关系发育于紫色页岩风化物之上，黏化层（20～44cm）出现位置较浅，质地较重，无石灰反应；双井系黏粒含量由上至下逐渐增多，Btk 层（100cm 以下）出现位置较深，通体石灰反应强烈，碳酸钙相当物含量较高，但随深度增加而含量逐渐减少，通体颜色更红，属壤质混合型石灰性热性-红色铁质湿润淋溶土。

利用性能综述　该土系分布于丘陵坡地、地面不平、水土易流失。应加强农田基础建设，修筑水平梯田，种植绿肥，加深耕层，增强土壤蓄水保墒能力，种草植树，增加地面覆盖。

参比土种　石灰性红黏土（厚层石灰性红黏土）。

代表性单个土体　剖面于 2011 年 7 月 19 日采自信阳市浉河区双井乡冯湾村（编号 41-066），32°14′01″N，114°2′33″E，丘陵岗地中下部、灌木林地、荒草地，母质为红土。

A: 0～20cm，橙色（2.5YR 6/6，干），红棕色（2.5YR 4/6，润），粉壤土，块状结构，干时硬，2%～5%的铁锰胶膜，强烈石灰反应，pH 9.18，向下层模糊波状过渡。

Brk1: 20～60cm，橙色（2.5YR 6/6，干），红棕色（2.5YR 4/6，润），粉壤土，块状结构，干时很硬，5%～15%的铁锰胶膜，强烈石灰反应，pH 8.72，向下层模糊波状过渡。

Brk2: 60～100cm，亮红棕色（2.5YR 5/6，干），红棕色（2.5YR 4/6，润），粉壤土，块状结构，干时很硬，10%～25%的铁锰胶膜，强烈石灰反应，pH 8.85，向下层模糊波状过渡。

Btk: 100cm 以下，红棕色（2.5YR 4/4，干），红棕色（2.5YR 4/6，润），粉壤土，棱块状结构，干时很硬，15%～40%的明显-清楚铁锰斑纹、铁锰胶膜，强烈石灰反应，pH 8.53。

41-066

双井系单个土体剖面

双井系代表性单个土体物理性质

土层	深度 /cm	细土颗粒组成(粒径：mm)/(g/kg)			质地	容重 /(g/cm³)
		砂粒 2～0.05	粉粒 0.05～0.002	黏粒 <0.002		
A	0～20	404	503	93	粉壤土	1.97
Brk1	20～60	367	537	96	粉壤土	1.92
Brk2	60～100	328	573	99	粉壤土	1.84
Btk	>100	189	644	167	粉壤土	1.92

双井系代表性单个土体化学性质

深度 /cm	pH (H₂O)	有机碳 /(g/kg)	全氮(N) /(g/kg)	全磷(P₂O₅) /(g/kg)	全钾(K₂O) /(g/kg)	阳离子交换量 /(cmol/kg)
0～20	9.18	22.13	0.18	0.47	10.08	4.63
20～60	8.72	1.76	0.24	0.41	11.27	11.30
60～100	8.85	2.06	0.26	0.42	12.24	18.63
>100	8.53	2.54	0.29	0.51	14.60	14.82

深度 /cm	电导率 /(μS/cm)	有效磷 /(mg/kg)	交换性镁 /(cmol/kg)	交换性钙 /(cmol/kg)	交换性钾 /(cmol/kg)	交换性钠 /(cmol/kg)	碳酸钙相当物 /(g/kg)
0～20	56	1.06	1.15	5.28	0.38	2.63	192.18
20～60	81	0.64	0.09	7.63	0.39	3.34	149.66
60～100	92	1.06	0.24	7.80	0.19	0.76	109.22
>100	97	—	3.58	2.49	0.06	1.36	56.69

6.11　斑纹简育湿润淋溶土

6.11.1　官庄系（Guanzhuang Series）

土　　族：黏壤质混合型非酸性热性-斑纹简育湿润淋溶土
拟定者：吴克宁，鞠　兵，李　玲

分布与环境条件　多出现于北亚热带黄土状沉积物岗丘缓坡的中上部，海拔 100～200m，母质为下蜀黄土，暖温带和亚热带过渡气候。年均气温 15.2℃，矿质土表至 50cm 深度处年均土温大于 16℃，热性土壤温度状况，年均降水量 800～1100mm，湿润土壤水分状况。

官庄系典型景观

土系特征与变幅　该土系诊断层有淡薄表层、黏化层；诊断特性有湿润土壤水分状况、热性土壤温度状况、氧化还原特征。混合型矿物，粉壤土。40cm 出现黏化层并有 5%～15%的铁锰结核，80cm 出现中量铁锰胶膜，土壤有机碳含量较低，黏化层的阳离子交换量明显增加。全剖面土壤呈中性，通体无石灰反应。

对比土系　集寨系，壤质混合型非酸性热性-斑纹简育湿润淋溶土。二者母质相同，均为下蜀黄土，诊断特性相似，为同一土族。集寨系，黏化层出现在 45cm 以下，其下部 80cm 出现少量-中量铁锰胶膜；官庄系，40cm 以下出现中量铁锰胶膜和中量铁锰结核。

利用性能综述　该土系质地较重，黏着性强，适耕期短。应种植浅根系作物，加强田间排水渠系，避免暗渍的发生，增施有机肥，协调氮磷钾等土壤养分元素的均衡，改良土壤结构，培肥地力。

参比土种　浅黏僵黄土（浅位黏化黄土质黄褐土）。

代表性单个土体　剖面于 2010 年 10 月 5 日采自河南省驻马店市泌阳县官庄乡（编号 41-058），32°53′10″N，113°16′43″E，丘陵缓坡中部，林地，母质为下蜀黄土。

A:　0～18cm,浊黄橙色（10YR 6/4,干）,棕色（10YR 4/6,润）,粉壤土,团块状结构,干时稍硬,大量根系,pH 7.55,向下层清晰波状过渡。

AB:　18～40cm,浊黄橙色（10YR 6/4,干）,棕色（10YR 4/6,润）,粉壤土,团块状结构,干时硬,pH 7.39,向下层清晰波状过渡。

Btr1:　40～80cm,黄棕色（10YR 5/6,干）,棕色（7.5YR 5/4,润）,粉壤土,块状结构,干时很硬,5%～15%的棕灰色（10YR 5/1）铁锰结核,pH 7.47,向下层清晰波状过渡。

Btr2:　80～110cm,浊黄橙色（10YR 6/4,干）,棕灰色（10YR 6/1,润）,粉壤土,棱块状结构,干时很硬,5%～15%的黑色铁锰结核,中量棕灰色（7.5YR 5/1）铁锰浸染的黏粒胶膜,pH 7.29,向下层清晰波状过渡。

BC:　110～130cm,浊黄橙色（10YR 7/4,干）,浊棕色（7.5YR 5/4,润）,粉壤土,棱块状结构,干时很硬,15%～40%的棕灰色铁锰胶膜和15%～40%的黑色铁锰结核,pH 7.44。

官庄系单个土体剖面

官庄系代表性单个土体物理性质

土层	深度 /cm	细土颗粒组成(粒径：mm)/(g/kg)			质地	容重 /(g/cm³)
		砂粒 2～0.05	粉粒 0.05～0.002	黏粒 <0.002		
A	0～18	339	536	125	粉壤土	1.30
AB	18～40	193	671	136	粉壤土	1.61
Btr1	40～80	86	708	206	粉壤土	1.46
Btr2	80～110	103	706	191	粉壤土	1.61
BC	110～130	126	692	183	粉壤土	1.72

官庄系代表性单个土体化学性质

深度 /cm	pH (H₂O)	有机碳 /(g/kg)	全氮(N) /(g/kg)	全磷(P₂O₅) /(g/kg)	全钾(K₂O) /(g/kg)	阳离子交换量 /(cmol/kg)
0～18	7.55	7.58	0.92	0.32	8.28	15.48
18～40	7.39	3.81	0.61	0.32	8.03	15.31
40～80	7.47	4.55	0.39	0.22	8.69	25.86
80～110	7.29	2.89	0.30	0.21	8.91	25.17
110～130	7.44	2.66	0.40	0.26	7.62	24.87

深度 /cm	电导率 /(μS/cm)	有效磷 /(mg/kg)	交换性镁 /(cmol/kg)	交换性钙 /(cmol/kg)	交换性钾 /(cmol/kg)	交换性钠 /(cmol/kg)
0～18	42	6.43	2.48	11.39	0.53	2.41
18～40	39	2.58	2.90	12.00	0.20	1.74
40～80	71	2.44	0.50	23.27	0.23	2.07
80～110	108	2.16	0.50	24.45	0.23	2.34
110～130	105	2.01	0.60	24.80	0.20	2.34

6.11.2　集寨系（Jizhai Series）

土　族：壤质混合型非酸性热性-斑纹简育湿润淋溶土
拟定者：吴克宁，鞠　兵，李　玲

分布与环境条件　多出现于岗丘低平处、山前倾斜平原下部和距离河流较近的阶地，海拔范围 100～200m，母质为下蜀黄土，暖温带和亚热带过渡气候。年均气温约 14.9℃，年均土温大于 16℃，年均降水量约 941mm，多集中在 6～8 月。

集寨系典型景观

土系特征与变幅　该土系诊断层有淡薄表层、黏化层；诊断特性有湿润土壤水分状况、热性土壤温度状况、氧化还原特征。混合型矿物，质地黏重，粉壤土。容重由表土层至底土层逐渐增加，底土层容重为 1.67 g/cm³，表层土壤有机碳含量较低，向下有机碳含量逐渐减少。土壤阳离子交换量随黏粒含量增加而增加，土体中下部出现铁锰胶膜。全剖面土壤呈中性，碳酸钙相当物含量极低，各层含量均不足 1.00 g/kg，通体无石灰反应。

对比土系　辛店系，壤质混合型非酸性热性-斑纹简育湿润淋溶土。二者母质相同，均为下蜀黄土，诊断特性相似，为同一土族。辛店系黏化层发育的位置较浅，出现在 22cm 以下，而且 40cm 以下出现大量铁锰胶膜和中量铁锰结核；集寨系黏化层出现在 45cm 以下，其下部 80cm 出现少量-中量铁锰胶膜。

利用性能综述　该土系表层质地较轻，中下部质地较黏重，雨热充沛，所处地形水源条件好，具有良好的保肥和保水性能，但雨季易造成托水而发生暗渍。应加强田间排水渠系，避免暗渍的发生；施用有机肥，合理配施化肥，改良土壤结构，培肥地力。

参比土种　浅黏僵黄砂泥土（浅位黏化洪冲积黄褐土）。

代表性单个土体　剖面于 2010 年 10 月 6 日采自河南省驻马店市正阳县集寨乡双台镇（编号 41-053），32°40′24″N，114°25′42″E，丘陵坡地中部，耕地，小麦-花生轮作，一年两熟，母质为下蜀黄土。

Ap: 0～20cm，淡黄色（2.5YR 7/3，干），淡黄棕色（10YR 5/3，润），粉壤土，团块状结构，干时硬，大量根系，pH 6.58，向下层渐变波状过渡。

AB: 20～45cm，淡黄橙色（10YR 7/2，干），浊黄棕色（10YR 5/4，润），粉壤土，团块状结构，干时硬，pH 7.03，向下层清晰平滑过渡。

Bt: 45～78cm，棕灰色（10YR 6/1，干），棕灰色（10YR 4/1，润），粉壤土，块状结构，干时很硬，15%～40%的棕灰色（7.5YR 5/1）黏粒胶膜，pH 6.99，向下层模糊平滑过渡。

Btr: 78～130cm，浊黄橙色（10YR 7/4，干），棕色（10YR 4.5/6，润），粉壤土，块状结构，干时很硬，15%～40%的棕灰色（10YR7/1）黏粒胶膜和 5%～15%的棕灰色（10YR 4/1）铁锰胶膜，pH 6.75。

集寨系单个土体剖面

集寨系代表性单个土体物理性质

| 土层 | 深度 /cm | 细土颗粒组成(粒径：mm)/(g/kg) | | | 质地 | 容重 /(g/cm³) |
		砂粒 2～0.05	粉粒 0.05～0.002	黏粒 <0.002		
Ap	0～20	149	708	143	粉壤土	1.37
AB	20～45	158	683	159	粉壤土	1.50
Bt	45～78	106	683	211	粉壤土	1.68
Btr	78～130	106	704	191	粉壤土	1.67

集寨系代表性单个土体化学性质

深度 /cm	pH (H₂O)	有机碳 /(g/kg)	全氮(N) /(g/kg)	全磷(P₂O₅) /(g/kg)	全钾(K₂O) /(g/kg)	阳离子交换量 /(cmol/kg)
0～20	6.58	7.31	1.04	0.36	8.92	12.31
20～45	7.03	6.01	0.71	0.32	8.19	12.86
45～78	6.99	4.94	0.68	0.17	10.14	22.77
78～130	6.75	3.10	0.58	0.28	10.30	16.54

深度 /cm	电导率 /(μS/cm)	有效磷 /(mg/kg)	交换性镁 /(cmol/kg)	交换性钙 /(cmol/kg)	交换性钾 /(cmol/kg)	交换性钠 /(cmol/kg)	碳酸钙相当物 /(g/kg)
0～20	60	13.4	0.50	10.02	0.23	2.61	0.22
20～45	44	13.1	2.97	7.92	0.23	2.50	0.30
45～78	73	1.58	1.09	18.75	0.30	2.24	0.34
78～130	91	2.72	0.70	19.5	0.28	2.61	0.35

6.11.3　辛店系（Xindian Series）

土　族：壤质混合型非酸性热性-斑纹简育湿润淋溶土
拟定者：吴克宁，鞠　兵，李　玲

分布与环境条件　主要分布在河南省南部的黄土丘陵、垄岗及岗坡地中部，海拔范围 100～200m，母质为下蜀黄土，暖温带大陆性季风气候区。年均气温为 14.8℃，年均降水量约 900mm。

辛店系典型景观

土系特征与变幅　该土系诊断层有淡薄表层、黏化层；诊断特性有湿润土壤水分状况、热性土壤温度状况、氧化还原特征。混合型矿物，粉壤土。黏化层出现位置较浅，由上至下铁锰结核、铁锰胶膜增多，有机碳含量较低，向下有机碳含量逐渐减少，土壤阳离子交换量随黏粒含量增加而增加，全剖面土壤呈弱碱性，碳酸钙相当物含量极低，通体无石灰反应。

对比土系　集寨系，壤质混合型非酸性热性-斑纹简育湿润淋溶土。二者母质相同，均为下蜀黄土，诊断特性相似，为同一土族。集寨系黏化层出现在 45cm 以下，其下部 80cm 出现少量-中量铁锰胶膜；辛店系黏化层发育的位置较浅，出现在 22cm 以下，而且 40cm 以下出现大量铁锰胶膜和中量铁锰结核。

利用性能综述　该土系耕层浅，砂黏适中，结构良好，适耕期长，水、肥、气、热状况比较协调，有利于有机碳分解和养分的释放，保水保肥，耐寒耐涝，供肥性能良好。应增施有机肥，配合氮磷化肥，进一步提高土壤肥力。

参比土种　浅位厚层黄胶土（浅位黏化黄土质黄褐土）。

代表性单个土体　剖面于 2010 年 8 月 1 日采自河南省平顶山市叶县辛店乡双庄村（编号 41-047），33°28′11″N，113°19′40″E，丘陵坡地中部，耕地，小麦-玉米轮作，一年两熟，母质为下蜀黄土。

Ap：0～22cm，浊黄橙色（7.5YR 6.5/3，干），棕色（10YR 4/4，润），粉壤土，团粒状结构，干时稍硬，大量根系，pH 7.89，向下层波状逐渐过渡。

Btr1：22～40cm，浊橙色（7.5YR 6.5/4，干），亮棕色（10YR 5/6，润），粉壤土，团块状结构，干时硬，2%～5%的铁锰结核，pH 7.85，向下层波状模糊过渡。

Btr2：40～70cm，浊黄橙色（10YR 7/4，干），亮棕色（10YR 5/6，润），粉壤土，团块状结构，干时硬，15%～40%的棕灰色铁锰胶膜及其浸染的黏粒胶膜和5%～15%的棕灰色铁锰结核，pH 7.80，向下层波状模糊过渡。

C：70～100cm，浊黄橙色（10YR 7/4，干），亮棕色（10YR 5/6，润），粉壤土，团块状结构，干时很硬，15%～40%的棕灰色铁锰胶膜及其浸染的黏粒胶膜和5%～15%的棕灰色铁锰结核。

辛店系单个土体剖面

辛店系代表性单个土体物理性质

土层	深度/cm	细土颗粒组成(粒径：mm)/(g/kg)			质地	容重/(g/cm³)
		砂粒 2～0.05	粉粒 0.05～0.002	黏粒 <0.002		
Ap	0～22	201	668	131	粉壤土	1.62
Btr1	22～40	128	697	175	粉壤土	1.69
Btr2	40～70	163	675	162	粉壤土	1.39

辛店系代表性单个土体化学性质

深度/cm	pH(H₂O)	有机碳/(g/kg)	全氮(N)/(g/kg)	全磷(P₂O₅)/(g/kg)	全钾(K₂O)/(g/kg)	阳离子交换量/(cmol/kg)
0～22	7.89	5.37	0.42	0.80	10.76	13.21
22～40	7.85	3.75	0.45	0.74	13.03	20.95
40～70	7.80	3.73	0.46	0.75	13.12	20.90

深度/cm	电导率/(μS/cm)	有效磷/(mg/kg)	交换性镁/(cmol/kg)	交换性钙/(cmol/kg)	交换性钾/(cmol/kg)	交换性钠/(cmol/kg)	碳酸钙相当物/(g/kg)
0～22	23	3.58	2.92	11.07	0.15	2.8	0.81
22～40	199	1.87	3.49	18.46	0.31	2.86	0.55
40～70	375	1.3	1.11	21.17	0.23	2.45	1.55

6.11.4　朱阳系（**Zhuyang Series**）

土　族：壤质混合型非酸性温性-斑纹简育湿润淋溶土
拟定者：吴克宁，鞠　兵，李　玲

分布与环境条件　主要分布在豫西北部的太行山区与豫西伏牛山区 1000m 以上的中低山丘陵，母质为黄土状物质，暖温带大陆性季风气候，山区海拔较高，气候冷湿，雨量较大，蒸发量较小。年均气温 9.5℃，矿质土表以下 50cm 深度处土壤年均温度小于 16℃，年均降水量 890mm。

朱阳系典型景观

土系特征与变幅　该土系诊断层有淡薄表层、黏化层；诊断特性有湿润土壤水分状况、温性土壤温度状况、氧化还原特征。混合型矿物，粉壤土。黏化层黏粒无明显增加，但发育大量暗红棕色（5YR 3/3）铁锰氧化物胶膜及铁锰浸染的黏粒胶膜，强发育棱块状结构，有机碳和全氮自上而下减少，阳离子交换量在剖面中的分布均衡，为 15～18cmol/kg，全剖面土壤呈碱性，淋溶作用较强，剖面中的石灰已被淋失，碳酸钙相当物含量仅为 0.51～3.69g/kg，通体无石灰反应。

对比土系　灵宝系，壤质混合型非酸性温性-普通简育湿润淋溶土。灵宝系剖面构型为 A-Bt-BC，二者地理位置相近，母质相同，剖面构型相似，诊断特性不同，属于不同亚类。灵宝系黏化层出现位置较浅（18cm 左右），100cm 以下具有少量铁锰结核；而朱阳系剖面构型为 A-AB-Btr，黏化层出现位置在 32cm 左右，结构体表面发育大量暗红棕色（5YR 3/3）铁锰氧化物胶膜及铁锰浸染的黏粒胶膜，属于壤质混合型非酸性温性-斑纹简育湿润淋溶土。

利用性能综述　该土系分布于海拔 1000m 以上的黄土缓坡，所处地域气候湿凉，土体较厚，养分含量较为丰富。应积极保护自然植被，保证不造成水土流失的情况下有计划地发展宜生用木材。在地势高处，可种植果树等作物，以增加地表覆盖，利于水土保持。

参比土种　中层坡黄土（红黄土质淋溶褐土）。

代表性单个土体　剖面于 2011 年 7 月 31 日采自三门峡市灵宝市朱阳镇两岔河附近（编号 41-123），34°16′00″N，110°29′34″E，海拔 1083m，中低山坡地，林地，自然植被有栎树、山杨及草灌等，母质为黄土状物质。

A: 0～16cm，浊橙色（7.5YR 6/4，干），棕色（7.5YR 4/6，润），粉壤土，团块状结构，干时硬，大量根系，pH 8.76，向下层渐变波状过渡。

AB: 16～32cm，浊橙色（7.5YR 6/4，干），棕色（7.5YR 4/6，润），粉壤土，团块状结构，干时硬，pH 8.82，向下层渐变波状过渡。

Btr1: 32～80cm，浊橙色（7.5YR 7/4，干），亮棕色（7.5YR 5/6，润），粉壤土，强发育棱块状结构，干时很硬，大量暗红棕色（5YR 3/3）铁锰氧化物胶膜及铁锰浸染的黏粒胶膜，pH 8.42，向下层渐变波状过渡。

Btr2: 80～90cm，浊橙色（7.5YR 7/4，干），亮棕色（7.5YR 5/6，润），粉壤土，棱块状结构，干时很硬，大量暗红棕色（5YR 3/3）铁锰氧化物胶膜及铁锰浸染的黏粒胶膜，pH 8.35。

朱阳系单个土体剖面

朱阳系代表性单个土体物理性质

| 土层 | 深度/cm | 细土颗粒组成(粒径：mm)/(g/kg) | | | 质地 | 容重/(g/cm³) |
		砂粒 2～0.05	粉粒 0.05～0.002	黏粒 <0.002		
A	0～16	170	647	184	粉壤土	1.24
AB	16～32	207	595	198	粉壤土	1.23
Btr1	32～80	110	693	198	粉壤土	1.52
Btr2	80～90	125	678	198	粉壤土	1.42

朱阳系代表性单个土体化学性质

深度/cm	pH (H₂O)	有机碳/(g/kg)	全氮(N)/(g/kg)	全磷(P₂O₅)/(g/kg)	全钾(K₂O)/(g/kg)	有效磷/(mg/kg)	电导率/(μS/cm)	阳离子交换量/(cmol/kg)	碳酸钙相当物/(g/kg)
0～16	8.76	13.79	0.89	0.29	13.90	8.34	45	17.96	3.69
16～32	8.82	10.33	0.95	0.26	13.59	7.71	45	17.02	2.18
32～80	8.42	7.75	0.48	0.31	14.13	9.71	49	17.02	0.51
80～90	8.35	5.74	0.42	0.36	13.10	3.43	64	15.07	0.59

6.11.5　尚店系（Shangdian Series）

土　族：粗骨壤质混合型非酸性热性-斑纹简育湿润淋溶土
拟定者：吴克宁，鞠　兵，李　玲

分布与环境条件　多出现于豫南北亚热带黄土状沉积物岗丘坡地中上部，海拔范围 100～300m，母质为花岗岩残坡积物，暖温带和亚热带过渡气候。年均气温为 14.7℃，年均降水量为 800～1100mm。

尚店系典型景观

土系特征与变幅　该土系诊断层有淡薄表层、黏化层；诊断特性有湿润土壤水分状况、热性土壤温度状况、氧化还原特征。混合型矿物，表层含有中量砾石。黏化层出现多量的铁锰结核和明显的黏粒淀积，质地黏重，较为紧实，强发育块状结构，有机碳含量很低，阳离子交换量在黏化层中含量相对较高。全剖面土壤呈弱酸性，通体无石灰反应。

对比土系　尹楼系，黏壤质混合型非酸性热性-表蚀黏磐湿润淋溶土。二者地理位置相近，地形部位近似，母质不同，土壤温度状况、土壤水分状况相同，诊断特性不同，属于不同的亚纲。尹楼系质地黏重，表层出现黏化层，黏磐层位于土体剖面中上部（45～120cm），有大量 15%～40%的黏粒胶膜和铁锰胶膜；尚店系黏化层和铁锰胶膜出现位置较浅（20cm），而且表层含中量砾石，属于粗骨壤质混合型非酸性热性-斑纹简育湿润淋溶土。

利用性能综述　该土系表层含有中量砾石，表下层较紧实，通透性不良，耕性差，适耕期短，耕作费力，耕地质量不高。建议掺砂客土改良，改善土壤质地和结构。

参比土种　浅位厚层麻岗土（浅位黏化黄土质黄褐土）。

代表性单个土体　剖面于 2010 年 10 月 1 日采自平顶山市舞钢市尚店镇杨庄村（编号 41-050），33°11′9″N，113°28′35″E，丘陵坡地中上部，耕地，小麦-玉米轮作，一年两熟，母质为花岗岩残坡积物。

Ap: 0~20cm，橙色（7.5YR 7/6，干），红棕色（5YR 4/8，润），粉壤土，团块状结构，干时硬，大量根系，20%~30%的砾石，pH 6.45，向下层波状清晰过渡。

Btr1: 20~60cm，橙色（5YR 6/6，干），红棕色（5YR 4/8，润），粉壤土，块状结构，干时很硬，15%~40%的棕灰色（10YR 4/1）铁锰胶膜，pH 6.44，向下层波状清晰过渡。

Btr2: 60~120 cm，橙色（5YR 6/6，干），红棕色（5YR 4/8，润），粉壤土，块状结构，干时很硬，15%~40%的棕灰色（10YR 4/1）铁锰胶膜及铁锰浸染的黏粒胶膜，pH 6.75，向下层波状清晰过渡。

BC: 120~150cm，亮红棕色（7.5YR 7/4，干），棕灰色（10YR 6/1，润），粉壤土，块状结构，干时很硬，15%~40%的棕灰色（10YR 4/1）铁锰胶膜及铁锰浸染的黏粒胶膜，pH 6.59。

尚店系单个土体剖面

尚店系代表性单个土体物理性质

| 土层 | 深度 /cm | 细土颗粒组成(粒径：mm)/(g/kg) | | | 质地 | 容重 /(g/cm³) |
		砂粒 2~0.05	粉粒 0.05~0.002	黏粒 <0.002		
Ap	0~20	171	659	170	粉壤土	1.55
Btr1	20~60	142	651	207	粉壤土	1.65
Btr2	60~120	170	633	197	粉壤土	1.71
BC	120~150	137	686	177	粉壤土	1.72

尚店系代表性单个土体化学性质

深度 /cm	pH (H₂O)	有机碳 /(g/kg)	全氮(N) /(g/kg)	全磷(P₂O₅) /(g/kg)	全钾(K₂O) /(g/kg)	阳离子交换量 /(cmol/kg)
0~20	6.45	5.72	0.58	1.08	16.58	10.77
20~60	6.44	2.52	0.71	0.99	9.47	16.34
60~120	6.75	2.02	0.39	0.86	14.05	17.91
120~150	6.59	2.09	0.28	0.68	11.55	17.06

深度 /cm	电导率 /(μS/cm)	有效磷 /(mg/kg)	交换性镁 /(cmol/kg)	交换性钙 /(cmol/kg)	交换性钾 /(cmol/kg)	交换性钠 /(cmol/kg)	碳酸钙相当物 /(g/kg)
0~20	42	1.59	1.4	7.1	0.13	2.17	0.48
20~60	51	2.01	1	15.47	0.28	2.17	0.16
60~120	69	3.86	1.2	17	0.26	2.26	0.63
120~150	68	3.15	1.1	23.75	0.28	2.52	0.33

6.12　普通简育湿润淋溶土

6.12.1　灵宝系（Lingbao Series）

土　族：壤质混合型非酸性温性-普通简育湿润淋溶土
拟定者：吴克宁，鞠　兵，李　玲

分布与环境条件　主要分布在豫西北的太行山区与豫西伏牛山区海拔 800m 中低山丘陵，母质为黄土状物质，暖温带大陆性季风气候。年均气温 10℃，矿质土表以下 50cm 深度处土壤年均温度小于 16℃，年均降水量约为 890mm。

灵宝系典型景观

土系特征与变幅　该土系诊断层有淡薄表层、黏化层；诊断特性有湿润土壤水分状况、温性土壤温度状况。混合型矿物，粉壤土，以淡黄橙色、棕色为主，土体深厚，黏化层颜色较暗，从表层到底部，黏粒逐渐增多，粉黏比逐渐减少，而黏化率有增加的趋势，其黏化层主要是淋溶淀积形成的，多棱块状结构。100cm 以下有少量铁锰结核，向下逐渐过渡到半风化的母质层。土壤 pH 8.3～8.6，呈碱性，通体无石灰反应。

对比土系　朱阳系，壤质混合型非酸性温性-斑纹简育湿润淋溶土。二者地理位置相近，母质相同，诊断层相似，剖面构型不同，属于不同亚类。朱阳系黏化层出现在 32cm 左右，结构体表面发育大量暗红棕色（5YR 3/3）铁锰氧化物胶膜及铁锰浸染的黏粒胶膜；灵宝系黏化层出现在土体上部（18cm 左右），100cm 以下具有少量铁锰结核，不符合氧化还原特征，属于壤质混合型非酸性温性-普通简育湿润淋溶土。

利用性能综述　该土系分布于海拔 800m 左右，气候湿润，土壤质地黏重，通透性差，有一定的水土侵蚀。应退耕还林，封山育林，保山护坡，严禁乱砍滥伐和陡坡开荒，对已成材林应有计划间伐，保持生态平衡，发展为优质用材林基地。

参比土种　厚淋褐暗土（厚层硅钾质淋溶褐土）。

代表性单个土体　剖面于 2011 年 7 月 31 日采自三门峡市灵宝市朱阳镇王家村附近（编号 41-120），34°16′18″N，110°34′46″E，海拔 823m，中山坡地，林地，自然植被有栎树、山杨及草灌等，母质为黄土状物质。

A:　0～18cm，浊橙色（7.5YR 6/4，干），浊红棕色（7.5YR 4/6，润），粉壤土，团块状结构，干时松软，大量根系，pH 8.43，向下层清晰平滑过渡。

Bt1:　18～50cm，淡黄橙色（7.5YR 5/4，干），棕色（7.5YR 4/6，润），粉壤土，块状结构，干时硬，pH 8.31，向下层模糊波状过渡。

Bt2:　50～100cm，浊黄橙色（10YR 7/4，干），亮棕色（7.5YR 5/6，润），粉壤土，棱块状结构，干时很硬，pH 8.55，向下层不规则渐变过渡。

BC:　100～190cm，浊橙色（7.5Y 6/4，干），棕色（10YR 4/6，润），粉壤土，棱块状结构，干时很硬，2%～5%的铁锰结核，pH 8.33，向下层不规则模糊过渡。

灵宝系单个土体剖面

灵宝系代表性单个土体物理性质

| 土层 | 深度 /cm | 细土颗粒组成(粒径：mm)/(g/kg) | | | 质地 |
		砂粒 2～0.05	粉粒 0.05～0.002	黏粒 <0.002	
A	0～18	244	610	146	粉壤土
Bt1	18～50	149	654	197	粉壤土
Bt2	50～100	139	672	189	粉壤土
BC	100～190	72	677	251	粉壤土

灵宝系代表性单个土体化学性质

深度 /cm	pH (H$_2$O)	电导率 /(μS/cm)	有机碳 /(g/kg)	全氮(N) /(g/kg)	全磷(P$_2$O$_5$) /(g/kg)	全钾(K$_2$O) /(g/kg)	有效磷 /(mg/kg)	阳离子交换量 /(cmol/kg)	碳酸钙相当物 /(g/kg)
0～18	8.43	133	21.18	3.45	0.44	15.67	7.98	2.17	1.17
18～50	8.31	86	12.81	1.07	0.37	14.46	4.99	20.79	1.00
50～100	8.55	108	5.59	0.48	0.44	15.33	5.14	16.04	3.59
100～190	8.33	94	5.36	0.66	0.23	15.20	11.26	20.96	1.26

第7章 雏 形 土

7.1 变性砂姜潮湿雏形土

7.1.1 官路营系（Guanluying Series）

土　族：黏质混合型非酸性热性-变性砂姜潮湿雏形土
拟定者：陈　杰，万红友，赵　燕

官路营系典型景观

分布与环境条件　分布于湖积平原及盆地，母质为湖相沉积物，地下水位浅，现多种植小麦，北亚热带大陆性季风气候。年均气温为 15.2℃，年均降水量为 700～800mm，地下水位 1～2m。

土系特征与变幅　该土系诊断层有淡薄表层、雏形层、钙积层；诊断特性有氧化还原特征（50cm 以上）、潜育特征、变性现象、潮湿土壤水分状况、热性土壤温度状况等。混合型矿物，质地黏重，110cm 以内为粉砂黏土或黏土，土层深厚，表层为块状结构，表层以下为棱块状结构。Br2 层为黑土残余层，厚度 40cm 左右，干时为灰黄色、暗灰黄色至黑棕色，色调 2.5Y，明度 3～5，彩度 1～3；润时为黑棕色、黑色、浊黄棕色，色调 2.5Y、5Y 至 10YR，明度 2～4，彩度 1～3。通体无石灰反应。

对比土系　曾家系，黏壤质混合型非酸性热性-普通砂姜潮湿雏形土。二者地理位置相近，土壤水分状况和土壤温度状况相同，断诊特性不同，属于不同的亚类。曾家系砂姜含量由上至下逐渐增多，通体颜色较黑；官路营系具有变性现象，Ckg 层具有潜育特征，属黏质混合型非酸性热性-变性砂姜潮湿雏形土。

利用性能综述　该土系质地黏重，耕性差，下层不良结构对作物生长起明显障碍作用，土壤持水能力弱，水、肥、气、热不协调，加之地下水位浅，易发生旱涝。改善利用的首要措施为挖沟排水，其次强化作物秸秆还田、增加土壤有机碳含量，推广以有机物料为主的结构改良剂以改善土壤结构。

参比土种 青黑土。

代表性单个土体 剖面于 2010 年 11 月 11 日采自邓州市桑庄乡官路营村(编号 41-088)，32°37′24″N， 112°12′1″E，海拔 95m，湖积平原洼地，耕地，小麦-玉米轮作，一年两熟，母质为湖相沉积物。

Ap: 0~25 cm，黄灰色（2.5Y 5/1，干），黑棕色（10YR 2/3，润），黏土，块状结构，大量根系，pH 8.1，向下层模糊平滑过渡。

Br1: 25~65 cm，黄棕色（2.5Y 5/3，干），黑棕色（2.5Y 3/1，润），粉砂黏土，棱块状结构，15%的铁锰斑纹，5%~8%的石灰结核，pH 8.0，向下层清晰平滑过渡。

Br2: 65~110 cm，黑棕色（2.5Y 3/1，干），黑色（5Y 2/1，润），粉砂黏土，棱块状结构，少量滑擦面，10%~15%的铁锰斑纹，10%以上的石灰结核，pH 8.0，向下层突变平滑过渡。

Ckg: 110~130 cm，暗灰黄色（2.5Y 4/2，干），浊黄棕色（10YR 4/3，润），粉砂壤土，块状结构，30%以上的铁锰斑纹，15%左右的石灰结核，pH 8.2。

官路营系单个土体剖面

官路营系代表性单个土体物理性质

土层	深度/cm	细土颗粒组成(粒径：mm)/(g/kg)			质地	容重/(g/cm³)
		砂粒 2~0.05	粉粒 0.05~0.002	黏粒 <0.002		
Ap	0~25	113	484	403	黏土	1.27
Br1	25~65	111	562	327	粉砂黏土	1.36
Br2	65~110	137	508	355	粉砂黏土	1.38
Ckg	110~130	85	591	324	粉砂壤土	1.45

官路营系代表性单个土体化学性质

深度/cm	有机碳/(g/kg)	全氮(N)/(g/kg)	有效磷/(mg/kg)	速效钾/(mg/kg)	pH(H₂O)
0~25	13.08	1.46	7.57	216.7	8.1
25~65	13.56	1.03	1.15	211.1	8.0
65~110	3.42	0.39	1.37	200.0	8.0
110~130	3.64	0.39	0.93	194.4	8.2

7.2　普通砂姜潮湿雏形土

7.2.1　栗盘系（Lipan Series）

土　族：黏壤质混合型非酸性热性-普通砂姜潮湿雏形土
拟定者：陈　杰，万红友，宋　轩

分布与环境条件　主要分布于湖积平原平洼地带或盆地，地势低洼，雨季易出现内外排水不良的情况，母质为湖相沉积物，北亚热带大陆性季风气候。年均气温14.9℃，矿质土表下50cm深度处年均土壤温度大于16℃，年均降水量约805mm，地下水位1～3m。

栗盘系典型景观

土系特性与变幅　该土系诊断层有暗沃表层、钙积层、雏形层；诊断特性有氧化还原特征（50cm以上）、潮湿土壤水分状况、热性土壤温度状况等。混合型矿物，质地黏重。40cm以上土层颜色较深，黑棕色，质地黏重；40cm以下即可见铁锰斑纹；60cm以下出现砂姜层，有机碳、全氮、磷的含量较高，钾丰富。土壤呈中性或弱碱性，通体无石灰反应。

对比土系　溧河系，黏质蒙脱石混合型非酸性热性-普通简育潮湿变性土。二者剖面构型相似，诊断特性不同，属于不同土纲。溧河系剖面残余黑土层更深厚，黏粒含量更高，符合变性特征而属于变性土土纲；栗盘系仅具有雏形层，土体下部有少量砂姜，属于黏壤质混合型非酸性热性-普通砂姜潮湿雏形土。

利用性能综述　该土系质地较为黏重，物理性状差，胀缩性较大，湿时泥泞，干时僵硬，耕性不良，水分运动受限，地下水位埋深较浅，易旱易涝，有机碳和有效养分含量偏低。农业生产利用方面应着重加强排灌基础设施建设、排灌结合、强化排水，物理性状改良方面应适时深耕，推广还田秸秆腐熟新技术，重施有机肥，提高耕作层有机碳含量，改善土壤耕性。

参比土种　青黑土。

代表性单个土体 剖面于 2009 年 12 月 12 日采自南阳市高庙镇栗盘村（编号 41-107），33°0′2″N，112°48′43″E，湖积平原，海拔 112m，林地，母质为湖相沉积物。

Ap：0～21cm，暗橄榄色（2.5Y 3/3，干），黑棕色（10YR 2/3，润），黏壤土，团粒状结构，大量根系，5%以下的铁锰结核，pH 7.3，向下层清晰平滑过渡。

Br1：21～40cm，黑棕色（2.5Y 3/2，干），黑棕色（2.5Y 3/1，润），粉砂黏土，团块状结构，5%～6%的铁锰斑纹，pH 7.4，向下层模糊突变过渡。

Br2：40～60cm，浊黄棕色（10YR 5/3，干），浊棕色（10YR 4/4，润），黏壤土，块状结构，向下有逐渐增多的铁锰斑纹，pH 7.9，向下层模糊平滑过渡。

Bkr：60～110cm，浊黄橙色（10YR 6/4，干），亮棕色（7.5YR 5/6，润），黏壤土，棱块状结构，20%～25%的铁锰斑纹、10%左右的铁锰胶膜、15%的黑色铁锰结核和 10%～15% 的淡黄色砂姜，pH 8.2。

栗盘系单个土体剖面

栗盘系代表性单个土体物理性质

土层	深度 /cm	细土颗粒组成(粒径：mm)/(g/kg)			质地	容重 /(g/cm³)
		砂粒 2～0.05	粉粒 0.05～0.002	黏粒 <0.002		
Ap	0～21	129	652	219	黏壤土	1.45
Br1	21～40	92	547	361	粉砂黏土	1.59
Br2	40～60	186	560	254	黏壤土	1.52
Bkr	60～110	147	581	272	黏壤土	1.54

栗盘系代表性单个土体化学性质

深度/cm	有机碳/(g/kg)	全氮(N)/(g/kg)	有效磷/(mg/kg)	速效钾/(mg/kg)	pH (H₂O)
0～21	10.79	1.31	36.16	216.7	7.3
21～40	7.97	0.91	3.31	188.9	7.4
40～60	4.92	0.58	2.7	166.7	7.9
60～110	1.84	0.3	3.48	133.3	8.2

7.2.2　曾家系（Zengjia Series）

土　　族：黏壤质混合型非酸性热性-普通砂姜潮湿雏形土
拟定者：陈　杰，万红友，赵　燕

分布与环境条件　主要分布于湖积平原洼平地，母质为湖相沉积物，植被类型主要为落叶阔叶林和常绿阔叶针叶混交林，地下水较为丰沛，北亚热带大陆性季风气候。年均气温为 15.2℃，土表下 50cm 深度处土壤年均温>16℃，年均降水量约 745mm，水位 1～5m。

曾家系典型景观

土系特征与变幅　该土系诊断层有暗沃表层、雏形层；诊断特性有氧化还原特征（50cm 以上）、潮湿土壤水分状况、热性土壤温度状况等。混合型矿物，质地黏重，土体厚度 1m 以上。表层有机碳含量高，团块状结构；表层以下具块状结构和棱块状结构；40cm 以下有铁锰斑纹和结核出现。通体无石灰反应。

对比土系　栗盘系，黏壤质混合型非酸性热性-普通砂姜潮湿雏形土。二者地理位置接近，母质相同，特征土层相同，属于同一土族。栗盘系剖面 21～40cm 为残余黑土层，黏粒含量高，剖面底部具有砂姜；曾家系表层黏粒含量高，且剖面整体黏粒含量高于栗盘系，其表层与表下层的颜色更黑。

利用性能综述　该土系质地黏重，表层质地较黏，耕性不良，虽有机碳含量较高，但有效养分不均衡；耕作层下伏残余黑土层影响水、肥、气、热运动，且在一定程度上限制根系生长。地下水位埋深较浅、变幅较大，氧化还原层深厚，容易发生内涝。生产利用首先应加强农田排灌基础设施建设，推广还田秸秆腐熟新技术，改善耕作层土壤结构，合理施肥。

参比土种　青黑土。

代表性单个土体　剖面于 2010 年 11 月 11 日采自邓州市刘集镇曾家村（编号 41-084），32°25′58″N，112°15′39″E，湖积平原，海拔 89m，耕地，种植玉米、大豆，母质为湖相沉积物。

Ap：　0～20cm，暗灰黄色（2.5Y 5/2，干），黑棕色（10YR 3/2，润），黏壤土，团块结构，pH 6.1，向下层清晰平滑过渡。

AB：　20～30cm，灰黄色（2.5Y 5/1，干），橄榄黑色（2.5Y 3/2，润），黏壤土，团块状结构，pH 7.8，向下层突变平滑过渡。

Br：　30～40cm，黑棕色（2.5Y 3/1，干），黑色（2.5Y 2/1，润），黏壤土，棱块状结构，少量黑色铁锰结核，pH 8.3，向下层渐变波状过渡。

Brk1：40～105cm，黄棕色（2.5Y 5/3，干），暗橄榄棕色（2.5Y 3/3，润），黏壤土，块状结构，5%～10%的铁锰斑纹，5%左右不规则的砂姜结核和铁锰结核，pH 8.1，向下层清晰平滑过渡。

Brk2：105～130cm，黄棕色（2.5Y 5/3，干），黄棕色（10YR 5/6，润），黏壤土，块状结构，大量明显铁锰斑纹，15%～20%形状不规则、直径 20～50mm 的大砂姜，pH 7.6。

41-084

曾家系单个土体剖面

曾家系代表性单个土体物理性质

土层	深度 /cm	细土颗粒组成(粒径：mm)/(g/kg)			质地	容重 /(g/cm³)
		砂粒 2～0.05	粉粒 0.05～0.002	黏粒 <0.002		
Ap	0～20	88	583	329	黏壤土	1.56
AB	20～30	97	612	291	黏壤土	1.7
Br	30～40	95	610	295	黏壤土	1.46
Brk1	40～105	132	583	285	黏壤土	1.55
Brk2	105～130	130	617	253	黏壤土	1.61

曾家系代表性单个土体化学性质

深度 /cm	pH (H₂O)	有机碳 /(g/kg)	全氮 /(g/kg)	有效磷 /(g/kg)	速效钾 /(mg/kg)
0～20	6.1	13.58	1.52	52.75	194.4
20～30	7.8	8.51	1.1	9.34	183.3
30～40	8.3	9.11	0.91	4.23	200.0
40～105	8.1	4.76	0.49	2.98	222.2
105～130	7.6	3.29	0.3	3.92	183.3

7.2.3　大冀系（Daji Series）

土　族：黏壤质混合型非酸性热性-普通砂姜潮湿雏形土
拟定者：陈　杰，万红友，宋　轩

分布与环境条件　主要分布于湖积平原的洼坡地，内、外排水不良，母质为河湖相沉积物，暖温带向北亚热带过渡气候。年均气温为 14.9℃，年均降水量约为 872mm，地下水埋深 2～4m。

大冀系典型景观

土系特征与变幅　该土系诊断层有淡薄表层、钙积层、雏形层；诊断特性有氧化还原特征（50cm 以上）、潮湿土壤水分状况、热性土壤温度状况等。混合型矿物，质地黏重，通透性差，土体一般在 1.2m 以上。Ap 层容重为 1.21 g/cm³，其他层为 1.30～1.60 g/cm³。剖面黏粒含量多为 180～300 g/kg，120cm 以内土壤阳离子交换量为 23～34cmol/kg。残余黑土层干时为灰黄色、暗灰黄色至黑棕色，润时为黑棕色、黑色至橄榄黑色，胀缩性较强，干时可出现裂隙。40cm 以下由于地下水位的升降导致长期干湿交替，氧化还原特征明显，有大量明显的铁锰斑纹，出现氧化还原特征；70cm 以下有大量黄白色不规则碳酸钙结核。土壤呈中性偏碱性，细土物质通体无石灰反应。

对比土系　栗盘系，黏壤质混合型非酸性热性-普通砂姜潮湿雏形土。二者母质相同，特征土层相同，属于同一土族。栗盘系剖面 21～40cm 层段为残余黑土层，黏粒含量高，剖面底部具有砂姜；大冀系剖面表层黏粒含量高，由上至下黏粒含量逐渐减少。

利用性能综述　该土系质地黏重，适耕期短，耕作困难，通透性差，所处地域地势低洼，地下水位高，内、外排水不良，不保墒，易旱易涝。改善利用上应加强排灌，改善土壤结构。

参比土种　少姜底砂姜黑土。

代表性单个土体　剖面于 2010 年 10 月 27 日采自驻马店市汝南县留盆镇大冀村（编号 41-086），33°7′9″N，114°23′9″E，海拔约 55m，湖积平原，母质为河湖相沉积物，耕地，种植小麦。

Ap：　0～19cm，灰黄棕色（10YR 4/2，干），暗棕色（10YR 3/4，润），粉砂质黏土，块状结构，含大量根系，pH 7.3，向下层清晰平滑过渡。

AB：　19～40cm，暗灰黄色（2.5Y 4/2，干），黑色（10YR 2/1，润），粉砂质黏土，棱块状结构，pH 8.2，向下层清晰平滑过渡。

Br：　40～70cm，暗灰黄色（2.5Y 5/2，干），棕色（10YR 4/4，润），粉砂质黏土，棱块状结构，25%左右的铁锰斑纹，pH 7.5，向下层清晰平滑过渡。

Brk1：70～120 cm，暗灰黄色（10YR 7/2，干），黄棕色（2.5Y 5/3，润），块状结构，35%左右的铁锰斑纹，10%～15%左右的石灰结核，pH 8.2，向下层清晰平滑过渡。

Brk2：120～150cm，浊黄橙色（10YR 7/3，干），浊黄棕色（10YR 5/4，润），粉砂质黏壤土，块状结构，超过 35%的铁锰斑纹，10%～15%左右的石灰结核，pH 8.6。

大冀系单个土体剖面

大冀系代表性单个土体物理性质

土层	深度 /cm	细土颗粒组成(粒径：mm)/(g/kg)			质地	容重 /(g/cm³)
		砂粒 2～0.05	粉粒 0.05～0.002	黏粒 <0.002		
Ap	0～19	126	570	304	粉砂质黏土	1.21
AB	19～40	120	605	275	粉砂质黏土	1.36
Br	40～70	192	544	264	粉砂质黏土	1.50
Brk1	70～120	233	576	191	粉砂质黏壤土	1.63
Brk2	120～150	206	612	182	粉砂质黏壤土	1.61

大冀系代表性单个土体化学性质

深度 /cm	pH (H₂O)	有机碳 /(g/kg)	全氮(N) /(g/kg)	全磷(P₂O₅) /(g/kg)	全钾(K₂O) /(g/kg)	阳离子交换量 /(cmol/kg)	碳酸钙相当物 /(g/kg)
0～19	7.3	13.48	0.4	0.53	19.9	33.84	1.19
19～40	8.2	10.62	1.07	0.61	21.6	32.33	1.9
40～70	7.5	3.91	0.55	0.42	19.7	32.55	1.2
70～120	8.2	2.15	0.61	0.48	20.8	23.06	3.0
120～150	8.6	2.09	0.24	0.42	19.6	8.2	27.1

7.2.4　郭关庙系（Guoguanmiao Series）

土　族：黏壤质混合型非酸性热性-普通砂姜潮湿雏形土
拟定者：陈　杰，万红友，宋　轩

分布与环境条件　分布于湖积平原，母质为河湖相沉积物，北亚热带大陆性季风气候。年均气温为 15.2℃，土表下 50cm 深度处土壤年均气温>16℃，年均降水量约为 745mm，地下水位一般为 2～4m。

郭关庙系典型景观

土系特征与变幅　该土系诊断层有淡薄表层、钙积层、雏形层；诊断特性有氧化还原特征（50cm 以上）、潮湿土壤水分状况、热性土壤温度状况等。混合型矿物，土体深厚，通常在 1.2m 以上。全剖面质地为黏壤土，控制层段内黏粒含量为 200～260g/kg，表层黏粒含量稍低，平均养分含量有机碳为 12.5g/kg，土表下 20cm 或更浅即存在氧化还原特征，pH 7.6～8.3，剖面 50cm 以下出现碳酸钙淀积，细土物质通体无石灰反应。

对比土系　老君系，壤质混合型非酸性热性-普通砂姜潮湿雏形土。二者母质相同，诊断层、诊断特性相同，属于同一亚类。老君系通体出现砂姜；而郭关庙系砂姜层出现于 60cm 以下，控制层段内土壤黏粒加权含量高于老君系，属黏壤质混合型非酸性热性-普通砂姜潮湿雏形土。

利用性能综述　该土系通体质地黏重，适耕期短，保水性能不良，易旱，通透不良，水分难下渗，旱、涝、黏是该土系的主要障碍因素。土体 60cm 左右出现的钙磐层对作物生长限制作用不大，可不视为障碍土层，表层基础肥力较高。农业生产利用和土壤管理方面应以改良物理性状、改善水分特征为核心，掺砂客土、沙土堆肥改良土壤质地、腐熟秸秆还田等措施改良土壤行之有效。

参比土种　底位多量砂姜黑土。

代表性单个土体　剖面于 2010 年 11 月 10 日采自邓州市夏集乡郭关庙村（编号 41-089），32°45′53″N，112°7′34″E，海拔 121m，湖积平原，耕地，小麦-玉米轮作，一年两熟，母质为河湖相沉积物。

Ap: 0～20cm, 黄棕色（2.5Y 5/3，干），暗橄榄棕色（2.5Y 3/3，润），黏壤土，团块状结构，5%左右的铁锰斑纹，5%左右的铁锰胶膜，3%左右的球状铁锰结核，pH 7.8，向下层模糊平滑过渡。

AB: 20～34cm, 黄棕色（2.5Y 5/4，干），浊黄棕色（10YR 4/3，润），黏壤土，块状结构，6%左右的铁锰斑纹，15%以上的铁锰胶膜，5%以下的球形铁锰结核，pH 7.6，向下层清晰波状过渡。

Br: 34～59cm, 浊黄色（2.5Y 6/4，干），棕色（10YR 4/5，润），黏壤土，块状结构，15%左右的铁锰斑纹和铁锰胶膜，10%～20%直径 1～1.5mm 的球状铁锰结核，pH 7.6，向下层模糊平滑过渡。

Brk1: 59～83cm, 黄棕色（2.5Y 5/6，干），灰黄色（2.5Y 7/2，润），黏壤土，块状结构，15%～25%的铁锰斑纹，中量铁锰胶膜，10%左右的黑色球状铁锰结核，25%以上不规则的砂姜结核，pH 7.9，向下层渐变平滑过渡。

郭关庙系单个土体剖面

Brk2: 83～130cm, 灰白色（2.5Y 8/2，干），淡黄色（2.5Y 7/3，润），黏壤土，块状结构，15%的铁锈斑纹，10%以下明显的铁锰胶膜，30%的白色不规则状石灰结核，pH 8.3。

郭关庙系代表性单个土体物理性质

| 土层 | 深度 /cm | 细土颗粒组成(粒径：mm)/(g/kg) | | | 质地 | 容重 /(g/cm³) |
		砂粒 2～0.05	粉粒 0.05～0.002	黏粒 <0.002		
Ap	0～20	210	588	202	黏壤土	1.43
AB	20～34	238	495	267	黏壤土	1.34
Br	34～59	347.	397	255	黏壤土	1.38
Brk1	59～83	353	386	259	黏壤土	1.32
Brk2	83～130	294	471	235	黏壤土	1.47

郭关庙系代表性单个土体化学性质

深度 /cm	有机碳 /(g/kg)	全氮(N) /(g/kg)	有效磷 /(mg/kg)	速效钾 /(mg/kg)	pH (H₂O)	碳酸钙相当物 /(g/kg)
0～20	11.08	1.04	7.8	161.1	7.8	1.7
20～34	5.29	0.15	1.04	227.8	7.6	2.1
34～59	4.26	0.12	2.66	188.9	7.6	9.2
59～83	1.15	0.37	2.66	194.4	7.9	153.6
83～130	1.22	0.18	2.44	172.2	8.3	274.8

7.2.5　权寨系（**Quanzhai Series**）

土　　族：黏壤质混合型非酸性热性-普通砂姜潮湿雏形土
拟定者：陈　杰，万红友，宋　轩

分布与环境条件　主要分布于盆地、平原洼地边缘地带，母质为湖相沉积物与上覆洪冲积物构成的异元母质类型，北亚热带与暖温带过渡性气候。年均气温为14.8℃，土表下 50cm 深度处土壤年均温>16℃，年均降水量约为841mm，地下水埋深 2.0～2.5m。

权寨系典型景观

土系特征与变幅　该土系诊断层有淡薄表层、钙积层、雏形层；诊断特性有氧化还原特征（50cm 以上）、潮湿土壤水分状况、热性土壤温度状况等。混合型矿物，质地较为均一，通体为黏壤土，黏粒含量约为 220g/kg，34～51cm 为残余黑土层，34cm 以下主要为块状结构，且出现较多铁锰斑纹、结核，具有氧化还原特征。50cm 以上无石灰反应。

对比土系　郭关庙系，黏壤质混合型非酸性热性-普通砂姜潮湿雏形土。二者母质相似，特征土层相似，属于同一土族。郭关庙系成土母质为河湖相沉积物，剖面构型为 Ap-AB-Br-Brk，表层为残余黑土层，砂姜层出现于 59cm 以下；权寨系母质为第四纪湖相沉积物与上覆现代洪冲积物异元母质，砂姜层出现在 51cm 以下，含量少于郭关庙系。

利用性能综述　该土系表层耕性良好，土体内无明显障碍层，水、肥、气、热较协调，但表层有机碳与速效养分含量不高，土体下部质地偏黏重，加上地处低洼，易发生内涝。改良措施应以完善排灌设施、培肥保肥为核心。

参比土种　壤盖石灰性砂姜黑土。

代表性单个土体　剖面于 2009 年 12 月 23 日采自河南省驻马店市西平县权寨镇（编号 41-105），33°26′6″N，113°51′47″E，海拔 50m，耕地，小麦-玉米轮作，一年两熟，母质为第四纪湖相沉积物与上覆洪冲积物构成的异元母质。

Ap: 0～17cm，浊黄棕色（10YR 4/3，润），浊黄棕色（10YR 5/3，干），黏壤土，团粒状结构，大量根系，5%～10%的铁锰斑纹，无石灰反应，pH 6.1，向下层模糊平滑过渡。

AB: 17～34cm，棕色（10YR 4/4，润），浊黄棕色（10YR 5/3，干），黏壤土，团块状结构，5%的铁斑纹和3%左右的铁锰结核，无石灰反应，pH 7.6，向下层模糊波状过渡。

Br: 34～51cm，暗灰黄色（2.5Y 4/2，干），暗灰黄色（2.5Y 4/2，润），黏壤土，块状结构，10%～12%的铁锰斑纹，15%左右的铁锰胶膜，5%左右的铁锰结核，无石灰反应，pH 7.0，向下层模糊平滑过渡。

BC: 51～82cm，浊黄棕色（10YR 5/3，干），暗灰黄色（2.5Y 5/2，润），黏壤土，约20mm直径的棱柱状结构，孔隙度为30%～35%，结构面有20%～25%的铁锰胶膜、铁质斑纹，土体内有10%～15%、直径1～2mm的砂姜结核，弱石灰反应，pH 7.4，向下层渐变过渡。

41-105

权寨系单个土体剖面

Crk: 82～130cm，浊黄橙色（10YR 7/4，干），黄棕色（10YR 5/8，润），黏壤土，直径20～35mm的棱块状结构，结构较上层疏松，孔隙度35%左右，以结构体裂隙为主，结构面有20%的铁锰胶膜，15%的铁质斑纹，土体中有6%～10%的铁锰结核，有10%～15%的黄白色不规则砂姜结核，中度石灰反应，pH 8.2。

权寨系代表性单个土体物理性质

土层	深度/cm	细土颗粒组成(粒径: mm)/(g/kg)			质地
		砂粒 2～0.05	粉粒 0.05～0.002	黏粒 <0.002	
Ap	0～17	183	569	248	黏壤土
AB	17～34	192	600	208	黏壤土
Br	34～51	165	580	255	黏壤土
BC	51～82	195	560	245	黏壤土
Crk	82～130	211	578	211	黏壤土

权寨系代表性单个土体化学性质

深度/cm	有机碳/(g/kg)	全氮(N)/(g/kg)	有效磷/(mg/kg)	速效钾/(mg/kg)	pH(H$_2$O)
0～17	9.07	0.1	25.76	172.2	6.1
17～34	5.86	0.67	3.81	166.7	7.6
34～51	4.72	0.61	3.04	200.0	7.0
51～82	2.56	0.37	0.71	177.8	7.4
82～130	1.79	0.3	2.26	155.6	8.2

7.2.6 张林系（**Zhanglin Series**）

土　　族：黏壤质混合型非酸性热性-普通砂姜潮湿雏形土
拟定者：吴克宁，鞠　兵，李　玲

分布与环境条件　主要分布在伏牛山、桐柏山的东部，大别山北部淮北平原的低洼地区及南阳盆地中南部，母质为河湖相沉积物，暖温带向北亚热带过渡性气候。年均气温 15.6℃，矿质土表下 50cm 深度处年均土壤温度大于 16℃，年均降水量 800～1000mm，地下水位 1～3m。

张林系典型景观

土系特征与变幅　该土系诊断层有淡薄表层、钙积层、雏形层；诊断特性有氧化还原特征（50cm 以上）、潮湿土壤水分状况、热性土壤温度状况、石灰性等。混合型矿物，粉壤土，土体深厚，剖面表下层及以下有 2%～5%的铁锰或铁锰氧化物胶膜。pH 呈中性，随深度增加逐渐由中性变为弱碱性。剖面上部碳酸钙相当物含量小于 2g/kg，无石灰反应。而 65cm 以下含有中量小砂姜，碳酸钙相当物含量突变为 64.74g/kg，并随深度逐渐减少，中至强石灰反应。

对比土系　郭关庙系，黏壤质混合型非酸性热性-普通砂姜潮湿雏形土。二者母质相似，均为河湖相沉积物，特征土层相似，剖面构型相似，属于同一土族。郭关庙系表层为残余黑土层，砂姜层出现于 59cm 以下；而张林系 0～44cm 为残余黑土层，比郭关庙系更厚，有机碳含量也更高，65cm 以下含有中量石灰结核，90cm 以下含有大量砂姜，砂姜层出现的位置更深，厚度更厚。

利用性能综述　该土质地黏重，适耕期短，耕性差，紧实，透水困难，土体下部存在砂姜导致水分难以透过，根系难扎。所处地势平洼，排水困难，地下水位高，易发生旱涝。土体水、肥、热、气不协调，不发苗，为低产土壤类型。多小麦、豆类轮作，一年两熟。今后要针对易旱易涝、地下水资源丰富的特点发展浅井灌溉，健全排水设施；要增施有机肥，改良土壤结构、耕性；要合理种植，发展种植耐瘠豆类、高粱等。

参比土种　黏覆砂姜黑土。

代表性单个土体 剖面于 2011 年 8 月 7 日采自南阳市镇平县张林镇蒋庄村（编号41-112），32°55′8″N，112°8′33″E，湖积平原，旱地，小麦-玉米轮作，一年两熟，母质为河湖相沉积物。

Ap: 0～20cm，浊黄棕色（10YR 5/3，干），黑棕色（2.5YR 3/2，润），粉壤土，团块状结构，无石灰反应，pH 7.40，向下层清晰平滑过渡。

AB: 20～44cm，灰黄棕色（10YR 4/2，干），黑棕色（2.5YR 3/1，润），粉壤土，团块状结构，少量铁锰胶膜，无石灰反应，pH 7.91，向下层突变平滑过渡。

Br: 44～65cm，灰黄棕色（10YR 5/2，干），灰黄棕色（10YR 4/2，润），粉壤土，块状结构，少量铁锰胶膜，无石灰反应，pH 8.02，向下层模糊平滑过渡。

Brk1：65～90cm，浊黄橙色（10YR 6/3，干），浊黄棕色（10YR 5/3，润），粉壤土，块状结构，<2%的亮黄棕色（10YR 7/6）铁锰胶膜，10%～15%的石灰结核，中度石灰反应，pH 8.37，向下层模糊平滑过渡。

Brk2：90～140cm，浊黄橙色（10YR 7/2，干），浊黄橙色（10YR 6/3，润），粉壤土，块状结构，2%～5%的亮黄棕色（10YR 7/6）铁锰胶膜，15%～20%的砂姜，强石灰反应，pH 8.34，向下层模糊平滑过渡。

张林系单个土体剖面

Brk3：140cm 以下，浊黄橙色（10YR 7/3，干），浊黄橙色（10YR 6/4，润），粉壤土，团块状结构，2%～5%的亮黄棕色（10YR 7/6）铁锰胶膜，15%～20%的砂姜，强石灰反应，pH 8.44。

张林系代表性单个土体物理性质

土层	深度/cm	细土颗粒组成(粒径：mm)/(g/kg)			质地	容重/(g/cm³)
		砂粒 2～0.05	粉粒 0.05～0.002	黏粒 <0.002		
Ap	0～20	154	633	211	粉壤土	1.58
AB	20～44	144	618	236	粉壤土	1.48
Br	44～65	105	644	249	粉壤土	1.66
Brk1	65～90	92	677	229	粉壤土	1.61
Brk2	90～140	233	581	185	粉壤土	1.54
Brk3	>140	161	637	201	粉壤土	1.72

张林系代表性单个土体化学性质

深度 /cm	pH (H₂O)	有机碳 /(g/kg)	全氮(N) /(g/kg)	全磷(P₂O₅) /(g/kg)	全钾(K₂O) /(g/kg)	阳离子交换量 /(cmol/kg)
0~20	7.40	18.77	1.25	0.34	11.73	27.66
20~44	7.91	13.87	0.79	0.33	10.20	30.06
44~65	8.02	11.79	0.83	0.33	13.37	28.93
65~90	8.37	5.94	0.54	0.23	11.60	23.50
90~140	8.34	4.01	0.54	0.27	13.81	21.37
>140	8.44	2.07	0.36	0.33	14.63	18.12

深度 /cm	电导率 /(μS/cm)	有效磷 /(mg/kg)	交换性镁 /(cmol/kg)	交换性钙 /(cmol/kg)	交换性钾 /(cmol/kg)	交换性纳 /(cmol/kg)	碳酸钙相当物 /(g/kg)
0~20	126	5.19	0.89	4.55	0.38	2.18	2.00
20~44	138	1.99	0.39	6.59	0.45	2.17	2.09
44~65	99	0.25	0.07	7.36	0.32	2.27	1.76
65~90	132	1.99	0.24	7.39	0.26	1.52	64.74
90~140	180	1.26	0.49	7.53	0.13	1.42	54.84
>140	132	2.14	0.60	5.43	0.13	1.09	35.72

7.2.7 老君系 (Laojun Series)

土　族: 壤质混合型非酸性热性-普通砂姜潮湿雏形土
拟定者: 陈　杰, 万红友, 宋　轩

分布与环境条件　主要分布于湖积平原湖坡地或盆地, 母质为河湖相沉积物, 北亚热带大陆性季风气候, 冬季干冷, 夏季湿热多雨。年均气温为 15.2℃, 矿质土表下 50cm 深度处年均土壤温度大于 16℃, 年均降水量约 745mm, 地下水位 1~5m。

老君系典型景观

土系特征与变幅　该土系诊断层有淡薄表层、钙积层、雏形层; 诊断特性有氧化还原特征 (50cm 以上)、潮湿土壤水分状况、热性土壤温度状况等。混合型矿物, 土体厚度大于 1m, 质地为砂质黏壤土至粉砂质黏土, 黏粒含量约为 27%, 表层黏粒含量稍低, 具有明显的雏形层发育。剖面通体有铁锰胶膜出现, 出现大量砂姜结核, 碳酸钙相当物为 316.0~468.2g/kg, 土体下部有碳酸钙结核胶结而成的钙磐发育, 结构面有少至中量黏粒和铁锰胶膜。土壤呈中性偏碱性, 细土物质通体无石灰反应。

对比土系　惠河系, 壤质盖粗骨壤质混合型非酸性热性-普通砂姜潮湿雏形土。二者地形地貌相似, 母质相同, 诊断层与诊断特性相同, 属于同一亚类。惠河系 18~42cm 出现砂姜结核及砾石, 而且其厚度明显较老君系薄, 地下水埋深较深, 无钙磐发育; 而老君系剖面构型为 Ah-Br-Brk-Brx, 地下水位埋深较浅, 土体氧化还原特征明显, 通体出现砂姜, 并在 82cm 钙积层中发育钙磐(Brx), 属壤质混合型非酸性热性-普通砂姜潮湿雏形土。

利用性能综述　该土系耕作层普遍质地较薄且含砂姜, 物理性状较差, 有机碳和有效养分含量不高, 尤其是下伏钙积层埋深较浅, 对植物根系生长产生严重障碍, 且保水保肥性能差, 无法进行深耕作业, 农业生产潜力小, 土壤改良难度大。建议退耕发展林业或牧业生产, 最大限度发挥土壤的生态功能。

参比土种　浅位多量砂姜黑土。

代表性单个土体　剖面于 2010 年 11 月 10 日采自河南省邓州市张楼乡老君村 (编号 41-093), 32°44′18″N, 112°8′52″E, 海拔 124m, 湖积平原, 林地, 母质为河湖相沉积物。

老君系单个土体剖面

Ah: 0～16cm，淡黄色（2.5Y 7/4，干），黄棕色（2.5Y 5/4，润），砂质黏壤土，团粒状结构，大量根系，25%～30%直径 10～30mm 不规则形状的白色砂姜，pH 7.9，向下层模糊平滑过渡。

Br: 16～26cm，灰黄棕色（10YR 4/2，干），暗灰黄色（2.5Y 4/2，润），粉砂质黏土，块状结构，10%左右的球形铁锰结核，pH 7.4，与下层模糊波状过渡。

Brk1：26～58cm，橙白色（10YR 8/1，干），灰黄色（2.5Y 7/2，润），粉砂质黏壤土，块状结构，5%以下的铁锰斑纹，5%以下的少量黏粒和铁锰胶膜，25%～35%的不规则白色砂姜，pH 8.8，与下层渐变波状过渡。

Brk2：58～82cm，亮黄橙色（10YR 6/6，干），灰黄色（2.5Y 7/2，润），粉砂质黏壤土，大块状结构，25%左右的铁锰斑纹，15%～20%的黏粒和铁锰胶膜，40%以上不规则白色砂姜，pH 8.7，向下层渐变波状过渡。

Brx：82～130 cm，亮黄橙色（10YR 6/6，干），黄灰色（2.5Y 6/1，润），粉砂质黏土，块状结构，20%的斑纹、多量黏粒和铁锰胶膜，土体中砂姜胶结成磐，pH 8.3。

老君系代表性单个土体物理性质

| 土层 | 深度 /cm | 细土颗粒组成(粒径：mm)/(g/kg) | | | 质地 | 容重 /(g/cm³) |
		砂粒 2～0.05	粉粒 0.05～0.002	黏粒 <0.002		
Ah	0～16	485	332	183	砂质黏壤土	1.57
Br	16～26	213	471	317	粉砂质黏土	1.58
Brk1	26～58	193	608	199	粉砂质黏壤土	1.59
Brk2	58～82	90	616	294	粉砂质黏壤土	1.68
Brx	82～130	96	539	366	粉砂质黏土	1.68

老君系代表性单个土体化学性质

深度 /cm	有机碳 /(g/kg)	全氮(N) /(g/kg)	有效磷 /(mg/kg)	速效钾 /(mg/kg)	pH (H₂O)	碳酸钙相当物 /(g/kg)
0～16	14.86	1.64	5.72	444.4	7.9	292.0
16～26	7.3	0.79	5.4	311.1	7.4	226.0
26～58	6.91	0.85	4.19	266.7	8.8	316.2
58～82	1.39	0.12	1.56	266.7	8.7	468.2
82～130	0.71	0.18	3.98	333.3	8.3	523.7

7.2.8 惠河系 (Huihe Series)

土　族: 壤质盖粗骨壤质混合型非酸性热性-普通砂姜潮湿雏形土
拟定者: 陈　杰, 万红友, 宋　轩

分布与环境条件　分布于湖积平原及盆地, 母质为第四纪湖相沉积物, 北亚热带和暖温带过渡的大陆性季风气候。年均气温14.6℃, 土表下50cm深度处土壤年均温>16℃, 年均降水量约921mm, 地下水位1~5m。

惠河系典型景观

土壤性状与特征变幅　该土系诊断层有淡薄表层、钙积层、雏形层; 诊断特性有氧化还原特征 (50cm以上)、潮湿土壤水分状况、热性土壤温度状况等。混合型矿物, 质地为粉砂质黏壤土至黏壤土, 表层以下呈块状或棱柱状结构, 砂姜层出现于20~50cm, 碳酸钙相当物>300 g/kg, pH 7.6~8.2, 细土物质通体无石灰反应。

对比土系　老君系, 壤质混合型非酸性热性-普通砂姜潮湿雏形土。成土母质为河湖相沉积物, 地下水位埋深较浅, 下部土体氧化还原特征明显, 26cm及其以下出现砂姜钙积层, 并在82cm钙积层中发育钙磐 (Brx); 而惠河系18~42cm出现砂姜结核及砾石, 钙积层出现更浅, 而且其厚度明显较老君系薄, 地下水埋深较深, 无钙磐发育, 属壤质盖粗骨壤质混合型非酸性热性-普通砂姜潮湿雏形土。

利用性能综述　该土系耕层浅薄, 适耕期短, 耕性不良, 土壤湿胀干缩, 埋深较浅的钙积层对作物根系生长、机械耕作、水分养分运移均有明显障碍作用。利用改良方面应以消减钙积层砂姜结核为核心, 采用客土覆厚耕作层, 移除上部土体砂姜, 如无障碍层次消减规划, 则应弃种粮食作物, 因地制宜用作林地或园地。

参比土种　浅位多量砂姜黑土。

代表性单个土体　剖面于2010年10月28日采自河南省驻马店市泌阳县泰山庙惠河村 (编号41-091), 32°57′20″N, 113°17′18″E, 海拔约171m, 湖积平原, 耕地, 小麦-玉米轮作, 母质为湖相沉积物。

Ap:　0～18cm，浊黄棕色（10YR 5/4，干），浊黄棕色（10YR 5/4，润），黏壤土，小粒状结构，大量根系，pH 7.61，向下层突然平滑过渡。

Bkr1：18～42cm，浊黄棕色（10YR 5/3，干），黑棕色（10YR 2/3，润），粉砂质黏壤土，小团块状结构，少量铁锰斑纹和铁锰结核，25%～35%的多量砂姜结核，pH 8.17，向下层清晰平滑过渡。

Bkr2：42～82cm，亮黄棕色（10YR 6/6，干），黄棕色（10YR 5/8，润），粉砂质黏壤土，大棱柱状结构，中量铁锰斑纹、少量黏粒和铁锰胶膜，土体中有少量球形铁锰结核，10%～15%的少量石灰结核，无侵入体，pH 8.09，向下层模糊波状过渡。

Bkr3：82～120cm，黄棕色（10YR 5/6，干），黄棕色（10YR 5/6，润），黏壤土，大棱柱状结构，含中量铁锰斑纹、中量黏粒和铁锰胶膜，土体中有少量石灰结核及黑色铁锰结核，pH 8.12。

惠河系单个土体剖面

惠河系代表性单个土体物理性质

| 土层 | 深度/cm | 细土颗粒组成(粒径：mm)/(g/kg) | | | 质地 | 容重/(g/cm³) |
		砂粒 2～0.05	粉粒 0.05～0.002	黏粒 <0.002		
Ap	0～18	414	401	182	黏壤土	1.57
Brk1	18～42	238	556	206	粉砂质黏壤土	1.53
Brk2	42～82	242	486	272	粉砂质黏壤土	1.59
Brk3	82～120	334	431	235	黏壤土	1.58

惠河系代表性单个土体化学性质

深度/cm	pH (H₂O)	有机碳/(g/kg)	速效钾/(mg/kg)	有效磷/(mg/kg)	全氮(N)/(g/kg)	碳酸钙相当物/(g/kg)
0～18	7.61	8.39	161.11	6.27	0.94	126.6
18～42	8.17	6.85	172.22	4.52	0.7	312.8
42～82	8.09	2.37	188.89	1.45	0.24	152.1
82～120	8.12	1.28	200	2.22	0.3	123.8

7.3　普通暗色潮湿雏形土

7.3.1　范坡系（Fanpo Series）

土　族：黏壤质混合型非酸性热性-普通暗色潮湿雏形土
拟定者：陈　杰，万红友，宋　轩

分布与环境条件　主要分布于平
原洼地、盆地边缘地带，发育于
湖相沉积物与上覆洪冲积物构成
的异元母质，北亚热带-暖温带过
渡地带。年均气温 14.8℃，年均
降水量约 841mm，集中在夏秋两
季，地下水位为 2～4m。

范坡系典型景观

土系特征与变幅　该土系诊断层有暗沃表层、雏形层；诊断特性有氧化还原特征（50cm
以上）、潮湿土壤水分状况、热性土壤温度状况等。混合型矿物，残余黑土层深厚，黏粒
含量约 300g/kg，质地较黏重。Br 层氧化还原特征较弱，少量至中量铁锰斑纹，少量铁
锰及碳酸钙结核。土壤 pH 6.8～7.6，通体无石灰反应。

对比土系　大徐营系，壤质混合型非酸性热性-普通暗色潮湿雏形土。二者地理位置相近，
有相同的土壤温度状况、土壤水分状况以及相似的剖面构型，质地不同，属于同一亚类。
大徐营系残余黑土层 19～41cm，较范坡系厚，氧化还原特征出现的位置较浅（19cm）；
而范坡系残余黑土层 18～28cm，黏粒含量约 300g/kg，质地较黏重，氧化还原特征出现
的位置较大徐营系深（28cm），底部出现少量石灰结核，通体质地较大徐营系黏重，属
黏壤质混合型非酸性热性-普通暗色潮湿雏形土。

利用性能综述　该土系质地适中，物理性状良好，易耕作，适耕期长，且耕作层有机碳
及速效养分含量较高，耕作培肥特征显著，质地黏重土层出现于较深部位，利于保水保
肥，是一种农业生产性能良好的高产土壤。利用与管理方面应重视排灌基础设施建设，
建立肥力维持与提升长效机制。

参比土种　壤质厚覆砂姜黑土。

代表性单个土体　剖面于 2010 年 10 月 25 日采自河南省驻马店市西平县二郎乡范坡村（编号 41-087），33°17′37″N，133°57′51″E，海拔约 60m，湖积平原，母质为第四纪河湖相沉积物-现代洪积物，耕地，小麦-玉米轮作。

范坡系单个土体剖面

Ap：　0～18cm，暗灰黄色（2.5Y 5/2，干），浊黄棕色（10YR 3.5/3，润），黏壤土，团块状结构，大量根系，pH 6.8，与下部土层呈模糊平滑过渡。

AB：　18～28cm，浊黄色（2.5Y 5.5/3，干），暗棕色（10YR 3/3.5，润），黏壤土，块状结构，pH 7.2，向下层模糊波状过渡。

Br1：28～65cm，暗灰黄色（2.5Y 4/2，干），黑棕色（10YR 2/2，润），黏壤土，块状结构，15%的铁锰斑纹，pH 6.9，向下层清晰波状过渡。

Br2：65～90cm，浊黄色（2.5Y 6/3，干），棕色（10YR 4/4，润），黏壤土，25mm 棱块状结构，15%的铁锰斑纹和 3%～5%直径 1～2mm 的球形铁锰结核，pH 7.6，向下层模糊渐变过渡。

Brk：90～115cm，浊黄色（2.5Y 6/3，干），黄棕色（10YR 5/6，润），粉砂壤土，块状结构，15%的铁锰斑纹，5%直径 1～1.5mm 的球形铁锰结核，3%左右直径 10～15mm 的石灰结核，pH 7.6。

范坡系代表性单个土体物理性质

土层	深度 /cm	细土颗粒组成(粒径：mm)/(g/kg)			质地	容重 /(g/cm³)
		砂粒 2～0.05	粉粒 0.05～0.002	黏粒 <0.002		
Ap	0～18	184	594	222	黏壤土	1.58
AB	18～28	133	559	308	黏壤土	1.66
Br1	28～65	134	571	295	黏壤土	1.53
Br2	65～90	191	585	224	黏壤土	1.6
Brk	90～115	187	628	185	粉砂壤土	1.63

范坡系代表性单个土体化学性质

深度 /cm	有机碳 /(g/kg)	全氮(N) /(g/kg)	有效磷 /(mg/kg)	速效钾 /(mg/kg)	pH (H₂O)
0～18	13.9	1.58	32.28	288.9	6.8
18～28	6.54	0.46	3.81	155.6	7.2
28～65	4.48	0.61	2.81	166.7	6.9
65～90	3.74	0.3	0.82	144.4	7.6
90～115	2.6	0.3	2.7	138.9	7.6

7.3.2 大徐营系（Daxuying Series）

土　族：壤质混合型非酸性热性-普通暗色潮湿雏形土

拟定者：陈　杰，万红友，宋　轩

分布与环境条件　主要分布于平原洼地、盆地边缘地带，地势低洼，雨季易内、外排水不良，母质为湖相沉积物，北亚热带与暖温带过渡性气候，四季分明。年均气温 14.9℃，矿质土表下 50cm 深度处年均土壤温度大于 16℃，年均降水量约为 805mm，蒸发量为 945mm，地下水位 1～2m。

大徐营系典型景观

土系特征与变幅　该土系诊断层有暗沃表层、雏形层；诊断特性有氧化还原特征（50cm 以上）、潮湿土壤水分状况、热性土壤温度状况等。混合型矿物，耕层有机碳为 8.4g/kg，全氮为 0.76g/kg，速效磷为 33.1mg/kg，速效钾为 222.2mg/kg，阳离子交换量高，土壤潜在肥力高。1m 土体内没有砂姜，通体无石灰反应。

对比土系　栗盘系，黏壤质混合型非酸性热性-普通砂姜潮湿雏形土。二者母质相同，特征土层不同，属于不同的土类。栗盘系残余黑土层（21～40cm）黏粒含量高且具有变性现象，底部（60cm 以下）具有砂姜层，通体黏粒含量较高，质地明显比大徐营系黏重；而大徐营系剖面中无碳酸钙结核积聚，无砂姜层，属壤质混合型非酸性热性-普通暗色潮湿雏形土。

利用性能综述　该土系地势低洼，雨季易导致内、外排水不良，不利于调节内部水、肥、气、热，土性偏冷，怕旱怕涝，是砂姜黑土亚类中最差的土壤类型。但是，土壤保肥能力强，肥劲长，有后劲，作物不易早衰，不发小苗。

参比土种　青黑土。

代表性单个土体　剖面于 2009 年 12 月 12 日采自南阳市金华乡大徐营村（编号 41-108），32°49′18″N，112°38′18″E，海拔 110m，湖积平原，耕地，小麦-玉米轮作，母质为第四纪湖相沉积物。

大徐营系单个土体剖面

Ap:　0～19cm，橄榄棕色（2.5Y 4/3，干），黑棕色（2.5Y 3/2，润），粉砂质黏壤土，团粒状结构，大量根系，pH 6.07，向下层清晰平滑过渡。

AB:　19～41cm，暗橄榄色（2.5Y 3/3，干），橄榄黑色（5Y 3/2，润），粉砂质黏壤土，块状结构，5%～6%的铁锰胶膜，pH 7.02，向下层清晰平滑过渡。

Br1:　41～59cm，暗灰黄色（2.5Y 4/2，干），暗橄榄棕色（2.5Y 3/3 润），粉砂质黏壤土，棱块状结构，5%～10%的铁锰斑纹，5%以下的铁锰结核，pH 7.89，向下层波状逐渐过渡。

Br2:　59～89cm，浊黄橙（10YR 6/3，干），灰橄榄（5Y 5/2，润），粉砂质黏壤土，棱块状结构，15%左右的铁锰斑纹，10%以下的黏粒胶膜，3%～5%的铁锰结核，pH 7.75，向下层波状逐渐过渡。

Brg:　89～120cm，浊黄橙色（10YR 6/4，干），橙色（7.5YR 6/6，润），粉砂质黏壤土，30～45mm直径的棱块状结构，15%～20%的铁锰斑纹，20%～25%的铁锰结核，pH 8.17。

大徐营系代表性单个土体物理性质

土层	深度/cm	细土颗粒组成(粒径：mm)/(g/kg)			质地
		砂粒 2～0.05	粉粒 0.05～0.002	黏粒 <0.002	
Ap	0～19	62	786	152	粉砂质黏壤土
AB	19～41	149	698	153	粉砂质黏壤土
Br1	41～59	141	701	158	粉砂质黏壤土
Br2	59～89	83	746	171	粉砂质黏壤土
Brg	89～120	83	755	162	粉砂质黏壤土

大徐营系代表性单个土体化学性质

深度/cm	pH (H₂O)	有机碳/(g/kg)	速效钾/(mg/kg)	有效磷/(mg/kg)	全氮(N)/(g/kg)
0～19	6.07	9.92	211.11	61.44	0.91
19～41	7.02	6.89	233.33	4.81	0.61
41～59	7.89	4.78	216.67	1.6	0.46
59～89	7.75	1.91	194.44	3.37	0.21
89～120	8.17	2.19	177.78	2.93	0.51

7.3.3　王庄系（**Wangzhuang Series**）

土　族：壤质混合型非酸性热性-普通暗色潮湿雏形土
拟定者：陈　杰，万红友

分布与环境条件　主要分布于沿河倾斜平原，母质为湖相沉积物，暖温带向北亚热带过渡气候，四季分明，夏热冬冷，干湿交替，雨热同期。年均气温 15.3℃，年均降水量 926mm，地下水位 2～4m。

王庄系典型景观

土系特征与变幅　该土系诊断层有暗沃表层、雏形层；诊断特性有氧化还原特征（50cm以上）、潮湿土壤水分状况、热性土壤温度状况等。混合型矿物，质地以粉砂质黏壤土为主，土体深厚，表层有机碳含量 10.5～15.0g/kg，全磷含量 0.40～0.65g/kg，全钾含量 25.5～35.0g/kg，阳离子交换量 19.8～25.0cmol/kg。剖面自上而下为弱酸性至中性，通体无石灰反应。

对比土系　赵竹园系，壤质混合型非酸性热性-普通淡色潮湿雏形土。二者母质相同，剖面构型相似，诊断表层不同，属于不同的土类。赵竹园系具有淡薄表层，剖面铁锰斑纹自 30cm 左右向下由少至多分布；王庄系具有暗沃表层，15cm 以下出现铁锰斑纹，50cm以下出现大量铁锰斑纹，属壤质混合型非酸性热性-普通暗色潮湿雏形土。

利用性能综述　该类土壤耕层砂黏适中，耕性好，适耕期长，耕作容易，但颗粒组成以粉砂粒为主，粉黏比大，易产生淀浆板结，中耕困难，地温低，不发苗或发苗慢。土壤养分有机碳、全氮含量低，速效磷缺乏，是一种低产土壤类型。改良措施主要为合理轮作，增施有机肥，重施磷肥，以改良土壤结构。

参比土种　壤质漂白砂姜黑土。

代表性单个土体　该剖面于 2011 年 10 月 19 日采于信阳市淮滨县台头乡王庄村（编号41-150），32°27′8″N，115°19′19″E，海拔28m，倾斜平原，耕地，小麦-玉米轮作，母质为湖相沉积物。

王庄系单个土体剖面

Ap: 0～15cm，浊黄色（2.5Y 5/3，干），暗灰黄色（2.5YR 3.5/2，润），粉砂质黏壤土，团块状结构，大量根系，5%～10%的铁锰斑纹，5%左右的铁锰胶膜，pH 5.8，向下层清晰平滑过渡。

AB: 15～25cm，浊黄色（2.5Y 5.5/3，干），灰黄棕色（10YR 3.5/2，润），粉砂质黏壤土，团块状结构，10%左右的铁锰斑纹，10%～15%的铁锰胶膜，pH 6.8，向下层清晰平滑过渡。

Br1: 25～50cm，浊黄橙色（10YR 6/3，干），棕灰色（5YR 4/1，润），粉砂质黏壤土，棱块状结构，pH 7.1，少量铁锰斑纹向下层清晰平滑过渡。

Br2: 50～80cm，黄灰色（2.5Y 5/1，干），棕灰色（10YR 5/1，润），灰黄棕色（10YR 6/8，润），粉砂质黏壤土，棱块状结构，30%～35%的铁锰斑纹，pH 7.3，向下层渐变平滑过渡。

Br3: 80～150cm，灰黄色（2.5Y 8/4，干），灰色（N 5/0，润），黄棕色（10YR 5/8，润），粉砂质黏壤土，棱块状结构，pH 7.4。

王庄系代表性单个土体物理性质

| 土层 | 深度 /cm | 细土颗粒组成(粒径：mm)/(g/kg) | | | 质地 |
		砂粒 2～0.05	粉粒 0.05～0.002	黏粒 <0.002	
Ap	0～15	129	702	168	粉砂质黏壤土
AB	15～25	68	754	178	粉砂质黏壤土
Br1	25～50	44	787	169	粉砂质黏壤土
Br2	50～80	62	728	210	粉砂质黏壤土
Br3	80～150	66	766	168	粉砂质黏壤土

王庄系代表性单个土体化学性质

深度 /cm	有机碳 /(g/kg)	全氮(N) /(g/kg)	有效磷 /(mg/kg)	速效钾 /(mg/kg)	全磷(P$_2$O$_5$) /(g/kg)	全钾(K$_2$O) /(g/kg)	阳离子交换量 /(cmol/kg)	pH (H$_2$O)
0～15	13.81	1.33	4.1	90	0.41	26.1	21.91	5.8
15～25	6.55	0.82	5.2	66	0.38	25.4	21.58	6.8
25～50	3.48	0.48	0.8	86	0.21	24.2	21.74	7.1
50～80	2.22	0.28	3.2	129	0.40	25.5	24.10	7.3
80～150	1.77	0.24	7.6	136	0.37	32.2	23.80	7.4

7.4　水耕淡色潮湿雏形土

7.4.1　涂楼系（Tulou Series）

土　族：黏壤质混合型非酸性热性-水耕淡色潮湿雏形土
拟定者：陈　杰，万红友

分布与环境条件　主要分布于沿
河倾斜平地，母质为河湖相沉积
物，北亚热带大陆性季风气候。
年均气温 15.7℃，矿质土表下
50cm 深度处年均土壤温度大于
16℃，热性土壤温度状况，年均
降水量约 1023mm，地下水位 1～
3m，潮湿土壤水分状况。

涂楼系典型景观

土系特性与变幅　该土系诊断层有淡薄表层、雏形层；诊断特性有水耕现象、氧化还原
特征（50cm 以上）、潮湿土壤水分状况、热性土壤温度状况等。混合型矿物，质地为粉
砂壤土至黏壤土。土体深厚，剖面氧化还原特征明显，多量铁锰斑纹和铁锰结核。35cm
以上养分平均含量为有机碳 10.78g/kg，全氮 1.04g/kg，有效磷 2.3mg/kg，速效钾 112mg/kg，
阳离子交换量 24.6cmol/kg，表层容重 1.40g/cm³。土壤呈微酸至中性，通体无石灰反应。

对比土系　天齐庙系，黏壤质混合型石灰性热性-斑纹简育湿润雏形土。二者母质相同，
土壤水分状况以及特征不同，分属不同亚纲。天齐庙系具有湿润土壤水分状况、雏形层、
氧化还原特征、石灰性，具有残余埋藏黑土层，石灰反应从上而下由强减弱；涂楼系具
有雏形层、淡薄表层、潮湿土壤水分状况、水耕现象等，50cm 以上具有氧化还原特征，
通体无石灰反应，属于黏壤质混合型非酸性热性-水耕淡色潮湿雏形土。

利用性能综述　该类土系耕层砂黏适中，耕性好，适耕期长；但颗粒组成以粉粒为主，
粉黏比大，水耕后产生淀浆板结，插秧顶手，易发生漂秧；插秧后发苗慢，中耕困难；
旱作播种后遇雨坐苗困难；土壤养分中速效磷缺乏。利用改良上应以合理轮作、增施有
机肥、重施磷肥为核心措施。

参比土种　灰白土田（砂姜黑土性漂洗型水稻土）。

代表性单个土体　　剖面于 2011 年 10 月 20 日采自河南省驻马店市正阳县大林镇涂楼村（编号 41-172），32°19′54″N，114°31′26″E，海拔 62m，沿河倾斜平地，耕地，水旱轮作，一年两熟，母质为河湖相沉积物。

涂楼系单个土体剖面

Ap：　0~17cm，浊黄棕色（10YR 4/3，干），暗灰黄色（2.5Y 4/2，润），黏壤土，团块结构，大量根系，少量铁锰斑纹、少量铁锰胶膜，具水耕现象，pH 6.0，向下层模糊平滑过渡。

AB：　17~35cm，浊黄棕色（10YR 4/3，干），黄灰色（2.5Y 5/1，润），粉砂壤土，团块结构，中量铁锰斑纹、中量铁锰胶膜和球状铁锰结核，pH 7.0，向下层模糊平滑过渡。

Br：　35~110cm，淡灰色（10YR 7/1，干），灰色（10Y 5/1）、复色淡黄色（2.5Y 7/4，润），黏壤土，棱块状结构，多量铁锰斑纹、多量铁锰胶膜和球形铁锰结核，pH 7.1，向下层模糊平滑过渡。

Bkr：　110~140cm，浊黄橙色（10YR 6/4，干），棕灰色（10YR 6/1，干），灰色（10Y 6/1，润），黏壤土，棱块状结构，多量铁锰斑纹、多量铁锰胶膜和球形铁锰结核，多量黄白色石灰结核，pH 6.6。

涂楼系代表性单个土体物理性质

土层	深度/cm	细土颗粒组成(粒径：mm)/(g/kg)			质地	容重/(g/cm³)
		砂粒 2~0.05	粉粒 0.05~0.002	黏粒 <0.002		
Ap	0~17	164	626	209	黏壤土	1.40
AB	17~35	190	628	182	粉砂壤土	1.58
Br	35~110	104	642	254	黏壤土	1.55
Bkr	110~140	197	583	221	黏壤土	1.58

涂楼系代表性单个土体化学性质

深度/cm	pH (H₂O)	有机碳/(g/kg)	全氮(N)/(g/kg)	全磷(P₂O₅)/(g/kg)	全钾(K₂O)/(g/kg)	有效磷/(mg/kg)	速效钾/(mg/kg)	阳离子交换量/(cmol/kg)
0~17	6.0	16.36	1.54	0.44	16.7	2.7	155	30.08
17~35	7.0	5.2	0.55	0.19	20.6	1.9	70	18.4
35~110	7.1	2.58	0.32	0.17	19.2	0.8	80	21.15
110~140	6.6	2.59	0.27	0.44	20.4	2.1	114	15.4

7.4.2　夏庄系（Xiazhuang Series）

土　族：黏壤质混合型非酸性热性-水耕淡色潮湿雏形土
拟定者：吴克宁，鞠　兵，李　玲

分布与环境条件　多分布于丘陵、岗地缓坡下部，母质为河湖相沉积物，种植小麦、水稻，一年两熟。年均气温为 15.6℃，土壤矿质土表至 50cm 深度处土壤温度大于 16℃，年均降水量约为 1023mm，地下水位 1～3m。

夏庄系典型景观

土系特征与变幅　该土系诊断层有淡薄表层、雏形层；诊断特性有水耕现象、氧化还原特征（50cm 以上）、潮湿土壤水分状况、热性土壤温度状况等。混合型矿物，粉壤土，土体坚实，块状结构。55cm 以下为铁锰淀积；表层有机碳含量一般为 10g/kg 以上，土壤阳离子交换量一般约 21.00cmol/kg。通体无石灰反应。

对比土系　长陵系，壤质混合型非酸性热性-普通简育水耕人为土。二者地理位置接近，母质不同，土层厚度相似，剖面构型不同，属于不同土纲。长陵系母质为下蜀黄土，有水耕表层、水耕氧化还原层、人为滞水土壤水分状况；而夏庄系母质为河湖相沉积物和现代河流冲-沉积物，具有雏形层、淡薄表层、水耕现象、氧化还原特征（50cm 以上）、潮湿土壤水分状况，30cm 以下有残余黑土层，表土覆盖有近代洪冲积物覆盖的耕作层，属黏壤质混合型非酸性热性-水耕淡色潮湿雏形土。

利用性能综述　该土系大多为水旱轮作，稻-麦两熟，尽管质地比较黏重，但水耕比较容易，下层有托水保肥作用，因而栽秧后发秧快，生长健壮，产量较高。今后改良利用要健全田间排水设施，防止涝灾而减产。

参比土种　灰白泥田（砂姜黑土性漂洗型水稻土）。

代表性单个土体　剖面于 2011 年 7 月 19 日采自信阳市息县夏庄镇杨老店村（编号 41-079），32°24′11″N，115°0′1″E，沿河倾斜缓坡下部，耕地，水旱轮作，一年两熟，母质为河湖相沉积物。

Ap: 0～15cm，浊黄橙色（10Y 7/2，干），棕灰色（10YR 5/2，润），粉壤土，团块状结构，大量根系，有黄橙色（10YR 7/8）铁锰锈斑和黑色（10YR 2/1）铁锰结核，pH 7.33，向下层渐变平滑过渡。

AB: 15～30cm，灰黄色（2.5YR 7/2，干），棕灰色（10YR 4/1，润），粉壤土，块状结构，有黄橙色（10YR 8/8）铁锰斑纹，pH 7.71，向下层渐变平滑过渡。

Br1: 30～55cm，灰黄色（2.5YR 7/2，干），棕灰色（10YR 4/1，润），粉壤土，块状结构，有黄色（2.5YR 8/6）铁锰斑纹，pH 7.80，向下层渐变波状过渡。

Br2: 55～90cm，灰白色（2.5Y 8/1，干），棕灰色（10YR 5/1，润），粉壤土，团块状结构，15%～40%的铁锰胶膜，有黄色（2.5YR 8/6）铁锰斑纹，pH 8.03，向下层渐变波状过渡。

夏庄系单个土体剖面

Br3：90cm 以下，淡灰色（2.5Y 7/1，干），棕灰色（10YR 5/1，润），粉壤土，块状结构，有黄色（2.5YR 8/6）铁锰斑纹，pH 8.22。

夏庄系代表性单个土体物理性质

| 土层 | 深度 /cm | 细土颗粒组成（粒径：mm）/(g/kg) | | | 质地 | 容重 /(g/cm³) |
		砂粒 2～0.05	粉粒 0.05～0.002	黏粒 <0.002		
Ap	0～15	96	695	208	粉壤土	1.50
AB	15～30	94	678	227	粉壤土	1.64
Br1	30～55	87	665	247	粉壤土	1.45
Br2	55～90	96	674	229	粉壤土	1.51
Br3	>90	81	728	190	粉壤土	1.56

夏庄系代表性单个土体化学性质

深度 /cm	pH (H₂O)	有机碳 /(g/kg)	全氮(N) /(g/kg)	全磷(P₂O₅) /(g/kg)	全钾(K₂O) /(g/kg)	阳离子交换量 /(cmol/kg)
0～15	7.33	10.02	0.48	0.29	11.92	21.00
15～30	7.71	6.58	0.60	0.17	11.22	3.21
30～55	7.80	8.52	0.54	0.10	12.41	9.84
55～90	8.03	8.19	0.74	0.16	12.99	8.64
>90	8.22	6.25	0.60	0.23	15.23	21.53

深度 /cm	电导率 /(μS/cm)	有效磷 /(g/kg)	交换性镁 /(cmol/kg)	交换性钙 /(cmol/kg)	交换性钾 /(cmol/kg)	交换性钠 /(cmol/kg)	碳酸钙相当物 /(g/kg)
0～15	130	21.78	0.96	5.02	0.70	2.72	1.51
15～30	107	18.31	0.14	5.21	0.64	3.17	0.92
30～55	117	17.21	0.18	6.41	0.45	2.51	1.26
55～90	154	17.46	1.41	8.22	0.38	2.18	2.11
>90	83	1.96	1.04	7.50	0.19	3.26	1.00

7.4.3　十三里桥系（**Shisanliqiao Series**）

土　族：壤质混合型非酸性热性-水耕淡色潮湿雏形土
拟定者：李　玲，鞠　兵，吴克宁

分布与环境条件　主要出现在排灌较好的沿河倾斜平地，母质为下蜀黄土，水稻种植历史悠久，稻-麦轮作，北亚热带向暖温带过渡性气候。年均气温 15.6℃，热性土壤温度状况，年均降水量约为 1023mm。

十三里桥系典型景观

土系特征与变幅　该土系诊断层有淡薄表层、雏形层；诊断特性有水耕现象、氧化还原特征（50cm 以上）、潮湿土壤水分状况、热性土壤温度状况等。混合型矿物，质地为粉壤土，块状结构，土体深厚，Br 层有明显的铁锰斑纹淀积。土壤容重从表层至底部逐渐增大，为 $1.12 \sim 1.65\text{g/cm}^3$。有机碳含量表层最大，剖面中下部有机碳含量骤减。全剖面碳酸钙相当物的含量为 $0.8 \sim 2.1\text{g/kg}$，通体无石灰反应。

对比土系　涂楼系，黏壤质混合型非酸性热性-水耕淡色潮湿雏形土。二者母质不同，剖面构型相似，属于同一土类，但土壤质地不同。

利用性能综述　该土系土体深厚，耕层质地适中，疏松易耕。旱耕适耕期长，湿耕容易，通透良好，水、肥、气、热状况协调，地下水位适中，土体构型好，无障碍层，适种作物广，发苗拔籽，是一种高产土壤类型。

参比土种　浅位厚层黄胶泥田（黄褐土性潴育型水稻土）。

代表性单个土体　剖面于 2011 年 7 月 19 日采自信阳市浉河区十三里桥乡西（编号 41-065），32°4′40″N，114°2′21″E，河谷倾斜平原，耕地，水旱轮作，一年两熟，母质为下蜀黄土。

十三里桥系单个土体剖面

Ap1：0～20cm，淡黄色（2.5YR 7/3，干），灰色（7.5YR 5.5/1，润），粉壤土，块状结构，干时稍硬，5%～15%的小铁锰斑纹，pH 7.42，向下层模糊不规则过渡。

Ap2：20～40cm，灰白色（2.5YR 8/1，干），灰黄棕色（10YR 6/2，润），粉壤土，块状结构，干时硬，5%～15%的铁锰斑纹，pH 7.89，向下层模糊波状过渡。

Br1：40～60cm，浊黄橙色（10YR 7/3，干），棕色（10YR 4/4，润），粉壤土，块状结构，干时硬，5%～15%的铁锰斑纹，5%～15%的球形黑棕色软小铁锰结核，pH 7.73，向下层模糊不规则过渡。

Br2：60cm 以下，橙白色（10YR 8/1，干），灰棕色（7.5YR 6/2，润），粉壤土，块状结构，干时硬，5%～15%的铁锰斑纹，pH 7.98。

十三里桥系代表性单个土体物理性质

| 土层 | 深度/cm | 细土颗粒组成(粒径：mm)/(g/kg) | | | 质地 | 容重/(g/cm³) |
		砂粒 2～0.05	粉粒 0.05～0.002	黏粒 <0.002		
Ap1	0～20	153	687	159	粉壤土	1.12
Ap2	20～40	108	699	192	粉壤土	1.50
Br1	40～60	90	715	195	粉壤土	1.65
Br2	>60	107	703	189	粉壤土	1.61

十三里桥系代表性单个土体化学性质

深度/cm	pH (H₂O)	电导率/(μS/cm)	有机碳/(g/kg)	全氮(N)/(g/kg)	全磷(P₂O₅)/(g/kg)	全钾(K₂O)/(g/kg)	有效磷/(mg/kg)	碳酸钙相当物/(g/kg)	游离氧化铁/(g/kg)	阳离子交换量/(cmol/kg)
0～20	7.42	111	27.21	0.96	0.30	13.59	5.27	1.82	6.13	13.86
20～40	7.89	62	8.25	0.43	0.29	16.11	6.53	2.10	2.40	12.68
40～60	7.73	83	9.03	0.65	0.27	14.62	4.64	0.84	5.98	28.79
>60	7.98	62	5.28	0.41	0.21	16.35	3.17	0.82	2.26	4.73

7.5 弱盐淡色潮湿雏形土

7.5.1 韩楼系（Hanlou Series）

土　族：壤质混合型石灰性温性-弱盐淡色潮湿雏形土
拟定者：陈　杰，万红友，王兴科

分布与环境条件　主要形成于黄河泛滥平原低平洼地与背河洼地，母质为近代黄河沉积物，暖温带大陆性季风气候。年均气温为 14.1℃，年均降水量约为 735mm，地下水埋深 1.2～2.0m。

韩楼系典型景观

土系特征与变幅　该土系诊断层有淡薄表层、雏形层、盐积现象；诊断特性有氧化还原特征（50cm 以上）、潮湿土壤水分状况、温性土壤温度状况、石灰性等。混合型矿物，土壤以发育较弱的粒状或小块状结构为主，上部土层土壤质地较粗，50cm 以上土体中砂粒含量约为 200g/kg。有氧化还原特征，pH≥9，有盐积现象，通体有较强的石灰反应。

对比土系　宗寨系，壤质混合型温性-石灰淡色潮湿雏形土。二者成土母质、土壤机械组成、土壤温度状况和土壤水分状况相同，剖面构型相似，属于同一土族。宗寨系土壤 pH 8.1～8.5，呈碱性，底部不具有氧化还原特征；韩楼系土壤 pH 9.0～9.6，呈较强碱性，含较多的碱性离子，其剖面粉粒含量明显高于宗寨系，而且因地下水位高，底部土壤氧化还原特征较明显，属于壤质混合型石灰性温性-弱盐淡色潮湿雏形土。

利用性能综述　该土系上部土体砂粒含量较高，养分含量较低，保水保肥能力弱，地下水埋深浅，土体毛管作用强烈，春秋季节宜返盐，危害作物生长，为一种中低产土壤。改善利用上应重视排灌，降低地下水位，改善土体内水盐运动，抑制毛管返盐作用；同时加强有机肥施用，改善土壤结构；肥料管理方面应提倡少量多次施肥，保障土壤速效养分供应。

参比土种　碱化潮土。

代表性单个土体　剖面于 2011 年 8 月 16 日采于河南省商丘市虞城县利民镇韩楼村（编号 41-164），34°33′39″N，115°53′12″E，海拔 48m，耕地，主要种植作物为小麦、玉米、棉花等，母质为河流沉积物。

Ap：　0～18cm，浊黄橙色（10YR 6/4，润），粉砂壤土，团粒状结构，大量根系，强烈石灰反应，pH 9.0，向下层渐变平滑过渡。

AB：　18～48cm，浊黄棕色（10YR 5/4，润），粉砂壤土，块状结构，少量的模糊铁锰斑纹，有中度至强烈石灰反应，pH 9.6，向下层渐变平滑过渡。

Br1：　48～68cm，黄棕色（10YR 5/6，润），粉砂壤土，块状结构，少量铁锰斑纹，中度至强烈石灰反应，pH 9.1，向下层渐变过渡。

Br2：　68～90cm，棕色（10YR 4/6，润），粉砂壤土，块状结构，少量铁锰斑纹和铁锰胶膜，中度至强烈石灰反应，pH 9.4，向下层清晰平滑过渡。

Br3：　90～130cm，亮黄棕色（5YR 5/6，润），粉质壤土，块状结构，少量铁锰斑纹和铁锰胶膜，强烈石灰反应，pH 9.4。

韩楼系单个土体剖面

韩楼系代表性单个土体物理性质

土层	深度 /cm	细土颗粒组成(粒径：mm)/(g/kg)			质地
		砂粒 2～0.05	粉粒 0.05～0.002	黏粒 <0.002	
Ap	0～18	313	560	127	粉砂壤土
AB	18～48	254	607	139	粉砂壤土
Br1	48～68	117	667	216	粉砂壤土
Br2	68～90	165	676	169	粉砂壤土

韩楼系代表性单个土体化学性质

深度 /cm	有机碳 /(g/kg)	全氮(N) /(g/kg)	有效磷 /(mg/kg)	速效钾 /(mg/kg)	全磷(P_2O_5) /(g/kg)	全钾(K_2O) /(g/kg)	阳离子交换量 /(cmol/kg)	pH (H_2O)
0～18	2.77	0.34	42.1	153	0.59	20.2	1.9	9.0
18～48	2.44	0.3	3.6	56	0.4	19.6	2.1	9.6
48～68	2.58	0.36	1.7	94	0.29	23	1.4	9.1
68～90	1.83	0.28	1.1	59	0.28	21.5	2.1	9.4

7.6　石灰淡色潮湿雏形土

7.6.1　来童寨系（Laitongzhai Series）

土　族：黏壤质混合型温性-石灰淡色潮湿雏形土
拟定者：吴克宁，鞠　兵，李　玲

分布与环境条件　主要分布在河流及其古道的漫流洼地或黄泛平原主流的边缘洼地，母质为近代河流冲积物，暖温带大陆性季风气候。年均气温 14.4℃，年均降水量 640mm 左右，地下水位 2～3m。

来童寨系典型景观

土系特征与变幅　该土系诊断层有淡薄表层、雏形层；诊断特性有石灰性、氧化还原特征（50cm 以上）、潮湿土壤水分状况、温性土壤温度状况等。混合型矿物，发育在多层不同时期黄泛区土壤母质之上，不同土层在颜色、结构、质地和结持性、黏着性方面有显著差异。表土层厚约 30cm 的土层为人为灌淤形成的土壤层次，通体有锈纹。有机碳含量低，阳离子交换量在表层较高。通体强烈的石灰反应。

对比土系　花园口系，壤质混合型温性-石灰淡色潮湿雏形土。二者地理位置相近，分布地形、母质相同，诊断层与诊断特性相同，属于同一亚类，因质地差异属于不同土族。花园口系土体中各发生层质地多为砂壤土-壤土，弱发育团粒状结构，层内发育 15%～40% 的黄橙色锈斑；来童寨系剖面质地以粉壤土为主，底部有砂性土层，全剖面有亮黄棕色锈纹，属于黏壤质混合型温性-石灰淡色潮湿雏形土。

利用性能综述　该土系耕层结持力强，通透性差。由于该土系的砂性层多出现于 78cm 以下，漏水漏肥，建议"翻砂压淤，砂淤混合"，减轻或消除砂性土层不良性状。

参比土种　底砂薄层淤土（底砂薄层灌淤黏质潮土）。

代表性单个土体　剖面于 2011 年 11 月 22 日采自郑州市姚桥乡来童寨村（编号 41-205），34°52′6″N，113°48′23″E，冲积平原低洼地，耕地，小麦-玉米轮作，一年两熟，母质为近代黄河冲积物。

41-205

来童寨系单个土体剖面

Ap: 0～28cm，橙白色（10YR 8/2，干），棕色（10YR 4/4，润），粉壤土，团块状结构，干时硬，润时坚实，湿时黏着，中塑，大量根系，20%的橙色（7.5YR6/8）锈纹，强烈石灰反应，pH8.62，向下层模糊平滑过渡。

Br1: 28～60cm，橙白色（10YR 8/2，干），黄棕色（10YR 5/6，润），粉壤土，块状结构，20%的亮黄棕色（10YR 6/8）锈纹，强烈的石灰反应，pH 8.66，向下层模糊平滑过渡。

Br2: 60～78cm，淡黄橙色（10YR 8/3，干），棕色（10YR 4/6，润），粉壤土，块状结构，15%的橙色（7.5YR 6/8）斑纹，强烈石灰反应，pH 8.43，向下层清晰波状过渡。

Br3: 78～110cm，浊黄橙色（10YR 7/3，干），亮黄棕色（10YR 6/8，润），壤土，弱发育粒状结构，3%的亮黄棕色（10YR 6/8）斑纹，强烈石灰反应，pH 8.73。

来童寨系代表性单个土体物理性质

| 土层 | 深度/cm | 细土颗粒组成(粒径：mm)/(g/kg) | | | 质地 | 容重/(g/cm³) |
		砂粒 2～0.05	粉粒 0.05～0.002	黏粒 <0.002		
Ap	0～28	58	680	262	粉壤土	1.37
Br1	28～60	267	561	172	粉壤土	1.48
Br2	60～78	116	656	228	粉壤土	1.12
Br3	78～110	478	425	97	壤土	1.49

来童寨系代表性单个土体化学性质

深度/cm	pH (H₂O)	有机碳/(g/kg)	电导率/(μS/cm)	阳离子交换量/(cmol/kg)
0～28	8.62	5.46	184	30.28
28～60	8.66	4.38	307	12.51
60～78	8.43	3.89	370	24.10
78～110	8.73	3.93	180	3.67

7.6.2 岗李滩系（Ganglitan Series）

土　族：黏壤质混合型温性-石灰淡色潮湿雏形土
拟定者：吴克宁，鞠　兵，李　玲

分布与环境条件　主要分布在黄河中下游古河道低洼地，母质为近代河流冲积沉积物，暖温带大陆性季风气候。年均气温为 14.4℃，年均降水量 640mm 左右，地下水位 1～3m。

岗李滩系典型景观

土系特征与变幅　该土系诊断层有淡薄表层、雏形层；诊断特性有石灰性、氧化还原特征（50cm 以上）、潮湿土壤水分状况、温性土壤温度状况等。混合型矿物，表土质地较黏重，剖面大致呈上黏下砂。表层有机碳含量和阳离子交换量与下垫心土层及底土层相比较高，分别为 8.37g/kg 和 16.50cmol/kg。通体极强石灰反应。

对比土系　花园口系，壤质混合型温性-石灰淡色潮湿雏形土。二者地理位置相近，分布地形、母质相同，诊断层与诊断特性相同，属于同一亚类，因质地差异属于不同土族。花园口系质地多为砂壤土-壤土，弱发育团粒状结构，层内发育 15%～40% 的黄橙色锈斑；岗李滩系剖面大致呈上黏下砂的构型，剖面质地以粉壤土为主，底部有砂土层，40cm 以下出现亮棕色锈斑，属于黏壤质混合型温性-石灰淡色潮湿雏形土。

利用性能综述　该土系耕层质地较黏重，土体质地特征呈上黏下砂，地表多生长芦苇、蒲草等湿生植物。

参比土种　壤质冲积湿潮土。

代表性单个土体　剖面于 2011 年 11 月 9 日采自郑州市惠济区岗李村黄河滩区（编号 41-222），34°55′12″N，113°36′30″E，冲积平原低洼地，湿地，自然植被有芦苇、扁草、蒲草等草本植物，母质为近代河流冲积沉积物。

岗李滩系单个土体剖面

A：　0～20cm，浊黄橙色（10YR 7/3，干），棕色（10YR 4/6，润），粉壤土，强发育棱块状结构，大量根系，极强烈的石灰反应，pH 8.37，向下层清晰波状过渡。

AB：　20～40cm，淡黄橙色（10YR 8/3，干），棕色（10YR 4/6，润），粉壤土，强发育次棱块状结构，极强烈的石灰反应，pH 8.40，向下层清晰平滑过渡。

Br1：　40～70cm，淡黄橙色（10YR 8/3，干），棕色（10YR 4/6，润），粉壤土，团块状结构，少量亮棕色（7.5YR 5/8）锈斑，极强烈的石灰反应，pH 8.45，向下层清晰波状过渡。

Br2：　70～100cm，淡黄橙色（10YR 8/3，干），棕色（10YR 4/6，润），粉壤土，棱柱状结构，少量亮棕色（7.5YR 5/8）锈斑，极强烈的石灰反应，pH 8.48，向下层突变平滑过渡。

Cr：100～140cm，淡黄橙色（10YR 8/3，干），棕色（10YR 4/6，润），砂壤土，单粒无结构，pH 8.48，极强烈的石灰反应，呈弱碱性。

岗李滩系代表性单个土体物理性质

| 土层 | 深度 /cm | 细土颗粒组成(粒径：mm)/(g/kg) | | | 质地 | 容重 /(g/cm³) |
		砂粒 2～0.05	粉粒 0.05～0.002	黏粒 <0.002		
A	0～20	93	693	214	粉壤土	1.53
AB	20～40	147	679	174	粉壤土	1.44
Br1	40～70	159	653	189	粉壤土	1.38
Br2	70～100	63	704	233	粉壤土	1.28
Cr	100～140	557	375	69	砂壤土	1.54

岗李滩系代表性单个土体化学性质

深度 /cm	pH (H₂O)	有机碳 /(g/kg)	阳离子交换量 /(cmol/kg)	电导率 /(μS/cm)
0～20	8.37	8.37	16.50	331
20～40	8.40	2.37	11.55	348
40～70	8.45	2.50	12.88	328
70～100	8.48	3.67	18.64	813
100～140	8.48	2.03	3.71	189

7.6.3 花园口系（Huayuankou Series）

土　　族：壤质混合型温性-石灰淡色潮湿雏形土
拟定者：吴克宁，鞠　兵，李　玲

分布与环境条件　主要分布在
河流及其故道的漫流洼地或黄
泛平原主流的边缘洼地，母质为
近代河流冲积沉积物，暖温带大
陆性季风气候。年均气温
14.4℃，年均降水量 640mm 左
右，地下水位 1～3m。

花园口系典型景观

土系特征与变幅　该土系诊断层有淡薄表层、雏形层；诊断特性有石灰性、氧化还原特
征（50cm 以上）、潮湿土壤水分状况、温性土壤温度状况等。混合型矿物。表层颜色较
浅，为橙白色，质地为壤土，多为小碎块状结构；雏形层淡黄橙色，质地多为壤土，弱
发育团粒状结构，发育 15%～40% 的黄橙色锈斑，系地下水位季节性变化导致的铁淀积
现象；140cm 以下是地下水位活跃的层次，有≥40% 的亮黄棕色（10YR 7/6，润）锈斑。
全剖面呈碱性，通体强烈的石灰反应。

对比土系　北常庄系，壤质混合型石灰性温性-普通简育干润雏形土。二者地理位置邻近，
但所处微地形不同，土壤水分状况不同，属于不用的亚纲。北常庄系位于郑州市惠济区
花园口湿地保护区内的黄河高滩地，土壤脱离地下水的影响，土表至 50cm 范围内无氧
化还原特征，属于半干润土壤水分状况，剖面质地为壤土-壤砂，养分含量少，通体石灰
反应强烈；花园口处于黄河冲积平原低洼地，地下水位埋深浅，具有潮湿土壤水分状
况，质地多为砂壤-壤土，除表层外各土层均有锈纹锈斑，属于壤质混合型温性-石灰淡
色潮湿雏形土。

利用性能综述　该土系耕层质地为壤土，通透性好，地表多生长芦苇、蒲草等湿生植物，
洼地较高处有的种植一些高粱、谷子等小杂粮。

参比土种　砂壤质冲积湿潮土。

代表性单个土体　剖面于 2010 年 6 月 9 日采自郑州市惠济区花园口湿地保护区（编号41-002），34°55′32″N，113°36′44″E，海拔 93m，冲积平原低洼地，湿地，自然植被有芦苇、扁草、蒲草等草本植物，母质为近代河流冲积沉积物。

花园口系单个土体剖面

Ah: 0～9cm，橙白色（10Y 8/2，干），浊黄橙色（10YR 6/3，润），壤土，弱发育碎块状结构，大量根系，强烈石灰反应，pH 7.91，向下层清晰过渡。

Br1: 9～46cm，淡黄橙色（10YR 8/3，干），浊黄橙色-浊黄棕色（10YR 5.5/4，润），壤土，弱发育粒状结构，少量亮棕色（7.5YR 5/8）锈斑，强烈石灰反应，pH 8.37，向下层清晰过渡。

Br2: 46～76cm，橙白色（10YR 8/2，干），棕色（7.5YR 6/4，润），粉壤土，中度发育块状结构，有亮棕色（7.5YR 5/8）锈斑等，强烈石灰反应，pH 8.32，向下层波状模糊过渡。

Br3: 76～109cm，黄棕色（2.5Y 8/2，干），浊黄棕色（10YR 5/4，润），粉壤土，中度发育块状结构，15%～40%的黄橙色（10YR 7/8，干）锈斑，强烈石灰反应，pH 8.26，向下层波状模糊过渡。

Cr1: 109～125cm，淡黄橙色（10YR 7/2，干），浊红棕色（10YR 5/4，润），壤土，单粒，可见冲积层理，少量斑纹，强烈石灰反应，pH 8.46，向下层波状清晰过渡。

Cr2: 125～140cm，淡黄橙色（10YR 7/2，干），浊红棕色（10YR 5/3.5，润），砂壤土，单粒，可见冲积层理，少量斑纹，强烈石灰反应，pH 8.56，向下层波状清晰过渡。

Cr3: 140cm 以下，橙白色（10YR 8/1，干），浊红棕色（10YR 6/2，润），粉壤土，单粒，可见冲积层理，有≥40%的亮黄棕色（10YR 7/6，润）锈斑，强烈石灰反应，pH 7.91。

花园口系代表性单个土体物理性质

土层	深度/cm	细土颗粒组成(粒径: mm)/(g/kg)			质地	容重/(g/cm³)
		砂粒 2～0.05	粉粒 0.05～0.002	黏粒 <0.002		
Ah	0～9	512	400	88	壤土	1.24
Br1	9～46	512	411	77	壤土	1.28
Br2	46～76	237	667	97	粉壤土	1.49
Br3	76～109	377	545	78	粉壤土	1.37
Cr1	109～125	434	497	69	壤土	1.46
Cr2	125～140	661	276	63	砂壤土	1.40
Cr3	>140	349	567	84	粉壤土	1.33

花园口系代表性单个土体化学性质

深度 /cm	pH (H₂O)	有机碳/(g/kg)	全氮(N)/(g/kg)	全磷(P₂O₅)/(g/kg)	全钾(K₂O) /(g/kg)	阳离子交换量/(cmol/kg)
0～9	7.91	6.44	0.51	0.77	14.57	4.75
9～46	8.37	3.49	0.31	0.80	14.28	9.08
46～76	8.32	5.52	0.38	0.76	13.78	6.72
76～109	8.26	5.58	0.57	0.71	16.06	5.71
109～125	8.46	4.01	0.63	0.56	14.54	3.90
125～140	8.56	3.31	0.30	0.61	15.03	4.67
>140	7.91	6.45	0.85	0.75	15.62	7.06

深度 /cm	电导率 /(μS/cm)	有效磷(P₂O₅) /(g/kg)	交换性镁 /(cmol/kg)	交换性钙 /(cmol/kg)	交换性钾 /(cmol/kg)	交换性钠 /(cmol/kg)	碳酸钙相当物 /(g/kg)
0～9	211	4.97	0.10	6.00	0.49	2.03	72.44
9～46	82	3.46	0.60	5.21	0.28	1.89	69.67
46～76	114	4.14	2.10	7.98	0.31	2.02	100.58
76～109	153	5.37	0.30	5.22	0.33	2.04	84.37
109～125	172	4.96	0.10	6.90	0.33	2.03	83.95
125～140	207	4.42	0.20	6.01	0.28	1.89	66.55
>140	283	6.88	0.10	8.08	0.36	2.02	90.54

7.6.4　游堂系（Youtang Series）

土　族：壤质混合型温性-石灰淡色潮湿雏形土
拟定者：陈　杰，万红友，王兴科

分布与环境条件　分布于黄泛平原区黄河故道两侧泛流地带，母质为近代不同时期的黄河冲积沉积物，北暖温带季风气候区。年均气温 14.4℃，年均降水量约为549mm，地下水位 1～3m。

游堂系典型景观

土系特征与变幅　该土系诊断层有淡薄表层、雏形层；诊断特性有石灰性、氧化还原特征（50cm 以上）、潮湿土壤水分状况、温性土壤温度状况等。混合型矿物，土体深厚，上部土体黏粒含量 114～156g/kg，质地为粉砂壤土。下部有质地黏重但层次较薄的土层，黏粒含量可达 400g/kg 以上，变幅极大。剖面土壤结构以中度发育的团块状及块状为主。受埋深较浅的地下水活动影响，剖面中下部可见不同程度的铁纹锈斑和铁锰氧化物胶膜。土体 pH 变幅 7.9～8.4，通体有较强石灰反应。

对比土系　前庄系，壤质混合型石灰性温性-普通简育干润雏形土。二者母质相同，均为近现代黄河冲积沉积物多元母质，相同的矿物学类型和土壤温度状况，但土壤水分状况不同和特征层黏土层在剖面出现的位置存在差异。前庄系为半干润土壤水分状况，土体未见氧化还原特征，在土体中上部出现黏土层；游堂系地下水位浅，为潮湿土壤水分状况，土体上部即有氧化还原特征，而黏土层出现在剖面下部，属壤质混合型温性-石灰淡色潮湿雏形土。

利用性能综述　该土系土壤物理性状良好，易于耕作，适耕期长，下部土体有较厚质的黏重土层，托水托肥，为高产潜力较高的土壤类型之一。但耕作层有效养分含量不高，生产利用上应重施有机肥，推广秸秆还田，以改善土壤养分状况。

参比土种　底黏小两合土。

代表性单个土体　剖面于 2012 年 2 月 9 日采自河南省新乡市原阳县葛埠口乡游堂村（编号 41-177），35°0′29″N，113°54′26″E，海拔 86m，耕地，小麦-玉米轮作，一年两熟，母质为近代黄河冲积沉积物。

Ap：　0～20cm，浊黄棕色（10YR 5/4，干），暗棕色（10YR 3/4，
润），粉砂壤土，团块结构，大量根系，10%左右的铁锰
斑纹，中度到强烈石灰反应，pH 7.9，向下层清晰平滑
过渡。

Br1：20～70cm，浊黄橙色（10YR 6/4，干），棕色（10YR 4/4，
润），粉砂壤土，块状结构，干时稍硬，润时疏松，湿
时稍黏着，稍塑，20%的铁锰斑纹，强烈石灰反应，pH 8.2，
向下层突变平滑过渡。

Br2：70～78cm，浊橙色（7.5YR 7/3，干），黄棕色（10YR 5/6，
润），粉砂质黏土，块状结构，干时硬，润时坚实，湿
时很黏着，强塑，10%的铁锰斑纹，较强石灰反应，pH8.2，
向下层突变平滑过渡。

游堂系单个土体剖面

Br3：78～92cm，浊黄橙色（10YR 6/4，干），棕色（10YR 4/6，
润），粉砂壤土，块状结构，5%～10%的铁锰斑纹，强烈石灰反应，pH 8.4，与下层突变平滑
过渡。

Br4：92～140cm，浊棕色（7.5YR 6/3，干），棕色（10YR 4/6，润），粉砂壤土，块状结构，10%左
右的铁锰斑纹，强烈石灰反应，pH 8.4。

游堂系代表性单个土体物理性质

| 土层 | 深度/cm | 细土颗粒组成(粒径：mm)/(g/kg) | | | 质地 | 容重/(g/cm³) |
		砂粒 2～0.05	粉粒 0.05～0.002	黏粒 <0.002		
Ap	0～20	473	371	156	粉砂壤土	1.34
Br1	20～70	338	548	114	粉砂壤土	1.42
Br2	70～78	25	574	401	粉砂质黏土	1.37
Br3	78～92	337	512	151	粉砂壤土	1.41
Br4	92～140	85	670	245	粉砂壤土	1.14

游堂系代表性单个土体化学性质

深度/cm	有机碳/(g/kg)	有效磷/(mg/kg)	速效钾/(mg/kg)	全磷(P₂O₅)/(g/kg)	全钾(K₂O)/(g/kg)	阳离子交换量/(cmol/kg)	pH (H₂O)	碳酸钙相当物/(g/kg)
0～20	2.18	28.3	74	0.64	21.95	3.6	7.9	25.4
20～70	1.24	0.9	35	0.63	20.8	2.4	8.2	18.3
70～78	4.10	1.4	163	0.59	26	2.9	8.2	28.9
78～92	1.94	1.5	60	0.44	23.8	3.4	8.4	33.5
92～140	2.92	1.7	106	0.36	24.8	2.9	8.4	27.1

7.6.5　常峪堡系（Changyubao Series）

土　　族：壤质混合型温性-石灰淡色潮湿雏形土
拟定者：陈　杰，赵彦锋，万红友

分布与环境条件　分布于山前倾斜平原中下部，母质为洪积冲积物，北温带大陆性季风气候。年均气温 14.6℃，温性土壤温度状况；年均降水量约 652mm，地下水位 1～3m，潮湿土壤水分状况。

常峪堡系典型景观

土系特征与变幅　该土系诊断层有淡薄表层、雏形层；诊断特性有石灰性、氧化还原特征（50cm 以上）、潮湿土壤水分状况、温性土壤温度状况等。混合型矿物，质地黏粒含量较高，土体深厚。Bkr 层在 30～40cm 出现，少量铁锰斑纹、碳酸钙结核和黏粒胶膜，棕色或红棕色，块状结构；Br 层平均出现在 80cm 左右，有少量铁锈斑。全剖面 pH 8.0～8.1，通体强石灰反应。

对比土系　张涧系，壤质混合型石灰性温性-普通简育干润雏形土。二者分布地形部位类似，土体构型相近，土壤质地类似，但土壤水分状况不同。张涧系没有明显地下水影响，无氧化还原特征，半干润土壤水分状况；常峪堡系地下水位浅，受地下潜水影响，有氧化还原特征，为潮湿土壤水分状况。常峪堡系土壤剖面颜色更偏红色，而张涧系则偏黄棕色，显示了洪冲积物来源上的差异。

利用性能综述　该类土壤土体深厚，土壤肥沃，养分含量较高，保肥性能强，属高产土壤类型。利用上应搞好土地平整及农田水利建设，要增施有机肥，改良土壤结构，适时耕翻整地，创造良好的土壤环境。

参比土种　壤质洪积潮褐土。

代表性单个土体　剖面于 2011 年 10 月 4 日采自河南省洛阳市伊川县白元乡常峪堡村（编号 41-159），34°20′38″N，112°23′9″E，海拔 217m，山前倾斜平原中下部，耕地，小麦-玉米轮作，一年两熟，母质为洪积冲积物。

Ap： 0～18cm，浊棕色（7.5YR 5/4，干），棕色（10YR 4/6，润），粉砂质壤土，团块状结构，大量根系，有强石灰反应，pH 8.0，向下层模糊平滑过渡。

ABk：18～30cm，亮棕色（7.5YR 5/6，干），棕色（7.5YR 6/6，润），粉砂质壤土，团块状结构，5%～10%直径 5～20mm 的石灰结核，有强石灰反应，pH 8.1，向下层模糊渐变过渡。

Bkr：30～80cm，亮棕色（7.5YR 5/6，干），棕色（7.5YR 6/6，润），粉砂质黏壤土，团块状结构，5%～10%的铁锰斑纹，有少量小的球形碳酸钙结核，有强石灰反应，pH 8.0，向下层模糊平滑过渡。

Br： 80～140cm，亮棕色（7.5YR 5/6，干），棕色（7.5YR 6/6，润），粉砂质壤土，团块状结构，5%～10%的铁锰斑纹，有强石灰反应，pH 8.0。

常峪堡系单个土体剖面

常峪堡系代表性单个土体物理性质

土层	深度 /cm	细土颗粒组成(粒径： mm)/(g/kg)			质地	容重 /(g/cm³)
		砂粒 2～0.05	粉粒 0.05～0.002	黏粒 <0.002		
Ap	0～18	174	689	137	粉砂质壤土	1.37
ABk	18～30	136	717	147	粉砂质壤土	1.56
Bkr	30～80	93	749	158	粉砂质黏壤土	1.55
Br	80～140	100	750	150	粉砂质壤土	1.56

常峪堡系代表性单个土体化学性质

深度 /cm	pH (H₂O)	有机碳 /(g/kg)	全氮(N) /(g/kg)	全磷 (P₂O₅)/(g/kg)	全钾(K₂O)/(g/kg)	阳离子交换量 /(cmol/kg)
0～18	8.0	12.06	1.36	0.9	24.8	20.2
18～30	8.1	5.80	0.74	0.74	23.6	15.6
30～80	8.0	4.09	0.51	0.61	22.4	20.0
80～140	8.0	2.87	0.48	0.59	20.8	19.4

7.6.6　宗寨系（Zongzhai Series）

土　族：壤质混合型温性-石灰淡色潮湿雏形土
拟定者：陈　杰，万红友，王兴科

分布与环境条件　集中分布于黄河泛滥平原缓平坡地、缓平洼地、槽形洼地和背河洼地，母质为黄河沉积物，暖温带季风气候。年均气温 14.0℃，年均降水量约 687mm，浅层地下水位<2m。

宗寨系典型景观

土壤性状与特征变幅　该土系诊断层有淡薄表层、雏形层；诊断特性有石灰性、氧化还原特征（50cm 以上）、潮湿土壤水分状况、温性土壤温度状况等。混合型矿物，Ap 层为壤土，其余各层次为粉砂壤土，以弱发育的块状结构为主。黏粒含量较低，为 100～200g/kg，除表层外，有机碳含量以及阳离子交换量较低，分别为 1.26～3.46g/kg 和 2.2～5.1cmol/kg。土体中部可见少量铁锰斑纹，pH 8.1～8.5，弱碱性，通体较强石灰反应。

对比土系　游堂系，壤质混合型温性-石灰淡色潮湿雏形土。母质均为黄泛沉积物，相近的地形部位，具有相近的地下水埋深，具有相同的土壤温度状况、土壤水分状况和矿物学组成，土壤 pH 与石灰反应也相近，属于同一土族。游堂系剖面中下部出现黏土层，有效阻滞了地下水的毛细管上升运动，阻断了土壤返盐作用，是一种完全脱盐的高产土壤。

利用性能描述　该土系有机碳、全氮和速效钾的含量均较低，除全磷、全钾、速效钾之外其余养分均较缺乏，土壤质地较粗，保水保肥能力弱。利用管理方面应重点推广腐熟秸秆还田、有机堆肥施用以提高土壤有机碳含量、改良土壤质地、改善土壤结构；同时，推广配方施肥，提高土壤速效养分含量，改善养分均衡状况。

参比土种　氯化物碱化盐土。

代表性单个土体　剖面于 2011 年 08 月 18 日采自河南省开封市兰考县三义寨乡宗寨村（编号 41-165），34°47′54″N，114°43′13″E，海拔 67m，黄河泛滥平原，耕地，小麦-玉米轮作，一年两熟，母质为黄河冲积物。

Ap: 0～15cm，浊黄棕色（10YR 5/4，润），壤土，中度发育的粒状和小块状结构，大量根系，少量铁锰胶膜，中度到强石灰反应，pH 8.1，向下层清晰平滑过渡。

ABr: 15～32cm，棕色（7.5YR 4/4，润），粉砂壤土，中度发育块状结构，少量铁锰斑纹和铁锰胶膜，中度到强石灰反应，pH 8.2，与下层清晰平滑过渡。

Br: 32～50cm，浊黄棕色（10YR 5/4，润），粉砂壤土，弱度发育块状结构，强石灰反应，pH 8.3，向下层渐变过渡。

Cr1：50～130cm，棕色（10YR 4/6，润），粉砂壤土，单粒无结构，少量斑纹，强石灰反应，pH 8.5，向下层清晰平滑过渡。

Cr2：130cm 以下，棕色（10YR 4/5，润），粉砂壤土，单粒无结构，松散，少量斑纹，强石灰反应，pH 8.5。

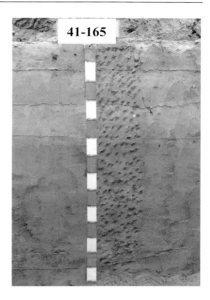

宗寨系单个土体剖面

宗寨系代表性单个土体物理性质

土层	深度 /cm	细土颗粒组成(粒径：mm)/(g/kg)			质地	容重 /(g/cm³)
		砂粒 2～0.05	粉粒 0.05～0.002	黏粒 <0.002		
Ap	0～15	448	442	109	壤土	1.31
ABr	15～32	236	590	174	粉砂壤土	1.74
Br	32～50	385	512	103	粉砂壤土	1.46
Cr1	50～130	187	602	211	粉砂壤土	1.54
Cr2	130～150	189	611	201	粉砂壤土	1.51

宗寨系代表性单个土体化学性质

深度 /cm	有机碳 /(g/kg)	全氮(N) /(g/kg)	有效磷 /(g/kg)	速效钾 /(mg/kg)	全磷(P_2O_5) /(g/kg)	全钾(K_2O) /(g/kg)	阳离子交换量 /(cmol/kg)	pH (H_2O)
0～15	7.19	0.87	19.1	250	0.52	19.6	2.5	8.1
15～32	3.46	0.54	4.8	280	0.46	22.8	2.2	8.2
32～50	1.26	0.2	1.6	70	0.41	19.7	2.8	8.3
50～130	2.51	0.48	1.2	80	0.51	22.9	2.7	8.5
130～150	2.71	0.4	1.6	73	0.35	22.3	5.1	8.5

7.6.7　范楼系（Fanlou Series）

土　　族：黏质混合型温性-石灰淡色潮湿雏形土
拟定者：陈　杰，万红友，王兴科

分布与环境条件　多出现在河流及其故道两侧的漫流洼地和黄泛平原的低洼地带，母质为河流沉积物，暖温带大陆性季风气候，四季分明。年均气温 14.4℃，年均降水量约为 739mm，集中在夏季。

范楼系典型景观

土系特征与变幅　该土系诊断层有淡薄表层、雏形层；诊断特性有氧化还原特征、石灰性、潮湿土壤水分状况、温性土壤温度状况等。混合型矿物，表层质地多为黏壤土，下部土层质地多为粉砂质黏土，剖面通体为块状结构。90cm 以下见明显棕灰色铁锰胶膜，与上层颜色分异明显。pH 8.1～8.3，全剖面中至强石灰反应。

对比土系　李胡同系，黏壤质混合型石灰性温性-普通简育干润雏形土。二者具有相同的土壤温度状况，不同的土壤水分状况，剖面特征不同，属于不同的土类。李胡同系母质为河流冲积沉积物，剖面构型为 Ap-Bw-BC，无氧化还原特征，100cm 以上土壤质地为黏壤土，100cm 以下出现砂土层；范楼系具有氧化还原特征，起源于河流冲积黏质沉积物，剖面构型为 Ap-AB-Br-Cr，120cm 以下明显棕灰色铁锰胶膜，润时为暗棕色，与上层颜色分异明显，而且黏粒含量更高，属黏质混合型性温性-石灰淡色潮湿雏形土。

利用性能综述　该土系土体黏重，耕性差，适耕期短。土壤保水保肥能力强，但是水、肥、气、热不协调，一般属中高产土壤类型。改良利用上主要为增施有机肥，逐年深耕以改善土壤结构。

参比土种　淤土（黏质潮土）。

代表性单个土体　该剖面于 2012 年 3 月 2 日采自周口市鹿邑县生铁冢乡范楼村（编号41-185），33°48′49″N，115°22′58″E，海拔约为 39m，冲积平原，耕地，小麦-玉米轮作，一年两熟，母质为河流冲积黏质沉积物。

Ap： 0～8cm，棕色（10YR 4/6，润），黏壤土，团块结构，有石灰反应，pH 8.1，向下层清晰平滑过渡。

AB： 8～30cm，浊棕色（7.5YR 5/4，润），粉砂质黏土，团块结构，有石灰反应，pH 8.1，向下层清晰平滑过渡。

Br1： 30～57cm，棕色（7.5YR 4/4，润），黏壤土，团块结构，可见铁锰斑纹，有石灰反应，pH 8.1，向下层清晰平滑过渡。

Br2： 57～90cm，棕色（7.5YR 4/6，润），粉砂质黏土，块状结构，有石灰反应，pH 8.1，向下层清晰平滑过渡。

Cr1： 90～120cm，棕色（7.5YR 4/3，润），粉砂质黏土，块状结构，明显棕灰色铁锰胶膜，有石灰反应，pH 8.3，向下层清晰平滑过渡。

Cr2： 120～145cm，暗棕色（10YR 3/4，润），黏壤土，块状结构，明显棕灰色铁锰胶膜，有石灰反应，pH 8.3。

范楼系单个土体剖面

范楼系代表性单个土体物理性质

土层	深度 /cm	细土颗粒组成(粒径：mm)/(g/kg)			质地	容重 /(g/cm³)
		砂粒 2～0.05	粉粒 0.05～0.002	黏粒 <0.002		
Ap	0～8	191	496	313	黏壤土	1.30
AB	8～30	33	562	405	粉砂质黏土	1.56
Br1	30～57	79	628	293	黏壤土	1.63
Br2	57～90	26	540	444	粉砂质黏土	1.46
Cr1	90～120	12	565	423	粉砂质黏土	1.53
Cr2	120～145	255	542	203	黏壤土	—

范楼系代表性单个土体化学性质

深度 /cm	有机碳 /(g/kg)	全氮(N) /(g/kg)	有效磷 /(mg/kg)	速效钾 /(mg/kg)	全磷(P₂O₅) /(g/kg)	全钾(K₂O) /(g/kg)	阳离子交换量 /(cmol/kg)	pH
0～8	12.41	1.6	13.9	218	0.79	21	5.8	8.1
8～30	8.35	1.13	4.2	158	0.75	21.1	6.2	8.1
30～57	4.21	0.6	1.2	109	0.26	21.3	5.4	8.1
57～90	4.68	0.71	1.6	146	0.46	22.7	5.4	8.1
90～120	5.70	0.72	1.7	148	0.41	22.4	5.0	8.3
120～145	2.49	0.28	1.5	82	0.27	17.2	14	8.3

7.7 普通淡色潮湿雏形土

7.7.1 上庄系（Shangzhuang Series）

土　族：黏质混合型非酸性热性-普通淡色潮湿雏形土
拟定者：陈　杰，万红友，王兴科

上庄系典型景观

分布与环境条件　主要分布于湖积平原河流两岸以及湖积平原与山前倾斜平原的交接地带，母质为河湖相沉积物，北亚热带向暖温带过渡大陆性季风气候，四季分明，气候温和。年均气温为15.2℃，年均降水量约910.11mm，4～9月降水689.2mm，占全年的75.7%，地下水埋藏较浅，埋深2.0～3.5m。

土系特性与变幅　该土系诊断层有淡薄表层、雏形层；诊断特性有氧化还原特征（50cm以上）、潮湿土壤水分状况、热性土壤温度状况等。混合型矿物，质地为粉砂质黏壤土，黏粒含量约为34%。上覆较厚的黏壤质冲积物，一般≥30cm。70～110cm为颜色较淡的黑土层，为粉砂质黏土质地，黏粒含量约为44%。通体无石灰反应。

对比土系　尹湾系，黏壤质混合型非酸性热性-普通简育湿润雏形土。二者均为湖相沉积物母质上具有壤质覆盖，不同处在于，覆盖层厚度不一，颗粒组成也有差异，土壤水分状况不同，导致具有无氧化还原特征。尹湾系疏松易耕，适耕期长，底层质地黏重，托水托肥，100cm内无氧化还原特征；上庄系地下水位埋深浅，具有潮湿土壤水分状况，剖面通体具有氧化还原特征，属黏质混合型非酸性热性-普通淡色潮湿雏形土。

利用性能综述　土壤质地适中，易耕作，适耕期长，下层黑土层质地黏重，托水托肥，是一种高产土壤类型。有机碳、钾素含量较高，氮素中等，缺磷严重，应注重排灌，重施磷肥，适时深耕，确保灌溉。

参比土种　壤覆砂姜黑土。

代表性单个土体　剖面于2012年2月15日采自南阳市社旗县唐庄乡上庄村（编号41-190），33°5′31″N，112°57′50″E，海拔120m，平原，耕地，种植小麦，母质为河湖相沉积物。

Ap： 0～20cm，棕色（10YR 4/4，干），棕色（10YR 4/4，润），黏壤土，团块结构，大量根系，pH 6.2，向下层清晰平滑过渡。

Br1： 20～70cm，浊黄棕色（10YR 5/4，干），暗棕色（10YR 3/4，润），粉砂质黏土，块状结构，5%形态模糊的铁锰斑纹，pH 7.1，向下层清晰平滑过渡。

Br2： 70～110cm，暗棕色（10YR 3/3，干），黑棕色（10YR 2/2，润），粉砂质黏土，块状结构，15%～20%的铁锰斑纹，pH 7.0，向下层模糊平滑过渡。

Br3： 110～140cm，浊黄橙色（10YR 6/3，干），浊黄棕色（10YR 5/3，润），黏壤土，块状结构，10%～15%的铁锰斑纹，pH 7.0。

上庄系单个土体剖面

上庄系代表性单个土体物理性质

土层	深度/cm	细土颗粒组成(粒径：mm)/(g/kg)			质地	容重/(g/cm³)
		砂粒 2～0.05	粉粒 0.05～0.002	黏粒 <0.002		
Ap	0～20	159	596	245	黏壤土	1.46
Br1	20～70	22	585	393	粉砂质黏土	1.51
Br2	70～110	9.	546	444	粉砂质黏土	1.56
Br3	110～140	264	531	205	黏壤土	1.63

上庄系代表性单个土体化学性质

深度/cm	有机碳/(g/kg)	全氮(N)/(g/kg)	有效磷/(mg/kg)	速效钾/(mg/kg)	全磷(P_2O_5)/(g/kg)	全钾(K_2O)/(g/kg)	阳离子交换量/(cmol/kg)	pH(H_2O)
0～20	12.82	1.39	56.9	282	0.72	22.6	23.74	6.2
20～70	8.41	0.9	1.9	178	0.37	21.9	29.5	7.1
70～110	11.25	1.1	0.9	141	0.42	19.4	40.76	7.0
110～140	2.97	0.34	0.6	70	0.36	17.6	18.4	7.0

7.7.2 宋庄系（Songzhuang Series）

土　　族：黏壤质混合型非酸性热性-普通淡色潮湿雏形土
拟定者：陈　杰，万红友，王兴科

分布与环境条件　主要分布于湖积平原河流两岸及湖积平原与山前倾斜平原的交接处，母质为河湖相沉积物，暖温带向北亚热带的过渡地带，四季分明、雨热同期、夏热冬冷、干湿交替。年均气温为 14.9℃，年均降水量约为 872mm，地下水位埋深 1～3m。

宋庄系典型景观

土系特征与变幅　该土系诊断层依据有淡薄表层、雏形层；诊断特性有氧化还原特征（50cm 以上）、潮湿土壤水分状况、热性土壤温度状况等。混合型矿物。剖面 0～60cm 形成于洪冲积物母质，质地为粉砂质黏壤土，黏粒含量 154～223g/kg；下部 Br3 层为残余黑土层（60～140cm），形成于湖相沉积物，质地黏重，黏粒含量达 326.8g/kg。剖面中雏形层 Br 有明显的铁锰斑纹以及黏粒、铁锰胶膜，并随深度增加而增加。通体无石灰反应。

对比土系　花庄系，黏壤质混合型非酸性热性-普通淡色潮湿雏形土。二者地理位置邻近，有相同的矿物学特征、土壤温度与水分状况，特征土层相同，属于同一土族。花庄系表层无氧化还原特征，Br 层有明显的铁锰斑纹、胶膜及结核，并随深度增加而增加，残余黑土层出现在 110cm 以下；而宋庄系通体有氧化还原特征，残余黑土层出现位置较花庄系浅，在 60～140 cm，但比花庄系更厚，整体黏粒含量低于花庄系，花庄系通体更黏重。

利用性能综述　该土系覆有深厚的近代洪冲积物，易耕作，适耕期长，通透性好。下层发育湖积物的残余黑土层质地黏重，具有托水托肥作用，是一种生产潜力较高的土壤类型。该土系的主要问题是有机碳与有效养分含量不高，应推广腐熟秸秆还田和增施有机肥，建立土壤定向培肥长效管理机制。

参比土种　壤覆砂姜黑土。

代表性单个土体　剖面于 2011 年 11 月 20 日采自河南省驻马店市汝南县三桥乡宋庄村（编号 41-174），32°51′49″N，114°21′10″E，海拔 53m，湖积平原，耕地，小麦-玉米轮作，一年两熟，母质为河湖相沉积物。

Ap: 0～20cm，浊黄橙色（10YR 6/3，干），棕色（7.5YR 4/4，润），粉砂质黏壤土，团粒状结构，大量根系，5%左右的铁锰斑纹，5%左右的黏粒和铁锰胶膜，5%左右的球形铁锰结核，pH 5.0，向下层清晰平滑过渡。

Br1: 20～41cm，浊黄橙色（10YR 6/3，干），棕色（7.5YR 4/4，润），粉砂质黏壤土，发育强度中等、直径 25～35mm 的大块状结构，干时稍硬，润时坚实，湿时黏着，中塑，5%～10%的铁锰斑纹，5%～10%的球形铁锰结核，pH 4.9，向下层清晰平滑过渡。

41-174

宋庄系单个土体剖面

Br2: 41～60cm，浊黄橙色（10YR 6/3，干），棕色（7.5YR 4/3，润），粉砂质黏壤土，块状结构，10%～15%的铁锰斑纹，15%左右的铁锰氧化物胶膜，土体中有 10%～12%的铁锰结核，pH 6.0，与下层清晰突变过渡。

Br3: 60～140cm，浊黄棕色（10YR 5/4，干），浊棕色（7.5YR 5/4，润），粉砂质黏土，棱块状结构，25%～30%的铁锰斑纹，25%左右的铁锰胶膜，10%～15%的球形铁锰结核，pH 6.4。

宋庄系代表性单个土体物理性质

土层	深度 /cm	细土颗粒组成（粒径：mm)/(g/kg)			质地	容重 /(g/cm³)
		砂粒 2～0.05	粉粒 0.05～0.002	黏粒 <0.002		
Ap	0～20	235	611	154	粉砂质黏壤土	1.41
Br1	20～41	122	655	223	粉砂质黏壤土	1.58
Br2	41～60	157	662	181	粉砂质黏壤土	1.48
Br3	60～140	93	580	327	粉砂质黏土	1.69

宋庄系代表性单个土体化学性质

深度 /cm	有机碳 /(g/kg)	全氮(N) /(g/kg)	有效磷 /(mg/kg)	速效钾 /(mg/kg)	全磷(P₂O₅) /(g/kg)	全钾(K₂O) /(g/kg)	阳离子交换量 /(cmol/kg)	pH (H₂O)
0～20	8.35	0.94	68.7	74	0.41	20	15.73	5.0
20～41	6.21	0.72	15.9	42	0.35	20.6	14.1	4.9
41～60	3.69	0.5	1.8	36	0.41	19.8	14.83	6.0
60～140	3.23	0.4	0.3	98	0.28	22.8	22.6	6.4

7.7.3　花庄系（**Huazhuang Series**）

土　族：黏壤质混合型非酸性热性-普通淡色潮湿雏形土
拟定者：陈　杰，万红友，宋　轩

花庄系典型景观

分布与环境条件　　主要分布于湖积平原上河流两岸冲积沉积区域，母质为河湖相沉积物，北亚热带向暖温带过渡气候带，四季分明，雨热同期。年均气温 15.0℃，年均降水量约 972.0mm，地下水位埋深 2～4m。

土系特征与变幅　　该土系诊断层有淡薄表层、雏形层；诊断特性有氧化还原特征（50cm 以上）、潮湿土壤水分状况、热性土壤温度状况等。混合型矿物，上部土层质地为粉砂质黏壤土，黏粒含量 180～190g/kg。Ap 层为团粒状结构，以下以块状结构为主；55cm 以下黏粒含量为 290～420g/kg，随深度增加而增加，质地为黏壤土或黏土类。剖面底部底锈特征明显，有大量黏粒和铁锰胶膜及小球状黑色铁锰结核。pH 6.2～7.9，通体无石灰反应。

对比土系　　宋庄系,黏壤质混合型非酸性热性-普通淡色潮湿雏形土。二者地理位置邻近，有相同的矿物学特征、土壤温度与水分状况，特征土层相同，属于同一土族。宋庄系自表层通体有氧化还原特征，剖面中部雏形层分化明显，残余黑土层出现位置较花庄系浅，在 60～140cm，但比花庄系更厚，整体黏粒含量低于花庄系；花庄系表层无氧化还原特征，ABr 层（20～55cm）出现较少的铁锰斑纹，向下逐渐增多，Br2 层残余黑土层出现在 110cm 以下，花庄系通体更黏重。

利用性能综述　　该土系耕作层质地适中，结构良好，疏松易耕，适耕期长，底层质地黏重，托水托肥，为一种具高产潜力的土壤类型。该土系的主要问题为耕作层有机碳及有效养分含量不高。利用管理方面应大力推广腐熟秸秆还田技术，化肥配合有机堆肥施用，建立土壤肥力培养长效机制。

参比土种　　壤复砂姜黑土。

代表性单个土体　　剖面于 2010 年 11 月 10 日采自河南省驻马店市遂平县花庄村（编号 41-090），33°6′34″N，113°46′46″E，海拔 27m，湖积平原，耕地，小麦-玉米轮作，一年两熟，母质为河湖相沉积物。

Ap：　0～20cm，淡黄色（2.5Y 8/4，干），棕色（10YR 4/4，
　　　润），粉砂质黏壤土，团粒状结构，大量根系，pH 6.28，
　　　向下层模糊平滑过渡。

ABr：20～55cm，淡黄色（2.5Y 8/4，干），暗棕色（10YR 3/4，
　　　润），粉砂质黏壤土，块状结构，5%以下的铁锰斑纹，
　　　3%以下的黑色球形铁锰结核，pH 7.85，向下层模糊平滑
　　　过渡。

Br1：55～110cm，淡黄色（2.5Y 7/4，干），暗棕色（10YR 3/3，
　　　润），粉砂质黏土，块状结构，10%～15%的铁锰斑纹，
　　　有15%的模糊铁锰胶膜，12%～15%的黑色球形铁锰结核，
　　　pH 7.14，向下层模糊渐变过渡。

Br2：110～150cm，暗灰黄色（2.5Y 4/2，干），黑色（10YR 2/1，
　　　润），粉砂质黏土，块状结构，25%～30%的铁锰斑纹，
　　　25%的铁锰胶膜，15%～20%的黑色球形铁锰结核，pH
　　　7.39。

花庄系单个土体剖面

花庄系代表性单个土体物理性质

土层	深度 /cm	细土颗粒组成(粒径：mm)/(g/kg)			质地	容重 /(g/cm³)
		砂粒 2～0.05	粉粒 0.05～0.002	黏粒 <0.002		
Ap	0～20	211	598	191	粉砂质黏壤土	1.45
ABr	20～55	190	627	182	粉砂质黏壤土	1.49
Br1	55～110	123	587	290	粉砂质黏土	1.56
Br2	110～150	85	492	423	粉砂质黏土	1.34

花庄系代表性单个土体化学性质

深度 /cm	pH (H₂O)	有机碳 /(g/kg)	速效钾 /(mg/kg)	有效磷 /(mg/kg)	全氮(N) /(g/kg)
0～20	6.28	8.1	266.67	31.56	1.06
20～55	7.85	3.63	177.78	5.18	0.55
55～110	7.14	3.04	150	4.41	0.46
110～150	7.39	2.33	111.11	3.97	0.46

7.7.4　田庄系（Tianzhuang Series）

土　族：黏壤质混合型非酸性热性-普通淡色潮湿雏形土
拟定者：陈　杰，万红友，宋　轩

分布与环境条件　主要分布于湖积平原或盆地、洼地边缘地带，母质为河湖相沉积物，北亚热带向暖温带的过渡地带，四季分明。年均气温14.8℃，年均降水量约841mm，地下水位为2～4m。

田庄系典型景观

土系特征与变幅　该土系诊断层有淡薄表层、雏形层；诊断特性有氧化还原特征（50cm以上）、潮湿土壤水分状况、热性土壤温度状况等。混合型矿物。表层为灰黄色的壤土，心土层为灰棕色的块状黏土，其下为灰棕色、黄色相间的壤土；40cm以上为团块状结构，40cm以下为块状结构；20cm以下可见少量的铁锰斑纹和结核，40cm以下可见中量至多量的铁锰斑纹。pH 7.3～8.1，通体无石灰反应。

对比土系　权寨系，黏壤质混合型非酸性热性-普通砂姜潮湿雏形土。二者地理位置邻近，成土母质相同，矿质类型相似，诊断特性相同，诊断层不同，属于不同的土类。权寨系剖面构型 Ap-AB-Br-BC-Crk，地下水埋深较浅，51cm以下土体具有砂姜层；田庄系诊断层仅有淡薄表层、雏形层，属于黏壤质混合型非酸性热性-普通淡色潮湿雏形土。

利用性能综述　该土系耕层质地适中，耕性良好，土体下层偏黏重，可以起到较好的托水托肥作用，有效养分含量中等偏上，为高产土壤类型。改善利用上应注重排灌，增施有机肥。

参比土种　壤复砂姜黑土。

代表性单个土体　剖面于2010年10月29日采自驻马店市西平县芦庙乡田庄村（编号41-099），33°18′22″N，113°46′2″E，海拔121m，洼地、林地，母质为河湖相沉积物。

Ap: 0～18cm，浊黄棕色（10YR 5/3，干），棕色（10YR 4/4，润），粉砂质黏壤土，团块状结构，大量根系，5%～10%的铁锰胶膜，pH 7.7，向下层渐变平滑过渡。

Br1: 18～38cm，浊黄棕色（10YR 5/4，干），暗棕色（10YR 3/4，润），粉砂质黏土，团块状结构，5%的铁锰斑纹，小于 5%的铁锰胶膜，3%左右的球形小铁锰结核，pH 7.3，向下层清晰平滑过渡。

Br2: 38～70cm，浊黄棕色（10YR 5/3，干），黑棕色（10YR 2/2，润），粉砂质黏壤土，块状结构，5%～10%的铁锰斑纹，10%～15%的铁锰胶膜，5%左右直径与上层相似的球形小铁锰结核，pH 8.0，向下层清晰平滑过渡。

Br3: 70～90cm，浊黄橙色（10YR 5/6），灰黄棕色（10YR 4/2，干），棕色（10YR 4/4，润），粉砂质黏土，块状结构，10%～15%的铁锰斑纹，20%～25%的铁锰胶膜，5%左右的球形小铁锰结核，pH 7.5，向下层清晰平滑过渡。

田庄系单个土体剖面

Br4: 90～120 cm，浊黄橙色（10YR 7/4，干），黄棕色（10YR 5/6，润），粉砂质黏壤土，块状结构，10%左右的铁锰斑纹，15%～20%模糊的铁锰胶膜，3%以下的球形小铁锰结核，pH 8.1。

田庄系代表性单个土体物理性质

| 土层 | 深度/cm | 细土颗粒组成(粒径：mm)/(g/kg) | | | 质地 | 容重/(g/cm³) |
		砂粒 2～0.05	粉粒 0.05～0.002	黏粒 <0.002		
Ap	0～18	205	594	201	粉砂质黏壤土	1.43
Br1	18～38	169	532	299	粉砂质黏土	1.58
Br2	38～70	177	582	241	粉砂质黏壤土	1.58
Br3	70～90	205	541	254	粉砂质黏土	1.65
Br4	90～120	239	557	204	粉砂质黏壤土	1.69

田庄系代表性单个土体化学性质

深度/cm	有机碳/(g/kg)	全氮(N)/(g/kg)	有效磷/(mg/kg)	速效钾/(mg/kg)	pH (H₂O)
0～18	10.36	1.21	6.72	133.3	7.7
18～38	3.41	0.73	2.77	122.2	7.3
38～70	3.82	0.49	3.92	172.2	8.0
70～90	4.21	0.37	3.4	172.2	7.5
90～120	1.65	0.37	2.4	144.4	8.1

7.7.5　赵竹园系（**Zhaozhuyuan Series**）

土　　族：壤质混合型非酸性热性-普通淡色潮湿雏形土
拟定者：陈　杰，万红友，宋　轩

分布与环境条件　主要分布于湖积平原，母质为湖相沉积物，暖温带向北亚热带的过渡地带。年均气温为 14.9℃，年均降水量约为 872mm，地下水埋深 1～3m。

赵竹园系典型景观

土系特征与变幅　该土系诊断层有淡薄表层、雏形层；诊断特性有氧化还原特征（50cm 以上）、潮湿土壤水分状况、热性土壤温度状况等。混合型矿物。剖面上部质地为粉砂质黏壤土，黏粒含量约 200g/kg，有机碳平均含量 9.5g/kg，速效磷 9mg/kg，速效钾 112.7mg/kg。剖面 30cm 以下有铁锰斑纹和铁锰氧化物胶膜出现。pH 5.9～7.8，通体无石灰反应。

对比土系　大冀系，黏壤质混合型非酸性热性-普通砂姜潮湿雏形土。二者地理位置邻近，成土母质相同，矿质类型相似，诊断特性不同，属于不同的高级分类单元。大冀系剖面 40cm 出现氧化还原特征，70～120cm 具有 10%左右直径 15～20mm 的石灰结核，表层黏粒含量高具有变性现象，由上往下黏粒含量逐渐减少，质地黏重；而赵竹园系地下水位埋深浅，土体受地下水位活动影响更强烈，18cm 出现氧化还原特征，土体无砂姜，属壤质混合型非酸性热性-普通淡色潮湿雏形土。

生产性能综述　该土系质地适中，耕性良好，疏松易耕，上虚下实，保水保肥力较强，有效养分含量不高。所处地域地势低洼，地下水位高，内外排水不良，易发内涝。该土系是一种低产土壤类型。

参比土种　壤质漂白砂姜黑土。

代表性单个土体　剖面于 2010 年 10 月 27 日采自驻马店市汝南县韩庄乡赵竹园村（编号 41-103），32°52′22″N，114°8′39″E，海拔 61m，湖积平原，耕地，小麦-玉米轮作，一年两熟，母质为湖相沉积物。

Ap: 0～18cm，淡黄色（2.5Y 7/3，干），棕色（10YR 4/4，润），粉砂质黏壤土，团粒状结构，大量根系，pH 5.91，向下层清晰平滑过渡。

Br1: 18～38cm，灰黄色（2.5Y 6/2，干），黑棕色（10YR 3/1，润），粉砂质黏壤土，块状结构，5%～10%的铁锰斑纹，5%左右的铁锰胶膜，pH7.64，向下层渐变平滑过渡。

Br2: 38～74cm，黄灰色（2.5Y 5/1，干），黑色（10YR 2/1，润），粉砂质壤土，块状结构，10%～15%形态模糊的铁锰斑纹，15%的铁锰胶膜，3%～5%的黑色小铁锰结核，pH 7.75，向下层渐变平滑过渡。

Br3: 74～140cm，暗灰黄色（2.5Y 5/2，黄棕色（10YR5/6，干），黑棕色（10YR 3/1，润），粉砂质壤土，块状结构，25%～30%的铁锰斑纹，25%左右的铁锰胶膜，5%左右的黑色小铁锰结核，pH 7.78。

赵竹园系单个土体剖面

赵竹园系代表性单个土体物理性质

土层	深度/cm	细土颗粒组成(粒径：mm)/(g/kg)			质地	容重/(g/cm³)
		砂粒 2～0.05	粉粒 0.05～0.002	黏粒 <0.002		
Ap	0～18	69	732	199	粉砂质黏壤土	1.27
Br1	18～38	90	687	223	粉砂质黏壤土	1.36
Br2	38～74	226	631	143	粉砂质壤土	1.38
Br3	74～140	186	680	134	粉砂质壤土	1.45

赵竹园系代表性单个土体化学性质

深度/cm	pH (H₂O)	有机碳/(g/kg)	速效钾/(mg/kg)	有效磷/(mg/kg)	全氮(N)/(g/kg)
0～18	5.91	10.22	127.77	15.6	1.22
18～38	7.64	6.5	155.56	3.71	0.67
38～74	7.75	3.79	211.11	3.81	0.49
74～140	7.78	2.24	177.78	9.13	0.37

7.8　普通灌淤干润雏形土

7.8.1　曹坡系（Caopo Series）

土　　族：壤质混合型石灰性温性-普通灌淤干润雏形土
拟定者：吴克宁，鞠　兵，李　玲

分布与环境条件　多出现于黄泛平原的背河低洼地，母质为冲积物，暖温带大陆性季风气候。年均气温 14.4℃，矿质土表至 50cm 深度处年均土壤温度约为 15℃；年均降水量 640.9mm 左右。

曹坡系典型景观

土系特征与变幅　该土系诊断层有淡薄表层、灌淤现象、雏形层；诊断特性有半干润土壤水分状况、温性土壤温度状况等。混合型矿物。粉壤土，灌淤厚度 35cm，有机碳加权平均值≥4.5g/kg，向下急剧减少，达到灌淤现象。Br 层质地、颜色、结构均一。

对比土系　古荥系，壤质混合型温性-石灰底锈干润雏形土。二者位置接近，母质不同，诊断层和诊断现象不同，属于不同的土类。古荥系母质为马兰黄土，具有雏形层，深位可见中量假菌丝体淀积，具有石灰性和氧化还原特征；曹坡系具有雏形层和灌淤现象，母质为冲积物，属于壤质混合型石灰性温性-普通灌淤干润雏形土。

利用性能综述　该土系耕层砂黏适中，保水保肥，疏松易耕，土壤养分含量较高，多种植小麦、玉米、甘薯、谷子等农作物，一年两熟。

参比土种　白土（厚层堆垫褐土性土）。

代表性单个土体　剖面于 2011 年 11 月 4 日采自郑州市古荥镇曹坡村（编号 41-210），34°53′10″N，113°32′45″E，平原低洼地，耕地，小麦-玉米轮作，一年两熟，母质为河流冲积物。

Ap: 0～15cm，淡灰色（10YR 7/1，干），棕色（10YR 4/4，润），粉壤土，块状结构，强烈的石灰反应，pH8.73，向下层模糊平滑过渡。

AB: 15～38cm，淡灰色（10YR 7/1，干），棕色（10YR 4/4，润），粉壤土，块状结构，强烈的石灰反应，pH8.87，向下层突变平滑过渡。

Br1: 38～70cm，浊黄橙色（10YR 7/3，干），棕色（10YR 4/4，润），粉壤土，块状结构，少量斑纹，强烈的石灰反应，pH8.87，向下层模糊平滑过渡。

Br2: 70～110cm，浊黄橙色（10YR7/3，干），棕色（10YR4/4，润），粉壤土，块状结构，少量斑纹，强烈的石灰反应，pH8.93。

曹坡系单个土体剖面

曹坡系代表性单个土体物理性质

| 土层 | 深度/cm | 细土颗粒组成(粒径：mm)/(g/kg) | | | 质地 | 容重/(g/cm³) |
		砂粒 2～0.05	粉粒 0.05～0.002	黏粒 <0.002		
Ap	0～15	323	565	112	粉壤土	1.38
AB	15～38	333	545	122	粉壤土	1.43
Br1	38～70	345	535	120	粉壤土	1.59
Br2	70～110	341	538	121	粉壤土	1.50

曹坡系代表性单个土体化学性质

深度/cm	pH (H₂O)	有机碳/(g/kg)	阳离子交换量/(cmol/kg)	电导率/(μS/cm)
0～15	8.73	9.05	8.53	142
15～38	8.87	8.16	7.78	113
38～70	8.87	1.25	6.05	102
70～110	8.93	0.54	5.61	138

7.9　普通铁质干润雏形土

7.9.1　马沟系（Magou Series）

土　族：黏壤质混合型石灰性温性-普通铁质干润雏形土
拟定者：吴克宁，鞠　兵，李　玲

分布与环境条件　该土系多分布在地壳较稳定的崤山和熊耳山两侧的低丘和残丘台地，母质为红黏土，暖温带大陆性季风气候。年均气温 12.2～14.5℃，矿质土表至 50cm 处年均土温约为 15℃，年均降水量 528～780mm，多集中在 6～8 月。

马沟系典型景观

土系特征与变幅　该土系诊断层有淡薄表层、雏形层；诊断特性有铁质特性、氧化还原特征、石灰性、半干润土壤水分状况、温性土壤温度状况等。混合型矿物，颜色较为均一。Ap 层为粉壤土，团块状结构，5%的砂姜；AB 层为粉壤土，团块状结构；Brk 层以亮红棕色-红棕色为主，粉壤土，团块状结构，5%～10%的白色砂姜，结构体中有 5%的铁锰胶膜和结核。碳酸钙相当物的含量表层为 56.79g/kg，并随深度增加逐渐减少，底土层其含量为 13.78g/kg。通体中度至强石灰反应。

对比土系　寻村系，粗骨壤质混合型温性-石灰底锈干润雏形土。二者位置邻近，土壤水分和温度状况相似，母质、地形不同，剖面构型相似，但特征土层不同，属不同的土类。寻村系多分布在低山丘陵缓坡，母质为红黄土，各土层发育数量不同的白色砂姜结核和铁锰结核等氧化还原特征；马沟系雏形层以亮红棕色-红棕色为主，具有铁质特性，母质是红黏土，碳酸钙相当物的含量随深度增加逐渐减少，黏粒含量更高，属黏壤质混合型石灰性温性-普通铁质干润雏形土。

利用性能综述　该土系砂姜层出现在表层及亚表层，影响耕作及作物根系生长下扎。应结合耕翻拾除砂姜，以改善耕性和根系生长环境。应充分利用荒坡及农地一年一作休闲季节种植绿肥、牧草，农地等高种植，修筑水平梯田，以增加地面覆盖，提高土壤有机碳，培肥地力，增强土壤蓄水能力，保持水土。也可针对土壤旱、瘠、富钾等特点，种植耐旱、耐瘠、喜钾作物，提高经济效益。

参比土种 砂姜红僵瓣土（浅位少量砂姜红黏土）。

代表性单个土体 剖面于 2010 年 7 月 14 日采自河南省洛阳市宜阳县寻村镇马沟村（编号 41-016），34°35′44″N，112°10′45″E，低山丘陵台地，耕地，小麦–玉米轮作，一年两熟，母质为红黏土。

Ap： 0～20cm，亮棕色（7.5YR 5/6，干），棕色（7.5YR 4/6，润），粉壤土，中度发育团块状结构，大量根系，5%的砂姜，强烈石灰反应，pH 8.15，向下层波状清晰过渡。

AB： 20～55cm，橙色（5YR 6/6，干），红棕色（5YR 4/8，润），粉壤土，中度发育团块状结构，强烈的石灰反应，pH 7.95，向下层波状清晰过渡。

Brk： 55～105cm，亮红棕色（2.5YR 5/6，干），浊红棕色（2.5YR 4.5/4，润），粉壤土，强度发育块状结构，5%的黑色铁锰胶膜、结核，5%～10%的砂姜，中度或强烈石灰反应，pH 7.97，向下层波状清晰过渡。

Ck： 105cm 以下，亮红棕色–红棕色（2.5YR 4.5/6，干），红棕色（2.5YR 4/7，润），粉壤土，15%～40%的黑色铁锰胶膜、结核，2%～5%的砂姜，中度石灰反应，pH 7.88。

马沟系单个土体剖面

马沟系代表性单个土体物理性质

土层	深度 /cm	细土颗粒组成(粒径：mm)/(g/kg)			质地	容重 /(g/cm³)
		砂粒 2～0.05	粉粒 0.05～0.002	黏粒 <0.002		
Ap	0～20	113	687	199	粉壤土	1.57
AB	20～55	91	699	210	粉壤土	1.62
Brk	55～105	61	701	237	粉壤土	1.62
Ck	>105	73	700	228	粉壤土	1.62

马沟系代表性单个土体化学性质

深度 /cm	pH (H₂O)	有机碳 /(g/kg)	全氮(N) /(g/kg)	全磷(P₂O₅) /(g/kg)	全钾(K₂O) /(g/kg)	阳离子交换量 /(cmol/kg)
0～20	8.15	6.42	0.90	0.66	15.51	28.01
20～55	7.95	2.84	0.51	0.74	14.43	24.69
55～105	7.97	1.84	0.52	0.67	14.25	25.97
>105	7.88	1.24	0.36	0.68	14.30	23.33

深度 /cm	电导率 /(μS/cm)	有效磷 /(mg/kg)	交换性镁 /(cmol/kg)	交换性钙 /(cmol/kg)	交换性钾 /(cmol/kg)	交换性钠 /(cmol/kg)	碳酸钙相当物 /(g/kg)
0～20	150	14.26	14.97	11.98	0.41	2.31	56.79
20～55	314	4.14	1.00	26.89	0.36	2.24	61.47
55～105	219	3.33	1.19	27.72	0.41	2.44	19.50
>105	191	4.01	19.80	9.90	0.41	2.30	13.78

7.10　石灰底锈干润雏形土

7.10.1　川口系（**Chuankou Series**）

土　族：黏壤质混合型温性-石灰底锈干润雏形土
拟定者：吴克宁，鞠　兵，李　玲

分布与环境条件　主要分布于山前倾斜平原的中部，地貌多冲积平原和谷地，母质为洪积物，暖温带大陆性季风气候。年均气温13.7℃，矿质土表以下50cm深度处土壤年均温度小于16℃，年均降水量约730mm。

川口系典型景观

土系特征与变幅　该土系诊断层有淡薄表层、雏形层；诊断特性有氧化还原特征、石灰性、半干润土壤水分状况、温性土壤温度状况等。混合型矿物，质地较为均一，通体为粉壤土。表土层有机碳含量由于连续耕作和施肥而较高，约 14.93g/kg，心土层和底土层仅 7.50～10.00g/kg。全氮含量分布有相似的规律。阳离子交换量为 15.00～18.00cmol/kg，表层含量稍高，碳酸钙相当物含量 64.00～80.00g/kg，通体有中度至强烈的石灰反应。

对比土系　函谷关系，壤质混合型石灰性温性-普通简育干润雏形土。二者地理位置接近，母质不同，诊断特性不同，属于不同的土类。函谷关系母质为马兰黄土，无氧化还原特征，土壤质地通体粉壤或砂壤，通体石灰反应强烈，60cm 以下出现碳酸钙假菌丝淀积；川口系母质为洪积物，30～105cm 具有氧化还原特征，105cm 以下出现碳酸钙假菌丝淀积，黏粒含量高于函谷关系，属于黏壤质混合型温性-石灰底锈干润雏形土。

利用性能综述　该土系分布于山前倾斜平原，土体深厚，无障碍层，耕层不砂不黏，适耕期长，适种性广，保水保肥性能好。生产上需要加强农田基本设施建设，健全灌溉渠系，多施有机肥，氮磷配施，培肥地力，提高土壤生产力。

参比土种　壤垆土（壤质洪积石灰性褐土）。

代表性单个土体　剖面于 2011 年 7 月 30 日采自三门峡市灵宝市川口乡科里村（编号41-122），34°32′38″N，110°55′30″E，山前倾斜平原中部，园地，母质为洪积物。

Ap: 0～30cm，浊黄橙色（10YR 7/4，干），棕色（10YR 4/6，润），粉壤土，块状结构，干时稍硬，润时坚实，湿时黏着，中塑，大量根系，强烈的石灰反应，pH 8.48，向下层渐变波状过渡。

Br: 30～105cm，浊橙色（7.5YR 7/4，干），棕色（7.5YR 4/4，润），粉壤土，块状结构，有黑色（7.5YR 2/1）铁锰结核，强烈的石灰反应，pH 8.53，向下层模糊波状过渡。

Bk: 105～140cm，浊橙色（7.5YR 7/4，干），棕色（7.5YR 4/6，润），粉壤土，块状结构，有假菌丝状石灰淀积，石灰反应强，pH 8.43，向下层模糊波状过渡。

Ck: 140cm 以下，浊橙色（7.5YR 7/4，干），棕色（7.5YR 4/6，润），粉壤土，弱发育团块状结构，有粉末状石灰淀积，石灰反应强，pH 8.70。

41-122

川口系单个土体剖面

川口系代表性单个土体物理性质

土层	深度/cm	细土颗粒组成(粒径：mm)/(g/kg)			质地	容重/(g/cm³)
		砂粒 2～0.05	粉粒 0.05～0.002	黏粒 <0.002		
Ap	0～30	143	656	201	粉壤土	1.21
Br	30～105	118	658	224	粉壤土	1.48
Bk	105～140	122	673	205	粉壤土	1.51
Ck	>140	101	673	226	粉壤土	1.54

川口系代表性单个土体化学性质

深度/cm	pH (H₂O)	有机碳/(g/kg)	全氮(N)/(g/kg)	全磷(P₂O₅)/(g/kg)	全钾(K₂O)/(g/kg)	阳离子交换量/(cmol/kg)
0～30	8.48	14.93	1.13	0.61	14.71	18.03
30～105	8.53	9.97	0.77	0.52	15.25	17.11
105～140	8.43	7.49	0.71	0.55	15.55	15.26
>140	8.70	7.87	0.66	0.46	14.87	17.36

深度/cm	电导率/(μS/cm)	有效磷/(mg/kg)	交换性镁/(cmol/kg)	交换性钙/(cmol/kg)	交换性钾/(cmol/kg)	交换性钠/(cmol/kg)	碳酸钙相当物/(g/kg)
0～30	232	6.13	0.12	6.51	0.51	1.96	79.38
30～105	318	5.27	0.47	7.38	0.19	1.42	63.99
105～140	245	5.99	0.27	7.11	0.06	2.40	77.09
>140	123	5.85	0.43	7.77	0.06	1.73	73.47

7.10.2　文殊系（Wenshu Series）

土　族：黏壤质混合型温性-石灰底锈干润雏形土
拟定者：吴克宁，鞠　兵，李　玲

分布与环境条件　多出现在开阔而微倾斜的丘陵，母质为洪冲积物，暖温带大陆性季风气候区。年均气温 14.4℃，土壤温度约 15.7℃，温性土壤温度状况，年均降水量 630～740mm，半干润土壤水分状况。

文殊系典型景观

土系特征与变幅　该土系诊断层有淡薄表层、雏形层；诊断特性有氧化还原特征、石灰性、半干润土壤水分状况、温性土壤温度状况等。混合型矿物，通体为粉壤土。雏形层结构以团块状为主，有 5%～15%的亮棕色锈纹、锈斑，15%～40%的黑色铁锰胶膜结核，5%以下直径小于 3mm 的石灰结核。全剖面呈碱性，通体强烈石灰反应。

对比土系　朱阁系，壤质混合型石灰性温性-斑纹简育干润淋溶土。二者地理位置邻近，地貌、石灰反应特征相似，母质不同，诊断层不同，属不同的土纲。朱阁系母质为下蜀黄土，具有黏化层，土体下部无石灰反应；文殊系母质为洪冲积物，土壤发育程度较弱，有雏形层，剖面中下部发育明显的铁锰结核及少量石灰结核，通体强烈石灰反应，属黏壤质混合型温性-石灰底锈干润雏形土。

利用性能综述　该土系质地适中，上层质地较轻，适耕期长，适种性广，下层质地较重，结构紧实，保水托肥，理化性状较好，是一种农业生产性能较好的土壤资源。应因地制宜，精耕细作，重施有机肥，增施化肥，培肥改土，提高肥力。

参比土种　壤质洪积石灰性褐土。

代表性单个土体　剖面于 2010 年 6 月 10 日采自河南省禹州市文殊乡韩洼村（编号：41-040），34°11′40″N，113°18′32″E，丘陵缓坡地下部，坡度 2°左右，地下水位 70～80m，耕地，小麦-玉米轮作，一年两熟，母质为洪冲积物。

Ap: 0~14cm，橙色（7.5YR 6/6，干），棕色（7.5YR 4/6，润），粉壤土，中等发育团粒状结构，大量根系，强烈的石灰反应；pH 8.02，向下层不规则过渡。

AB: 14~40cm，橙色（7.5YR 6/6，干），亮棕色（7.5YR 5/8，润），粉壤土，中度发育团块状结构，强烈的石灰反应，pH 8.06，向下层波状模糊过渡。

Bw: 40~98cm，橙色（7.5YR 6.5/6，干），亮棕色-棕色（7.5YR 4.5/6，润），粉壤土，中等发育团块状结构，2%~5%直径小于 3mm 的石灰结核，强烈的石灰反应，pH 8.16，向下层波状模糊过渡。

Brk: 98~138cm，亮棕色（7.5YR 5/7，干），浊红棕色-亮红棕色（5YR 5/5，润），粉壤土，强度发育块状结构，5%的铁锰结核，5%以下直径小于 3mm 的石灰结核，强烈的石灰反应，pH 8.07，向下层波状模糊过渡。

Ck: 138cm 以下，橙色（7.5YR6/6，干），棕色（7.5YR4/6，润），粉壤土，中度发育块状结构，5%以下直径小于 3mm 的石灰结核，强烈的石灰反应，pH 8.08。

文殊系单个土体剖面

文殊系代表性单个土体物理性质

土层	深度 /cm	细土颗粒组成（粒径：mm）/(g/kg)			质地	容重 /(g/cm³)
		砂粒 2~0.05	粉粒 0.05~0.002	黏粒 <0.002		
Ap	0~14	147	697	156	粉壤土	1.46
AB	14~40	168	662	171	粉壤土	1.38
Bw	40~98	226	626	148	粉壤土	1.44
Brk	98~138	169	609	222	粉壤土	1.45
Ck	>138	237	604	159	粉壤土	1.56

文殊系代表性单个土体化学性质

深度 /cm	pH (H₂O)	有机碳 /(g/kg)	全氮(N) /(g/kg)	全磷(P₂O₅) /(g/kg)	全钾(K₂O) /(g/kg)	阳离子交换量 /(cmol/kg)
0~14	8.02	14.68	1.02	0.78	12.42	17.93
14~40	8.06	3.24	0.44	0.75	12.41	21.56
40~98	8.16	4.35	0.61	0.79	14.01	15.83
98~138	8.07	2.65	0.45	0.80	13.32	21.83
>138	8.08	9.22	0.56	0.76	12.55	15.9

深度 /cm	电导率 /(μS/cm)	有效磷 /(mg/kg)	交换性镁 /(cmol/kg)	交换性钙 /(cmol/kg)	交换性钾 /(cmol/kg)	交换性钠 /(cmol/kg)	碳酸钙相当物 /(g/kg)
0~14	229	5.87	1.49	16.83	0.18	2.41	32.61
14~40	228	3.15	8.82	12.59	0.19	2.63	29.70
40~98	195	2.44	2.92	14.08	0.08	2.89	33.60
98~138	193	4.86	3	19	0.15	2.43	36.02
>138	178	1.87	7.06	11.09	0.13	2.63	30.49

7.10.3 北留系（Beiliu Series）

土　族：黏壤质混合型温性-石灰底锈干润雏形土
拟定者：陈　杰，万红友，王兴科

分布与环境条件　多形成于黄河中下游泛滥平原倾斜平地，成土母质为黄河冲积-沉积物多元母质，暖温带大陆性季风气候。年均气温为13.7℃，年均降水量约为634.3mm，降水集中在夏秋两季，地下水位较深。

北留系典型景观

土系特征与变幅　该土系诊断层有淡薄表层、雏形层；诊断特性有氧化还原特征、石灰性、半干润土壤水分状况、温性土壤温度状况等。混合型矿物，土体深厚，土体结构以弱度至中度发育的块状为主，剖面下部有少量铁锰锈斑，成土作用较弱，异元母质沉积层次较为清晰。Brk 层质地黏重，黏粒含量在 390g/kg 以上，全层 pH 8.4～8.6，通体强石灰反应。

对比土系　李胡同系，黏壤质混合型石灰性温性-普通简育干润雏形土。二者母质相同，诊断特性不同，属于不同的土类。李胡同系剖面构型无氧化还原特征，100cm 以上土壤质地为黏壤土，100cm 以下出现砂土层，通体石灰反应强烈；北留系剖面具有氧化还原特征，48cm 以下出现铁锈斑纹，并逐渐增多，具有底锈特征，属于黏壤质混合型温性-石灰底锈干润雏形土。

利用性能综述　该土系土体深厚，耕作层结构疏松，耕性好，宜耕期长，通气透水性较强，耕作层以下有质地黏重土层，保水保肥能力较好。土壤主要问题是有机碳和有效养分含量不高，土壤肥力中等偏低。改良利用宜确保灌溉，加强土壤肥力质量定向培育。

参比土种　大蒙金土（壤质脱潮两合土）。

代表性单个土体　剖面于 2012 年 2 月 7 日采自河南省安阳市滑县白道口镇北留村（编号 41-180），35°35′4″N，114°41′26″E，海拔52m，平原倾斜平地，耕地，小麦-玉米轮作，一年两熟，母质为黄河冲积-沉积物多元母质。

Ap: 0～16cm，浊黄橙色（10YR 6/3，干），棕色（10YR 4/6，润），粉砂壤土，团块状结构为主，大量根系，强石灰反应，pH 8.5，向下层清晰平滑过渡。

Bw: 16～48cm，浊黄橙色（10YR 6/4，干），黄棕色（10YR 5/6，润），黏壤土，块状结构，强石灰反应，pH 8.6，向下层模糊渐变过渡。

Brk: 48～80cm，浊棕色（10YR 6/3，干），棕色（7.5YR 4/4，润），粉砂黏土，块状结构，5%～8%的铁锈斑纹，强石灰反应，pH 8.4，向下层清晰突变过渡。

Crk: 80～140cm，浊黄橙色（10YR 7/3，干），黄棕色（10YR 5/6，润），粉砂壤土，块状结构，15%～20%的铁锈斑纹，pH 8.6，强石灰反应。

北留系单个土体剖面

北留系代表性单个土体物理性质

土层	深度 /cm	砾石 (>2mm，体积分数)/%	细土颗粒组成（粒径：mm)/(g/kg)			质地	容重 /(g/cm³)
			砂粒 2～0.05	粉粒 0.05～0.002	黏粒 <0.002		
Ap	0～16	≤25	212	607	181	粉砂壤土	1.25
Bw	16～48	≤25	158	637	205	黏壤土	1.50
Brk	48～80	≤25	21	587	392	粉砂黏土	1.40
Crk	80～140	≤25	315	541	144	粉砂壤土	1.52

北留系代表性单个土体化学性质

深度 /cm	有机碳 /(g/kg)	有效磷 /(mg/kg)	速效钾 /(mg/kg)	全磷 (P_2O_5) /(g/kg)	全钾 (K_2O) /(g/kg)	阳离子交换量 /(cmol/kg)	pH (H_2O)	碳酸钙相当物 /(g/kg)
0～16	8.87	29.8	121	0.73	23.4	6.6	8.5	32.5
16～48	3.70	1.8	84	0.26	26.6	4.4	8.6	45.6
48～80	4.14	1.2	140	0.27	28	5.2	8.4	70.3
80～140	1.88	0.8	50	0.42	23.2	4.4	8.6	35.6

7.10.4　南坞系（Nanwu Series）

土　族：黏壤质混合型温性-石灰底锈干润雏形土
拟定者：陈　杰，万红友，王兴科

分布与环境条件　主要分布于河湖积平原湖坡洼地外围的二坡地，母质上部为冲积沉积物，其下为河湖相沉积物，暖温带季风气候，四季分明。年均气温 14.3℃，温性土壤温度状况，年均降水量约为 688mm，地下水位 3～4m，半干润土壤水分状况。

南坞系典型景观

土系特性与变幅　该土系诊断层有淡薄表层、雏形层；诊断特性有氧化还原特征、石灰性、半干润土壤水分状况、温性土壤温度状况等。混合型矿物，质地较黏，土体深厚，层次过渡清晰。Bwb 层为残余黑土层，黏粒 267g/kg，棱块状结构；Brk 层（82～110cm）具有氧化还原特征；Crk 层（110cm 以下）存在少量碳酸钙结核、大量明显的铁锰斑纹和中等铁锰结核。通体有石灰反应。

对比土系　栗营系，黏壤质混合型石灰性热性-斑纹简育湿润雏形土。二者土壤温度状况、土壤水分状况不同，属于不同的亚纲。栗营系具有湿润土壤水分状况、热性土壤温度状况，残余黑土层出现位置较浅（28cm），厚度近 40cm；南坞系具有半干润土壤水分状况、温性土壤温度状况等，残余黑土层出现位置较深（56cm），厚度仅 20cm 左右，在原湖相沉积物之上有一层黏质覆盖，属于黏壤质混合型温性-石灰底锈干润雏形土。

利用性能综述　该土系质地黏重，结构不良，耕性差，水、肥、气、热不协调。改善利用上若注重田间排灌，改良质地，有望实现高产。

参比土种　黏覆石灰性砂姜黑土。

代表性单个土体　该剖面于 2012 年 3 月 10 日采于许昌市鄢陵县南坞乡庄官村（编号 41-170），33°52′43″N，114°13′57″E，海拔 63m，湖积平原外坡地，耕地，小麦-玉米轮作，一年两熟，母质上部为冲积沉积物，其下为河湖相沉积物。

Ap:　0～8cm，浊黄棕色（10YR 5/4，干），棕色（7.5YR 4/4，润），粉砂黏土，团块状结构，干时硬，润时疏松，湿时黏着，中塑，大量根系，有石灰反应，pH 7.8，向下层清晰平滑过渡。

AB:　8～28cm，黄棕色（10YR 5/6，干），棕色（7.5YR 4/4，润），粉砂黏土，棱块状结构，干时很硬，润时很坚实，湿时很黏着，强塑，有石灰反应，pH 8.2，向下层平滑突变过渡。

Bw:　28～56cm，浊黄棕色（10YR 4/3，干），棕色（10YR 4/4，润），黏壤土，块状结构，干时硬，润时坚实，湿时黏着，中塑，有石灰反应，pH 8.3，向下层平滑突变过渡。

Bwb:　56～82cm，灰黄棕色（10YR 4/2，干），黑棕色（2.5Y 3/1，润），黏壤土，棱块状结构，干时很硬，润时坚实，湿时黏着，强塑，疏松，pH 8.2，向下层清晰平滑过渡。

南坞系单个土体剖面

Brk:　82～110cm，黄棕色（2.5Y 5/3，干），橄榄棕色（2.5Y 4/4，润），黏壤土，棱块状结构，干时硬，润时坚实，湿时黏着，中塑，少量铁锰斑纹，有石灰反应，pH 8.0，向下层清晰平滑过渡。

Crk:　110～140cm，灰白色（2.5Y 8/2，干），黄灰色（2.5Y 5/1，润），复色亮黄棕色（2.5Y6/6，润），粉砂壤土，块状结构，干时硬，润时坚实，湿时黏着，中塑，中量中等大小扁平的碳酸钙结核，大量明显的铁锰斑纹和中等铁锰结核，有石灰反应，pH 8.1。

南坞系代表性单个土体物理性质

| 土层 | 深度/cm | 细土颗粒组成(粒径：mm)/(g/kg) | | | 质地 | 容重/(g/cm³) |
		砂粒 2～0.05	粉粒 0.05～0.002	黏粒 <0.002		
Ap	0～8	103	514	381	粉砂黏土	1.44
AB	8～28	66	519	413	粉砂黏土	1.58
Bw	28～56	158	569	236	黏壤土	1.58
Bwb	56～82	160	544	267	黏壤土	1.63
Brk	82～110	106	626	219	黏壤土	—
Crk	110～140	341	446	181	粉砂壤土	—

南坞系代表性单个土体化学性质

深度/cm	有机碳/(g/kg)	全氮(N)/(g/kg)	有效磷/(mg/kg)	速效钾(mg/kg)	全磷(P₂O₅)/(g/kg)	全钾(K₂O)/(g/kg)	阳离子交换量/(cmol/kg)	pH(H₂O)
0～8	12.59	1.58	55.0	188	0.61	23.2	7.2	7.8
8～28	8.00	1.02	5.1	144	0.68	22.65	6.5	8.2
28～56	4.99	0.57	1.6	59	0.5	19.1	13.4	8.3
56～82	6.90	0.68	0.9	62	0.35	17.4	27.3	8.2
82～110	4.11	0.42	1.1	52	0.34	17.9	20.9	8.0
110～140	2.66	0.24	0.7	22	0.19	16	7.0	8.1

7.10.5 王头系（Wangtou Series）

土　　族：壤质混合型温性-石灰底锈干润雏形土
拟定者：吴克宁，鞠　兵，李　玲

分布与环境条件　多出现在山前倾斜平原的中上部及盆地边缘地区，母质为坡积物，北暖温带大陆性季风气候。年均气温 14.3℃，年均降水量约 578mm。

王头系典型景观

土系特征与变幅　该土系诊断层有淡薄表层、雏形层；诊断特性有氧化还原特征、石灰性、半干润土壤水分状况、温性土壤温度状况等。混合型矿物，质地为粉壤土，多为团块状结构。Brk 层具有大量锈纹锈斑及中量石灰结核；0～40cm 碳酸钙相当物含量为 64～67g/kg；40cm 以下碳酸钙相当物含量为 34～40g/kg。通体中度至强烈石灰反应。

对比土系　西源头系，壤质混合型非酸性温性-普通底锈干润雏形土。二者母质不同，特征土层不同，属于不同的亚类。西源头系母质为红黏土，通体发育铁锰胶膜和铁锰结核，并随深度增加其数量也增加，无石灰性；王头系为坡积物母质，新生体类型、层位与前者相似，表土层以下有碳酸钙结核，具有石灰性诊断特性，属壤质混合型温性-石灰底锈干润雏形土。

利用性能综述　土层深厚，耕层质地较重，发苗不太好，但有后劲，保水保肥性能一般，土壤养分状况中等。应注意适时耕作，精细整地，搞好土地平整，充分利用现有水资源，发展节水农业，扩大灌溉面积，采用间混套种，提高复种指数。

参比土种　洪积石灰性褐土。

代表性单个土体　剖面于 2010 年 7 月 15 日采自河南省洛阳市新安县王头镇（编号 41-020），34°46′54″N，112°11′37″E，山前倾斜平原中上部，林地，母质为坡积物。

A: 0~10cm，橙色-亮棕色（7.5YR 5.5/6，干），亮棕色-棕色（7.5YR 4.5/6，润），粉壤土，弱发育团块状结构，大量根系，强烈石灰反应，pH 8.04，向下层波状逐渐过渡。

AB: 10~40cm，橙色-亮棕色（7.5YR 5.5/6，干），浊黄棕色（7.5YR 4.5/6，润），粉壤土，弱发育团块状结构，2%~5%的黑色铁锰胶膜结核，2%~5%的白色砂姜和石灰结核，强烈的石灰反应，pH 8.19，向下层波状逐渐过渡。

Brk1: 40~90cm，橙色（7.5YR 6.5/6，干），浊黄棕色（7.5YR 4.5/6，润），粉壤土，中度发育团块状结构，15%~40%的黑棕色铁锰胶膜结核，5%~15%的白色砂姜和石灰结核，中度石灰反应，pH 7.96，向下层波状模糊过渡。

Brk2: 90cm 以下，浊橙色（7.5YR7/5，干），亮红棕色（7.5YR 5/7，润），粉壤土，中度发育团块状结构，15%~40%的棕灰色（5YR 4/1）锈纹锈斑，2%~5%的白色砂姜，强烈石灰反应，pH 7.86。

王头系单个土体剖面

王头系代表性单个土体物理性质

| 土层 | 深度/cm | 细土颗粒组成（粒径：mm)/(g/kg) | | | 质地 | 容重/(g/cm³) |
		砂粒 2~0.05	粉粒 0.05~0.002	黏粒 <0.002		
A	0~10	138	703	160	粉壤土	1.28
AB	10~40	139	698	164	粉壤土	1.34
Brk1	40~90	158	698	145	粉壤土	1.50
Brk2	>90	130	728	142	粉壤土	1.50

王头系代表性单个土体化学性质

深度/cm	pH(H₂O)	有机碳/(g/kg)	全氮(N)/(g/kg)	全磷(P₂O₅)/(g/kg)	全钾(K₂O)/(g/kg)	阳离子交换量/(cmol/kg)
0~10	8.04	1.54	0.96	0.69	15.90	21.12
10~40	8.19	4.29	0.72	0.74	16.12	21.50
40~90	7.96	2.38	0.53	0.74	17.69	20.96
>90	7.86	1.02	0.57	0.67	15.49	21.24

深度/cm	电导率/(μS/cm)	有效磷/(mg/kg)	交换性镁/(cmol/kg)	交换性钙/(cmol/kg)	交换性钾/(cmol/kg)	交换性钠/(cmol/kg)	碳酸钙相当物/(g/kg)
0~10	148	4.75	0.80	20.92	0.51	2.60	67.74
10~40	138	3.94	2.18	21.83	0.43	2.52	64.83
40~90	326	5.30	1.60	23.25	0.46	2.61	34.21
>90	518	6.50	0.90	25.30	0.44	2.69	40.71

7.10.6　大金店系（Dajindian Series）

土　族：壤质混合型温性-石灰底锈干润雏形土
拟定者：吴克宁，鞠　兵，李　玲

分布与环境条件　多出现于低山、丘陵地区，所处地势较高，地下水位较低，母质为洪积物，暖温带大陆性季风气候。年均气温约 14.3℃，矿质土表至 50cm 深度处年均土壤温度为 14.0～15.0℃，年均降水量约 524mm。

大金店系典型景观

土系特征与变幅　该土系诊断层有淡薄表层、雏形层；诊断特性有氧化还原特征、石灰性、半干润土壤水分状况、温性土壤温度状况等。混合型矿物，质地为粉壤土，土体厚度一般在 1m 以上。Br 雏形层，亮棕色，质地为粉壤土，多为团块状结构，2%～5%的铁锰结核；BC 层橙色，质地为粉壤土，团块状结构，15%～40%的铁锰胶膜；底部碳酸钙相当物含量平均为 21.62g/kg，而上覆土层含量明显较低，由上至下弱至中度的石灰反应。

对比土系　大仙沟系，黏壤质混合型石灰性温性-斑纹简育干润淋溶土。二者地理位置临近，母质、土壤温度状况和土壤水分状况相同，石灰反应相似，诊断特性不同，属于不同的土纲。大仙沟系具有黏化层，黏化层土壤以强发育的块状结构为主，并发育垂直裂隙，剖面底部（60cm 以下）发育铁锈胶膜等氧化还原特征；而大金店系具有雏形层，20cm 以下发育铁锰胶膜，40cm 以下具有中度石灰反应，属壤质混合型温性-石灰底锈干润雏形土。

利用性能综述　该土系地表以农田为主，多种植小麦、玉米等农作物，一年两熟。生产中的主要问题是质地偏黏，土体坚实，肥力中等，土壤侵蚀严重，易遭旱，对农业生产不利。应积极搞好水土保持，修筑堤田，种植刺槐等水土保持林和薪炭林，可因地制宜发展苹果树等经济林，搞好农、林、牧、果综合开发，严禁陡坡开荒。

参比土种　多砾质洪淤壤土（壤质洪积褐土）。

代表性单个土体　剖面于 2010 年 7 月 13 日采自登封市大金店镇（编号 41-026），34°34′25″N，

112°59′31″E，低山丘陵缓坡，耕地，小麦-玉米轮作，一年两熟，母质为红黄土。

Ap： 0～20cm，橙色（7.5YR 6/6，干），棕色（7.5YR 4/6，润），粉壤土，弱发育粒状结构，干时坚硬，润时坚实，湿时无黏着，无塑，大量根系，弱石灰反应，pH 8.18，向下层波状模糊过渡。

Br： 20～40cm，亮棕色（7.5YR 5/6，干），棕色（7.5YR 4/6，润），粉壤土，强发育团块状结构，干时坚硬，润时坚实，湿时黏着，强塑，2%～5%的铁锰结核，弱石灰反应，pH 7.96，向下层波状模糊过渡。

BC： 40～95cm，橙色（7.5YR 6/6，干），亮棕色-棕色（7.5YR 4.5/6，润），粉壤土，强度发育团块状结构，5%～20%直径 3～10cm 的砾石，干时很硬，润时很坚实，湿时很黏着，强塑，15%～40%的铁锰胶膜，中度石灰反应，pH 8.06。

大金店系单个土体剖面

大金店系代表性单个土体物理性质

| 土层 | 深度 /cm | 细土颗粒组成（粒径：mm）/(g/kg) | | | 质地 | 容重 /(g/cm³) |
		砂粒 2～0.05	粉粒 0.05～0.002	黏粒 <0.002		
Ap	0～20	178	673	149	粉壤土	1.57
Br	20～40	116	708	176	粉壤土	1.67
BC	40～95	120	710	170	粉壤土	1.58

大金店系代表性单个土体化学性质

深度 /cm	pH (H₂O)	有机碳 /(g/kg)	全氮(N) /(g/kg)	全磷(P₂O₅) /(g/kg)	全钾(K₂O) /(g/kg)	阳离子交换量 /(cmol/kg)
0～20	8.18	8.93	0.95	0.83	15.20	20.02
20～40	7.96	4.11	0.76	0.77	14.78	20.14
40～95	8.06	2.91	0.53	0.83	14.20	26.07

深度 /cm	电导率 /(μS/cm)	有效磷 /(mg/kg)	交换性镁 /(cmol/kg)	交换性钙 /(cmol/kg)	交换性钾 /(cmol/kg)	交换性钠 /(cmol/kg)	碳酸钙相当物 /(g/kg)
0～20	130	5.15	2.01	18.07	0.26	3.40	3.16
20～40	151	2.60	9.50	19.00	0.36	1.13	4.20
40～95	150	2.87	1.09	24.75	0.33	3.36	21.62

7.10.7　大裕沟系（Dayugou Series）

土　　族：壤质混合型温性-石灰底锈干润雏形土
拟定者：吴克宁，鞠　兵，李　玲

分布与环境条件　多出现在中低山、垄岗和丘陵地区，母质为页岩、泥灰岩等泥质岩类风化物，暖温带大陆性季风气候。年均气温 14.0~14.3℃，温性土壤温度状况，年均降水量 599~707mm，半干润土壤水分状况。

大裕沟系典型景观

土系特征与变幅　该土系诊断层有淡薄表层、雏形层；诊断特性有石灰性、氧化还原特征、半干润土壤水分状况、温性土壤温度状况等。混合型矿物，质地均匀，为粉壤土。AB 层与 Brk 层有锈纹锈斑和假菌丝体；有机碳含量表层平均为 8.34g/kg，其下垫土层平均约为 1.73g/kg，总体含量较低；阳离子代换能力方面，全剖面差异不大，平均阳离子交换量约 15.90cmol/kg；碳酸钙相当物含量不高。120cm 以上土体有石灰反应。

对比土系　杨岭系，壤质混合型石灰性温性-普通简育干润淋溶土。二者地理位置邻近，相同的土壤水分和土壤温度状况，特征土层不同，属于不同的土纲。杨岭系母质为马兰黄土，有黏化层出现，土体中出现较多假菌丝体，无氧化还原特征；大裕沟系母质为页岩、泥灰岩等泥质岩类风化物，具有雏形层，氧化还原特征，属壤质混合型温性-石灰底锈干润雏形土。

利用性能综述　该土系质地偏黏，透水性、保水性较差，植被稀疏，易发生干旱，土壤侵蚀较重，可先发展草灌，保持水土，逐步发展乔木。农区应推广旱作农业技术，适时耕作。

参比土种　灰石土（中层钙质褐土性土）。

代表性单个土体　剖面于 2010 年 7 月 7 日采自巩义市大裕沟乡民权村（编号 41-010），34°41′24″N，113°4′45″E，中低山坡地，耕地，小麦-花生轮作，一年两熟，母质为页岩、泥灰岩等泥质岩类风化物。

Ap: 0～30cm，浊橙色-橙色（7.5YR 6/5，干），棕色（7.5YR，4/6，润），粉壤土，弱发育团粒状结构，大量根系，中度石灰反应，pH 8.16，向下层波状清晰过渡。

AB: 30～65cm，浊橙色-橙色（7.5YR 7/5，干），亮棕色（7.5YR 5/6，润），粉壤土，中发育团粒状结构，5%～15%的暗红棕色（5YR 3/6）锈斑，15%～40%的假菌丝体，中度石灰反应，pH 8.13，向下层波状清晰过渡。

Brk: 65～120cm，淡黄橙色（10YR 8/4，干），橙色-亮棕色（7.5YR 5.5/6，润），粉壤土，中度发育团块状结构，5%～15%的暗红棕色（5YR 3/6）锈斑，15%～40%的假菌丝体，中度石灰反应，pH 8.15，向下层波状渐变过渡。

BC: 120cm 以下，橙色（7.5YR 7/6，干），亮棕色（7.5YR 5/6，润），粉壤土，中度发育团块状结构，5%～15%的暗红棕色（5YR 3/6）锈斑，无石灰反应，pH 8.13。

大裕沟系单个土体剖面

大裕沟系代表性单个土体物理性质

土层	深度/cm	砾石(>2mm)/(g/kg)	细土颗粒组成(粒径：mm)/(g/kg)			质地	容重/(g/cm³)
			砂粒 2～0.05	粉粒 0.05～0.002	黏粒 <0.002		
Ap	0～30	1.92	235	638	127	粉壤土	1.18
AB	30～65	1.94	248	616	136	粉壤土	1.36
Brk	65～120	0	244	633	123	粉壤土	1.44
BC	>120	0	166	688	146	粉壤土	1.32

大裕沟系代表性单个土体化学性质

深度/cm	pH(H₂O)	有机碳/(g/kg)	全氮(N)/(g/kg)	全磷(P₂O₅)/(g/kg)	全钾(K₂O)/(g/kg)	阳离子交换量/(cmol/kg)
0～30	8.16	8.34	1.07	0.74	15.69	16.24
30～65	8.13	2.40	0.48	0.76	15.78	15.81
65～120	8.15	1.32	1.84	0.83	17.48	14.49
>120	8.13	1.60	1.07	0.72	16.44	17.07

深度/cm	电导率/(μS/cm)	有效磷/(mg/kg)	交换性镁/(cmol/kg)	交换性钙/(cmol/kg)	交换性钾/(cmol/kg)	交换性钠/(cmol/kg)	碳酸钙相当物/(g/kg)
0～30	156	8.92	1.00	17.03	0.44	2.47	3.48
30～65	212	4.00	0.90	17.86	0.31	2.02	12.60
65～120	160	4.96	5.70	12.50	0.31	1.96	16.13
>120	151	7.17	2.01	17.07	0.31	1.82	3.43

7.10.8　小浪底系（Xiaolangdi Series）

土　　族：壤质混合型温性-石灰底锈干润雏形土
拟定者：吴克宁，鞠　兵，李　玲

分布与环境条件　主要分布在黄土塬、黄土丘陵区的平缓地带、山前倾斜平原、河谷阶地及河谷平原两侧的缓岗地区，母质为午城黄土，暖温带大陆性季风气候。年均气温为14℃，年均降水量约为630mm。

小浪底系典型景观

土系特征与变幅　该土系诊断层有淡薄表层、雏形层；诊断特性有氧化还原特征、石灰性、半干润土壤水分状况、温性土壤温度状况等。混合型矿物，质地较均一，土体深厚，普遍存在新生体，如铁锰斑纹、铁锰结核，碳酸钙淀积呈结核状，碳酸钙相当物含量为14.00～42.00g/kg。全剖面有石灰反应。

对比土系　孟津系，壤质混合型温性-钙积简育干润雏形土。二者母质、剖面构型相似，相同的土壤温度、土壤水分状况，以及相近的石灰反应特征。孟津系2～3m主要是晚更新世沉积的马兰黄土母质，其下垫中晚更新世的红黄土母质，大量大块砂姜；小浪底系母质为午城黄土，少量到中量砂姜，剖面下部土层可观察到铁锈斑纹，属壤质混合型温性-石灰底锈干润雏形土。

利用性能综述　多种植甘薯、谷子、豆类、烟草等耐瘠作物，一年一熟。土体深厚，质地为粉壤土，且较为均一，养分含量中等偏下，坡度较大，土壤侵蚀较严重。其改良利用的方向是选种耐旱耐瘠薄的作物，采取防旱保墒措施，增施有机肥和磷肥，整修梯田和池边埝，防止水土流失。非耕地积极发展耐旱、喜钙的果树、灌木和牧草。

参比土种　少姜坡卧黄土（浅位少量砂姜红黄土质褐土）。

代表性单个土体　剖面于2011年8月28日采自孟津县小浪底镇王湾村（编号41-137），34°51′20″N，112°22′7″E，黄土丘陵缓坡，耕地，小麦-玉米轮作，一年两熟，母质为午城黄土。

Ap: 0~20cm，浊橙色-橙色（7.5YR 5/6，干），棕色（10YR 4/6，润），粉壤土，块状结构，大量根系，2%~5%的石灰结核，强烈的石灰反应，pH 8.21，向下层清晰平滑过渡。

AB: 20~50cm，浊橙色-橙色（7.5YR 5/6，干），棕色（10YR 4/6，润），粉壤土，团块状结构，中度石灰反应，pH 8.00，向下层清晰平滑过渡。

Bwk: 50~78cm，橙色（7.5YR 7/6，干），亮棕色（7.5YR 5/8，润），粉壤土，团块状结构，2%~5%很小的铁锈斑纹，5%~15%的石灰结核，弱石灰反应，pH 8.07，向下层突变平滑过渡。

Brk1: 78~105cm，橙色（7.5YR 7/4，干），亮棕色（7.5YR 5/6，润），粉壤土，团块状结构，<2%的黑色（7.5YR 2/1）球形铁锰结核，5%~15%的石灰结核，强烈的石灰反应，pH 8.24，向下层清晰平滑过渡。

小浪底系单个土体剖面

Brk2: 105cm 以下，浊橙色（7.5YR 7.5/6，干），亮棕色（7.5YR 5/8，润），粉壤土，块状结构，2%~5%很小的铁锈斑纹，<2%的黑色（7.5YR 2/1）球形铁锰结核，2%~5%的砂姜，强烈石灰反应，pH 7.76。

小浪底系代表性单个土体物理性质

| 土层 | 深度/cm | 细土颗粒组成(粒径：mm)/(g/kg) | | | 质地 | 容重/(g/cm³) |
		砂粒 2~0.05	粉粒 0.05~0.002	黏粒 <0.002		
Ap	0~20	183	618	199	粉壤土	1.48
AB	20~50	207	639	155	粉壤土	1.29
Bwk	50~78	115	693	192	粉壤土	1.36
Brk1	78~105	166	670	164	粉壤土	1.52
Brk2	>105	137	679	189	粉壤土	1.46

小浪底系代表性单个土体化学性质

深度/cm	pH (H₂O)	有机碳/(g/kg)	全氮(N)/(g/kg)	全磷(P₂O₅)/(g/kg)	全钾(K₂O)/(g/kg)	阳离子交换量/(cmol/kg)
0~20	8.21	13.00	0.77	0.49	16.24	24.22
20~50	8.00	4.64	0.42	0.33	13.85	20.75
50~78	8.07	4.60	0.30	0.29	16.54	20.43
78~105	8.24	9.19	0.48	0.32	14.04	19.24
>105	7.76	4.99	0.36	0.23	14.96	21.28

深度/cm	电导率/(μS/cm)	有效磷/(mg/kg)	交换性镁/(cmol/kg)	交换性钙/(cmol/kg)	交换性钾/(cmol/kg)	交换性钠/(cmol/kg)	碳酸钙相当物/(g/kg)
0~20	139	9.94	0.47	7.41	0.57	2.28	13.97
20~50	263	5.72	0.41	7.59	0.51	2.17	33.32
50~78	290	6.86	0.58	6.97	0.38	2.27	20.28
78~105	255	7.13	1.46	4.98	0.38	2.60	41.98
>105	382	2.31	—	—	0.06	2.51	41.17

7.10.9　白马系（**Baima Series**）

土　　族：壤质混合型温性-石灰底锈干润雏形土
拟定者：陈　杰，万红友，王兴科

分布与环境条件　多形成于黄河故道及黄泛冲积平原倾斜平地，土壤母质为近现代冲积沉积物，暖温带大陆性季风气候。年均气温为 14℃，温性土壤温度状况，年均降水量约为 606mm，半干润土壤水分状况。

白马系典型景观

土系特性与变幅　该土系诊断层有淡薄表层、雏形层；诊断特性有氧化还原特征、石灰性、半干润土壤水分状况、温性土壤温度状况等。混合型矿物，通体为粉砂壤土，剖面各层黏粒含量 106～173g/kg，且在剖面中随深度增加而逐渐降低。雏形层发育较弱，120cm以下可见少量铁锰斑纹，有底锈特征，有机碳及有效养分含量不高；耕层有机碳含量通常为 10g/kg 左右，变幅为 8.5～12.5g/kg，阳离子交换量为 2.5～5.5cmol/kg。pH 8.2～8.5，全剖面有中度至强石灰反应。

对比土系　八里湾系，壤质混合型石灰性温性-普通简育干润雏形土。二者母质相同，剖面构型相似，相同的土壤温度、土壤水分状况，以及相近的石灰反应特征和相似的上部土层质地。八里湾系脱潮现象明显，不具有氧化还原特征，底部有特征黏土层；白马系剖面底部土层可观察到铁锰斑纹，属壤质混合型温性-石灰底锈干润雏形土。

利用性能综述　该土系质地较轻，耕作层疏松易耕，土壤通透性良好，粉砂粒比较高，且通体无质地较黏重层次，保水保肥性能较差。耕作层有机碳与土壤有效养分较低，基础肥力不高。应注意完善灌溉系统，增施有机堆肥，少量多次施肥，改良表层土壤质地与结构。

参比土种　体砂两合土。

代表性单个土体　剖面于 2012 年 2 月 9 日采自河南省新乡市新乡县关堤乡白马村（编号 41-178），35°15′7″N，113°56′9″E，海拔 66m，黄河冲积平原，耕地，小麦-玉米轮作，一年两熟，土壤母质为近现代冲积沉积物。

Ap: 0～17cm，暗棕色（10YR 3/4，润），粉砂壤土，团块状结构，大量根系，强石灰反应，pH 8.2，与下层清晰平滑过渡。

Bw: 17～42cm，棕色（10YR 4/6，润），粉砂壤土，块状结构，强石灰反应，pH 8.4，与下层清晰平滑过渡。

BC: 42～68cm，黄棕色（10YR 5/6，润），粉砂壤土，块状结构，强石灰反应，pH 8.5，与下层模糊渐变过渡。

Cr: 68～150cm，棕色（10YR 4/6，润），粉砂壤土，块状结构，5%左右的铁锰斑纹，强石灰反应，pH 8.4。

白马系单个土体剖面

白马系代表性单个土体物理性质

土层	深度/cm	细土颗粒组成(粒径：mm)/(g/kg)			质地	容重/(g/cm³)
		砂粒 2～0.05	粉粒 0.05～0.002	黏粒 <0.002		
Ap	0～17	326	501	173	粉砂壤土	1.35
Bw	17～42	338	510	152	粉砂壤土	1.54
BC	42～68	349	537	114	粉砂壤土	1.49
Cr	68～150	328	566	106	粉砂壤土	1.49

白马系代表性单个土体化学性质

深度/cm	有机碳/(g/kg)	有效磷/(mg/kg)	速效钾/(mg/kg)	全磷(P_2O_5)/(g/kg)	全钾(P_2O)/(g/kg)	阳离子交换量/(cmol/kg)	pH(H_2O)	碳酸钙相当物/(g/kg)
0～17	9.28	18.6	172	0.67	22	3.4	8.2	36.3
17～42	3.18	2.1	79	0.64	22.4	3.4	8.4	45.2
42～68	1.62	0.9	54	0.65	23	2.6	8.5	62.3
68～150	1.09	0.7	46	0.61	23	3.2	8.4	112.6

7.10.10　祭城系（Zhacheng Series）

土　　族：壤质混合型温性-石灰底锈干润雏形土
拟定者：吴克宁，鞠　兵，李　玲

分布与环境条件　主要分布于黄泛区黄河故道封闭洼地，母质为近代河流砂质冲积物，暖温带大陆性季风气候。年均气温 14.4℃，年均降水量 640.9mm 左右。

祭城系典型景观

土系特征与变幅　该土系诊断层有淡薄表层、雏形层；诊断特性有氧化还原特征、石灰性、半干润土壤水分状况、温性土壤温度状况等。混合型矿物，土体深厚，颜色比较均一，土壤结构以团块或团粒状为主，发育比较弱，下部以壤砂土为主，土体构型未见明显分异，仅 Brk 层发育黄棕色锈纹。土壤养分方面，有机碳含量比较低，表层约 4.82g/kg，表下层平均含量不足 2g/kg。土壤代换能力较差，阳离子交换量仅 5.00cmol/kg。通体强烈石灰反应。

对比土系　曹坡系，壤质混合型石灰性温性-普通灌淤干润雏形土。二者母质相同，剖面构型相似，相同的土壤温度、土壤水分状况，以及相近的石灰反应特征，属于不同的土类。曹坡系剖面具有灌淤现象，灌淤厚度 35cm，有机碳加权平均值≥4.5g/kg，向下急剧减少，剖面质地均匀，通体为粉壤上；而祭城系有灌淤过程（0～45cm），有机碳含量很少，不符合灌淤现象，且剖面底部质地以壤砂土为主，中下部有少量锈纹、锈斑，属壤质混合型温性-石灰底锈干润雏形土。

利用性能综述　该土系耕层质地为粉壤土，疏松，通透性好。位于近郊区的土壤受城市化进程加快的影响，面积急剧减少。

参比土种　底砂厚层灌淤土。

代表性单个土体　剖面于 2011 年 11 月 19 日采自郑州市祭城镇花沟王村（编号 41-206），34°49′55″N，113°43′22″E，黄河冲积平原，耕地，小麦-玉米轮作，一年两熟，母质为河流冲积物。

Ap: 0～20cm，浊黄橙色（10YR 7/3，干），棕色（10YR 4/4，润），粉壤土，团粒状结构，干时稍坚硬，润时极疏松，湿时稍黏着，无塑，大量根系，强烈石灰反应，pH 8.85，向下层模糊平滑过渡。

AB: 20～45cm，浊黄橙色（10YR 7/3，干），棕色（10YR 4/4，润），壤土，团粒、团块状结构，强烈石灰反应，pH8.37，向下层模糊平滑过渡。

Brk1：45～60cm，浊黄橙色（10YR 7/3，干），黄棕色（10YR 5/6，润），壤砂土，团粒、团块状结构，2%～5%的亮黄棕色（10YR 7/6）的锈纹锈斑，强烈石灰反应，pH 8.89，向下层清晰平滑过渡。

Brk2：60～115cm，浊黄橙色（10YR 7/3，干），黄棕色（10YR 5/6，润），壤土，团粒、团块状结构，少量锈纹锈斑，强烈石灰反应，pH 8.88，向下层模糊平滑过渡。

祭城系单个土体剖面

Brk3：115～145cm，淡黄橙色（10YR 8/3，干），黄棕色（10YR 5/6，润），壤砂土，团粒、团块状结构，少量锈纹锈斑，强烈石灰反应，pH 8.85。

祭城系代表性单个土体物理性质

土层	深度 /cm	细土颗粒组成(粒径：mm)/(g/kg)			质地	容重 /(g/cm³)
		砂粒 2～0.05	粉粒 0.05～0.002	黏粒 <0.002		
Ap	0～20	297	574	128	粉壤土	1.48
AB	20～45	406	474	120	壤土	1.56
Brk1	45～60	820	118	63	壤砂土	1.89
Brk2	60～115	441	432	128	壤土	1.87
Brk3	115～145	859	81	61	壤砂土	1.87

祭城系代表性单个土体化学性质

深度 /cm	pH (H₂O)	有机碳 /(g/kg)	阳离子交换量 /(cmol/kg)	电导率/(µS/cm)	碳酸钙相当物 /(g/kg)
0～20	8.85	4.82	8.10	78	37.07
20～45	8.37	3.10	5.44	217	33.21
45～60	8.89	1.64	4.07	102	40.32
60～115	8.88	1.19	4.18	191	31.62
115～145	8.85	1.09	4.13	181	31.71

7.10.11　姚桥系（Yaoqiao Series）

土　族：壤质混合型温性-石灰底锈干润雏形土
拟定者：吴克宁，鞠　兵，李　玲

分布与环境条件　主要分布于黄泛冲积平原高坪地或高滩地，母质为近代河流冲积沉积物，暖温带大陆性季风气候。年均气温14.4℃，年均降水量 640.9mm 左右。

姚桥系典型景观

土系特征与变幅　该土系诊断层有淡薄表层、雏形层；诊断特性有氧化还原特征、石灰性、半干润土壤水分状况、温性土壤温度状况等。混合型矿物，土体深厚，全剖面土壤颜色、结构、结持性和黏着性方面比较均一，略呈上壤下砂，约 30cm 以下发育 15%～40%的锈斑，有机碳含量和土壤代换能力较差，通体强烈石灰反应。

对比土系　祭城系，壤质混合型温性-石灰底锈干润雏形土。二者母质相同，剖面构型相似，相同的土壤温度、土壤水分状况，以及相近的石灰反应特征，属于同一土族。祭城系存在灌淤过程（0～45cm），但有机碳含量很少，不符合灌淤现象，45cm 以下发育 2%～5%的锈斑；姚桥系全剖面性质更均一，略呈上壤下砂，约 30cm 以下发育 15%～40%的锈斑。在土壤养分方面，二者均属于低产土壤：有机碳含量和土壤代换能力均较低。

利用性能综述　该土系耕层质地为壤土，疏松，通透性好，耕性良好，适种作物广，但养分含量低，代换性、保水性差，易旱。应足墒下种，施用种肥，改变土壤质地，提高土壤肥力，逐步改善土壤理化性状，增施有机肥，补施磷肥和微肥，改善土壤结构，培肥地力，提高土壤保水保肥能力。

参比土种　砂壤土。

代表性单个土体　剖面于 2011 年 11 月 22 日采自郑州市姚桥乡陈三桥村魏河桥（编号 41-215），34°47′59″N，113°49′28″E，黄河冲积平原，耕地，小麦-玉米轮作，一年两熟，母质为河流冲积沉积物。

Ap: 0～30cm，浊黄橙色（10YR 7/3，干），棕色（10YR 4/4，润），壤土，团粒状结构，大量根系，强烈石灰反应，pH 8.67，向下层模糊平滑过渡。

Brk1: 30～75cm，浊黄橙色（10YR 7/3，干），棕色（10YR 4/4，润），壤土，小团粒状结构，15%～40%的亮黄橙色（10YR 7/6）锈斑，强烈石灰反应，pH 8.93，向下层模糊平滑过渡。

Brk2: 75～115cm，浊黄橙色（10YR 7/3，干），黄棕色（10YR 5/6，润），砂壤土，团粒状结构，2%～5%的亮黄橙色（10YR 7/6）锈斑，可见明显的冲积沉积层理，强烈石灰反应，pH 8.90。

姚桥系单个土体剖面

姚桥系代表性单个土体物理性质

| 土层 | 深度/cm | 细土颗粒组成(粒径: mm)/(g/kg) | | | 质地 | 容重/(g/cm³) |
		砂粒 2～0.05	粉粒 0.05～0.002	黏粒 <0.002		
Ap	0～30	486	422	92	壤土	1.18
Brk1	30～75	459	464	78	壤土	1.43
Brk2	75～115	585	348	67	砂壤土	1.52

姚桥系代表性单个土体化学性质

深度/cm	pH (H₂O)	有机碳/(g/kg)	阳离子交换量/(cmol/kg)	电导率/(μS/cm)	碳酸钙相当物/(g/kg)
0～30	8.67	5.56	6.33	82	25.12
30～75	8.93	1.40	6.80	75	23.08
75～115	8.90	0.84	1.64	64	25.94

7.10.12　南小李系（Nanxiaoli Series）

土　族：壤质混合型温性-石灰底锈干润雏形土
拟定者：吴克宁，鞠　兵，李　玲

分布与环境条件　多出现于黄土丘陵向冲积平原过渡的倾斜高平地，母质为马兰黄土，暖温带大陆性季风气候。年均气温 14.4℃，年均降水量 640.9mm 左右。

南小李系典型景观

土系特征与变幅　该土系诊断层有淡薄表层、雏形层；诊断特性有氧化还原特征、石灰性、半干润土壤水分状况、温性土壤温度状况等。混合型矿物，土体深厚。Bw 雏形层发育较弱，心土层中下部发育 15%～40%的锈纹。通体强烈石灰反应。

对比土系　小刘庄系，砂质混合型石灰性温性-普通简育干润雏形土。二者地理位置邻近，母质相同，相同的土壤温度、土壤水分状况和石灰反应特征，剖面构型相似，属于不同的土类。小刘庄系保持了土壤原有的风化特征，而南小李系具有氧化还原特征。

利用性能综述　该土系分布于黄土丘陵垣、墚坡地，地面坡度较大，侵蚀较严重，地下水位较深，灌溉水资源短缺，土壤肥力差。建议平整土地，完善土壤灌溉设施，保证水资源供给，增施有机肥，坚持旱作农业，精耕细作，培肥地力，选择耐旱、耐贫瘠的经济作物。

参比土种　中壤黄土质褐土性土。

代表性单个土体　剖面于 2011 年 11 月 15 日采自郑州市管城区十八里河镇南小李庄村（编号 41-219），34°39′53″N，113°41′14″E，丘陵与平原过渡地带，林地，荒草地，母质为马兰黄土。

Ap: 0～30cm，浊黄橙色（10YR 7/3，干），棕色（10YR 4/4，润），粉壤土，片状结构，干时稍硬，润时疏松，湿时稍黏着，稍塑，大量根系，强烈石灰反应，pH 8.85，向下层清晰平滑过渡。

Bw: 30～80cm，浊黄橙色（10YR 7/4，干），黄棕色（10YR 5/6，润），壤土，次棱块状结构，干时硬，润时坚实，湿时黏着，中塑，强烈石灰反应，pH 8.61，向下层清晰平滑过渡。

Brk: 80～124cm，浊黄橙色（10YR 8/3，干），黄棕色（10YR 5/6，润），粉壤土，团块状结构，干时硬，润时坚实，湿时黏着，中塑，15%～40%的橙色（7.5YR 6/6）锈纹，强烈石灰反应，pH 8.75。

南小李系单个土体剖面

南小李系代表性单个土体物理性质

| 土层 | 深度/cm | 细土颗粒组成(粒径：mm)/(g/kg) | | | 质地 | 容重/(g/cm³) |
		砂粒 2～0.05	粉粒 0.05～0.002	黏粒 <0.002		
Ap	0～30	336	543	121	粉壤土	1.57
Bw	30～80	476	400	124	壤土	1.73
Brk	80～124	295	567	138	粉壤土	1.45

南小李系代表性单个土体化学性质

深度/cm	pH (H₂O)	有机碳/(g/kg)	阳离子交换量/(cmol/kg)	电导率/(μS/cm)	碳酸钙相当物/(g/kg)
0～30	8.85	7.65	7.06	128	46.61
30～80	8.61	1.69	6.40	93	37.80
80～124	8.75	1.97	5.43	104	35.27

7.10.13　岗刘系（Gangliu Series）

土　族：壤质混合型温性-石灰底锈干润雏形土
拟定者：吴克宁，鞠　兵，李　玲

分布与环境条件　主要分布于黄土丘陵的残垣坡地，母质为马兰黄土，暖温带大陆性季风气候。年均气温 14.4℃，矿质土表至 50cm 深度处年均土壤温度为 15～16℃，年均降水量 640.9mm 左右。

岗刘系典型景观

土系特征与变幅　该土系诊断层有淡薄表层、雏形层；诊断特性有氧化还原特征、石灰性、半干润土壤水分状况、温性土壤温度状况等。混合型矿物，发育程度不高，质地为砂壤土至粉壤土，砂粒含量较高。土体深厚，颜色多以淡黄橙色为主，团粒状或团块状结构，有机碳含量普遍不高，表层含量<5g/kg，表下层平均不足 3.00g/kg，有效磷和全氮含量也较低，通体石灰反应。

对比土系　花园口系，壤质混合型温性-石灰淡色潮湿雏形土。二者地理位置相近，土壤温度状况相同，但土壤水分状况、分布地形、母质不同，剖面特征相同，属于不同的亚纲。花园口系发育在河流冲积母质上，剖面构型为 Ah-Br-Cr，质地多为砂壤-壤土，潮湿土壤水分状况，9～46cm 出现亮棕色锈斑氧化还原特征，强烈石灰反应，碳酸钙相当物含量为 60～100g/kg；岗刘系母质为马兰黄土，剖面构型为 Ap-Bw-Br-C，70～140cm 发育 2%～5%的小锈斑，有石灰反应，属壤质混合型温性-石灰底锈干润雏形土。

利用性能综述　该土系土体深厚，疏松易耕，适耕期较长，代换性能差，保水保肥性能不良。应增施有机肥，发展绿肥，普施氮磷肥，因土施用钾肥及微肥。

参比土种　白墡土（轻壤黄土质褐土性土）。

代表性单个土体　剖面于 2010 年 8 月 6 日采自郑州市中原区岗刘乡密垌村（编号 41-194），34°42′30″N，113°35′28″E，黄土丘陵坡地，耕地，小麦-玉米轮作，一年两熟，成土母质为马兰黄土。

Ap：0～34cm，浊黄橙色（10Y R7/4，干），黄棕色（10YR 5/6，润），粉壤土，团粒状结构，干时硬，润时坚实，湿时黏着，中塑，大量根系，5%～10%的小假菌丝体，有石灰反应，pH 8.21，向下层模糊平滑过渡。

Bw：34～70cm，浊黄橙色（10YR 7/4，干），黄棕色（10YR 5/6，润），砂壤土，团块状结构，干时坚硬，润时坚实，湿时稍黏着，无塑，2%～5%的小假菌丝体，有石灰反应，pH 8.08，向下层模糊平滑过渡。

Br：70～140cm，淡黄橙色（10YR 7.5/4，干），棕色（10YR 4/6，润），壤土，弱发育块状结构，干时坚硬，润时坚实，湿时稍黏着，稍塑，2%～5%的小锈斑，有石灰反应，pH 8.13，向下层模糊平滑过渡。

C：140～190cm，淡黄橙色（10YR 7.5/4，干），棕色（10YR 4/6，润），壤土，弱发育块状结构，干时坚硬，润时坚实，湿时稍黏着，稍塑，弱石灰反应，pH 8.00。

岗刘系单个土体剖面

岗刘系代表性单个土体物理性质

| 土层 | 深度 /cm | 细土颗粒组成（粒径：mm)/(g/kg) | | | 质地 | 容重 /(g/cm³) |
		砂粒 2～0.05	粉粒 0.05～0.002	黏粒 <0.002		
Ap	0～34	296	572	132	粉壤土	1.38
Bw	34～70	561	338	101	砂壤土	1.38
Br	70～140	413	466	121	壤土	1.36
C	140～190	436	444	120	壤土	1.36

岗刘系代表性单个土体化学性质

深度 /cm	pH (H₂O)	有机碳 /(g/kg)	全氮(N) /(g/kg)	阳离子交换量 /(cmol/kg)
0～34	8.21	4.37	0.30	7.94
34～70	8.08	2.41	0.85	7.24
70～140	8.13	1.92	0.28	8.44
140～190	8.00	4.49	0.41	7.84

深度 /cm	电导率 /(μS/cm)	有效磷 /(mg/kg)	交换性镁 /(cmol/kg)	交换性钙 /(cmol/kg)	交换性钾 /(cmol/kg)	交换性钠 /(cmol/kg)	碳酸钙相当物 /(g/kg)
0～34	120	7.95	2.20	6.99	0.20	3.04	12.11
34～70	304	9.41	0.30	7.97	0.25	2.34	11.80
70～140	160	8.16	3.89	4.99	0.20	2.08	8.27
140～190	296	8.02	0.90	8.03	0.21	2.27	2.65

7.10.14　古荥系（Guxing Series）

土　族：壤质混合型温性-石灰底锈干润雏形土
拟定者：吴克宁，鞠　兵，李　玲

古荥系典型景观

分布与环境条件　多出现于塬、岭平地或丘陵与平原过渡地带，母质为马兰黄土，暖温带大陆性季风气候。年均气温 14.4℃，温性土壤温度状况，年均降水量 640mm 左右，半干润土壤水分状况。

土系特征与变幅　该土系诊断层有淡薄表层、雏形层；诊断特性有氧化还原特征、石灰性、半干润土壤水分状况、温性土壤温度状况等。混合型矿物。Bw 层淡黄橙色-亮黄橙色，团块状结构；Brk 层有 5%～15%的锈纹，Crk 层有中量假菌丝体。通体强烈石灰反应。

对比土系　曹坡系，壤质混合型石灰性温性-普通灌淤干润雏形土。二者位置接近，母质不同，诊断层和诊断现象不同，属于不同的土类。曹坡系多出现于平原低洼地，母质为冲积物，具有雏形层和灌淤现象，颜色更深，有机碳含量较高；而古荥系多出现在岗地，母质为马兰黄土，具有雏形层，属壤质混合型温性-石灰底锈干润雏形土。

利用性能综述　该土系分布于塬、岭平地，坡度缓，地表径流小，水土流失轻，熟化程度高，是老农业耕作土壤。该土系质地适中，结构良好，适耕期长，易耕作，土体上虚下实，具有良好的保水保肥性能，是丘陵旱区较好的耕作土壤。但年降水量偏少，且分布不均，应充分利用过境河水资源修库蓄水发展提灌，扩大灌溉面积，以充分发挥增产潜力。

参比土种　轻壤黄土质褐土性土。

代表性单个土体　剖面于 2010 年 6 月 4 日采自郑州市古荥镇（编号 41-004），34°51′50″N，113°30′56″E，黄土丘陵底部，耕地，小麦-玉米轮作，一年两熟，母质为马兰黄土。

Ap: 0～16cm，淡黄橙色（10YR 8/4，干），浊棕色（7.5YR 5/4，润），粉壤土，团粒状结构，大量根系，有15%～40%的白色石灰粉末，强烈的石灰反应，pH 7.71，向下层波状清晰过渡。

AB: 16～30cm，淡黄橙色（10YR 7/4，干），浊棕色（7.5YR 4.5/4，润），粉壤土，团块状结构，强烈石灰反应，pH 8.01，向下层波状清晰过渡。

Bw: 30～47cm，淡黄橙色（10YR 7.5/4，干），浊棕色-棕色（7.5YR 5/4，润），粉壤土，块状结构，强烈的石灰反应，pH 8.19，向下层波状清晰过渡。

Brk1: 47～63cm，淡黄橙色（10YR 8/4，干），橙色-亮橙色（7.5YR 5.5/6，润），粉壤土，块状结构，5%～15%的锈纹，强烈石灰反应，pH 8.07，向下层波状清晰过渡。

Brk2: 63～120cm，浊黄棕色-亮黄棕色（10YR 7/5，干），浊棕色-亮棕色（7.5YR 5/5，润），粉壤土，2%～5%的黑色铁锰结核，强烈石灰反应，pH 8.10，向下层波状清晰过渡。

古荥系单个土体剖面

Crk: 120cm 以下，浊黄棕色-亮黄棕色（10YR 7/5，干），浊棕色-亮棕色（7.5YR 5/5，润），粉壤土，块状结构，干时硬，润时坚实，湿时黏着，中塑，少量铁锰结核，有中量白色假菌丝体，强烈石灰反应，pH 7.99。

古荥系代表性单个土体物理性质

| 土层 | 深度/cm | 细土颗粒组成(粒径：mm)/(g/kg) | | | 质地 | 容重/(g/cm³) |
		砂粒 2～0.05	粉粒 0.05～0.002	黏粒 <0.002		
Ap	0～16	293	594	112	粉壤土	1.07
AB	16～30	248	625	127	粉壤土	1.56
Bw	30～47	238	630	132	粉壤土	1.49
Brk1	47～63	213	655	132	粉壤土	1.50
Brk2	63～120	247	627	126	粉壤土	1.41
Crk	>120	204	641	155	粉壤土	1.45

古荥系代表性单个土体化学性质

深度 /cm	pH (H$_2$O)	有机碳 /(g/kg)	全氮(N) /(g/kg)	全磷(P$_2$O$_5$) /(g/kg)	全钾(K$_2$O) /(g/kg)	阳离子交换量 /(cmol/kg)
0～16	7.71	18.66	1.83	0.70	15.29	11.20
16～30	8.01	8.00	1.06	0.71	14.87	10.24
30～47	8.19	4.41	0.73	0.78	14.45	10.97
47～63	8.07	3.95	0.56	0.65	15.68	12.39
63～120	8.10	3.66	0.77	0.77	14.91	10.02
>120	7.99	3.90	0.87	0.66	15.27	12.67

深度 /cm	电导率 /(μS/cm)	有效磷 /(mg/kg)	交换性镁 /(cmol/kg)	交换性钙 /(cmol/kg)	交换性钾 /(cmol/kg)	交换性钠 /(cmol/kg)	碳酸钙相当物 /(g/kg)
0～16	305	39.56	0.90	8.10	1.53	3.26	40.35
16～30	282	7.28	0.89	9.54	1.09	2.95	44.86
30～47	103	4.55	0.50	12.00	0.51	2.32	47.38
47～63	365	3.73	1.31	12.55	0.33	2.04	27.70
63～120	302	4.69	0.70	11.42	0.28	1.89	36.52
>120	152	4.96	1.60	14.03	0.28	2.11	31.17

7.10.15　螺蛭湖系（Luozhihu Series）

土　族：砂质混合型温性-石灰底锈干润雏形土
拟定者：吴克宁，鞠　兵，李　玲

分布与环境条件　多出现在丘陵
与平原过渡地带或河流两岸高滩
地，母质为河流冲积砂质沉积物，
暖温带大陆性季风气候。年均气
温 14.4℃，矿质土表至 50cm 深
度处年均土壤温度约为 15.5℃，
年均降水量约 640.9mm。

螺蛭湖系典型景观

土系特征与变幅　该土系诊断层有淡薄表层、雏形层；诊断特性有氧化还原特征、石灰
性、半干润土壤水分状况、温性土壤温度状况等。混合型矿物，土层分异明显，耕层质
地为砂土至粉壤土，其下为砂土至砂壤土，通体中度到强石灰反应。

对比土系　南王庄系，混合型温性-石灰干润砂质新成土。二者地理位置邻近，土壤水分
状况、土壤温度状况和石灰反应特征相似，母质性质相同，均为砂质物质，但地形地貌
不同，母质来源不同，诊断特性不同，属不同的土纲。南王庄系分布在沙丘沙垄，母质
为砂质风积物，具有砂质沉积物岩性特征，无雏形层，剖面构型为 A-C，通体土壤有机
碳含量和阳离子交换量较低，剖面整体以砂土为主；而螺蛭湖系具有雏形层、氧化还原
特征、石灰性，母质为多层冲积砂质沉积物，分异明显，耕层质地为砂土至粉壤土，其
下为砂土至砂壤土，全剖面中度到强的石灰反应，表层有机碳含量和阳离子交换量相对
较高，属砂质混合型温性-石灰底锈干润雏形土。

利用性能综述　该土系疏松、易耕，通透性能好，适耕期长，但漏水漏肥，养分含量低，
保水保肥性能不良，热容量小，昼夜温差大，结构差，常受干旱威胁。应注意增施有机
肥，发展绿肥，施肥少量多次，培肥地力，发展节水灌溉，选择耐瘠及喜昼夜温差大的
作物，发展农田防护林，改善田间小气候，防止风蚀。

参比土种　褐土化砂土（砂质脱潮土）。

代表性单个土体　该剖面于 2011 年 11 月 23 日采自郑州市管城区南曹乡螺蛭湖村（编号
41-216），34°42′47″N，113°44′32″E，丘陵与平原过渡地带，荒草地，母质为多层砂质河
流冲积沉积物。

41-216

螺蛭湖系单个土体剖面

A:　　0～25cm，浊黄橙色（10YR 7/2，干），棕色（10YR 4/4，润），粉壤土，团粒状或团块状结构，强烈石灰反应，pH 8.82，向下层模糊平滑过渡。

Bw:　　25～50cm，浊黄橙色（10YR 7/3，干），棕色（10YR 4/4，润），粉壤土，块状结构，强烈石灰反应，pH 8.94，向下层清晰平滑过渡。

Crk1：50～70cm，亮黄棕色（10YR 7/3，干），黄棕色（10YR 5/6，润），砂土，粒状结构，少量亮棕色锈斑，中度石灰反应，pH 9.05，向下层清晰平滑过渡。

Crk2：70～88cm，黄橙色（10YR 7/8，干），亮黄橙色（10YR 6/8，润），砂土，粒状结构，大量亮棕色锈斑，中度石灰反应，pH 8.40，向下层清晰平滑过渡。

Ck1：88～110cm，淡黄橙色（10YR 8/3，干），黄棕色（10YR 5/6，润），砂壤土，团块状结构，强烈石灰反应，pH 8.84，向下层突变平滑过渡。

Ck2：110～135cm，亮黄棕色（10YR 7/6，干），亮黄棕色（10YR 6/6，润），砂土，粒状结构，中度石灰反应，pH 8.56。

螺蛭湖系代表性单个土体物理性质

土层	深度/cm	细土颗粒组成(粒径：mm)/(g/kg)			质地	容重/(g/cm³)
		砂粒 2～0.05	粉粒 0.05～0.002	黏粒 <0.002		
A	0～25	290	581	129	粉壤土	1.65
Bw	25～50	317	553	130	粉壤土	1.67
Crk1	50～70	932	55	12	砂土	1.53
Crk2	70～88	920	64	16	砂土	1.49
Ck1	88～110	653	268	79	砂壤土	1.56
Ck2	110～135	953	38	9	砂土	—

螺蛭湖系代表性单个土体化学性质

深度/cm	pH (H₂O)	有机碳/(g/kg)	阳离子交换量/(cmol/kg)	电导率/(μS/cm)	碳酸钙相当物/(g/kg)
0～25	8.82	11.33	7.27	85	39.27
25～50	8.94	7.83	4.91	83	36.33
50～70	9.05	3.77	1.45	31.	14.38
70～88	8.40	3.46	1.46	31	10.71
88～110	8.84	5.77	5.34	97	36.27
110～135	8.56	3.32	—	—	14.64

7.10.16 寻村系（Xuncun Series）

土　　族：粗骨壤质混合型温性-石灰底锈干润雏形土
拟定者：吴克宁，鞠　兵，李　玲

分布与环境条件　多分布在红黄
土质的低山丘陵地区缓坡处，海
拔为 400～900m，母质为红黄土，
暖温带大陆性季风气候。年均气
温为 10.0～12.6℃，温性土壤温
度状况，年均降水量为 528～
780mm，多集中在 6～8 月，半
干润土壤水分状况。

寻村系典型景观

土系特征与变幅　该土系诊断层有淡薄表层、雏形层；诊断特性有氧化还原特征、石灰
性、半干润土壤水分状况、温性土壤温度状况等。混合型矿物，通体土壤颜色以浊橙色-
浊红棕色为主。Brk 雏形层，质地黏重，团块状结构，5%～40%的黑色铁锰结核，并有
5%～10%的砂姜；Ck 层发育 5%～15%的铁锰结核和石灰结核。碳酸钙相当物含量由表
土层的 78.91g/kg，随剖面深度增加而逐渐减少，石灰反应从上至下逐步减弱。

对比土系　大坪系，粗骨壤质混合型非酸性温性-普通底锈干润雏形土。二者地形、土
壤水分和温度状况相似，母质不同，特征土层不同，属不同的亚类。大坪系母质为泥
质残积物、坡积物，剖面中含有大量分选差、磨圆度较差的砾石，尤以 10～50cm 较为
集中，50cm 以下大量锈斑，无石灰反应；寻村系母质为红黄土，各土层发育数量不同
的石灰结核和铁锰结核，具有石灰性和氧化还原特征，属粗骨壤质混合型温性-石灰底
锈干润雏形土。

利用性能综述　该土系土体深厚，质地适中，耕性好，保水保肥，酸碱度适中，肥力中
等，综合性状好，适宜多种作物生长。由于分布于丘陵缓坡地，地表有径流，易形成轻
度水土流失，加之水源缺乏，无灌溉条件，发展灌溉较为困难。应加强农田基本建设，
平整土地，修筑水平梯田，梯田堰边打硬埂，增施有机肥，改良土壤结构，提高土壤蓄
水保墒能力。

参比土种　红黄土质碳酸盐褐土。

代表性单个土体　剖面于 2010 年 7 月 14 日采自河南省洛阳市宜阳县寻村镇郭坪村（编号 41-018），34°33′52″N，112°12′57″E，低山丘陵缓坡，耕地，小麦-红薯轮作，一年两熟，母质为红黄土。

寻村系单个土体剖面

Ap:　0～17cm，浊橙色-橙色（7.5YR 6/5，干），浊棕-亮棕色（7.5YR 5/5，润），粉壤土，弱发育团块状结构，5%～15%的黑色铁锰胶膜结核，2%～5%的白色砂姜，强烈石灰反应，pH 8.15，向下层波状模糊过渡。

AB:　17～78cm，浊橙色-浊红棕色（5YR 5.5/4，干），浊黄棕色（5YR 5/4，润），粉壤土，中度发育团粒状结构，少量黑色铁锰结核，25%～40%的石灰结核，强烈石灰反应，pH 7.86，向下层波状模糊过渡。

Brk1:　78～100cm，浊橙色-浊红棕色（5YR 5.5/4，干），浊黄棕色（5YR 5/6，润），粉壤土，中度发育团块状结构，少量黑色铁锰结核，5%～10%的白色小砂姜，有石灰反应，pH 8.13，向下层波状模糊过渡。

Brk2:　100～160cm，浊橙色（5YR 6/4，干），亮红棕色（5YR 5/6，润），粉壤土，中度发育团块状结构，15%～40%的黑色铁锰结核，25%～40%的石灰结核，有石灰反应，pH 7.95，向下层波状模糊过渡。

Ck：160cm 以下，浊橙色（5YR 6/4，干），红棕色（5YR 4/6，润），粉黏壤土，中发育团粒状结构，5%～15%的黑色铁锰胶膜结核，10%～20%的石灰结核，弱石灰反应，pH 7.95。

寻村系代表性单个土体物理性质

| 土层 | 深度
/cm | 细土颗粒组成(粒径：mm)/(g/kg) | | | 质地 | 容重
/(g/cm³) |
		砂粒 2～0.05	粉粒 0.05～0.002	黏粒 <0.002		
Ap	0～17	117	657	226	粉壤土	1.53
AB	17～78	73	701	226	粉壤土	1.63
Brk1	78～100	195	569	236	粉壤土	1.66
Brk2	100～160	115	651	234	粉壤土	1.69
Ck	>160	122	629	249	粉黏壤土	1.45

寻村系代表性单个土体化学性质

深度 /cm	pH (H₂O)	有机碳 /(g/kg)	全氮(N) /(g/kg)	全磷(P₂O₅) /(g/kg)	全钾(K₂O) /(g/kg)	阳离子交换量 /(cmol/kg)
0～17	8.15	10.00	1.01	0.71	14.04	23.93
17～78	7.86	4.28	0.47	0.64	15.08	30.34
78～100	8.13	3.01	0.51	0.96	16.04	26.15
100～160	7.95	1.72	0.85	0.77	16.95	23.67
>160	7.95	2.52	0.61	0.99	15.18	18.15

深度 /cm	电导率 /(μS/cm)	有效磷 /(mg/kg)	交换性镁 /(cmol/kg)	交换性钙 /(cmol/kg)	交换性钾 /(cmol/kg)	交换性钠 /(cmol/kg)	碳酸钙相当物 /(g/kg)
0～17	116	9.35	11.18	20.96	0.46	2.39	78.91
17～78	263	2.73	15.94	9.96	0.38	2.67	88.94
78～100	167	3.95	1.99	25.84	0.36	2.38	68.89
100～160	322	3.54	1.49	24.80	0.38	2.44	38.77
>160	274	3.01	1.10	31.33	0.41	2.55	32.31

7.10.17　郭店系（Guodian Series）

土　族：壤质混合型温性-石灰底锈干润雏形土
拟定者：吴克宁，鞠　兵，李　玲

分布与环境条件　多出现于山前倾斜平原上部，母质为马兰黄土，暖温带大陆性季风气候。年均气温 14.2℃，温性土壤温度状况，年均降水量约 640mm，半干润土壤水分状况。

郭店系典型景观

土系特征与变幅　该土系诊断层有淡薄表层、雏形层；诊断特性有氧化还原特征、石灰性、半干润土壤水分状况、温性土壤温度状况。混合型矿物，多为砂壤土。Br 层有 5%～15%橙锈纹锈斑，黏粒含量增加，发育较弱的黏化，Bk 层有 5%～10%的白色假菌丝体。全剖面 pH 7.9～8.4，呈弱碱性。Ap 层、AB 层石灰反应强，Br1 层中度石灰反应，其他各层为弱石灰反应。

对比土系　观音寺系，壤质混合型石灰性温性-普通简育干润雏形土。二者位置相近，母质相同，诊断土层相同，属于不同的土纲。观音寺系具有雏形层和石灰性，主要分布于黄土丘陵坡地；郭店系在典型土壤剖面形态特征方面，主色调以浊橙色-橙色为主，具有氧化还原特征，土体深位有假菌丝体淀积，属于壤质混合型温性-石灰底锈干润雏形土。

利用性能综述　该土系土体深厚，通体质地较轻，下层质地较重，保水保肥能力强，适种作物广泛。应在加强和完善排灌设施的前提下，增施有机肥，化肥施用要少施勤施，以提高利用率，同时继续推广秸秆还田，调整土壤氮磷比例，不断提高土壤供肥能力。

参比土种　砂性黄土（砂壤质洪积潮褐土）。

代表性单个土体　剖面于 2010 年 6 月 6 日采自河南省新郑郭店乡小杨庄村（编号 41-037），34°31′25″N，113°43′59″E，山前倾斜平原上部，林地，植被以落叶阔叶林为主，母质为马兰黄土。

Ap:　0～10cm，浊橙色-橙色（7.5YR 6/5，干），浊棕色-棕色（7.5YR 4.5/4，润），砂壤土，团粒状结构，干时松散，强烈石灰反应，pH 8.32，向下层波状清晰过渡。

AB:　10～40cm，浊橙色-浊棕色（7.5YR 6.5/3，干），浊棕色（7.5YR 5/4，润），砂壤土，团块状结构，干时松散，强烈石灰反应，pH 8.35，向下层波状清晰过渡。

Br1:　40～65cm，浊橙色-橙色（7.5YR 6/5，干），浊棕色-棕色（7.5YR 4.5/4，润），砂壤土，团粒状结构，干时稍硬，有 5%～15%的橙锈纹锈斑，中度石灰反应，pH 8.40，向下层波状清晰过渡。

Br2:　65～116cm，浊橙色-浊棕色（7.5YR 5.5/4，干），棕色-暗棕色（7.5YR 3.5/4，润），砂壤土，团块状结构，干时稍硬，有 5%～15%的橙锈纹锈斑，弱石灰反应，pH 8.19，向下层波状清晰过渡。

Bk:　116～135cm，浊棕色-浊橙色（7.5YR 6/3.5，干），棕色-暗棕色（7.5YR 3.5/4，润），砂壤土，团块状结构，干时硬，5%～10%的白色假菌丝体，弱石灰反应，pH 7.97，向下层波状清晰过渡。

郭店系单个土体剖面

C:　135cm 以下，浊棕色（7.5YR 5.5/3，干），暗棕色（7.5YR 3/3，润），粉壤土，团块状结构，干时稍硬，弱石灰反应，pH 7.93。

郭店系代表性单个土体物理性质

| 土层 | 深度
/cm | 细土颗粒组成(粒径：mm)/(g/kg) | | | 质地 | 容重
/(g/cm³) |
		砂粒 2～0.05	粉粒 0.05～0.002	黏粒 <0.002		
Ap	0～10	638	267	95	砂壤土	1.01
AB	10～40	709	209	82	砂壤土	1.86
Br1	40～65	528	372	101	砂壤土	1.51
Br2	65～116	572	323	105	砂壤土	1.5
Bk	116～135	610	273	118	砂壤土	1.53
C	>135	227	628	145	粉壤土	1.59

郭店系代表性单个土体化学性质

深度 /cm	pH (H₂O)	有机碳 /(g/kg)	全氮(N) /(g/kg)	全磷(P₂O₅) /(g/kg)	全钾(K₂O) /(g/kg)	阳离子交换量 /(cmol/kg)
0～10	8.32	5.26	0.58	0.66	12.67	8.32
10～40	8.35	3.29	0.5	0.65	13.34	8.10
40～65	8.40	3.03	0.6	0.59	14.73	3.23
65～116	8.19	3.39	0.61	0.58	14.00	11.36
116～135	7.97	3.58	0.72	0.69	13.92	14.35
>135	7.93	3.24	0.59	0.73	14.06	14.53

深度 /cm	电导率 /(μS/cm)	有效磷 /(mg/kg)	交换性镁 /(cmol/kg)	交换性钙 /(cmol/kg)	交换性钾 /(cmol/kg)	交换性钠 /(cmol/kg)	碳酸钙相当物 /(g/kg)
0～10	131	4.15	1.98	7.44	0.33	2.76	12.70
10～40	120	4.86	4.47	3.98	0.23	1.73	16.31
40～65	125	2.44	3.48	4.97	0.18	2.77	14.36
65～116	229	3.15	6.94	4.86	0.2	2.59	2.91
116～135	503	2.73	6.5	9.5	0.18	2.61	2.54
>135	506	2.72	4.07	10.81	0.18	2.93	2.54

7.11 普通底锈干润雏形土

7.11.1 天池系（Tianchi Series）

土　族：黏壤质混合型非酸性温性-普通底锈干润雏形土
拟定者：吴克宁，鞠　兵，李　玲

分布与环境条件　主要分布在地壳较稳定的崤山与熊耳山两侧的低丘台地，母质为红黏土，暖温带半干旱内陆性气候。年均气温14.1℃，矿质土表以下50cm深度处土壤年均温度小于16℃，年均降水量约630mm。

天池系典型景观

土系特征与变幅　该土系诊断层有淡薄表层、雏形层；诊断特性有氧化还原特征、半干润土壤水分状况、温性土壤温度状况等。混合型矿物，全剖面红棕色。10cm 以上团块状较多，与下层土壤界限清晰；10cm 以下红黏土界限模糊，分布有 2%～5%的铁锰结核与斑纹，土壤质地为粉壤土。土体下部发育 2%～5%的砂姜，但碳酸钙相当物含量很低，约小于 2g/kg，全剖面石灰反应弱或无。

对比土系　西源头系，壤质混合型非酸性温性-普通底锈干润雏形土。二者地形位置相似，均在丘陵坡地，母质相同，均为红黏土，有相同的土壤温度和土壤水分状况，剖面构型相似，属于相同的亚类。西源头系，10cm 以下出现大量氧化还原特征；而天池系全剖面红棕色，土体下部发育 2%～5%的砂姜，但碳酸钙相当物含量很低，土壤黏粒含量更高，属黏壤质混合型非酸性温性-普通底锈干润雏形土。

利用性能综述　该土系处在坡地，存在水土流失趋势。在利用改良中，应培肥地力，平整土地并且加深耕层，增加蓄水保墒的能力；在作物选择上选种耐旱品种，发展果树、牧草，增加地面覆盖；坡度大的农地逐步退耕还林还牧；搞好水利建设。

参比土种　红黏土褐土性土。

代表性单个土体　剖面于 2011 年 8 月 2 日采自渑池县天池镇南涧村（编号 41-129），34°40′51″N，111°49′24″E，低山丘陵中上部，耕地，小麦-红薯轮作，一年一熟，母质为红黏土。

天池系单个土体剖面

Ap1：0～10cm，亮棕色（7.5YR 5/6，干），棕色（7.5YR 4/6，润），粉壤土，团块状结构，大量根系，有 2%～5%的中砂姜，无石灰反应，pH 8.96，向下层清晰平滑过渡。

Ap2：10～30cm，橙色（7.5YR 6/6，干），棕色（7.5YR 4/6，润），粉壤土，角块状结构，有 2%～5%的黑色（7.5YR 2/1）铁锰小结核，弱石灰反应，pH 9.08，向下层清晰波状过渡。

Br：30～60cm，亮棕色（7.5YR 5/6，干），红棕色（5YR 4/6，润），粉壤土，小块状结构，2%～5%的棕灰色（5YR 4/1）铁锰斑纹，无石灰反应，pH 8.46，向下层模糊波状过渡。

BC：60～105cm，亮棕色（7.5YR 5/6，干），亮棕色（7.5YR 5/6，润），粉壤土，团块状结构，2%～5%的黑色（7.5YR 2/1）铁锰小结核，2%～5%的砂姜，无石灰反应，pH 8.63，向下层模糊波状过渡。

Cr：105cm 以下，橙色（5YR 6/6，干），红棕色（5YR 4/6，润），粉壤土，团块状结构，2%～5%的黑色（7.5YR 2/1）铁锰结核，弱石灰反应，pH 8.73。

天池系代表性单个土体物理性质

土层	深度/cm	细土颗粒组成(粒径：mm)/(g/kg)			质地	容重/(g/cm³)
		砂粒 2～0.05	粉粒 0.05～0.002	黏粒 <0.002		
Ap1	0～10	105	689	206	粉壤土	1.25
Ap2	10～30	126	675	199	粉壤土	1.59
Br	30～60	97	692	212	粉壤土	1.45
BC	60～105	86	666	249	粉壤土	1.56
Cr	>105	83	685	233	粉壤土	1.64

天池系代表性单个土体化学性质

深度 /cm	pH (H₂O)	有机碳 /(g/kg)	全氮(N) /(g/kg)	全磷(P₂O₅) /(g/kg)	全钾(K₂O) /(g/kg)	阳离子交换量 /(cmol/kg)
0～10	8.96	16.50	1.04	0.28	13.57	25.61
10～30	9.08	13.57	1.04	0.30	13.74	25.96
30～60	8.46	5.78	0.24	0.23	14.14	26.08
60～105	8.63	6.08	0.36	0.25	15.83	24.44
＞105	8.73	5.04	0.89	0.20	13.44	23.42

深度 /cm	电导率 /(μS/cm)	有效磷 /(mg/kg)	交换性镁 /(cmol/kg)	交换性钙 /(cmol/kg)	交换性钾 /(cmol/kg)	交换性钠 /(cmol/kg)	碳酸钙相当物 /(g/kg)
0～10	45	7.98	0.15	6.57	0.45	2.40	2.02
10～30	66	5.45	0.37	6.50	0.26	1.85	1.51
30～60	65	2.64	0.24	6.91	0.13	2.17	0.92
60～105	62	2.79	0.31	6.53	0.13	2.29	2.02
＞105	55	2.93	0.57	6.11	0.06	1.74	3.52

7.11.2　西源头系（**Xiyuantou Series**）

土　　族：壤质混合型非酸性温性-普通底锈干润雏形土
拟定者：吴克宁，鞠　兵，李　玲

分布与环境条件　多出现在河南省西部丘陵坡地，母质为第四纪红土，暖温带大陆性季风气候。年均气温 13.6℃，年均降水量约 720mm。

西源头系典型景观

土系特征与变幅　该土系诊断层有淡薄表层、雏形层；诊断特性有氧化还原特征、半干润土壤水分状况、温性土壤温度状况等。混合型矿物。Ap 层质地为粉壤土，橙色-亮棕色，团块状结构，少量铁锰结核；Br 雏形层，淡黄橙色-浊橙色，粉壤土，团块状结构，下部有 15%～40%的铁锰结核和胶膜；BC 层橙色，质地黏重，团块状结构，15%～40%的铁锰结核。全剖面碳酸钙相当物含量仅为 5～7g/kg，通体无石灰反应。

对比土系　大坪系，粗骨壤质混合型非酸性温性-普通底锈干润雏形土。二者地形、土壤水分和温度状况相似，母质不同，特征土层相似，属不同土族。大坪系母质为泥质残积物、坡积物，剖面中含有大量分选差、磨圆度较差的砾石，尤以 10～50cm 较为集中，50cm 以下有大量锈斑，无石灰反应；而西源头系成土母质为红黏土，剖面上部存在少量铁锰结核至大量铁锰胶膜淀积，属壤质混合型非酸性温性-普通底锈干润雏形土。

利用性能综述　土壤颜色多为橙色或红棕色，水土流失严重，为中低产土壤之一，土壤养分贫瘠，质地黏重，层次分异不明显，通透性不良，土壤贫瘠。应多种植小麦、甘薯、谷子、烟草等作物，一年一熟，一般粮食年亩产 150～200kg。

参比土种　红僵瓣土（红黏土始成褐土）。

代表性单个土体　剖面于 2010 年 7 月 14 日采自河南省洛阳市嵩县大坪乡西源头村（编号 41-021），34°13′45″N，112°3′54″E，丘陵坡地，耕地，种植芝麻，母质为第四纪红土。

Ap：0～10cm，橙色-亮棕色（7.5YR 5.5/6，干），亮红棕色（5YR 5/6，润），粉壤土，中度发育团块状结构，大量根系，2%～5%的黑色铁锰结核，无石灰反应，pH 8.21，向下层清晰平滑过渡。

Br：10～89cm，淡黄橙色-浊橙色（7.5YR 7.5/4，干），浊红橙色-浊红棕色（5YR 5.5/4，润），粉壤土，中度发育团块状结构，15%～40%的棕灰色铁锰胶膜和黑色铁锰结核，无石灰反应，pH 7.94，向下层清晰平滑过渡。

BC：89cm 以下，橙色（7.5YR 6.5/6，干），亮红棕色（5YR 5/6，润），粉壤土，中度发育团块状结构，15%～40%的棕灰色铁锰胶膜和2%～5%的黑色铁锰结核，无石灰反应，pH 7.88。

西源头系单个土体剖面

西源头系代表性单个土体物理性质

土层	深度 /cm	细土颗粒组成(粒径：mm)/(g/kg)			质地	容重 /(g/cm³)
		砂粒 2～0.05	粉粒 0.05～0.002	黏粒 <0.002		
Ap	0～10	110	716	174	粉壤土	1.38
Br	10～89	116	714	170	粉壤土	1.59
BC	>89	95	730	175	粉壤土	1.58

西源头系代表性单个土体化学性质

深度 /cm	pH (H₂O)	有机碳 /(g/kg)	全氮(N) /(g/kg)	全磷(P₂O₅) /(g/kg)	全钾(K₂O) /(g/kg)	阳离子交换量 /(cmol/kg)
0～10	8.21	4.02	0.68	0.66	16.74	27.04
10～89	7.94	0.86	0.47	0.76	18.14	21.68
>89	7.88	1.15	1.14	0.87	17.20	20.91

深度 /cm	电导率 /(μS/cm)	有效磷 /(mg/kg)	交换性镁 /(cmol/kg)	交换性钙 /(cmol/kg)	交换性钾 /(cmol/kg)	交换性钠 /(cmol/kg)	碳酸钙相当物 /(g/kg)
0～10	117	4.35	0.20	26.73	0.43	2.65	5.48
10～89	140	4.08	1.59	24.90	0.33	2.24	6.15
>89	122	5.69	2.01	19.08	0.46	3.40	7.55

7.11.3　石桥系（Shiqiao Series）

土　　族：粗骨壤质混合型非酸性温性-普通底锈干润雏形土
拟定者：吴克宁，鞠　兵，李　玲

分布与环境条件　多出现于山前倾斜平原的中下部、河间洼地、碟形洼地及槽型洼地等，母质为洪冲积物，属暖温带大陆性季风气候区。年均气温 14.5℃，温性土壤温度状况，年均降水量约为746mm，半干润土壤水分状况。

石桥系典型景观

土系特征与变幅　该土系诊断层有淡薄表层、雏形层；诊断特性有氧化还原特征、半干润土壤水分状况、温性土壤温度状况等。混合型矿物。Ap 层浊橙色，质地为粉壤土，多为团块状结构，有≥15%的侵入物砾石；Bw 层浊黄橙色，质地为粉壤土，团块状结构，有 15%～40%的砾石；Br 层亮红棕色-红棕色，质地为粉壤土，团块状结构，2%～5%的棕灰色铁锰结核；Cr 层有 15%～40%的浊橙色铁锰胶膜和铁锰结核。通体无石灰反应。

对比土系　兴隆系，黏壤质混合型非酸性温性-普通底锈干润雏形土。二者位置接近，母质、土壤温度状况和土壤水分状况相同，特征土层相同，属于相同的亚类，只是在颗粒组成方面，石桥系是粗骨壤质，兴隆系是黏壤质。

利用性能综述　该土系质地为粉壤土，上层质地较轻，下层质地较重，土体发育较差，含有砾石，结构不良，但田间排灌效果好，耕层有机碳含量低，保水保肥效果差。应注意增施有机肥，改良土壤结构，因地制宜发展井灌和渠灌。

参比土种　砾质洪积褐土性土。

代表性单个土体　剖面于 2010 年 6 月 8 日采自南省平顶山市宝丰县石桥乡马峪村（编号 41-043），33°53′46″N，113°7′1″E，山前倾斜平原下部，耕地，小麦-玉米轮作，一年两熟，母质为洪冲积物。

Ap: 0～30cm，浊橙色（7.5YR 6/4，干），棕色（7.5YR 4/4，润），粉壤土，弱发育团块状结构，大量根系，5%～20%直径 1～5cm 的砾石，无石灰反应，pH 8.05，向下层波状逐渐过渡。

Bw: 30～72cm，浊黄橙色（10YR 6/4，干），棕色（7.5YR 4/4，润），粉壤土，弱发育团块状结构，15%～40%直径 1～5cm 的砾石，无石灰反应，pH 8.12，向下层波状明显过渡。

Br: 72～98cm，亮红棕色-红棕色（10YR 6.5/3，干），红棕色（10YR 4/4，润），粉壤土，中度发育团块状结构，2%～5%的棕灰色铁锰结核，15%～40%直径 1～5cm 的砾石，无石灰反应，pH 8.15，向下层波状明显过渡。

Cr: 98cm 以下，亮红棕色（7.5YR 5.5/6，干），红棕色-暗红棕色（5YR 5/7，润），粉壤土，强度发育团块状结构，15%～40%的浊橙色铁锰胶膜和黑棕色铁锰结核，15%～40%直径 3～10cm 的砾石，无石灰反应，pH 8.05。

石桥系单个土体剖面

石桥系代表性单个土体物理性质

土层	深度/cm	细土颗粒组成(粒径：mm)/(g/kg)			质地	容重/(g/cm³)
		砂粒 2～0.05	粉粒 0.05～0.002	黏粒 <0.002		
Ap	0～30	236	615	149	粉壤土	1.34
Bw	30～72	186	657	157	粉壤土	1.34
Br	72～98	196	652	153	粉壤土	1.42
Cr	>98	121	698	181	粉壤土	1.53

石桥系代表性单个土体化学性质

深度/cm	pH (H₂O)	有机碳/(g/kg)	全氮(N)/(g/kg)	全磷(P₂O₅)/(g/kg)	全钾(K₂O)/(g/kg)	阳离子交换量/(cmol/kg)
0～30	8.05	6.34	0.62	0.70	12.10	17.37
30～72	8.12	5.22	0.5	0.64	13.10	15.89
72～98	8.15	4.9	0.69	0.78	11.55	12.33
>98	8.05	3.61	0.5	0.83	12.31	27.49

深度/cm	电导率/(μS/cm)	有效磷/(mg/kg)	交换性镁/(cmol/kg)	交换性钙/(cmol/kg)	交换性钾/(cmol/kg)	交换性钠/(cmol/kg)	碳酸钙相当物/(g/kg)
0～30	104	2.58	1.49	16.37	0.2	2.93	3.37
30～72	108	1.73	2	14.5	0.13	2.7	4.57
72～98	104	2.01	1.41	11.17	0.13	2.71	3.28
>98	114	1.59	0.3	24.75	0.2	2.77	3.54

7.11.4　大坪系（**Daping Series**）

土　　族：粗骨壤质混合型非酸性温性-普通底锈干润雏形土
拟定者：吴克宁，鞠　兵，李　玲

分布与环境条件　该土系多分布在泥质岩低山丘陵的缓坡，母质为泥质岩类的残积物、坡积物，暖温带大陆性季风气候。年均气温 12.2～14.6℃，矿质土表至 50cm 处年均土温约为 15℃，年均降水量为 528～700mm。

大坪系典型景观

土系特征与变幅　该土系诊断层有淡薄表层、雏形层；诊断特性有氧化还原特征、半干润土壤水分状况、温性土壤温度状况等。混合型矿物，通体土壤颜色偏棕色-浊橙色。Br 层为雏形层，质地黏重，团块状结构，结构体中有 15%～40% 的黄橙色锈纹。土体中有 5%～30% 的砾石，部分土层中出露直径大于 5cm 的砾石，磨圆度较好。土壤呈弱碱性，贫有机碳，碳酸钙相当物含量很低，通体无石灰反应。

对比土系　寻村系，粗骨壤质混合型温性-石灰底锈干润雏形土。二者地形、土壤水分和温度状况相似，母质不同，特征土层不同，属不同的亚类。寻村系母质为红黄土，通体含有白色砂姜，具有石灰性和氧化还原特征；大坪系母质为泥质残积物、坡积物，剖面中含有大量分选差、磨圆度较差的砾石，尤以 10～50cm 较为集中，50cm 以下含大量锈斑，无石灰反应，属粗骨壤质混合型非酸性温性-普通底锈干润雏形土。

利用性能综述　该土系虽土体较厚，表（耕）层养分含量较高，但土体含有砾石，分布于坡地，植被覆盖差，水土易流失，易旱，宜营造杨、槐林。应发展绿肥，以培肥地力，防止地力衰退，加强农田基本建设，修筑水平梯田。

参比土种　厚幼褐泥土（厚层砂泥质褐土性土）。

代表性单个土体　剖面于 2010 年 10 月 1 日采自河南省洛阳市嵩县大坪乡下胡沟村（编号 41-019），34°12′23″N，112°0′0″E，低山丘陵缓坡，林地，母质为泥质岩残积物、坡积物。

A： 0～10cm，棕色（10YR 4/6，干），棕色（10YR 4/6，润），粉壤土，团块状结构，干时硬，润时坚实，湿时黏着，中塑，结构体中有 2%～5%的黄橙色锈纹，5%～10%的小砾石，无石灰反应，pH 8.13，向下层清晰平滑过渡。

AB： 10～50cm，棕色（10YR 4/6，干），黄棕色（7.5YR 3/4，润），粉壤土，团块状结构，25%～30%的小或大砾石，无石灰反应，pH 8.15，向下层清晰平滑过渡。

Br1： 50～93cm，浊黄棕色（10YR 5/3.5，干），棕色（10YR 4/4，润），粉壤土，团块状结构，15%～40%的黄橙色锈纹，20%～30%的小砾石，无石灰反应，pH 8.00，向下层波状模糊过渡。

Br2： 93～140cm，浊橙色（7.5YR 7/3.5，干），浊橙色（7.5YR 6/4，润），粉壤土，团块状结构，结构体中有 15%～40%的黄橙色锈纹，25%～30%的小砾石，无石灰反应，pH 7.88，向下层波状模糊过渡。

大坪系单个土体剖面

Cr： 140cm 以下，淡浊橙色-浊棕色（7.5YR 6.5/3，干），浊棕色（7.5YR 5/4，润），粉壤土，15%～40%的黄橙色锈纹，25%～30%的小砾石，无石灰反应，pH 7.87。

大坪系代表性单个土体物理性质

土层	深度 /cm	细土颗粒组成(粒径：mm)/(g/kg)			质地	容重 /(g/cm³)
		砂粒 2～0.05	粉粒 0.05～0.002	黏粒 <0.002		
A	0～10	127	674	200	粉壤土	1.33
AB	10～50	144	681	175	粉壤土	1.89
Br1	50～93	156	657	188	粉壤土	1.57
Br2	93～140	332	517	151	粉壤土	1.76
Cr	>140	149	674	176	粉壤土	1.72

大坪系代表性单个土体化学性质

深度 /cm	pH (H₂O)	有机碳 /(g/kg)	全氮(N) /(g/kg)	全磷(P₂O₅) /(g/kg)	全钾(K₂O) /(g/kg)	阳离子交换量 /(cmol/kg)
0～10	8.13	1.20	0.79	0.58	14.22	23.89
10～50	8.15	4.78	0.68	0.88	13.80	23.78
50～93	8.00	3.03	0.44	1.06	15.64	23.79
93～140	7.88	1.81	0.37	0.75	16.01	25.08
>140	7.87	2.33	0.41	0.69	16.54	27.51

深度 /cm	电导率 /(μS/cm)	有效磷 /(mg/kg)	交换性镁 /(cmol/kg)	交换性钙 /(cmol/kg)	交换性钾 /(cmol/kg)	交换性钠 /(cmol/kg)	碳酸钙相当物 /(g/kg)
0～10	129	5.69	1.20	24.05	0.41	2.40	4.57
10～50	123	5.16	1.79	23.11	0.38	2.31	7.03
50～93	154	8.93	1.80	26.50	0.33	2.25	0.62
93～140	192	7.45	3.47	25.79	0.30	2.30	0.61
>140	189	7.97	2.19	31.81	0.31	2.23	1.05

7.11.5 兴隆系（Xinglong Series）

土 族：黏壤质混合型非酸性温性-普通底锈干润雏形土
拟定者：吴克宁，鞠 兵，李 玲

分布与环境条件 主要分布于山前倾斜平原中下部，母质为洪冲积物，暖温带大陆性季风气候。年均气温 14.5℃，温性土壤温度状况，年均降水量约为 746mm，半干润土壤水分状况。

兴隆系典型景观

土系特征与变幅 该土系诊断层有淡薄表层、雏形层；诊断特性有半干润土壤水分状况、温性土壤温度状况、氧化还原特征。混合型矿物，质地为粉壤土至粉黏壤土。Br 层浊黄棕色，块状结构，5%～15%的黑色铁锰结核。表层有机碳含量大于 10g/kg，随深度增加逐渐降低。全剖面土壤呈碱性，通体无石灰反应。

对比土系 石桥系，粗骨壤质混合型非酸性温性-普通底锈干润雏形土。二者位置接近，母质、土壤温度状况和土壤水分状况相同，特征土层相同，属于相同的亚类。石桥系具有雏形层，72cm 以下具有铁锰胶膜结核，通体含有砾石，颗粒大小级别属于粗骨壤质；兴隆系是黏壤质。

利用性能综述 该土系质地适中，适耕期长，好耕作，熟化程度高，结构性、孔隙状况、保肥和供肥性良好。应做到沟、渠、路、林、田、井统一规划，因地制宜发展井灌和渠灌，科学配施肥料，提高生产力。

参比土种 黏质厚层洪积潮褐土。

代表性单个土体 剖面于 2010 年 8 月 1 日采自河南省平顶山市宝丰县石桥乡兴隆村（编号 41-044），33°55′7″N，113°8′45″E，山前倾斜平原下部，耕地，小麦-玉米轮作，一年两熟，母质为洪冲积物。

Ap：　0～18cm，浊黄棕色（10YR 5/3.5，干），暗棕色（5YR 3/4，润），粉壤土，团块状结构，干时硬，pH 8.02，向下层波状模糊过渡。

AB：　18～40cm，浊黄橙色（10YR 6/4，干），棕色（10YR 4/6，润），粉壤土，团块状结构，干时硬，pH 8.08，向下层波状突然过渡。

Br1：40～105cm，浊黄棕色（10YR 5/4，干），暗棕色（10YR 3/4，润），粉壤土，块状结构，干时很硬，5%～15%的黑色铁锰结核，pH 8.01，向下层波状明显过渡。

Br2：105cm 以下，灰黄棕色（10YR 6/2，干），暗棕色（10YR 3/3.5，润），粉黏壤土，块状结构，干时很硬，15%～40%的黏粒胶膜结核和黑色铁锰结核，pH 7.78。

兴隆系单个土体剖面

兴隆系代表性单个土体物理性质

| 土层 | 深度 /cm | 细土颗粒组成(粒径：mm)/(g/kg) | | | 质地 | 容重 /(g/cm³) |
		砂粒 2～0.05	粉粒 0.05～0.002	黏粒 <0.002		
Ap	0～18	136	702	162	粉壤土	1.60
AB	18～40	133	679	188	粉壤土	1.43
Br1	40～105	101	673	226	粉壤土	1.56
Br2	>105	50	617	333	粉黏壤土	1.51

兴隆系代表性单个土体化学性质

深度 /cm	pH (H₂O)	有机碳 /(g/kg)	全氮(N) /(g/kg)	全磷(P₂O₅) /(g/kg)	全钾(K₂O) /(g/kg)	阳离子交换量 /(cmol/kg)
0～18	8.02	10.98	0.91	0.75	12.62	20.17
18～40	8.08	6.37	0.75	0.73	12.10	20.11
40～105	8.01	8.25	0.62	0.71	11.16	21.48
>105	7.78	4.45	0.64	0.88	12.36	28.61

深度 /cm	电导率 /(μS/cm)	有效磷 /(mg/kg)	交换性镁 /(cmol/kg)	交换性钙 /(cmol/kg)	交换性钾 /(cmol/kg)	交换性钠 /(cmol/kg)	碳酸钙相当物 /(g/kg)
0～18	132	4.86	10.54	8.53	0.18	2.71	5.59
18～40	137	2.29	0.1	19.01	0.15	2.8	8.82
40～105	154	1.58	0.99	22.82	0.15	2.5	8.61
>105	175	2.01	1.31	30.81	0.13	2.64	4.19

7.12 钙积简育干润雏形土

7.12.1 孟津系（Mengjin Series）

土　　族：壤质混合型温性-钙积简育干润雏形土
拟定者：吴克宁，鞠　兵，李　玲

分布与环境条件　主要分布在黄土塬、黄土丘陵区的平缓地带、山前倾斜平原、河谷阶地及河谷平原两侧的缓岗地区，母质为异元母质，上覆为马兰黄土，下垫中晚更新统的红黄土母质，暖温带大陆性季风气候。年均气温为14℃，年均降水量为 630mm。

孟津系典型景观

土系特征与变幅　该土系诊断层有淡薄表层、雏形层、钙积层；诊断特性有半干润土壤水分状况、温性土壤温度状况等。混合型矿物。剖面整体质地为粉壤土，全氮和有机碳含量分布具有相同的规律，即表土层由于人类耕作而较高，心土层中普遍较均匀且含量不高，阳离子交换量在剖面中分布均匀，平均约为 21.09cmol/kg。50～190cm 范围内发育 15%～40%的大砂姜，190cm 以上石灰反应中至强烈。

对比土系　小浪底系，壤质混合型温性-石灰底锈干润雏形土。二者母质、剖面构型相似，相同的土壤温度、土壤水分状况，以及相近的石灰反应特征。小浪底系母质为午城黄土，剖面构型为 Ap-AB-Bwk-Brk，少量到中量砂姜，剖面下部土层可观察到铁锰斑纹；孟津系 2～3m 主要是晚更新世沉积的马兰黄土母质，其下垫中晚更新世的红黄土母质，剖面构型为 A-Bk-BC，大量大块砂姜，属壤质混合型温性-钙积简育干润雏形土。

利用性能综述　该土系土体深厚，质地为粉壤土，较为均一，养分含量中等偏下，无灌溉设施，坡度大，土壤侵蚀较严重，50cm 左右发育大量的砂姜。应选种耐旱、耐瘠薄的作物，采取防旱保墒措施，增施有机肥和磷肥，整修梯田和池边埂，防止水土流失。

参比土种　多姜坡卧黄土（深位多量砂姜红黄土质褐土）。

代表性单个土体　剖面于 2011 年 8 月 28 日采自孟津县小浪底镇小浪底风景区（编号 41-138），34°53′27″N，112°20′56″E，丘陵坡地中部，林地，母质为异元母质，上覆为马兰黄土，下垫中晚更新统的红黄土母质。

A:　0～50cm，浊橙色（7.5YR 5/4，干），棕色（10YR 4/6，润），粉壤土，块状结构，大量根系，中度石灰反应，pH 8.28，向下层模糊平滑过渡。

Bk:　50～190cm，浊橙色-橙色（7.5YR 5/6，干），棕色（10YR 4/6，润），粉壤土，块状结构，15%～40%的大砂姜，强烈石灰反应，pH 7.67，向下层清晰平滑过渡。

BC:　190cm 以下，粉壤土，块状结构，弱石灰反应，pH 8.05。

孟津系单个土体剖面

孟津系代表性单个土体物理性质

土层	深度 /cm	细土颗粒组成(粒径：mm)/(g/kg)			质地
		砂粒 2～0.05	粉粒 0.05～0.002	黏粒 <0.002	
A	0～50	206	633	161	粉壤土
Bk	50～190	191	654	155	粉壤土
BC	>190	84	655	261	粉壤土

孟津系代表性单个土体化学性质

深度 /cm	pH (H₂O)	有机碳 /(g/kg)	全氮(N) /(g/kg)	全磷(P₂O₅) /(g/kg)	全钾(K₂O) /(g/kg)	阳离子交换量 /(cmol/kg)
0～50	8.28	27.23	1.25	0.43	11.54	22.34
50～190	7.67	4.24	0.77	0.48	15.27	16.46
>190	8.05	2.31	0.42	0.26	16.17	24.47

深度 /cm	电导率 /(μS/cm)	有效磷 /(mg/kg)	交换性镁 /(cmol/kg)	交换性钙 /(cmol/kg)	交换性钾 /(cmol/kg)	交换性钠 /(cmol/kg)	碳酸钙相当物 /(g/kg)
0～50	157	1.65	0.36	7.97	0.38	2.60	36.83
50～190	157	3.43	0.36	7.67	0.25	2.38	160.43
>190	333	5.36	0.22	6.99	0.06	2.06	1.51

7.12.2 渑池系（Mianchi Series）

土　　族：壤质混合型温性-钙积简育干润雏形土
拟定者：吴克宁，鞠　兵，李　玲

分布与环境条件　多出现于黄土丘陵倾斜坡地，母质为黄土，暖温带半干旱大陆性气候。年均气温14.1℃，矿质土表以下50cm深度处土壤年均温度小于16℃，年均降水量约630mm，主要集中在夏季。

渑池系典型景观

土系特征与变幅　该土系诊断层有淡薄表层、雏形层、钙积层；诊断特性有半干润土壤水分状况、温性土壤温度状况等。混合型矿物。Bk雏形层有5%～15%的小砂姜；BC层有15%～25%的砂姜，碳酸钙相当物含量约156.48g/kg，厚度大于15cm，达到钙积砂姜层。通体石灰反应强。

对比土系　寺沟系，壤质混合型温性-钙积简育干润雏形土。二者具有相同的母质、土壤温度和土壤水分状况，相同的矿物学类型和石灰反应，属于同一土族。寺沟系剖面构型为Ap-AB-Buk-Ck，表层和亚表层出现氧化还原特征，AB层（25～55cm）出现10%～15%的砂姜，Buk层（55～130cm）内有淡棕灰色（7.5YR 7/3，干）灰烬层，十分松散，130cm以下含有大量砂姜；而渑池系剖面构型为Ap-Bk-BC-Ck，BC层（75～135cm）出现15%～25%的砂姜，无氧化还原特征。

利用性能综述　多分布于黄土丘陵坡地，多呈轻度侵蚀，加之25cm以下出现少量砂姜淀积的层次，土壤性状不良。主要靠深翻平拾除砂姜，打实田埂，种植紫穗槐等护坡植物，防止土壤侵蚀，选择种植甘薯、烟草等耐旱、耐瘠作物。

参比土种　多姜卧黄土（浅位多量砂姜红黄土质褐土）。

代表性单个土体　剖面于2011年8月2日采自三门峡市渑池县仰韶乡仰韶村北1km（编号41-126），34°48′50″N，111°46′41″E，丘陵坡地中部，耕地，多种植小麦、甘薯，一年两熟，母质为黄土。

Ap: 0～27cm，浊黄橙色（10YR 7/4，干），黄棕色（10YR 5/6，润），粉壤土，团块状结构，大量根系，强烈石灰反应，pH 9.07，向下层渐变平滑过渡。

Bk: 27～75cm，浊黄橙色（10YR 6/4，干），棕色（10YR 4/6，润），粉壤土，团块状结构，有石灰粉末，5%～15%的小砂姜，强烈石灰反应，pH 8.52，向下层突变平滑过渡。

BC: 75～135cm，淡黄橙色-浊黄橙色（7.5YR 7.5/4，干），亮棕色（7.5YR 5/6，润），粉壤土，团块状结构，15%～25%左右的小砂姜，强烈石灰反应，pH 8.20，向下层清晰平滑过渡。

Ck: 135cm 以下，浊橙色（7.5YR 6/4，干），亮棕色（7.5YR 5/6，润），粉壤土，团块状结构，5%～15%的小砂姜，强烈石灰反应，pH 8.82，呈强碱性。

渑池系单个土体剖面

渑池系代表性单个土体物理性质

| 土层 | 深度/cm | 细土颗粒组成(粒径：mm)/(g/kg) | | | 质地 | 容重/(g/cm³) |
		砂粒 2～0.05	粉粒 0.05～0.002	黏粒 <0.002		
Ap	0～27	165	657	178	粉壤土	1.33
Bk	27～75	175	653	172	粉壤土	1.37
BC	75～135	233	603	164	粉壤土	1.24
Ck	>135	140	675	185	粉壤土	1.51

渑池系代表性单个土体化学性质

深度/cm	pH (H₂O)	有机碳/(g/kg)	全氮(N)/(g/kg)	全磷(P₂O₅)/(g/kg)	全钾(K₂O)/(g/kg)	阳离子交换量/(cmol/kg)
0～27	9.07	17.57	1.07	0.80	15.51	14.87
27～75	8.52	15.16	0.71	0.88	13.34	16.16
75～135	8.20	7.92	0.36	0.61	12.83	9.67
>135	8.82	6.08	0.30	0.52	13.03	10.69

深度/cm	电导率/(µS/cm)	有效磷/(mg/kg)	交换性镁/(cmol/kg)	交换性钙/(cmol/kg)	交换性钾/(cmol/kg)	交换性钠/(cmol/kg)	碳酸钙相当物/(g/kg)
0～27	104	10.79	0.54	7.12	0.51	2.28	86.68
27～75	260	14.64	0.96	7.03	0.58	1.97	89.99
75～135	721	24.97	0.43	5.58	0.38	1.52	156.48
>135	181	28.43	0.06	6.40	0.13	2.61	116.07

7.12.3　寺沟系（Sigou Series）

土　族：壤质混合型温性-钙积简育干润雏形土
拟定者：吴克宁，鞠　兵，李　玲

分布与环境条件　多出现于黄土
丘陵倾斜坡地，母质为黄土，暖
温带半干旱内陆性气候。年均气
温 14.1℃，矿质土表以下 50cm
深度处土壤年均温度小于 16℃，
温性土壤温度状况，年均降水量
约 630mm，主要集中在夏季，为
半干润土壤水分状况。

寺沟系典型景观

土系特征与变幅　该土系诊断层有淡薄表层、雏形层、钙积层；诊断特性有半干润土壤
水分状况、温性土壤温度状况等。混合型矿物。55cm 以上含有中量砂姜；55～130cm 有
淡棕灰色（7.5YR 7/3，干）灰烬层，十分松散；130cm 以下含有大量砂姜，碳酸钙相当
物含量约 158.8g/kg，厚度大于 15cm。通体强烈石灰反应。

对比土系　渑池系，壤质混合型温性-钙积简育干润雏形土。二者具有相同的母质、土壤
温度和土壤水分状况，相同的矿物学类型和石灰反应，属于同一土族。渑池系剖面构型
为 Ap-Bk-BC-Ck，表层以下出现少量至大量的砂姜层，BC 层（75～135cm）出现 15%～
25% 的砂姜，无氧化还原特征，无灰烬层；而寺沟系剖面构型为 Ap-AB-Buk-Ck，表层
和亚表层出现氧化还原特征，AB 层（25～55cm）出现 10%～15% 的砂姜，Buk 层（55～
130cm）内有淡棕灰色（7.5YR 7/3，干）灰烬层，十分松散，130cm 以下含有大量砂姜。

利用性能综述　多分布于黄土丘陵坡地，多呈轻度侵蚀，加之 25cm 以下出现少量砂姜
淀积层，土壤性状不良，应注意深翻，拣除大砂姜，打实田埂，种植紫穗槐等护坡植物，
防止土壤侵蚀，选择种植甘薯、烟草等耐旱、耐瘠作物。

参比土种　少姜卧黄土（浅位少量砂姜红黄土质褐土）。

代表性单个土体　剖面采于 2011 年 8 月 2 日采自三门峡市渑池县仰韶乡寺沟村北 200m
（编号 41-127），34°48′45″N，111°46′40″E，丘陵坡地中部，园地、耕地，小麦-玉米轮
作，一年两熟，母质为黄土。

寺沟系单个土体剖面

Ap:　0～25cm，浊橙色（7.5YR 6/4，干），棕色（7.5YR 4/6，润），粉壤土，团块状结构，大量根系，2%～5%的黑色铁锰结核，2%～5%的砂姜，强烈石灰反应，pH 8.79，向下层模糊平滑过渡。

AB:　25～55cm，浊橙色（7.5YR 6/4，干），棕色（7.5YR 4/4，润），粉壤土，团块状结构，2%～5%的黑色铁锰结核，10%～15%的砂姜，强烈石灰反应，pH 8.59，向下层模糊平滑过渡。

Buk1：55～80cm，浊橙色（7.5YR 7/3，干），棕色（7.5YR 4/3，润），粉壤土，片状结构，少量的草木炭遗迹，2%～5%的砂姜，强烈石灰反应，pH 8.19，向下层模糊平滑过渡。

Buk2：80～130cm，淡棕灰色（7.5YR 7/3，干），棕色（7.5YR 4/3，润），粉壤土，粒状结构，多量的草木炭遗迹，2%～5%的砂姜，强烈石灰反应，pH 8.26，向下层突变平滑过渡。

Ck1：130～160cm，浊橙色（7.5YR 7/4，干），亮棕色（7.5YR 5/6，润），粉壤土，块状结构，15%～25%的白色砂姜，强烈石灰反应，pH 8.32，向下层清晰平滑过渡。

Ck2：160cm 以下，浊橙色（7.5YR 7/4，干），亮棕色（7.5YR 5/6，润），粉壤土，块状结构，15%～25%的白色砂姜，强烈的石灰反应，pH 8.43。

寺沟系代表性单个土体物理性质

| 土层 | 深度/cm | 细土颗粒组成(粒径：mm)/(g/kg) | | | 质地 | 容重/(g/cm³) |
		砂粒 2～0.05	粉粒 0.05～0.002	黏粒 <0.002		
Ap	0～25	287	576	137	粉壤土	1.24
AB	25～55	216	623	161	粉壤土	1.29
Buk1	55～80	182	643	175	粉壤土	1.39
Buk2	80～130	177	665	159	粉壤土	1.19
Ck1	130～160	179	639	182	粉壤土	1.41
Ck2	>160	174	622	204	粉壤土	1.44

寺沟系代表性单个土体化学性质

深度 /cm	pH (H₂O)	有机碳 /(g/kg)	全氮(N) /(g/kg)	全磷(P₂O₅) /(g/kg)	全钾(K₂O) /(g/kg)	电导率 /(μS/cm)	全铁(Fe₂O₃) /(g/kg)	游离氧化铁 /(g/kg)	碳酸钙相当物 /(g/kg)
0～25	8.79	7.58	0.79	0.81	13.05	159	45.59	3.65	93.90
25～55	8.59	5.96	0.58	1.15	12.71	406	43.55	3.10	105.47
55～80	8.19	5.95	0.42	2.39	12.41	1814	44.38	0.86	113.20
80～130	8.26	6.63	0.73	3.74	13.13	1602	43.05	1.68	96.11
130～160	8.32	2.58	0.32	0.92	12.81	1155	46.92	7.21	158.79
＞160	8.43	2.10	0.42	0.65	12.35	650	53.15	3.63	107.13

深度 /cm	阳离子交换量 /(cmol/kg)	交换性镁 /(cmol/kg)	交换性钙 /(cmol/kg)	交换性钾 /(cmol/kg)	交换性钠 /(cmol/kg)
0～25	13.16	0.44	14.16	0.62	0.65
25～55	17.15	0.76	14.96	0.35	0.72
55～80	16.19	0.68	14.48	0.22	1.23
80～130	18.31	0.04	15.05	0.33	1.53
130～160	15.49	0.12	13.63	0.33	1.44
＞160	10.01	0.44	14.99	0.44	1.16

7.12.4　白寺系（Baisi Series）

土　族：粗骨壤质混合型温性-钙积简育干润雏形土
拟定者：吴克宁，鞠　兵，李　玲

分布与环境条件　多出现在山前洼地，母质为洪冲积物，暖温带大陆性季风气候，年均气温14.2～14.5℃，温性土壤温度状况，年均降水量为599.5～707.0mm，半干润土壤水分状况。

白寺系典型景观

土系特征与变幅　该土系诊断层有淡薄表层、雏形层、钙积层；诊断特性有半干润土壤水分状况、温性土壤温度状况等。混合型矿物，通体颜色均一，淡黄橙色-浊黄橙色。Ap 层为耕作层，团粒状结构，多量黄白色石子；Bk 层多为粉壤土，由上至下石灰结核增多，剖面底部为钙磐，通体石灰反应强。

对比土系　桥盟系，粗骨盖壤质混合型石灰性温性-普通简育干润雏形土。二者地理位置邻近，具有相同的土壤温度和土壤水分状况，相同的矿物学类型，剖面特征不同，属于不同的亚类。桥盟系剖面构型为 Ap-AB-Bw，在剖面上部含有大量磨圆度较好的砾石层，而下部（80cm 以下）出现含 15%～40%白色假菌丝体的碳酸钙淀积；白寺系具有砂姜层，剖面构型为 Ap-Bk-Bkx，碳酸钙淀积类型以砂姜结核为主，由上至下石灰结核增多，属粗骨壤质混合型温性-钙积简育干润雏形土 。

参比土种　深位中层砂姜厚覆潮褐土。

代表性单个土体　剖面于 2010 年 7 月 11 日采自鹤壁市浚县白寺乡刘皮洼村（编号41-013），35°41′53″N，114°25′3″E，山前洼地，耕地，小麦-玉米轮作，一年两熟，母质为洪冲积物。

Ap： 0～30cm，浊黄橙色（10YR 7/4，干），黄橙色（7.5YR
7/8，润），粉壤土，团粒状结构，强烈石灰反应，pH 8.33，
向下层平整过渡。

Bk1： 30～78cm，亮黄棕色（10YR 6/6，干），暗棕色（7.5YR
3/4，润），粉壤土，团块状结构，10%～15%的小砂姜结
核，强烈的石灰反应，pH 8.35，向下层波状渐变过渡。

Bk2：78～100cm，浊黄橙色（10YR 6/3，干），棕色（7.5YR 4/6，
润），粉壤土，团块状结构，10%～15%的小砂姜结核，
强烈石灰反应，pH 8.45，向下层波状渐变过渡。

Bk3：100～130cm，浊黄橙色（10YR 7/3，干），浊黄棕色（7.5YR
5/4，润），粉壤土，团块状结构，25%～40%的小砂姜结
核，强烈石灰反应，pH 8.42，向下层波状渐变过渡。

Bkx：130cm 以下，淡黄橙色（10YR 8/4，干），黄橙色（7.5YR
8/8，润），发育钙磐，强烈的石灰反应，pH 8.51。

白寺系单个土体剖面

白寺系代表性单个土体物理性质

土层	深度/cm	砾石(>2mm)/(g/kg)	细土颗粒组成(粒径：mm)/(g/kg)			质地	容重/(g/cm³)
			砂粒 2～0.05	粉粒 0.05～0.002	黏粒 <0.002		
Ap	0～30	230.74	215	626	159	粉壤土	1.39
Bk1	30～78	110.48	201	657	143	粉壤土	1.43
Bk2	78～100	71.78	219	646	135	粉壤土	1.55
Bk3	100～130	171.6	166	677	157	粉壤土	1.71
Bkx	>130	114.95	168	663	168	粉壤土	1.84

白寺系代表性单个土体化学性质

深度/cm	pH (H₂O)	有机碳/(g/kg)	全氮(N)/(g/kg)	全磷(P₂O₅)/(g/kg)	全钾(K₂O)/(g/kg)	阳离子交换量/(cmol/kg)
0～30	8.33	4.06	0.58	0.77	14.79	11.18
30～78	8.35	4.61	0.53	0.81	16.27	12.84
78～100	8.45	5.08	0.46	0.76	16.61	14.02
100～130	8.42	1.07	0.69	0.70	16.04	11.72
>130	8.51	2.76	0.31	0.66	15.69	4.75

深度/cm	电导率/(μS/cm)	有效磷/(mg/kg)	交换性镁/(cmol/kg)	交换性钙/(cmol/kg)	交换性钾/(cmol/kg)	交换性钠/(cmol/kg)	碳酸钙相当物/(g/kg)
0～30	207	5.37	3.00	10.00	0.36	2.32	66.04
30～78	192	4.28	0.99	12.92	0.28	2.02	204.65
78～100	141	3.19	0.10	14.90	0.28	1.88	93.64
100～130	162	3.87	3.57	9.13	0.28	2.01	357.02
>130	148	2.92	0.20	10.66	0.26	2.48	548.26

7.12.5　汲水系（Jishui Series）

土　　族：黏壤质混合型温性-钙积简育干润雏形土
拟定者：吴克宁，鞠　兵，李　玲

分布与环境条件　主要分布于山前倾斜平原上部，母质为洪冲积物，暖温带季风气候。年平均气温 14.2℃，温性土壤温度状况，降水量 640mm，半干润土壤水分状况。

汲水系典型景观

土系特征与变幅　该土系诊断层有淡薄表层、雏形层、钙积层；诊断特性有半干润土壤水分状况、温性土壤温度状况等。混合型矿物。Bk 层为钙积层，浊黄橙-灰黄棕色，质地为粉壤土，块状结构，碳酸钙相当物含量平均约 150g/kg 以上，厚度大于 15cm。全剖面呈碱性，通体石灰反应强。

对比土系　白寺系，粗骨壤质混合型温性-钙积简育干润雏形土。二者位置相近，母质相同，诊断层相同，属于相同的亚类。但在土壤质地颗粒大小级别方面，白寺系属于粗骨壤质，而汲水系属于黏壤质。

利用性能综述　该土系土体深厚，但土体内含有中量至大量砂姜等碳酸盐结核，影响作物生长。该土系以农地为主，旱作花生、小麦等，一年两熟或两年三熟，年亩产 450kg 左右。为了培肥地力，提高土壤生产能力，应深耕松土，提高土壤的适耕性。

参比土种　黏质鸡粪土（黏质洪积潮褐土）。

代表性单个土体　剖面于 2010 年 7 月 10 日采自新乡市卫辉市汲水镇黄土岗村（编号 41-034），35°27′14″N，114°4′42″E，山前倾斜平原上部，耕地，小麦-玉米轮作，一年两熟，母质为洪冲积物。

Ap:　0~20cm，浊黄橙色-亮黄橙色（10YR 7/4.5，干），黄
　　　棕色（10YR 5/6，润），粉壤土，团块状结构，大量根
　　　系，强烈石灰反应，pH 7.92，向下层波状模糊过渡。

AB:　20~38cm，浅褐色（10YR 6/2.5，干），棕色（10YR4/6，
　　　润），粉壤土，团块状结构，强烈石灰反应，pH 7.96，
　　　向下层波状模糊过渡。

Bk1:　38~60cm，浊黄橙色（10YR 7/4，干），棕色（7.5YR 4/4，
　　　润），粉壤土，块状结构，少量白色砂姜，强烈石灰反
　　　应，pH 8.05，向下层波状渐变过渡。

Bk2:　60~71cm，浊黄棕色（10YR 5/3，干），灰黄棕色（10YR
　　　4/2，润），黏黏壤土，块状结构，少量白色砂姜，强烈
　　　石灰反应，pH 8.12，向下层波状渐变过渡。

Bk3:　71~100cm，灰黄棕色（10YR 4.5/2，干），黑棕色（10YR
　　　3/1，润），黏壤土，块状结构，有少量白色砂姜，强烈
　　　石灰反应，pH 8.16，向下层波状模糊过渡。

汲水系单个土体剖面

Ck:　100cm 以下，棕灰色（7.5YR 5/1，干），黑棕色（10YR 3/1，润），粉壤土，少量白色砂姜，强
　　　烈石灰反应，pH 8.27。

汲水系代表性单个土体物理性质

土层	深度/cm	砾石(>2mm)/(g/kg)	细土颗粒组成(粒径：mm)/(g/kg)			质地	容重/(g/cm³)
			砂粒 2~0.05	粉粒 0.05~0.002	黏粒 <0.002		
Ap	0~20	27	182	649	169	粉壤土	1.16
AB	20~38	82	164	661	175	粉壤土	1.22
Bk1	38~60	196	137	684	179	粉壤土	1.41
Bk2	60~71	16	86	642	215	粉黏壤土	1.43
Bk3	71~100	382	134	613	239	黏壤土	1.26
Ck	>100	151	227	620	154	粉壤土	1.58

汲水系代表性单个土体化学性质

深度 /cm	pH (H₂O)	有机碳 /(g/kg)	全氮(N) /(g/kg)	全磷(P₂O₅) /(g/kg)	全钾(K₂O) /(g/kg)	阳离子交换量 /(cmol/kg)
0～20	7.92	14.55	1.24	0.80	14.22	24.41
20～38	7.96	11.42	1.22	0.72	14.20	22.91
38～60	8.05	10.54	0.51	0.78	13.52	19.44
60～71	8.12	11.03	0.69	0.62	13.59	28.48
71～100	8.16	4.52	0.71	0.76	13.65	23.62
>100	8.27	3.53	0.79	0.63	13.68	15.00

深度 /cm	电导率 /(μS/cm)	有效磷 /(mg/kg)	交换性镁 /(cmol/kg)	交换性钙 /(cmol/kg)	交换性钾 /(cmol/kg)	交换性钠 /(cmol/kg)	碳酸钙相当物 /(g/kg)
0～20	1010	6.01	4.46	21.33	0.30	3.97	72.06
20～38	905	3.15	1.01	22.91	0.36	3.64	117.92
38～60	666	3.58	2.91	16.06	0.28	3.75	194.42
60～71	618	2.44	3.93	25.20	0.52	3.77	115.17
71～100	582	2.18	2.98	18.23	0.31	3.29	167.79
>100	470	2.01	1.30	14.97	0.26	2.95	166.48

7.12.6 尹庄系 (**Yinzhuang Series**)

土　　族：壤质混合型温性-钙积简育干润雏形土
拟定者：吴克宁，鞠　兵，李　玲

分布与环境条件　主要分布于黄土丘陵中下部，母质为马兰黄土，暖温带大陆性季风气候。年均气温 13.7℃，矿质土表以下 50cm 处土壤年均温度小于 16℃，年均降水量约 730mm。

尹庄系典型景观

土系特征与变幅　该土系诊断层有淡薄表层、雏形层、钙积层；诊断特性有半干润土壤水分状况、温性土壤温度状况等。混合型矿物，粉壤土。AB 过渡层团块状结构，Bk 层块状结构。全剖面碳酸钙相当物含量为 133.07～151.46g/kg，42cm 以下发育假菌丝体等新生体，通体强烈石灰反应。

对比土系　函谷关系，壤质混合型石灰性温性-普通简育干润雏形土。二者母质、土壤温度状况和土壤水分相同，剖面构型相似，土体均深厚，质地均匀，但不属于同一亚类。函谷关系剖面构型为 Ap-AB-Bk-Ck，60cm 以下发育中到大量假菌丝体，碳酸钙相当物含量由上至下逐渐增多，未达到钙积层或钙积现象，剖面整体砂粒含量较多，质地比尹庄系偏砂壤；尹庄系剖面构型为 A-AB-Bk-Ck，42cm 以下发育大量假菌丝体等新生体，具有钙积层，碳酸钙相当物含量整体分布均匀，剖面质地整体较均一，属壤质混合型温性-钙积简育干润雏形土。

利用性能综述　该土系分布于黄土丘陵中下部，土体深厚，耕层不砂不黏，好耕作，适耕期长，适种性广，养分含量低。应多施有机肥，氮磷配施，培肥地力，加强农田基本设施建设，健全灌溉渠系，搞好地面平整。

参比土种　壤白垆土（中壤质黄土质石灰性褐土）。

代表性单个土体　剖面于 2011 年 7 月 31 日采自灵宝市尹庄镇十方口村（编号 41-121），34°29′42″N，110°53′53″E，黄土丘陵中下部，林地、荒草地，母质为马兰黄土。

尹庄系单个土体剖面

A: 0～20cm，浊黄橙色（10YR 7/4，干），黄棕色（10YR 5/6，润），粉壤土，团块状结构，大量根系，pH 8.35，强烈石灰反应，向下层清晰波状过渡。

AB: 20～42cm，浊黄橙色（10YR 7/4，干），黄棕色（10YR 5/6，润），粉壤土，团块状结构，pH 8.65，强烈石灰反应，强度侵蚀，向下层清晰波状过渡。

Bk: 42～78cm，淡黄橙色-浊黄橙色（10YR 7.5/3，干），棕色（10YR 4/6，润），粉壤土，块状结构，15%～40%的假菌丝体，pH 8.57，强烈石灰反应，向下层波状渐变过渡。

Ck: 78cm 以下，淡黄橙色（10YR 8/3，干），黄棕色（10YR 5/6，润），15%～40%的石灰粉末，pH 8.33，强烈石灰反应。

尹庄系代表性单个土体物理性质

| 土层 | 深度/cm | 细土颗粒组成(粒径：mm)/(g/kg) | | | 质地 | 容重/(g/cm³) |
		砂粒 2～0.05	粉粒 0.05～0.002	黏粒 <0.002		
A	0～20	252	613	135	粉壤土	1.47
AB	20～42	170	676	154	粉壤土	1.19
Bk	42～78	149	696	155	粉壤土	1.23
Ck	>78	150	695	155	粉壤土	1.35

尹庄系代表性单个土体化学性质

深度/cm	pH (H₂O)	有机碳/(g/kg)	全氮(N)/(g/kg)	全磷(P₂O₅)/(g/kg)	全钾(K₂O)/(g/kg)	阳离子交换量/(cmol/kg)
0～20	8.35	5.30	0.48	0.53	11.66	9.40
20～42	8.65	4.35	0.60	0.53	10.83	9.27
42～78	8.57	4.60	0.42	0.53	12.32	8.36
>78	8.33	2.68	0.54	0.55	12.39	7.73

深度/cm	电导率/(μS/cm)	有效磷/(mg/kg)	交换性镁/(cmol/kg)	交换性钙/(cmol/kg)	交换性钾/(cmol/kg)	交换性钠/(cmol/kg)	碳酸钙相当物/(g/kg)
0～20	225	6.85	0.08	5.47	0.57	2.38	133.07
20～42	174	6.84	0.28	5.67	0.38	1.51	146.80
42～78	228	6.70	0.10	6.02	0.26	1.31	151.46
>78	1030	12.91	0.30	5.19	0.13	1.52	135.72

7.12.7 宜沟系（Yigou Series）

土　族：壤质混合型温性–钙积简育干润雏形土

拟定者：吴克宁，鞠　兵，李　玲

分布与环境条件　多出现在太行山、崤山、熊耳山、伏牛山山前倾斜平原的中下部，母质为洪冲积物，暖温带大陆性季风气候。年均气温 14.1℃，温性土壤温度状况，年均降水量 556.8mm 左右，半干润土壤水分状况。

宜沟系典型景观

土系特征与变幅　该土系诊断层有淡薄表层、雏形层、钙积层；诊断特性有半干润土壤水分状况、温性土壤温度状况等。混合型矿物，质地较均匀，粉壤土。Ap 层浊橙色，团粒状结构，2%～5%的锈纹锈斑、铁锰结核；AB 层浊黄橙色，团粒状结构，2%～5%的锈纹锈斑；Bk 层多块状结构，中量石灰粉末。全剖面呈碱性，通体强烈石灰反应。

对比土系　胡营系，壤质混合型石灰性温性–普通简育干润淋溶土。二者位置相近，相同的母质、土壤水分和土壤温度状况，特征土层不同，属于不同的土纲。胡营系具有黏化层，剖面构型为 Ap-Bt-Btk-BC-Ck，碳酸钙相当物含量低，具有石灰性，底部碳酸钙相当物含量有所增加；而宜沟系主要分布于山前倾斜平原的中、下部，具有雏形层，剖面构型为 Ap-AB-Bk-Ck，出现浅位中量锈斑，碳酸钙相当物含量高，达到钙积层，属壤质混合型温性–钙积简育干润雏形土。

利用性能综述　土体深厚，质地适中，保水保肥，耐旱耐涝，适耕期长，耕性好。改良利用除注意搞好土地平整、发展灌溉、增施有机肥外，还应科学施用化肥，推广间作套种，提高复种指数，充分发挥生产潜力。

参比土种　壤质潮褐土。

代表性单个土体　剖面于 2010 年 7 月 11 日采自安阳市汤阴县宜沟镇赵窑村（编号 41-009），35°50′2″N，114°17′52″E，山前倾斜平原的中下部，耕地，小麦–玉米轮作，一年两熟，母质为洪冲积物。

宜沟系单个土体剖面

Ap: 0～20cm, 浊橙色（7.5YR 6/4, 干）, 棕灰色（7.5YR 4/1, 润）, 粉壤土, 团粒状结构, 大量根系, 2%～5%的黑色铁锰结核和黄橙色（7.5YR 7/8）锈纹锈斑, 强烈石灰反应, pH 8.23, 向下层波状模糊过渡。

AB: 20～40cm, 浊黄橙色（10YR 6/4, 干）, 黄棕色（10YR 5/6, 润）, 粉壤土, 团粒状结构, 2%～5%的黄橙色（7.5YR 7/8）锈纹锈斑和黑色铁锰结核, 中量石灰粉末, 强烈石灰反应, pH 8.15, 向下层波状模糊过渡。

Bk1: 40～90cm, 橙白色（10YR 7/4, 干）, 暗红棕色（10YR 6/4, 润）, 粉壤土, 块状结构, 中量石灰粉末, 强烈石灰反应, pH 8.08, 向下层波状模糊过渡。

Bk2: 90～130cm, 灰黄棕色（10YR 7/4, 干）, 浊黄棕色（10YR 5.5/4, 润）, 粉壤土, 块状结构, 中量石灰粉末, 强烈石灰反应, pH 8.05, 向下层波状模糊过渡。

Ck: 130cm 以下, 淡黄橙色（10YR 6.5/4, 干）, 浊红棕色（10YR 6/4, 润）, 粉壤土, 块状结构, 2%～5%的黄橙色（10YR 6/4）锈纹锈斑, 中量石灰粉末, 强烈石灰反应, pH 8.24。

宜沟系代表性单个土体物理性质

土层	深度/cm	细土颗粒组成(粒径: mm)/(g/kg)			质地	容重/(g/cm³)
		砂粒 2～0.05	粉粒 0.05～0.002	黏粒 <0.002		
Ap	0～20	179	652	169	粉壤土	1.30
AB	20～40	191	633	177	粉壤土	1.60
Bk1	40～90	179	646	175	粉壤土	1.74
Bk2	90～130	202	614	184	粉壤土	1.72
Ck	>130	160	662	178	粉壤土	1.55

宜沟系代表性单个土体化学性质

深度 /cm	pH (H₂O)	有机碳 /(g/kg)	全氮(N) /(g/kg)	全磷(P₂O₅) /(g/kg)	全钾(K₂O) /(g/kg)	阳离子交换量 /(cmol/kg)
0～20	8.23	9.34	0.53	0.75	16.82	18.57
20～40	8.15	5.79	0.33	0.76	16.38	17.84
40～90	8.08	4.44	0.42	0.69	15.73	18.21
90～130	8.05	3.90	0.42	0.76	16.82	19.04
>130	8.24	4.92	0.33	0.84	15.74	19.33

深度 /cm	电导率 /(μS/cm)	有效磷 /(mg/kg)	交换性镁 /(cmol/kg)	交换性钙 /(cmol/kg)	交换性钾 /(cmol/kg)	交换性钠 /(cmol/kg)	碳酸钙相当物 /(g/kg)
0～20	152	4.15	0.80	19.28	0.38	2.09	156.70
20～40	195	3.19	0.40	18.06	0.31	2.02	150.25
40～90	302	3.06	1.69	18.75	0.30	2.01	152.94
90～130	248	4.02	1.10	17.47	0.28	2.10	194.84
>130	176	3.47	0.50	19.16	0.31	2.24	163.55

7.12.8　坡头系（Potou Series）

土　　族：壤质混合型温性-钙积简育干润雏形土
拟定者：吴克宁，鞠　兵，李　玲

分布与环境条件　多出现于低山丘陵的鞍部及坡麓，母质为马兰黄土，温带大陆性季风气候。年均气温 14.6℃，温性土壤温度状况，降水量约为 922mm，蒸发量约为 1720mm，半干润土壤水分状况。

坡头系典型景观

土系特征与变幅　该土系诊断层有淡薄表层、雏形层、钙积层；诊断特性有半干润土壤水分状况、温性土壤温度状况等。混合型矿物，质地较均一，通体质地为粉壤土。Bk1 层为雏形层，团块结构，少量石灰粉末；Bk2 层块状结构，5%～15%的假菌丝体。剖面 150cm 以上碳酸钙相当物含量为 144～174g/kg，并随深度增加而减少。通体强烈石灰反应。

对比土系　尹庄系，壤质混合型温性-钙积简育干润雏形土。二者母质相同，特征土层相同，剖面构型相同，属于同一土族。尹庄系剖面构型为 A-AB-Bk-Ck，42cm 以下发育大量假菌丝体等新生体，碳酸钙相当物含量整体分布均匀；坡头系剖面构型为 A-AB-Bk，表层主要为砂姜，表下层至 150cm 主要为石灰粉末。

利用性能综述　土体深厚，表（耕）层为粉壤土，质地适中，易耕期长，土质较疏松，通透性好，分布于坡地，无灌溉水源，水土易流失，肥力低。应注意增施有机肥，种植绿肥，选择小麦、谷子、甘薯等耐旱、耐瘠作物。

参比土种　浅位料姜白面土（浅位少量砂姜黄土质石灰性褐土）。

代表性单个土体　剖面于 2010 年 7 月 14 日采自河南省济源市坡头镇乡柳峪沟村（编号 41-023），34°57′48″N，112°13′29″E，丘陵坡地中部，林地，母质为马兰黄土。

A: 0～20cm，浊橙色（7.5YR 7/3.5，干），浊棕色（7.5YR 5/4，润），粉壤土，团块状结构，2%～5%的砂姜，强烈石灰反应，pH 8.04，向下层波状清晰过渡。

AB: 20～60cm，浊黄橙色（10YR 7/4，干），黄棕色（10YR 5/6，润），粉壤土，团块结构，中量石灰粉末，强烈石灰反应，pH 7.91，向下层波状清晰过渡。

Bk1: 60～150cm，淡黄橙色-浊黄橙色（10YR 7.5/4，干），红棕色（10YR 4.5/6，润），粉壤土，团块结构，少量白色石灰粉末，强烈石灰反应，pH 7.95，向下层波状清晰过渡。

Bk2: 150cm 以下，浊橙色-浊棕色（7.5YR 5.5/4，干），红棕色-暗红棕色（7.5YR 4/6，润），粉壤土，块状结构，5%～15%的白色假菌丝体，强烈石灰反应，pH 8.12。

坡头系单个土体剖面

坡头系代表性单个土体物理性质

土层	深度 /cm	细土颗粒组成(粒径：mm)/(g/kg)			质地	容重 /(g/cm³)
		砂粒 2～0.05	粉粒 0.05～0.002	黏粒 <0.002		
A	0～20	184	670	146	粉壤土	1.24
AB	20～60	183	677	140	粉壤土	1.34
Bk1	60～150	124	718	159	粉壤土	1.37
Bk2	>150	186	628	186	粉壤土	1.34

坡头系代表性单个土体化学性质

深度 /cm	pH (H₂O)	有机碳 /(g/kg)	全氮(N) /(g/kg)	全磷(P₂O₅) /(g/kg)	全钾(K₂O) /(g/kg)	阳离子交换量 /(cmol/kg)
0～20	8.04	3.99	0.47	0.73	14.58	12.67
20～60	7.91	2.79	0.58	0.77	14.82	10.93
60～150	7.95	0.33	0.47	0.79	16.32	10.73
>150	8.12	3.16	0.37	0.69	16.37	16.98

深度 /cm	电导率 /(μS/cm)	有效磷 /(mg/kg)	交换性镁 /(cmol/kg)	交换性钙 /(cmol/kg)	交换性钾 /(cmol/kg)	交换性钠 /(cmol/kg)	碳酸钙相当物 /(g/kg)
0～20	171	3.14	2.01	12.05	0.28	2.53	173.72
20～60	659	4.22	0.90	12.95	0.28	2.86	159.91
60～150	103	7.86	1.92	10.08	0.23	2.28	144.63
>150	495	3.01	0.79	15.87	0.28	2.59	56.45

7.12.9　杏园系（Xingyuan Series）

土　族：壤质混合型温性-钙积简育干润雏形土
拟定者：赵彦锋，陈　杰，万红友

分布与环境条件　多出现于黄土塬边和黄土岭坡地，母质为马兰黄土，暖温带大陆性季风气候。年均气温 14.2℃，地表下 50cm 深处平均土温为 15.7℃，温性土壤温度状况，年均降水量 530mm，半干润土壤水分状况。

杏园系典型景观

土系特征与变幅　该土系诊断层有淡薄表层、雏形层、钙积层；诊断特性有半干润土壤水分状况、温性土壤温度状况等。混合型矿物。Bk 层在剖面 20cm 左右开始出现，pH 7.8～8.2，通体强石灰反应。

对比土系　箕阿系，黏壤质混合型温性-普通钙积干润淋溶土。二者均分布相似，母质相同，石灰反应相似，剖面颜色近似，诊断层不同，属于不同的土纲。箕阿系主要在塬上或岭上的平地，剖面构型为 Ap-Bk-Btk-Ck，Btk 层结构面有明显黏粒胶膜和假菌丝体，具有黏化层、钙积层；杏园系多在塬边和岭坡地，具有雏形层、钙积层，Bk 层出现的部位较浅，属壤质混合型温性-钙积简育干润雏形土。

利用性能综述　该类土壤土体深厚，质地适中，适耕期长，好耕作，通气透水，保水保肥，土性暖，但有机碳分解较快，养分含量较低，容易干旱，有水土流失趋势。应做好土体平整，改善农田灌溉条件，采取措施增加土壤的蓄水保墒能力。

参比土种　白面土（中壤质黄土质石灰性褐土）。

代表性单个土体　剖面于 2011 年 10 月 1 日采自河南省洛阳市偃师市城关镇杏园村（编号 41-156），34°45′16″N，112°45′18″E，海拔 234m，黄土塬边，耕地，小麦-玉米轮作，一年两熟，母质为马兰黄土。

Ap: 0～21cm，浊黄橙色（10YR 6/3，干），棕色（10YR 4/6，润），粉砂壤土，团块状结构，干时松软，润时疏松，湿时稍黏着，稍塑，较强石灰反应，pH 7.8，向下层清晰平滑过渡。

Bk1: 21～28cm，浊黄橙色（10YR 6/4，干），黄棕色（10YR 5/6，润），粉砂壤土，团块状结构，干时稍硬，润时稍坚实，湿时稍黏着，稍塑，强石灰反应，pH 8.1，向下层清晰平滑过渡。

Bk2: 28～105cm，浊黄橙色（10YR 6/4，干），亮棕色（7.5YR 5/6，润），粉砂壤土，团块状结构，干时稍硬，润时稍坚实，湿时稍黏着，稍塑，强石灰反应，pH 8.2，向下层清晰平滑过渡。

Ck: 105～160cm，浊黄橙色（10YR 6/4，干），黄棕色（10YR 5/6，润），粉砂壤土，团块状结构，干时稍硬，润时稍坚实，湿时稍黏着，稍塑，少量石灰结核，强石灰反应，pH 8.1。

41-156

杏园系单个土体剖面

杏园系代表性单个土体物理性质

| 土层 | 深度/cm | 砾石(>2mm，体积分数)/% | 细土颗粒组成(粒径：mm)/(g/kg) | | | 质地 | 容重/(g/cm³) |
			砂粒 2～0.05	粉粒 0.05～0.002	黏粒 <0.002		
Ap	0～21	≤25	161	721	118	粉砂壤土	1.36
Bk1	21～28	≤25	126	748	126	粉砂壤土	1.48
Bk2	28～105	≤25	174	734	91	粉砂壤土	1.45
Ck	105～160	≤25	209	697	93	粉砂壤土	1.45

杏园系代表性单个土体化学性质

深度/cm	pH(H₂O)	有机碳/(g/kg)	全氮(N)/(g/kg)	全磷(P₂O₅)/(g/kg)	全钾(K₂O)/(g/kg)	阳离子交换量/(cmol/kg)	碳酸钙相当物/(g/kg)
0～21	7.8	4.55	1.12	0.69	22	5.4	62.8
21～28	8.1	3.11	0.52	0.56	20.8	4.2	102.3
28～105	8.2	2.29	0.28	0.49	20.2	4.4	165.8
105～160	8.1	1.95	0.28	0.57	20.6	18.4	123.8

7.12.10　五顷系（Wuqing Series）

土　　族：黏壤质混合型温性-钙积简育干润雏形土
拟定者：赵彦锋，陈　杰，万红友

分布与环境条件　分布于焦作、三门峡、商丘、平顶山的石灰岩山地坡麓及台地，海拔 300～400m，母质为石灰岩、白云岩、大理岩等石灰岩类的风化残坡积物，暖温带大陆性季风气候。年均气温 12～13℃，年均降水量 600～700 mm。

五顷系典型景观

土系特性与变幅　该土系诊断层有淡薄表层、雏形层、钙积层；诊断特性有半干润土壤水分状况、温性土壤温度状况。混合型矿物。Bk 层（33～96cm）含较多假菌丝，少量扁平状岩石碎屑。全剖面 pH 7.7～8.1，呈中性至微碱性，通体强烈石灰反应。

对比土系　杏园系，壤质混合型温性-钙积简育干润雏形土。二者均有钙积层、雏形层，归属为钙积简育干润雏形土，但地形和母质不同。杏园系多出现于黄土塬边和黄土岭坡地，母质为马兰黄土；而五顷系多发育于石灰岩山地坡麓及台地，成土母质为石灰岩、白云岩、大理岩等石灰岩类的风化残坡积物，具有碳酸盐岩岩性特征，属于黏壤质混合型温性-钙积简育干润雏形土。

生产性能综述　该类土壤一般土体较薄，地表多生长草灌，并伴有稀疏刺槐、侧柏、酸枣，土体富钙，适宜种植喜钙林木，部分土体深厚的可开垦为农田，有水土流失趋势。应搞好农田基本建设，修筑梯田，修渠建水窖，改善灌溉，科学培肥。

参比土种　少砾中层钙质淋溶褐土。

代表性单个土体　剖面于 2011 年 10 月 1 日采自河南省洛阳市新安县石井镇五顷村（编号 41-155），34°55′39″N，112°3′5″E，山地坡麓及台地，海拔 373m，耕地，小麦-玉米轮作，一年两熟，母质为石灰岩、白云岩、大理岩等风化残坡积物。

Ap: 0～18cm，棕色（10YR 4/6，干），棕色（7.5YR 4/3，润），粉砂质黏壤土，强发育块状结构，干时松软，大量根系，10%体积较小的扁平状岩石碎屑，强烈石灰反应，pH 8.1，向下层清晰平滑过渡。

ABk: 18～33cm，棕色（10YR 4/6，干），棕色（7.5YR 4/4，润），粉砂质黏壤土，强发育块状结构，干时稍硬，少量的假菌丝，强烈石灰反应，pH 8.1，向下层清晰平滑过渡。

Bk: 33～96cm，棕色（10YR 5/6，干），棕色（10YR 4/6，润），粉砂质黏壤土，强发育块状结构，干时硬，较多的假菌丝，少量扁平状岩石碎屑，强烈石灰反应，pH 7.7，向下层清晰平滑过渡。

C: 96～112cm，棕色（10YR 4/6，干），暗棕色（10YR 3/4，润），粉砂质黏壤土，强烈石灰反应，pH 7.8，向下层清晰平滑过渡。

R: 112cm 以下，以半风化母岩为主。

五顷系单个土体剖面

五顷系代表性单个土体物理性质

| 土层 | 深度/cm | 砾石(>2mm，体积分数)/% | 细土颗粒组成(粒径：mm)/(g/kg) | | | 质地 | 容重/(g/cm³) |
			砂粒 2～0.05	粉粒 0.05～0.002	黏粒 <0.002		
Ap	0～18	10	123	675	202	粉砂质黏壤土	1.53
ABk	18～33	10	213	601	186	粉砂质黏壤土	1.64
Bk	33～96	20	201	583	216	粉砂质黏壤土	1.72
C	96～112	70	118	661	221	粉砂质黏壤土	—

五顷系代表性单个土体化学性质

深度/cm	pH(H₂O)	有机碳/(g/kg)	全氮(N)/(g/kg)	全磷(P₂O₅)/(g/kg)	全钾(K₂O)/(g/kg)	阳离子交换量/(cmol/kg)	碳酸钙相当物/(g/kg)
0～18	8.1	8.41	0.98	0.52	36	7.7	89
18～33	8.1	6.55	0.68	0.45	35.2	6.5	112
33～96	7.7	4.26	0.55	0.44	35.6	7.6	228
96～112	7.8	2.02	0.4	0.43	38.8	5.5	553

7.13　普通简育干润雏形土

7.13.1　大吕系（Dalü Series）

土　族：黏壤质混合型石灰性温性-普通简育干润雏形土
拟定者：陈　杰，万红友，王兴科

分布与环境条件　主要分布于湖积平原或盆地的缓岗和平-洼地交界地带，母质为湖积沉积物上覆洪冲积物异元母质，暖温带季风气候。年均气温为 14.4℃，温性土壤温度状况，年均降水量为 630～740mm，半干润土壤水分状况。

大吕系典型景观

土系特性与变幅　该土系诊断层有淡薄表层、雏形层；诊断特性有石灰性、半干润土壤水分状况、温性土壤温度状况等。混合型矿物，黏粒含量150～270g/kg，<0.05mm 颗粒含量>700g/kg，为黏壤质覆盖。90～130cm 为残余黑土层 Bw3，黏粒含量为240～250 g/kg，下部有少量小的石灰结核，130cm 以下为发育于湖相沉积物的残余钙积层或砂姜层，有中量石灰结核。通体较强石灰反应。

对比土系　文殊系，黏壤质混合型温性-石灰底锈干润雏形土。二者地理位置邻近，地貌、石灰反应特征相似，母质相似，特征土层不同，属不同的亚纲。文殊系母质为洪冲积物，具有氧化还原特征，剖面构型为 Ap-AB-Bw-Brk-Ck，Brk 层有 5%铁锰结核，5%以下的石灰结核；大吕系母质为异元母质，无氧化还原特征，剖面构型为 Ap-Bw-BC，90～130cm 为残余黑土层 Bw3，130cm 以下有中量石灰结核，属黏壤质混合型石灰性温性-普通简育干润雏形土。

利用性能综述　该土系土体深厚，耕作层质地适中，耕性较好，下层有较黏土层，保水保肥，水分条件较好，是一种高产土壤类型。改善利用上应注重改善排灌条件。

参比土种　黏盖石灰性砂姜黑土。

代表性单个土体　剖面于 2012 年 3 月 10 采自河南省许昌市禹州市小吕乡大吕村（编号 41-168），34°1′30″N，113°25′30″E，海拔约 100m，湖积平原缓岗，耕地，小麦-玉米轮作，一年两熟，母质为湖积沉积物上覆洪冲积物异元母质。

Ap: 0～21cm，浊黄棕色（10YR 5/4，干），浊黄棕色（10YR 4/3，润），粉砂壤土，团粒状结构，大量根系，较强石灰反应，pH 7.8，向下层清晰平滑过渡。

Bw1: 21～56cm，浊黄橙色（10YR 6/3，干），浊棕色（7.5YR 5/4，润），黏壤土，团块状结构，较强石灰反应，pH 7.8，与下层模糊渐变过渡。

Bw2: 56～90cm，暗橙色（10YR 3/3，干），棕色（10YR 4/6，润），黏壤土，团块状结构，有少量裂隙，较强石灰反应，pH 7.8，与下层清晰突变过渡。

Bw3: 90～130cm，暗棕色（7.5YR 3/3），黏壤土，块状结构，5%左右的石灰结核，有较强石灰反应，pH 7.7，与下层模糊渐变过渡。

BC: 130～140cm，浊黄橙色（10YR 6/4，干），灰黄棕色（10YR 4/2，润）和亮黄棕色（10YR 6/8，润），粉砂壤土，块状结构，10%～15%左右的石灰结核，有强石灰反应，pH 8.0。

大吕系单个土体剖面

大吕系代表性单个土体物理性质

土层	深度/cm	砾石（>2mm，体积分数)/%	细土颗粒组成(粒径：mm)/(g/kg)			质地	容重/(g/cm³)
			砂粒 2～0.05	粉粒 0.05～0.002	黏粒 <0.002		
Ap	0～21	≤25	301	551	148	粉砂壤土	1.47
Bw1	21～56	≤25	250	532	218	黏壤土	1.56
Bw2	56～90	≤25	150	581	269	黏壤土	1.55
Bw3	90～130	≤25	194	561	245	黏壤土	1.60
BC	130～140	≤25	331	557	112	粉砂壤土	1.55

大吕系代表性单个土体化学性质

深度/cm	有机碳/(g/kg)	有效磷/(mg/kg)	速效钾/(mg/kg)	全磷(P_2O_5)/(g/kg)	全钾(K_2O)/(g/kg)	阳离子交换量/(cmol/kg)	pH(H_2O)	碳酸钙相当物/(g/kg)
0～21	15.60	30.4	96	0.98	18.8	15.6	7.8	30.7
21～56	7.77	2.9	64	0.62	18.8	13.8	7.8	38.0
56～90	4.57	1.3	76	0.53	20	25.4	7.8	16.8
90～130	4.88	0.3	74	0.43	17.8	22.2	7.7	52.7
130～140	4.26	0.5	68	0.35	19.2	14.4	8.0	37.3

7.13.2　李胡同系（Lihutong Series）

土　　族：黏壤质混合型石灰性温性-普通简育干润雏形土
拟定者：陈　杰，万红友，王兴科

分布与环境条件　多形成于黄河故道漫流洼地或黄河冲积平原的边缘洼地，母质为黄河冲积沉积物，暖温带季风气候。年均气温为 14℃，温性土壤温度状况，年均 652.5mm，集中在 6～8 月，半干润土壤水分状况。

李胡同系典型景观

土系特征与变幅　该土系诊断层有淡薄表层、雏形层；诊断特性有石灰性、半干润土壤水分状况、温性土壤温度状况等。混合型矿物。耕作层 Ap 质地为黏壤土，土体深厚，容重在 1.5g/cm^3 左右；特征黏土层出现在 50cm 以下，厚度一般>20cm，黏粒含量>280g/kg，pH 8.0～8.4。通体具有中度至较强石灰反应。

对比土系　白马系，壤质混合型温性-石灰底锈干润雏形土。二者具有相同的土壤温度和土壤水分状况，且都具石灰反应，属于同一亚纲。白马系剖面构型为 Ap-Bw-BC-Cr，表层为壤质，剖面底部土层 68～150cm 可观察到铁锰斑纹；李胡同系剖面构型为 Ap-Bw-BC，无氧化还原特征，100cm 以上土壤质地为黏壤质，100cm 以下出现砂土层，属黏壤质混合型石灰性温性-普通简育干润雏形土。

利用性能综述　该土系农业生产性能因耕层黏粒含量不同而异，耕层黏粒含量适中，耕性良好，肥力较高，水、肥、气、热相对协调。利用改良方面应完善灌溉措施，保证作物生长期内生理需水，推广秸秆还田，增施有机肥，改良耕作层质地，改善土壤结构。

参比土种　底砂淤土。

代表性单个土体　剖面于 2011 年 8 月 16 日采自河南省商丘市睢县潮庄镇李胡同村（编号 41-161），34°17′47″N，114°55′58″E，海拔 55m，地下水位 2.5m，冲积平原，耕地，小麦-玉米轮作，一年两熟，母质为河流冲积沉积物。

Ap：　0～36cm，浊黄橙色（10YR 6/3，干），棕色（7.5YR 4/4，
润），黏壤土，团粒或团块状结构，干时松软，润时疏
松，湿时黏着，中塑，大量根系，中度至强烈石灰反应，
pH 8.0，与下层模糊平滑过渡。

Bw1：36～85cm，浊黄橙色（10YR 6/3，干），棕色（7.5YR 4/4，
润），黏壤土，块状结构，干时硬，润时坚实，湿时稍
黏着，稍塑，中度至强烈石灰反应，pH 8.1，与下层清晰
突变过渡。

Bw2：85～100cm，浊黄橙色（10YR 7/3，干），棕色（10YR 4/6，
润），黏壤土，块状结构，干时硬，润时坚实，湿时黏
着，中塑，中度至强烈石灰反应，pH 8.2，与下层清晰突
变过渡。

BC：　100～140cm，浊黄橙色（10YR 7/3，干），浊黄棕色（10YR
6/4，润），粉砂壤土，团块状结构，直径 25～30mm，
干时松软，润时疏松，湿时稍黏着，稍塑，强烈石灰反
应，pH 8.4。

41-161

李胡同系单个土体剖面

李胡同系代表性单个土体物理性质

土层	深度 /cm	砾石 (>2mm，体积分数)/%	细土颗粒组成(粒径：mm)/(g/kg)			质地	容重 /(g/cm³)
			砂粒 2～0.05	粉粒 0.05～0.002	黏粒 <0.002		
Ap	0～36	≤25	237	548	215	黏壤土	1.52
Bw1	36～85	≤25	219	572	209	黏壤土	—
Bw2	85～100	≤25	89	630	281	黏壤土	—
BC	100～140	≤25	342	540	118	粉砂壤土	—

李胡同系代表性单个土体化学性质

深度 /cm	有机碳 /(g/kg)	有效磷 /(mg/kg)	速效钾 /(mg/kg)	全磷(P₂O₅) /(g/kg)	全钾(K₂O) /(g/kg)	阳离子交换量 /(cmol/kg)	pH (H₂O)	碳酸钙相当物 /(g/kg)
0～36	12.3	4.5	72	0.65	22.2	2.6	8.0	11.9
36～85	6.97	1.7	62	0.48	21.0	2.1	8.1	12.6
85～100	6.76	1.0	80	0.53	23.2	2.1	8.2	10.2
100～140	3.3	0.8	35	0.55	21.0	2.1	8.4	28.3

7.13.3　辛庄系（Xinzhuang Series）

土　　族：壤质盖黏质混合型石灰性温性-普通简育干润雏形土
拟定者：万红友，陈　杰，宋　轩

分布与环境条件　多分布于黄泛平原，母质为河流冲积沉积物，暖温带大陆性季风气候。年均气温13.9℃，温性土壤温度状况，年均降水量约615mm，主要集中在6～8月，半干润土壤水分状况。

辛庄系典型景观

土系特征与变幅　该土系诊断层有淡薄表层、雏形层；诊断特性有石灰性、半干润土壤水分状况、温性土壤温度状况等。混合型矿物，上部土体疏松，下部土壤坚实。69cm以上容重为1.37～1.45g/cm³，69～100cm容重最高，为1.61g/cm³。底层为粉砂质黏土，黏粒含量为459.4mg/kg；表层有机碳、速效钾含量偏低，全磷含量略高。土壤呈碱性，pH 8.4～9.1，通体有石灰反应。

对比土系　潘店系，壤质混合型石灰性温性-普通简育干润雏形土。二者具有相同的母质，均为河流冲积沉积物，相同的土壤温度和土壤水分状况，相同的矿物学类型和石灰反应，相同的剖面构型，均为Ap-Bw-BC，但土壤质地不同，属于不同土族。潘店系表层为黏土层，其余土层以黏壤土-壤土为主；辛庄系上部土体疏松，下部土壤坚实，黏土层出现在69cm以下，其余土层以粉砂壤土为主，属壤质盖黏质混合型石灰性温性-普通简育干润雏形土。

利用性能综述　该土系土体深厚，疏松，质地偏轻，通气透水性较强，下层黏土保水保肥，为高产土壤类型。

参比土种　小两合土。

代表性单个土体　剖面于2009年7月8日采自新乡市封丘县居厢乡辛庄村（编号41-292），35°6′52″N，114°26′3″E，海拔54m，冲积平原，耕地，小麦-玉米轮作，一年两熟，母质为河流冲积沉积物。

Ap: 0～20cm，灰棕色（7.5YR 6/2，干），灰棕色（7.5YR 5/2，润），粉砂壤土，团块状结构，干时松软，润时疏松，湿时稍黏着，稍塑，大量根系，有石灰反应，pH 8.41，向下层渐变平滑过渡。

Bw1: 20～47cm，棕灰色（10YR 5/1，干），灰色（5Y 6/1，润），粉砂壤土，团块状结构，干时松软，润时疏松，湿时无黏着，无塑，有石灰反应，pH 8.67，向下层清晰平滑过渡。

Bw2: 47～69cm，淡灰色（10YR 7/1，干），灰色（5Y 4/1，润），粉砂壤土，团块状结构，干时松软，润时疏松，湿时无黏着，无塑，坚实，少量细须根，细孔，孔隙度中，有石灰反应，pH 8.52，向下层清晰平滑过渡。

BC: 69～100cm，浊黄橙色（10YR 7/2，干），亮黄棕色（2.5Y 6/6，润），粉砂质黏土，块状结构，干时硬，润时坚实，湿时黏着，中塑，有石灰反应，pH 9.03。

辛庄系单个土体剖面

辛庄系代表性单个土体物理性质

土层	深度 /cm	砾石 (>2mm，体积分数)/%	细土颗粒组成(粒径：mm)/(g/kg)			质地	容重 /(g/cm³)
			砂粒 2～0.05	粉粒 0.05～0.002	黏粒 <0.002		
Ap	0～20	≤25	199	703	97	粉砂壤土	1.37
Bw1	20～47	≤25	134	851	14	粉砂壤土	1.39
Bw2	47～69	≤25	406	576	18	粉砂壤土	1.45
BC	69～100	≤25	63	478	459	粉砂质黏土	1.61

辛庄系代表性单个土体化学性质

深度 /cm	pH (H₂O)	有机碳 /(g/kg)	全磷(P₂O₅) /(g/kg)	全钾(K₂O) /(g/kg)	阳离子交换量 /(cmol/kg)
0～20	8.41	17.31	1.98	19.61	19.2
20～47	8.67	5.05	1.44	19.61	15.7
47～69	8.52	8.19	1.36	21.87	16.3
69～100	9.03	2.60	1.23	19.18	16.4

7.13.4　白沙系（Baisha Series）

土　　族：壤质混合型石灰性温性-普通简育干润雏形土
拟定者：吴克宁，鞠　兵，李　玲

分布与环境条件　多出现于黄泛冲积平原黄河故道两侧倾斜平地，母质为河流冲积沉积物，暖温带大陆性季风气候。年均气温为 14.4℃，温性土壤温度状况，年均降水量约 640mm，半干润土壤水分状况。

白沙系典型景观

土系特征与变幅　该土系诊断层有淡薄表层、雏形层；诊断特性有石灰性、半干润土壤水分状况、温性土壤温度状况等。混合型矿物，质地以粉壤土为主。Bw 层黏粒明显增加，全剖面呈碱性，通体强烈石灰反应。

对比土系　花园口系，壤质混合型温性-石灰淡色潮湿雏形土。二者地理位置邻近，母质、地貌相似，石灰反应特征相似，因土壤水分状况不同，属不同的亚纲。花园口系具潮湿土壤水分状况，剖面构型为 Ah-Br-Cr，50cm 以内出现氧化还原特征，如铁锈斑纹、小铁锰结核等；白沙系剖面构型为 Ap-Bw-Br，氧化还原特征铁锈斑纹位于剖面底部（100cm 以下），属壤质混合型石灰性温性-普通简育干润雏形土。

利用性能综述　该土系土体深厚，疏松，质地偏轻，通体透水性较强，保水保肥力稍差，耕性好，宜耕期长，耐涝，易旱，土壤肥力中等偏低。应注意发展水利，扩大灌溉面积，增施有机肥，培肥地力，化肥分期施用。

参比土种　小两合土。

代表性单个土体　剖面于 2010 年 6 月 4 日采自郑州市中牟县白沙乡（编号 41-005），34°45′53″N，113°52′17″E，冲积平原，耕地，小麦-大豆轮作，一年两熟，母质为河流冲积沉积物。

Ap: 0～18cm，浊黄橙色（10YR 6/4，干），亮棕色-棕色（7.5YR
4.5/4，润），粉壤土，团粒状结构，干时松软，润时疏
松，湿时稍黏着，稍塑，大量根系，强烈石灰反应，pH
8.18，向下层波状模糊过渡。

Bw1: 18～40cm，橙白色-淡黄橙色（10YR 8/2.5，干），浊橙
色-浊棕色（7.5YR 5.5/4，润），粉壤土，团块状结构，
干时稍硬，润时稍坚实，湿时稍黏着，稍塑，强烈石灰
反应，pH 8.21，向下层波状模糊过渡。

Bw2: 40～68cm，淡黄橙色（10YR 8/3，干），浊橙色（7.5YR
6/4，润），砂壤土，团块状结构，干时稍硬，润时稍坚
实，湿时无黏着，无塑，强烈石灰反应，pH 8.15，向下
层波状模糊过渡。

白沙系单个土体剖面

Bw3: 68～104cm，浊黄橙色（10YR 8/3.5，干），浊橙色（7.5YR
6/4，润），粉壤土，团块状结构，干时稍硬，润时稍坚
实，湿时无黏着，无塑，强烈石灰反应，pH 8.08，向下层波状模糊过渡。

Br: 104cm 以下，浊黄橙色（10YR 8/2.5，干），浊橙色（7.5YR 7/3.5，润），粉壤土，团块状结构，
干时稍硬，润时稍坚实，湿时无黏着，无塑，2%～5%的亮棕色（7.5YR 7/6，干）锈纹，强烈石
灰反应，pH 7.69。

白沙系代表性单个土体物理性质

土层	深度 /cm	细土颗粒组成(粒径：mm)/(g/kg)			质地	容重 /(g/cm³)
		砂粒 2～0.05	粉粒 0.05～0.002	黏粒 <0.002		
Ap	0～18	309	592	99	粉壤土	1.40
Bw1	18～40	315	572	113	粉壤土	1.55
Bw2	40～68	501	426	73	砂壤土	1.47
Bw3	68～104	251	665	84	粉壤土	1.43
Br	>104	302	621	76	粉壤土	1.47

白沙系代表性单个土体化学性质

深度 /cm	pH (H₂O)	有机碳 /(g/kg)	全氮(N) /(g/kg)	全磷(P₂O₅) /(g/kg)	全钾(K₂O) /(g/kg)	阳离子交换量 /(cmol/kg)
0～18	8.18	12.08	1.20	0.70	15.08	8.87
18～40	8.21	6.20	0.74	0.77	15.35	9.17
40～68	8.15	2.32	0.31	0.65	14.14	8.82
68～104	8.08	2.89	0.24	0.64	15.52	7.07
>104	7.69	3.17	0.47	1.60	14.85	6.19

深度 /cm	电导率 /(μS/cm)	有效磷 /(mg/kg)	交换性镁 /(cmol/kg)	交换性钙 /(cmol/kg)	交换性钾 /(cmol/kg)	交换性钠 /(cmol/kg)	碳酸钙相当物 /(g/kg)
0～18	171	13.99	0.20	10.80	0.31	1.88	66.74
18～40	187	6.47	1.10	11.08	0.23	1.88	84.36
40～68	1020	3.87	0.20	9.58	0.23	1.81	78.61
68～104	198	4.56	0.80	9.98	0.23	2.02	92.12
>104	291	5.65	0.99	6.96	0.25	2.16	76.47

7.13.5 君召系（Junzhao Series）

土　族：壤质混合型石灰性温性-普通简育干润雏形土
拟定者：吴克宁，鞠　兵，李　玲

分布与环境条件　多出现于山前
倾斜平原的中下部，母质为洪冲
积物，暖温带大陆性季风气候。
年均气温 14.3℃，年均降水量约
524.4mm。

君召系典型景观

土系特征与变幅　该土系诊断层有淡薄表层、雏形层；诊断特性有石灰性、半干润土壤
水分状况、温性土壤温度状况等。混合型矿物，粉壤土。Bw 雏形层团块状结构；Cr 层
有 15%～40%的铁锰结核。土壤平均容重为 1.48g/cm³，碳酸钙相当物含量平均为 15.55g/kg，
并随深度增加而减小。表层有机碳含量平均为 10.82g/kg，比下垫土层平均含量高。在土
壤交换能力方面，阳离子交换量平均为 17.36 cmol/kg。通体石灰反应由强变弱。

对比土系　大仙沟系，黏壤质混合型石灰性温性-斑纹简育干润淋溶土。二者位置相近，
母质相同，剖面构型不同，特征土层不同，属于不同的土纲。大仙沟系位于山前倾斜平
原中上部，剖面构型为 A-ABr-Btk-Cr，具有黏化层，黏化层土壤结构以块状结构为主，
并发育垂直裂隙，剖面底部（60cm 以下）发育铁锈斑纹等氧化还原特征；君召系位于山
前倾斜平原中下部，仅具有雏形层，剖面构型为 Ap-AB-Bw-Cr，100cm 内有石灰反应，
属壤质混合型石灰性温性-普通简育干润雏形土 。

利用性能综述　该土系耕层砂黏比例适中，易耕作，适耕期长，通透性能良好，保水
保肥。

参比土种　幼褐土（两合洪积褐土性土）。

代表性单个土体　剖面于 2010 年 7 月 13 日采自登封市君召乡陈驳村（编号 41-029），
34°26′17″N，112°49′1″E，山前倾斜平原中下部，耕地，小麦-玉米轮作，一年两熟，母
质为洪冲积物。

41-029

Ap：　0～15cm，黄棕色（10YR 5/6，干），棕色（10YR 4/6，润），粉壤土，弱发育团块状结构，大量根系，强烈石灰反应，pH 7.51，向下层波状模糊过渡。

AB：　15～50cm，浊黄橙色（10YR 6/3.5，干），棕色（10YR 4/6，润），粉壤土，团块状结构，强烈石灰反应，pH 7.61，向下层波状模糊过渡。

Bw：　50～102cm，橙色（7.5YR 6/6，干），棕色（7.5YR 4.5/6，润），粉壤土，团块状结构，中度石灰反应，pH 7.58，向下层波状明显过渡。

Cr：　102cm 以下，淡黄橙色（7.5YR 8/5，干），橙色（7.5YR 6/8，润），壤土，团块状结构，15%～40%的黑色铁锰胶膜结核，无石灰反应，pH 7.82。

君召系单个土体剖面

君召系代表性单个土体物理性质

| 土层 | 深度 /cm | 细土颗粒组成(粒径：mm)/(g/kg) | | | 质地 | 容重 /(g/cm³) |
		砂粒 2～0.05	粉粒 0.05～0.002	黏粒 <0.002		
Ap	0～15	182	656	162	粉壤土	1.42
AB	15～50	214	629	157	粉壤土	1.38
Bw	50～102	171	650	179	粉壤土	1.51
Cr	＞102	458	449	93	壤土	1.59

君召系代表性单个土体化学性质

深度 /cm	pH (H₂O)	有机碳 /(g/kg)	全氮(N) /(g/kg)	全磷(P₂O₅) /(g/kg)	全钾(K₂O) /(g/kg)	阳离子交换量 /(cmol/kg)
0～15	7.51	10.82	0.92	0.74	13.81	17.69
15～50	7.61	6.40	0.82	0.69	12.98	16.15
50～102	7.58	5.87	0.83	0.66	13.57	17.59
＞102	7.82	2.43	0.38	—	—	18.02

深度 /cm	电导率 /(μS/cm)	有效磷 /(mg/kg)	交换性镁 /(cmol/kg)	交换性钙 /(cmol/kg)	交换性钾 /(cmol/kg)	交换性钠 /(cmol/kg)	碳酸钙相当物 /(g/kg)
0～15	141	3.94	2.39	18.43	0.25	2.51	25.35
15～50	175	3.01	1.51	18.61	0.28	2.36	32.39
50～102	234	3.68	3.01	18.07	0.21	2.36	10.99
＞102	152	8.11	1.89	21.02	0.18	2.77	5.48

7.13.6 观音寺系（Guanyinsi Series）

土　族：壤质混合型石灰性温性-普通简育干润雏形土
拟定者：吴克宁，鞠　兵，李　玲

分布与环境条件　多出现于黄土丘陵坡地，母质为马兰黄土，暖温带大陆性季风气候。年均气温 14.50℃，矿质土表至 50cm 深度处年均土壤温度约为 15.5℃，年均降水量约为 660mm。

观音寺系典型景观

土系特征与变幅　该土系诊断层有淡薄表层、雏形层；诊断特性有石灰性、半干润土壤水分状况、温性土壤温度状况等。混合型矿物，质地较均匀，均为粉壤土，除表层外其余层均有 2%～5%的假菌丝体。土壤有机碳含量很低，平均约 5.53g/kg，并随剖面深度增加而减少。全剖面呈碱性，石灰反应从上到下由强到弱。

对比土系　薛店系，壤质混合型石灰性温性-普通简育干润雏形土。二者土壤温度、土壤水分状况、石灰反应、剖面质地相近，属于同一土族。薛店系剖面构型为 Ap-AB-Bw-Bk-BC，土体下部出现石灰粉末，从上到下石灰反应逐渐增强；观音寺系剖面构型为 Ap-ABk-Bk-BC，全剖面都发育少量的假菌丝体，碳酸钙相当物含量剖面分布相对均匀，石灰反应强度由上至下逐渐减弱。

利用性能综述　该土系多分布于黄土丘陵坡地，土壤多呈轻度侵蚀，多无灌溉条件，易干旱，养分含量低，代换性能差，保水保肥性能不良。应注意深翻平整土地，修筑水平梯田，防止土壤侵蚀，种植耐旱绿肥，培肥地力。

参比土种　砂壤质黄土质石灰性褐土。

代表性单个土体　剖面于 2010 年 6 月 6 日采自新郑市观音寺（编号 41-036），34°21′42″N，113°42′3″E，黄土丘陵中部，地下水位约 10m，耕地，小麦-玉米轮作，一年两熟，成土母质为马兰黄土。

41-036

观音寺系单个土体剖面

Ap: 0～21cm，浊橙色（7.5YR 6.5/4，干），亮棕色-棕色（7.5YR 4.5/6，润），团粒状或团块状结构，粉壤土，大量根系，强烈石灰反应，pH 8.23，向下层不规则过渡。

ABk: 21～45cm，浊黄橙色（7.5YR 6.5/4，干），浊棕色（7.5YR 5/4，润），粉壤土，团块状结构，2%～5%的白色假菌丝体，中度石灰反应，pH 8.27，向下层不规则过渡。

Bk: 45～72cm，浊橙色-橙色（7.5YR 7/5，干），棕色（7.5YR 4/6，润），粉壤土，块状结构，2%～5%的白色假菌丝体，中度石灰反应，pH 8.24，向下层波状模糊过渡。

BC: 72cm 以下，灰黄棕色（7.5YR 6/6，干），棕色（7.5YR 4/6，润），粉壤土，块状结构，2%～5%的白色假菌丝体，弱石灰反应，pH 8.05。

观音寺系代表性单个土体物理性质

| 土层 | 深度 /cm | 细土颗粒组成(粒径：mm)/(g/kg) | | | 质地 | 容重 /(g/cm³) |
		砂粒 2～0.05	粉粒 0.05～0.002	黏粒 <0.002		
Ap	0～21	264	623	113	粉壤土	1.43
ABk	21～45	349	542	109	粉壤土	1.52
Bk	45～72	335	542	123	粉壤土	1.37
BC	>72	284	583	133	粉壤土	1.26

观音寺系代表性单个土体化学性质

深度 /cm	pH (H₂O)	有机碳 /(g/kg)	全氮(N) /(g/kg)	全磷(P₂O₅) /(g/kg)	全钾(K₂O) /(g/kg)	阳离子交换量 /(cmol/kg)
0～21	8.23	6.68	0.82	0.68	15.08	9.31
21～45	8.27	5.84	0.55	0.60	12.00	9.6
45～72	8.24	5.18	0.71	0.67	14.62	10.92
>72	8.05	4.43	0.59	0.75	13.55	11.26

深度 /cm	电导率 /(μS/cm)	有效磷 /(mg/kg)	交换性镁 /(cmol/kg)	交换性钙 /(cmol/kg)	交换性钾 /(cmol/kg)	交换性钠 /(cmol/kg)	碳酸钙相当物 /(g/kg)
0～21	176	3.44	3.48	5.47	0.15	2.16	13.53
21～45	173	3.01	0.9	10.96	0.25	2.94	10.84
45～72	280	2.58	2.3	9.98	0.2	1.82	11.37
>72	599	3.15	4.17	8.04	0.2	2.93	2.37

7.13.7 薛店系（Xuedian Series）

土　族：壤质混合型石灰性温性-普通简育干润雏形土
拟定者：吴克宁，鞠　兵，李　玲

分布与环境条件　多出现于黄土
丘陵的残塬坡地，母质为马兰黄
土，暖温带大陆性季风气候。年
均气温 14.3℃，温性土壤温度状
况，年均降水量约为 645mm，半
干润土壤水分状况。

薛店系典型景观

土系特征与变幅　该土系诊断层有淡薄表层、雏形层；诊断特性有石灰性、半干润土壤
水分状况、温性土壤温度状况等。混合型矿物，质地均一。Bk 层出现石灰粉末，全剖面
呈弱碱性，由上至下石灰反应增强。

对比土系　观音寺系，壤质混合型石灰性温性-普通简育干润雏形土。二者土壤温度、土
壤水分状况、石灰反应、剖面质地相近，属于同一土族。观音寺系剖面构型为
Ap-ABk-Bk-BC，全剖面都发育少量的假菌丝体，碳酸钙相当物含量剖面分布相对均匀，
石灰反应强度由上至下逐渐减弱；薛店系剖面构型为 Ap-AB-Bw-Bk-BC，土体下部出现
石灰粉末，从上到下石灰反应逐渐增强。

利用性能综述　该土系分布于丘陵坡地，土体深厚，疏松易耕，适耕期长，但养分含量
低，代换性能差，保水保肥性能不良，易干旱。应注意增施有机肥，种植绿肥，修筑水
平梯田，梯田埂留硬化出水口，防止水土流失，提高土壤保墒抗旱能力。

参比土种　黄土质褐土性土。

代表性单个土体　剖面于 2010 年 6 月 6 日采自河南省新郑市薛店乡龙占湾（编号
41-038），34°30′23″N，113°45′32″E，黄土丘陵中上部，坡度 5°左右，耕地，小麦-玉米
轮作，一年两熟，成土母质为马兰黄土。

薛店系单个土体剖面

Ap：　0～17cm，橙色（7.5YR 6/6，干），棕色（7.5YR 4/6，润），壤土，团块状结构，大量根系，弱石灰反应，pH 7.88，向下层波状清晰过渡。

AB：　17～50cm，橙色-亮橙色（7.5YR 5.5/6，干），亮橙色-棕色（7.5YR 4.5/6，润），壤土，团块状结构，弱石灰反应，pH 8.18，向下层波状清晰过渡。

Bw：　50～85cm，浊橙色-橙色（7.5YR 7/5，干），棕色（7.5YR 4/5，润），粉壤土，团块状结构，强烈石灰反应，pH 8.19，向下层波状清晰过渡。

Bk1：　85～122cm，橙色（7.5YR 6.5/6，干），亮棕色-棕色（7.5YR 4.5/6，润），粉壤土，团块状结构，5%～15%的白色石灰粉末，强烈石灰反应，pH 8.38，向下层波状清晰过渡。

Bk2：　122～160cm，浊橙色-橙色（7.5YR 7/5，干），亮棕色-棕色（7.5YR 4.5/6，润），砂壤土，团块状结构，有2%～5%的白色石灰粉末，强烈石灰反应，pH 8.4，向下层波状清晰过渡。

BC：160cm 以下，橙色（7.5YR 6.5/6，干），棕色-亮棕色（7.5YR 4.5/6，润），粉壤土，团块状结构，强烈石灰反应，pH 8.43。

薛店系代表性单个土体物理性质

土层	深度/cm	细土颗粒组成(粒径：mm)/(g/kg)			质地	容重/(g/cm³)
		砂粒 2～0.05	粉粒 0.05～0.002	黏粒 <0.002		
Ap	0～17	404	478	119	壤土	1.68
AB	17～50	504	392	104	壤土	1.68
Bw	50～85	341	516	143	粉壤土	1.31
Bk1	85～122	324	559	117	粉壤土	1.46
Bk2	122～160	525	354	121	砂壤土	1.55
BC	>160	200	606	193	粉壤土	1.6

薛店系代表性单个土体化学性质

深度 /cm	pH (H₂O)	有机碳 /(g/kg)	全氮(N) /(g/kg)	全磷(P₂O₅) /(g/kg)	全钾(K₂O) /(g/kg)	阳离子交换量 /(cmol/kg)
0～17	7.88	4.72	0.66	0.66	12.95	7.15
17～50	8.18	1.47	0.38	0.60	13.76	9.41
50～85	8.19	1.36	0.93	0.74	13.22	8.38
85～122	8.38	0.98	0.36	0.66	13.32	10.17
122～160	8.4	1.14	0.49	0.76	13.90	8.24
＞160	8.43	7.6	0.56	0.67	13.42	8.09

深度 /cm	电导率 /(μS/cm)	有效磷 /(mg/kg)	交换性镁 /(cmol/kg)	交换性钙 /(cmol/kg)	交换性钾 /(cmol/kg)	交换性钠 /(cmol/kg)	碳酸钙相当物 /(g/kg)
0～17	156	10.98	5.47	3.48	0.1	2.77	5.65
17～50	93	4.01	1.99	8.96	0.08	2.17	5.62
50～85	113	2.58	2.02	9.09	0.39	2.81	66.31
85～122	112	2.15	1.52	10.61	0.21	2.72	67.31
122～160	119	3.86	3.51	8.02	0.18	2.7	74.59
＞160	147	5.15	—	10.08	0.18	2.63	59.20

7.13.8 函谷关系（Hanguguan Series）

土　　族：壤质混合型石灰性温性-普通简育干润雏形土
拟定者：吴克宁，鞠　兵，李　玲

分布与环境条件　主要分布在沟谷河川、丘间谷地，以冲积平原和谷地居多，母质为马兰黄土，暖温带大陆性季风气候。年均气温 13.7℃，矿质土表以下 50cm 深度处土壤年均温度小于 16℃，温性土壤温度状况，年均降水量 640～805mm，半干润土壤水分状况。

函谷关系典型景观

土系特征与变幅　该土系诊断层有淡薄表层、雏形层；诊断特性有石灰性、半干润土壤水分状况、温性土壤温度状况等。混合型矿物，土体深厚，土色以淡黄橙色、浊黄橙色为主，土壤质地为壤土或粉壤土，不发育黏化层，结构多块状，土质疏松，垂直节理明显，抗侵蚀性弱，渗透性强，易发生湿陷和崩塌；碳酸钙相当物含量为 63～101g/kg，假菌丝状出现部位平均为 60～110cm，厚度约为 50cm，通体石灰反应强烈。

对比土系　尹庄系，壤质混合型温性-钙积简育干润雏形土。二者母质、土壤温度状况和土壤水分相同，剖面构型相似，土体均深厚，质地均匀，诊断层不同，属于不同亚类。尹庄系剖面构型为 A-AB-Bk-Ck，42cm 以下发育大量假菌丝体等新生体，具有钙积层，碳酸钙相当物含量整体分布均匀，剖面质地整体为较均一的壤质；函谷关系剖面构型为 Ap-AB-Bk-Ck，60cm 以下发育中到大量假菌丝体，碳酸钙相当物含量由上至下逐渐增多，未达到钙积层或钙积现象，剖面整体砂粒含量较多，质地比尹庄系偏砂壤，属壤质混合型石灰性温性-普通简育干润雏形土。

利用性能综述　该土系土体深厚，通透性好，雨后不黏脚，能及时耕作，耕性好，适耕期长，不起坷垃，但保水保肥性能差，肥力低，怕旱，好出苗，发苗不拔籽，土性暖，施用有机肥易分解。利用上可种植耐旱、耐瘠的小麦、花生、甘薯、谷子，也可种植玉米。

参比土种　砂性白面土（砂壤质黄土质石灰性褐土）。

代表性单个土体　剖面于 2011 年 8 月 1 日采自灵宝市函谷关镇店头村附近（编号 41-119），34°37′44″N，110°55′1″E，黄土丘陵谷地，园地，母质为马兰黄土。

Ap： 0～18cm，浊黄橙色（10YR 7/3.5，干），棕色（10YR 4/4，润），粉壤土，团块状结构，大量根系，强烈石灰反应，pH 8.30，向下层清晰波状过渡。

AB： 18～60cm，淡黄橙色（10YR 8/3，干），湿时棕色（10YR 4/4，润），壤土，团块状结构，强烈石灰反应，pH 8.63，向下层清晰波状过渡。

Bk： 60～90cm，浊黄橙色（10YR 7/3，干），湿时棕色（10YR 4/4，润），团块状结构，15%～20%的假菌丝淀积，强烈石灰反应，pH 8.33，向下层波状渐变过渡。

Ck： 90cm 以下，淡黄橙色（10YR 8/3，干），淡黄橙色（10YR 6/4，润），壤土，团块状结构，15%～20%的假菌丝淀积，pH 8.30，强烈石灰反应。

函谷关系单个土体剖面

函谷关系代表性单个土体物理性质

| 土层 | 深度/cm | 细土颗粒组成(粒径：mm)/(g/kg) | | | 质地 | 容重/(g/cm³) |
		砂粒 2～0.05	粉粒 0.05～0.002	黏粒 <0.002		
Ap	0～18	337	551	112	粉壤土	1.26
AB	18～60	488	429	83	壤土	1.36
Bk	60～90	447	465	88	壤土	1.39
Ck	>90	407	492	101	壤土	1.36

函谷关系代表性单个土体化学性质

深度/cm	pH (H₂O)	有机碳/(g/kg)	全氮(N)/(g/kg)	全磷(P₂O₅)/(g/kg)	全钾(K₂O)/(g/kg)	阳离子交换量/(cmol/kg)
0～18	8.30	6.82	0.77	0.91	13.82	7.87
18～60	8.63	6.61	0.60	0.65	10.56	7.06
60～90	8.33	6.28	0.54	0.67	14.35	6.31
>90	8.30	3.26	0.42	0.58	13.65	5.38

深度/cm	电导率/(μS/cm)	有效磷/(mg/kg)	交换性镁/(cmol/kg)	交换性钙/(cmol/kg)	交换性钾/(cmol/kg)	交换性钠/(cmol/kg)	碳酸钙相当物/(g/kg)
0～18	341	4.99	0.23	4.00	0.38	2.71	65.44
18～60	208	8.26	1.16	2.51	0.19	3.16	63.88
60～90	527	6.71	0.70	4.68	0.13	3.27	83.02
>90	868	5.99	0.40	4.84	0.13	3.04	101.33

7.13.9　北常庄系（Beichangzhuang Series）

土　族：壤质混合型石灰性温性-普通简育干润雏形土
拟定者：吴克宁，鞠　兵，李　玲

分布与环境条件　主要分布在豫北和豫东黄河冲积平原的高滩地，母质为近代河流冲积沉积物，暖温带大陆性季风气候。年均气温 14.4℃，温性土壤温度状况，年均降水量 640.9mm 左右，半干润土壤水分状况。

北常庄系典型景观

土系特征与变幅　该土系诊断层有淡薄表层、雏形层；诊断特性有石灰性、半干润土壤水分状况、温性土壤温度状况等。混合型矿物。Ap 层有机碳含量约 5.40g/kg，粉壤土，下垫层为不同时期的河流冲积物，在质地、结构、颜色、结持性方面均有明显差异；剖面质地为壤土-壤砂，养分含量少，通体石灰反应强烈。

对比土系　花园口系，壤质混合型温性-石灰淡色潮湿雏形土。二者地理位置邻近，但所处微地形不同，土壤水分状况不同，属于不用的亚纲。花园口系处于黄河冲积平原低洼地，地下水位埋深浅，潮湿土壤水分状况，剖面构型为 Ah-Br-Cr，除表层外各土层均有锈纹锈斑；北常庄系位于黄河高滩地，土壤脱离地下水的影响，矿质土表至 50cm 范围内无氧化还原特征，属于半干润土壤水分状况，剖面构型为 Ap-AB-Bw-Cr，属于壤质混合型石灰性温性-普通简育干润雏形土 。

利用性能综述　该土系耕层质地为壤质，下部夹砂，漏水漏肥，建议"翻砂压淤，砂淤混合"，减轻或消除砂性土层不良性状。目前该土系主要种植人工林，保护生态。

参比土种　砂壤质砂质脱潮土。

代表性单个土体　剖面采自 2010 年 7 月 22 日采自郑州市惠济区花园口北常庄高滩地（编号 41-203），34°54′42″N，113°37′11″E，冲积平原高滩地，湿地，自然植被有芦苇、扁草、蒲草等草本植物，母质为近代河流冲积沉积物。

Ap: 0～50cm，淡黄橙色（10YR 8/3，干），黄棕色（10YR 5/6，润），粉壤土，团粒状结构，大量根系，强烈石灰反应，pH 8.65，向下层清晰波状过渡。

AB: 50～70cm，淡黄橙色（10YR 8/3，干），黄棕色（10YR 5/6，润），壤土，团粒状结构，强烈石灰反应，pH 8.76，向下层模糊平滑过渡。

Bw: 70～132cm，淡黄橙色（10YR 8/3，干），黄棕色（10YR 5/6，润），壤砂土，团块状结构，强烈石灰反应，pH 8.96，向下层清晰波状过渡。

Cr: 132cm 以下，淡黄橙色（10YR 8/3，干），浊黄橙色（10YR 6/4，润），粉壤土，块状结构，2%～5%的淡黄橙色（10YR 8/6）铁锰胶膜，强烈石灰反应，pH 8.60。

北常庄系单个土体剖面

北常庄系代表性单个土体物理性质

| 土层 | 深度/cm | 细土颗粒组成(粒径：mm)/(g/kg) | | | 质地 | 容重/(g/cm³) |
		砂粒 2～0.05	粉粒 0.05～0.002	黏粒 <0.002		
Ap	0～50	66	722	211	粉壤土	1.36
AB	50～70	404	477	118	壤土	1.38
Bw	70～132	815	124	59	壤砂土	1.43
Cr	>132	126	673	199	粉壤土	1.43

北常庄系代表性单个土体化学性质

深度/cm	pH (H₂O)	有机碳/(g/kg)	全氮(N)/(g/kg)	有效磷/(mg/kg)	电导率/(μS/cm)	碳酸钙相当物/(g/kg)
0～50	8.65	5.40	0.35	8.10	197	37.18
50～70	8.76	2.10	0.22	3.57	215	36.82
70～132	8.96	2.81	0.34	2.46	112	34.09
>132	8.60	5.16	0.72	6.99	578	30.41

深度/cm	阳离子交换量/(cmol/kg)	交换性镁/(cmol/kg)	交换性钙/(cmol/kg)	交换性钾/(cmol/kg)	交换性钠/(cmol/kg)
0～50	16.82	0.20	14.84	0.41	1.52
50～70	9.05	2.00	7.10	0.20	1.23
70～132	3.37	0.20	5.31	0.10	1.02
>132	3.37	0.20	13.03	0.31	1.98

7.13.10 仰韶系（Yangshao Series）

土　族： 壤质混合型石灰性温性-普通简育干润雏形土
拟定者： 吴克宁，鞠　兵，李　玲

分布与环境条件　主要分布于红黄土质低山、丘陵区，母质为红土，暖温带大陆性季风气候。年平均气温 14.1℃，矿质土表以下 50cm 深度处土壤年均温度小于 16℃，年均降水量约 630mm，主要集中在夏季。

仰韶系典型景观

土系特征与变幅　该土系诊断层有淡薄表层、雏形层；诊断特性有石灰性、半干润土壤水分状况、温性土壤温度状况等。混合型矿物。Crk 层润颜色为暗红棕色（5YR 3/6），有 15%～40%的铁锰斑纹，碳酸钙淀积呈结核或粉末状。通体强烈石灰反应。

对比土系　仰韶遗址系，壤质混合型石灰性温性-普通简育干润雏形土。二者具有相同的的母质、土壤温度和土壤水分状况，相同的矿物学类型和石灰反应，相近的耕作层土壤机械组成，属于同一土族。仰韶遗址系剖面构型为 Ap-AB-Bu-BCk，100cm 出现古人类遗存灰烬层 Bu，180cm 处含有大量深厚灰烬层，土体 125cm 以下出现少量铁锰结核，300cm 以上不出现碳酸钙可见淀积物，300cm 以下出现少量碳酸钙假菌丝体；而仰韶系剖面构型为 Ap-AB-Bk-Crk，通体强灰反应，75cm 以下出现少量砂姜结核以及碳酸钙粉末淀积，115cm 以下出现大量铁锰斑纹，土层中无古人类活动遗留的遗迹层，属壤质混合型石灰性温性-普通简育干润雏形土。

利用性能综述　该土系土体深厚，质地为粉壤土，耕性不良，多种植小麦、甘薯、谷子等耐旱、耐瘠保收作物，一年一熟或两年三熟。由于分布于坡地，地面不平，雨季易发生地表径流造成的水土流失，应平整土地，同时增施有机肥，提高土壤蓄水保墒能力，积极发展耐旱、喜钙的果树、灌木和牧草。

参比土种　红黄土质少量砂姜碳酸盐褐土。

代表性单个土体　剖面于 2011 年 8 月 2 日采自渑池县仰韶乡寺沟村仰韶遗址附近（编号 41-125），34°48′39″N，111°46′39″E，黄土丘陵坡地，耕地，一般种植小麦、棉花、豆类、甘薯和烟草等，一年一熟，母质为红土。

Ap: 0~18cm，浊黄橙色（10YR 7/4，干），棕色（10YR 4/6，润），粉壤土，团粒状结构，干时松散，润时松散，湿时稍黏着，稍塑，大量根系，强烈石灰反应，pH 8.82，向下层清晰波状过渡。

AB: 18~75cm，浊橙色（7.5YR 7/4，干），棕色（10YR 4/6，润），粉壤土，团块状结构，干时稍硬，润时坚实，湿时稍黏着，稍塑，强烈石灰反应，pH 8.70，向下层模糊波状过渡。

Bk: 75~115cm，浊橙色（7.5YR 7/4，干），棕色（10YR 4/4，润），粉壤土，团块状结构，干时硬，润时坚实，湿时稍黏着，稍塑，2%~5%的砂姜，强烈石灰反应，pH 8.31，向下层清晰波状过渡。

Crk: 115cm 以下，浊橙色（7.5YR 6/4，干），暗红棕色（5YR 3/6，润），粉壤土，团块状结构，干时很硬，润时很坚实，湿时稍黏着，稍塑，15%~40%的明显-清楚小铁锰斑纹，有石灰粉末淀积，强烈石灰反应，pH 8.52。

仰韶系单个土体剖面

仰韶系代表性单个土体物理性质

土层	深度/cm	细土颗粒组成(粒径：mm)/(g/kg)			质地	容重/(g/cm³)
		砂粒 2~0.05	粉粒 0.05~0.002	黏粒 <0.002		
Ap	0~18	275	585	141	粉壤土	1.26
AB	18~75	243	604	153	粉壤土	1.42
Bk	75~115	150	667	183	粉壤土	1.45
Crk	>115	114	689	197	粉壤土	1.52

仰韶系代表性单个土体化学性质

深度/cm	pH (H₂O)	有机碳/(g/kg)	全氮(N)/(g/kg)	全磷(P₂O₅)/(g/kg)	全钾(K₂O)/(g/kg)	电导率/(μS/cm)	碳酸钙相当物/(g/kg)
0~18	8.82	7.91	0.69	1.45	14.67	218	94.91
18~75	8.70	4.38	0.62	1.15	14.42	342	100.14
75~115	8.31	3.86	0.64	1.09	12.57	1122	127.12
>115	8.52	2.96	0.31	0.54	14.40	393	26.59

深度/cm	阳离子交换量/(cmol/kg)	交换性镁/(cmol/kg)	交换性钙/(cmol/kg)	交换性钾/(cmol/kg)	交换性钠/(cmol/kg)
0~18	16.65	0.36	12.34	1.65	0.58
18~75	16.18	0.91	13.84	0.65	0.58
75~115	13.87	0.28	13.17	0.40	0.65
>115	22.25	0.28	19.08	0.66	0.80

7.13.11　岗李系（Gangli Series）

土　族：壤质混合型石灰性温性-普通简育干润雏形土
拟定者：吴克宁，鞠　兵，李　玲

分布与环境条件　主要分布于黄泛平原微倾斜平地及河流两岸的一级阶地，母质为近代河流冲积沉积物，暖温带大陆性季风气候。年均气温 14.4℃，年均降水量 640.9mm 左右。

岗李系典型景观

土系特征与变幅　该土系诊断层有淡薄表层、雏形层；诊断特性有石灰性、半干润土壤水分状况、温性土壤温度状况等。混合型矿物，质地、颜色、结构、结持性和黏着性等剖面形态特征存在明显差异。Bw 层质地为粉壤土，65cm 以下为多层冲积母质，性质差异较大。表层土壤有机碳含量 7.70g/kg，阳离子交换量 14.84cmol/kg；耕作层以下各土层有机碳和阳离子交换量明显较低。通体强烈石灰反应。

对比土系　老鸦陈系，砂质混合型石灰性温性-普通简育干润雏形土。二者具有相同的土壤温度和土壤水分状况，相似的矿物学特征和石灰反应，剖面特征不同，属于不同的土族。老鸦陈系土壤发育较弱，全剖面性质相对均匀，剖面构型为 Ap-AB-Bw-C，剖面质地整体偏砂壤；岗李系通体含有多个不同时期冲积、沉积形成的土层，剖面构型为 Ap-Bw-BCr，质地、颜色、结构、结持性和黏着性等剖面形态特征存在明显差异，在 Bw2 层（65～90cm）出现砂壤层，其余多为粉壤土，属壤质混合型石灰性温性-普通简育干润雏形土。

利用性能综述　该土系质地轻，土性暖，好耕作，保水保肥能力稍差。应重视追肥的施用，并应少量多次施用，种植人工林，保护生态。

参比土种　厚黏腰砂小两合土（深位砂脱潮土）。

代表性单个土体　剖面于 2011 年 11 月 6 日采自郑州市惠济区岗李村（编号 41-199），34°54′16″N，113°36′13″E，黄泛平原微倾斜平地，耕地，小麦-玉米轮作，一年两熟，成土母质为近代河流冲积沉积物。

Ap: 0～18cm，浊黄橙色（10YR 6/4，干），棕色（10YR 4/6，润），粉壤土，团块状结构，大量根系，强烈石灰反应，pH 8.74，向下层清晰平滑过渡。

Bw1: 18～65cm，浊黄橙色（10YR 7/4，干），黄棕色（10YR 5/6，润），粉壤土，团块状结构，强烈石灰反应，pH 8.93，向下层清晰平滑过渡。

Bw2: 65～90cm，浊黄橙色（10YR 7/3，干），黄棕色（10YR 5/6，润），砂壤土，团块状结构，强烈石灰反应，pH 9.04，向下层清晰平滑过渡。

Bw3: 90～115cm，浊黄橙色（10YR 6/4，干），黄棕色（10YR 5/6，润），粉壤土，团块状结构，强烈石灰反应，pH 8.82，向下层清晰平滑过渡。

Bw4: 115～128cm，浊黄橙色（10YR 7/3，干），棕色（10YR 4/4，润），壤土，次棱块状结构，强烈石灰反应，pH 8.71，向下层清晰平滑过渡。

岗李系单个土体剖面

BCr: 128～145cm，浊黄橙色（10YR 7/3，干），黄棕色（10YR 5/6，润），粉壤土，干时很硬，润时很坚实，湿时黏着，中塑，2%～5%的橙色（7.5YR 6/8）锈纹，强烈石灰反应，pH 8.85。

岗李系代表性单个土体物理性质

土层	深度/cm	细土颗粒组成(粒径：mm)/(g/kg)			质地	容重/(g/cm³)
		砂粒 2～0.05	粉粒 0.05～0.002	黏粒 <0.002		
Ap	0～18	303	538	160	粉壤土	1.49
Bw1	18～65	223	601	176	粉壤土	1.72
Bw2	65～90	606	305	89	砂壤土	1.52
Bw3	90～115	157	638	204	粉壤土	1.52
Bw4	115～128	509	421	70	壤土	1.52
BCr	128～145	111	664	225	粉壤土	1.49

岗李系代表性单个土体化学性质

深度/cm	pH (H₂O)	电导率/(μS/cm)	有机碳/(g/kg)	全氮(N)/(g/kg)	阳离子交换量/(cmol/kg)	碳酸钙相当物/(g/kg)
0～18	8.74	109	7.70	1.09	14.84	99.81
18～65	8.93	126	1.10	0.13	8.45	82.52
65～90	9.04	118	0.13	0.08	3.64	84.65
90～115	8.82	131	1.48	0.23	13.89	95.05
115～128	8.71	138	1.63	0.34	14.00	72.95
128～145	8.85	156	1.63	0.08	3.26	101.77

7.13.12　邙山系（Mangshan Series）

土　族：壤质混合型石灰性温性-普通简育干润雏形土
拟定者：吴克宁，鞠　兵，李　玲

邙山系典型景观

分布与环境条件　主要分布于黄土丘陵的残垣、墚坡地，母质为马兰黄土，暖温带大陆性季风气候。年均气温 14.4℃，矿质土表至 50cm 深度处年均土壤温度约为 15℃，温性土壤温度状况，年均降水量约 640.9mm，半干润土壤水分状况。

土系特征与变幅　该土系诊断层有淡薄表层、雏形层；诊断特性有石灰性、半干润土壤水分状况、温性土壤温度状况等。混合型矿物，全剖面土层深厚，发育程度不高，颜色多以黄棕色或亮黄棕色为主，团块状结构或块状结构，土壤有机碳含量普遍不高，呈弱碱性或碱性，通体有石灰反应。

对比土系　岗刘系，壤质混合型温性-石灰底锈干润雏形土。二者具有相同的母质、土壤温度和土壤水分状况，相似的矿物学类型和石灰反应，剖面特征不同，属于不同的亚类。岗刘系具有氧化还原特征，剖面构型为 Ap-Bw-Br-C，其中 Bw 层（34~70cm）为砂壤土，70~140cm 发育 2%~5%的锈斑；而邙山系剖面构型为 A-AB-Bw，无氧化还原特征，大部分土层为粉壤土，Bw1 层为壤土，属壤质混合型石灰性温性-普通简育干润雏形土。

利用性能综述　该土系土体深厚，疏松易耕，适耕期较长，耕作不起坷垃，但主要分布在黄土丘陵坡地，土地不平整，有水土流失风险。目前土地利用方式主要是林地，少部分开垦为耕地，应注意搞好土地平整。

参比土种　白立土（黄土质褐土性土）。

代表性单个土体　该剖面于 2010 年 7 月 24 日采自郑州市惠济区邙山（编号 41-201），34°56′31″N，113°30′17″E，黄土丘陵上部，林地，荒草地，成土母质为马兰黄土。

A: 0～10cm，浊黄橙色（10YR 7/4，干），棕色（10YR 4/6，润），粉壤土，团块状结构，大量根系，强烈石灰反应，pH 8.43，向下层模糊平滑过渡。

AB: 10～52cm，黄棕色（10YR 5/6，干），棕色（10YR 4/6，润），粉壤土，弱发育块状结构，少量石灰粉末，中度石灰反应，pH 8.69，向下层模糊平滑过渡。

Bw1: 52～100cm，亮黄棕色（10YR 6/6，干），黄棕色（10YR 5/6，润），壤土，团块状结构，有石灰反应，pH 8.57，向下层模糊平滑过渡。

Bw2: 100cm 以下，淡黄棕色（10YR 8/4，干），黄棕色（10YR 5/6，润），粉壤土，团块状结构，强烈石灰反应，pH 8.50。

邛山系单个土体剖面

邛山系代表性单个土体物理性质

土层	深度/cm	细土颗粒组成(粒径：mm)/(g/kg)			质地	容重/(g/cm³)
		砂粒 2～0.05	粉粒 0.05～0.002	黏粒 <0.002		
A	0～10	260	612	128	粉壤土	1.35
AB	10～52	335	525	140	粉壤土	1.45
Bw1	52～100	424	470	107	壤土	1.41
Bw2	>100	343	553	104	粉壤土	1.51

邛山系代表性单个土体化学性质

深度/cm	pH (H₂O)	有机碳/(g/kg)	全氮(N)/(g/kg)	阳离子交换量/(cmol/kg)
0～10	8.43	3.87	0.45	11.00
10～52	8.69	4.33	0.66	11.04
52～100	8.57	3.37	0.53	8.75
>100	8.50	3.07	0.34	11.40

深度/cm	电导率/(μS/cm)	有效磷/(mg/kg)	交换性镁/(cmol/kg)	交换性钙/(cmol/kg)	交换性钾/(cmol/kg)	交换性钠/(cmol/kg)
0～10	149	5.17	0.50	7.47	0.23	1.37
10～52	106	4.89	0.20	10.96	0.20	1.44
52～100	143	2.80	0.00	9.08	0.15	1.45
>100	188	4.33	0.00	7.50	0.13	1.45

7.13.13 郑黄系（Zhenghuang Series）

土　族：壤质混合型石灰性温性-普通简育干润雏形土
拟定者：吴克宁，鞠　兵，李　玲

郑黄系典型景观

分布与环境条件　主要分布在豫西和豫东冲积平原区黄河故道两侧或河流两岸高滩地，母质为近代河流冲积砂壤质沉积物，暖温带大陆性季风气候。年均气温14.4℃，温性土壤温度状况，年均降水量640.9mm左右，半干润土壤水分状况。

土系特征与变幅　该土系诊断层有淡薄表层、雏形层；诊断特性有石灰性、半干润土壤水分状况、温性土壤温度状况等。混合型矿物。土壤发育程度较低，通体质地比较均一，质地变化呈上壤下砂，剖面颜色以浊黄橙色为主，结持性和黏着性均较弱，脱离地下水影响，有机碳含量和土壤代换能力均较弱，通体强烈石灰反应。

对比土系　白沙系，壤质混合型石灰性温性-普通简育干润雏形土。二者地理位置邻近，相同的母质、地形地貌、土壤水分状况和土壤温度状况，石灰反应特征相似，剖面构型相似，属同一土族。白沙系剖面构型为 Ap-Bw-Br，虽然同样已不受地下水的影响，但剖面底部（100cm 以下）发育明显的氧化还原特征，剖面质地较均一，以粉壤土为主，Bw2 层（40～68cm）为砂壤土；而郑黄系剖面构型为 Ap-Bw，剖面底部无氧化还原特征，通体质地呈上壤下砂，Bw2 层（42～100cm）为砂壤土，浅位厚砂构型。

利用性能综述　该土系耕层质地为粉壤土，通透性好，有机碳分解快，保水保肥性能较差，养分含量较低，剖面底部存在偏砂的土层，漏水漏肥，较怕干旱，属低产土壤类型。应扩大灌溉面积，改良灌溉方式，引黄灌淤，增加黏粒含量，增施有机肥，少量多次施肥，因地种植花生、大豆、西瓜等适种作物。

参比土种　细砂土（砂壤质砂质脱潮土）。

代表性单个土体　剖面于 2011 年 11 月 9 日采自郑州市惠济区黄河风景区大堤高滩地（编号 41-202），34°55′36″N，113°34′20″E，冲积平原，生态园区林地，母质为近代河流冲积砂壤质沉积物。

Ap： 0～16cm，浊黄橙色（10YR 7/3，干），棕色（10YR 4/4，润），粉壤土，团粒状结构，大量根系，强烈石灰反应，pH 8.58，向下层模糊平滑过渡。

Bw1：16～42cm，浊黄橙色（10YR 7/3，干），棕色（10YR 4/4，润），粉壤土，团粒状结构，强烈石灰反应，pH 8.93，向下层模糊平滑过渡。

Bw2：42～100cm，浊黄橙色（10YR 7/3，干），棕色（10YR 4/4，润），砂壤土，粒状结构，强烈石灰反应，pH 9.16。

郑黄系单个土体剖面

郑黄系代表性单个土体物理性质

| 土层 | 深度/cm | 细土颗粒组成(粒径：mm)/(g/kg) | | | 质地 | 容重/(g/cm³) |
		砂粒 2～0.05	粉粒 0.05～0.002	黏粒 <0.002		
Ap	0～16	210	623	168	粉壤土	1.44
Bw1	16～42	377	522	101	粉壤土	1.50
Bw2	42～100	707	220	73	砂壤土	1.31

郑黄系代表性单个土体化学性质

深度/cm	pH (H₂O)	有机碳/(g/kg)	阳离子交换量/(cmol/kg)	电导率/(µS/cm)	碳酸钙相当物/(g/kg)
0～16	8.58	5.24	5.55	107	39.52
16～42	8.93	2.69	5.12	71	34.09
42～100	9.16	0.31	4.48	68	44.94

7.13.14　全垌系（Quantong Series）

土　族：壤质混合型石灰性温性-普通简育干润雏形土
拟定者：吴克宁，鞠　兵，李　玲

分布与环境条件　多出现于剥蚀较严重的黄土丘陵坡地，母质为马兰黄土，暖温带大陆性季风气候。年均气温 14.4℃，矿质土表至 50cm 深度处年均土壤温度约为 15℃，年均降水量约 640.9mm。

全垌系典型景观

土系特征与变幅　该土系诊断层有淡薄表层、雏形层；诊断特性有石灰性、半干润土壤水分状况、温性土壤温度状况等。混合型矿物。剖面土壤颜色、结构、质地、结持性和黏着性较为均一，土壤颜色以浊黄橙色为主，团块状结构，母质层比上覆土层更坚实，更黏着，有机碳含量很低，土壤代换性能较差。土壤呈碱性，通体强烈石灰反应。

对比土系　古荥系，壤质混合型温性-石灰底锈干润雏形土。二者地形相似，母质相同，诊断层相同，诊断特性不同，属于不同的土类。古荥系剖面构型为 Ap-AB-Bw-Brk-Crk，深位中量假菌丝体淀积，具有石灰性和氧化还原特征；全垌系无氧化还原特征，剖面构型为 A-Bw-BC，属壤质混合型石灰性温性-普通简育干润雏形土。

利用性能综述　该土系分布于黄土丘陵坡地，地面坡度较大，侵蚀较严重，地下水位较深，灌溉水资源短缺，土壤肥力差。应注意平整土地，完善土壤灌溉设施，保证水资源供给，增施有机肥，坚持旱作农业，精耕细作，培肥地力，选择耐旱、耐贫瘠的经济作物，提高农业产值，因地制宜，退耕还林还草，减少水土流失，保护生态。

参比土种　红黄土（红黄土质褐土性土）。

代表性单个土体　剖面于 2011 年 11 月 14 日采自郑州市二七区马寨镇全垌村（编号 41-208），34°39′48″N，113°31′57″E，黄土丘陵坡地，林地、荒草地，母质为马兰黄土。

A: 0~25cm，浊黄橙色（10YR 7/3，干），黄棕色（10YR 5/6，润），粉壤土，团粒状结构，大量根系，强烈石灰反应，pH 8.82，向下层模糊平滑过渡。

Bw1：25~45cm，浊黄橙色（10YR 7/3，干），黄棕色（10YR 5/6，润），壤土，团粒状结构，强烈石灰反应，pH 8.87，向下层模糊平滑过渡。

Bw2：45~104cm，浊黄橙色（10YR 7/3，干），黄棕色（10YR 5/6，润），粉壤土，团粒状结构，强烈石灰反应，pH 8.87，向下层模糊平滑过渡。

Bw3：104~140cm，浊黄橙色（10YR 7/3，干），黄棕色（10YR 5/6，润），粉壤土，团块状结构，强烈石灰反应，pH 8.88，向下层模糊平滑过渡。

BC: 140~210cm，浊黄橙色（10YR 7/3，干），棕色（10YR 4/6，润），粉壤土，棱块状结构，干时坚硬，润时坚实，湿时黏着，中塑，强烈石灰反应，pH 8.85。

全垌系单个土体剖面

全垌系代表性单个土体物理性质

土层	深度 /cm	细土颗粒组成(粒径：mm)/(g/kg)			质地	容重 /(g/cm³)
		砂粒 2~0.05	粉粒 0.05~0.002	黏粒 <0.002		
A	0~25	292	576	133	粉壤土	1.31
Bw1	25~45	408	476	116	壤土	1.43
Bw2	45~104	374	511	114	粉壤土	1.44
Bw3	104~140	337	550	114	粉壤土	1.44
BC	140~210	203	590	207	粉壤土	1.87

全垌系代表性单个土体化学性质

深度 /cm	pH (H₂O)	有机碳 /(g/kg)	阳离子交换量 /(cmol/kg)	电导率 /(μS/cm)	碳酸钙相当物 /(g/kg)
0~25	8.82	3.00	7.38	94	59.23
25~45	8.87	1.52	8.72	77	52.06
45~104	8.87	1.59	7.65	91	54.59
104~140	8.88	1.19	8.75	92	44.17
140~210	8.85	1.09	5.65	—	—

7.13.15　大口系（**Dakou Series**）

土　　族：壤质混合型石灰性温性-普通简育干润雏形土
拟定者：吴克宁，鞠　兵，李　玲

分布与环境条件　主要分布于豫西、豫北的黄土丘陵塬、岭平地，母质为午城黄土，暖温带大陆性季风气候。年均气温为 14.2℃，年均降水量约为 630mm。

大口系典型景观

土系特征与变幅　该土系诊断层有淡薄表层、雏形层；诊断特性有石灰性、半干润土壤水分状况、温性土壤温度状况等。混合型矿物。土体深厚，上虚下实，粉壤土，全剖面亮黄棕色，呈碱性，95cm 以上中度至强烈石灰反应。

对比土系　曹寨系，壤质混合型石灰性温性-普通简育干润雏形土。二者位置相近，相同的母质、土壤温度和土壤水分状况，相同的矿物学类型和石灰反应，剖面构型相似，属于同一土族。曹寨系表层具有人为扰动特征，剖面构型为 Ap-AB-Bk，土体下部含有少量至大量假菌丝体，碳酸钙相当物含量明显高于大口系。

利用性能综述　该土系分布于塬、岭平地，坡度缓，地面径流小，水土流失轻，熟化程度高，是老农业耕作土壤。表层为粉壤土，质地适中，土体上虚下实，结构良好，适耕期长，易耕作，应注意平衡施肥。

参比土种　红褐土（红黄土质褐土）。

代表性单个土体　剖面采自 2011 年 7 月 19 日采自偃师市大口乡袁寨村（编号 41-133），34°35′50″N，112°42′15″E，黄土塬、岭平地，耕地，小麦-玉米轮作，一年两熟，母质为午城黄土。

Ap: 0～20cm，亮黄棕色（10YR 6/6，干），棕色（10YR 4/5，润），粉壤土，团块状结构，大量根系，强烈石灰反应，pH 9.04，向下层模糊平滑过渡。

AB: 20～55cm，亮黄棕色（10YR 6/6，干），棕色（10YR 4/5，润），粉壤土，团块状结构，中度石灰反应，pH 9.04，向下层模糊平滑过渡。

Bw: 55～95cm，亮黄棕色（10YR 6/6，干），棕色（10YR 4/5，润），粉壤土，团块状结构，中度石灰反应，pH 8.89，向下层突变平滑过渡。

BC: 95cm 以下，亮黄棕色（10YR 6/6，干），棕色（10YR 4/5，润），粉壤土，团块状结构，无石灰反应，pH 8.48。

大口系单个土体剖面

大口系代表性单个土体物理性质

| 土层 | 深度/cm | 细土颗粒组成(粒径：mm)/(g/kg) | | | 质地 | 容重/(g/cm³) |
		砂粒 2～0.05	粉粒 0.05～0.002	黏粒 <0.002		
Ap	0～20	138	671	191	粉壤土	1.15
AB	20～55	132	687	181	粉壤土	1.45
Bw	55～95	148	653	200	粉壤土	1.47
BC	>95	155	639	206	粉壤土	1.64

大口系代表性单个土体化学性质

深度/cm	pH (H₂O)	有机碳/(g/kg)	全氮(N)/(g/kg)	全磷(P₂O₅)/(g/kg)	全钾(K₂O)/(g/kg)	阳离子交换量/(cmol/kg)
0～20	9.04	18.89	0.36	0.53	16.41	17.06
20～55	9.04	9.97	0.48	0.51	16.04	16.72
55～95	8.89	8.06	0.36	0.46	16.13	18.96
>95	8.48	6.02	0.42	0.49	15.86	18.41

深度/cm	电导率/(μS/cm)	有效磷/(mg/kg)	交换性镁/(cmol/kg)	交换性钙/(cmol/kg)	交换性钾/(cmol/kg)	交换性钠/(cmol/kg)	碳酸钙相当物/(g/kg)
0～20	38	5.59	0.24	5.73	0.51	1.41	17.04
20～55	60	4.18	0.37	5.62	0.39	2.51	16.57
55～95	58	4.33	1.36	4.55	0.19	2.17	10.45
>95	73	9.23	0.29	5.20	0.16	2.50	2.18

7.13.16　曹寨系（Caozhai Series）

土　族：壤质混合型石灰性温性-普通简育干润雏形土
拟定者：吴克宁，鞠　兵，李　玲

分布与环境条件　主要分布于黄土丘陵受人为耕作活动深刻影响的倾斜平坡地，母质为黄土，暖温带大陆性季风气候。年均气温为14.2℃，年均降水量约为630mm。

曹寨系典型景观

土系特征与变幅　该土系诊断层有淡薄表层、雏形层；诊断特性有石灰性、半干润土壤水分状况、温性土壤温度状况等。混合型矿物。剖面整体质地为粉壤土，剖面颜色以浊黄橙色为主，结构以团块状为主，上层有机碳含量 8.81～19.98g/kg，阳离子交换量为14.33～16.72cmol/kg，1m 内随深度增加而减少，底部阳离子交换量随黏粒的增加而增加；碳酸钙相当物平均大于50g/kg，通体强烈石灰反应。

对比土系　大口系，壤质混合型石灰性温性-普通简育干润雏形土。二者位置相近，母质相同，剖面构型相似，属于同一土族。大口系剖面构型为 Ap-AB-Bw-BC；曹寨系表层具有人为扰动特征，土体下部含有少量至大量假菌丝体，碳酸钙相当物含量明显高于大口系，剖面构型为 Ap-AB-Bk。

利用性能综述　该土壤土体深厚，质地适中，耕性好，肥力低，结构差，多分布于丘陵坡地，有水土流失风险，地下水埋藏较深，水源缺乏，无灌溉条件。在改良利用方面应平整土地，搞好水土保持，合理配方施肥，改良土壤结构，提高土壤肥力，发展旱作农业。

参比土种　厚层堆垫褐土。

代表性单个土体　剖面于 2011 年 7 月 19 日采自偃师市大口乡曹寨村（编号 41-134），34°34′2″N，112°43′44″E，丘陵缓坡地，耕地，旱作，一年一熟，母质为黄土。

Ap:　0～30cm，浊黄橙色（10YR 6/4，干），棕色（10YR 4/6，润），粉壤土，团块状结构，<2%的球形铁锰结核，强烈石灰反应，pH 8.81，向下层清晰平滑过渡。

AB:　30～70cm，浊黄橙色（10YR 6.5/4，干），棕色（10YR 4/6，润），粉壤土，团块状结构，强烈石灰反应，pH 9.10，向下层模糊平滑过渡。

Bk1:　70～110cm，浊黄橙色（10YR 6/4，干），棕色（10YR 4/6，润），粉壤土，团块状结构，干时硬，润时坚实，湿时黏着，中塑，大量假菌丝体，强烈石灰反应，pH 8.92，向下层清晰平滑过渡。

Bk2:　110～190cm，浊橙色（7.5YR 6/4，干），棕色（7.5YR 4/6，润），粉壤土，团块状结构，干时很硬，润时很坚实，湿时黏着，中塑，大量假菌丝体，强烈石灰反应，pH 8.73，向下层模糊平滑过渡。

曹寨系单个土体剖面

Bk3:　190cm 以下，浊橙色（7.5YR 7/4，干），亮棕色（7.5YR 5/6，润），粉壤土，团块状结构，干时很硬，润时很坚实，湿时黏着，稍塑，2%～5%的铁锰斑纹，少量假菌丝体，强烈石灰反应，pH 8.75。

曹寨系代表性单个土体物理性质

土层	深度 /cm	细土颗粒组成(粒径：mm)/(g/kg)			质地	容重 /(g/cm³)
		砂粒 2～0.05	粉粒 0.05～0.002	黏粒 <0.002		
Ap	0～30	152	672	175	粉壤土	1.52
AB	30～70	198	642	159	粉壤土	1.62
Bk1	70～110	118	690	191	粉壤土	1.59
Bk2	110～190	119	644	236	粉壤土	1.68
Bk3	>190	159	686	154	粉壤土	1.54

曹寨系代表性单个土体化学性质

深度 /cm	pH (H₂O)	电导率 /(μS/cm)	有机碳 /(g/kg)	全氮(N) /(g/kg)	全磷(P₂O₅) /(g/kg)	全钾(K₂O) /(g/kg)	有效磷 /(mg/kg)	阳离子交换量 /(cmol/kg)	碳酸钙相当物 /(g/kg)
0～30	8.81	58	19.98	1.10	0.59	14.89	11.33	16.72	66.42
30～70	9.10	63	10.26	0.66	0.53	14.04	6.85	15.80	66.18
70～110	8.92	76	8.81	0.60	0.50	14.65	6.30	14.33	89.67
110～190	8.73	92	9.30	0.36	0.21	15.39	10.93	19.50	76.79
>190	8.75	69	2.58	0.24	0.48	15.55	12.46	18.83	18.63

7.13.17　曲梁系（Quliang Series）

土　　族：壤质混合型石灰性温性-普通简育干润雏形土
拟定者：吴克宁，鞠　兵，李　玲

分布与环境条件　主要分布于山前倾斜平原上部，母质为马兰黄土，暖温带大陆性季风气候。年均气温约 14.2℃，年均降水量约为 640mm。

曲梁系典型景观

土系特征与变幅　该土系诊断层有淡薄表层、雏形层；诊断特性有石灰性、半干润土壤水分状况、温性土壤温度状况等。混合型矿物。通体颜色、质地以浊橙色-淡黄橙色壤土为主，Bw2 层有 5%～15%的假菌丝体，全剖面呈碱性，通体中度至强烈石灰反应。

对比土系　宜沟系，壤质混合型温性-钙积简育干润雏形土。二者母质不同，剖面构型相似，碳酸钙含量不同，属于不同亚类。宜沟系母质为洪冲积物，剖面构型为 Ap-AB-Bk-Ck，碳酸钙相当物含量高，达到钙积层，分布均匀，各层均在 150g/kg 以上；曲梁系母质为马兰黄土，剖面构型为 Ap-Bw-BC，土体中部（50cm）以下出现厚层假菌丝体淀积，碳酸钙相当物含量低，具有石灰性，属壤质混合型石灰性温性-普通简育干润雏形土 。

利用性能综述　该土系土体深厚，耕层质地为壤土，疏松易耕，适耕期长，好管理，通气透水性能好，作物易出苗。应加强完善排灌设施，增施有机肥，推广秸秆还田，调整土壤氮磷比例，提高土壤肥力。

参比土种　黄土（轻壤黄土质褐土性土）。

代表性单个土体　剖面于 2010 年 6 月 8 日采自郑州市新密曲梁镇高洼村（编号 41-033），34°32′22″N，113°38′41″E，海拔 110m，山前倾斜平原上部，耕地，旱作小麦、花生等，一年两熟，母质为马兰黄土。

Ap:　0～20cm，浊橙色（7.5Y 7/3.5，干），浊棕色（7.5YR 5/4，润），壤土，团块状结构，大量根系，强烈石灰反应，pH 7.93，向下层波状渐变过渡。

Bw1：20～58cm，浊橙色（7.5Y 7/4，干），润时亮棕色（7.5YR 5/6，润），砂壤土，团粒状结构，强烈石灰反应，pH 8.08，向下层波状模糊过渡。

Bw2：58～91cm，淡黄橙色（7.5YR 8/3.5，干），暗红棕色（7.5YR 5/4，润），壤土，团块状结构，5%～15%白色的假菌丝体，强烈石灰反应，pH 8.13，向下层波状模糊过渡。

BC：91cm 以下，浊橙色（7.5Y 7/4，干），浊棕色–亮棕色（7.5Y 5/5，润），壤土，团块状结构，5%～15%白色的假菌丝体，中度石灰反应，pH 8.19。

曲梁系单个土体剖面

曲梁系代表性单个土体物理性质

土层	深度 /cm	细土颗粒组成(粒径：mm)/(g/kg)			质地	容重 /(g/cm³)
		砂粒 2～0.05	粉粒 0.05～0.002	黏粒 <0.002		
Ap	0～20	485	422	93	壤土	1.40
Bw1	20～58	571	338	91	砂壤土	1.46
Bw2	58～91	500	401	99	壤土	1.45
BC	>91	480	406	114	壤土	1.47

曲梁系代表性单个土体化学性质

深度 /cm	pH (H₂O)	有机碳 /(g/kg)	全氮(N) /(g/kg)	全磷(P₂O₅) /(g/kg)	全钾(K₂O) /(g/kg)	阳离子交换量 /(cmol/kg)
0～20	7.93	6.84	0.77	0.57	11.40	7.89
20～58	8.08	4.55	0.56	0.86	15.02	7.99
58～91	8.13	4.3	0.31	0.84	11.58	6.88
>91	8.19	4.24	0.63	0.79	14.71	8.32

深度 /cm	电导率 /(μS/cm)	有效磷 /(mg/kg)	交换性镁 /(cmol/kg)	交换性钙 /(cmol/kg)	交换性钾 /(cmol/kg)	交换性钠 /(cmol/kg)	碳酸钙相当物 /(g/kg)
0～20	173	5.03	0.5	7.92	0.3	2.76	30.66
20～58	140	2.58	2.51	4.52	0.21	2.71	38.34
58～91	121	3.15	0.5	8.91	0.18	2.84	22.55
>91	150	2.3	1.68	6.73	0.15	3.01	10.09

7.13.18　东赵系（Dongzhao Series）

土　族：壤质混合型石灰性温性-普通简育干润雏形土
拟定者：吴克宁，鞠　兵，李　玲

分布与环境条件　主要分布在冲积平原，母质为河流冲积物，暖温带大陆性季风气候。年均气温14.4℃，温性土壤温度状况，年均降水量640.9mm左右，半干润土壤水分状况。

东赵系典型景观

土系特征与变幅　该土系诊断层有淡薄表层、雏形层；诊断特性有石灰性、半干润土壤水分状况、温性土壤温度状况等。混合型矿物，土层分异明显，剖面质地以粉壤土为主，Bw1层（35～70cm）有壤土层，全剖面呈碱性，通体强烈石灰反应。

对比土系　岗李系，壤质混合型石灰性温性-普通简育干润雏形土。二者位置相近，相似的母质、矿物学类型和石灰反应，诊断特性相同，剖面构型相似，属于同一土族。岗李系通体含有多个不同时期冲积、沉积形成的土层，剖面构型为Ap-Bw-BCr，质地、颜色、结构、结持性和黏着性等剖面形态特征存在明显差异，在Bw2层（65～90cm）出现砂壤层，其余多为粉壤土；东赵系剖面构型为Ap-AB-Bw，Bw1层（35～70cm）出现壤土层，其余多为粉壤土。

利用性能综述　该土系质地粗，通透性好，土性好，疏松易耕，有机碳分解快，易发苗，代换能力差，易受风沙、干旱危害。应增施有机肥，提高有机碳含量，改善土壤质地和结构，因地制宜种植耐旱、耐贫瘠的经济作物。

参比土种　两合土（壤质潮土）。

代表性单个土体　剖面于2011年11月3日采自郑州市惠济区新城办事处东赵村（编号41-221），34°52′42″N，113°38′12″E，冲积平原，菜地，荒草地，母质为近代河流冲积物。

Ap: 0～10cm，浊黄橙色（10YR 7/3，干），橙色（5YR 7/6，润），粉壤土，团块状结构，大量根系，强烈石灰反应，pH 8.82，向下层突变平滑过渡。

AB: 10～35cm，浊黄橙色（10YR 6/3，干），棕色（10YR 4/4，润），粉壤土，团块状结构，强烈石灰反应，pH 8.45，向下层模糊平滑过渡。

Bw1: 35～70cm，浊黄橙色（10YR 7/3，干），棕色（10YR 4/6，润），壤土，团块状结构，强烈石灰反应，pH 8.59，向下层模糊平滑过渡。

Bw2: 70～110cm，浊黄橙色（10YR 7/4，干），黄棕色（10YR 5/6，润），粉壤土，团块状结构，强烈石灰反应，pH 8.67。

41-221

东赵系单个土体剖面

东赵系代表性单个土体物理性质

土层	深度 /cm	细土颗粒组成(粒径：mm)/(g/kg)			质地	容重 /(g/cm³)
		砂粒 2～0.05	粉粒 0.05～0.002	黏粒 <0.002		
Ap	0～10	208	641	151	粉壤土	1.43
AB	10～35	306	582	112	粉壤土	1.42
Bw1	35～70	395	496	109	壤土	1.50
Bw2	70～110	321	545	134	粉壤土	1.45

东赵系代表性单个土体化学性质

深度 /cm	pH (H₂O)	有机碳 /(g/kg)	阳离子交换量 /(cmol/kg)	电导率 /(μS/cm)	碳酸钙相当物 /(g/kg)
0～10	8.82	1.43	9.18	112	40.16
10～35	8.45	9.74	10.40	181	48.74
35～70	8.59	2.06	6.85	240	52.75
70～110	8.67	1.21	7.49	276	63.27

7.13.19　贾寨系（Jiazhai Series）

土　　族：壤质混合型石灰性温性-普通简育干润雏形土
拟定者：吴克宁，鞠　兵，李　玲

分布与环境条件　主要分布于黄土丘陵的残垣坡地，母质为马兰黄土，暖温带大陆性季风气候。年均气温为 14.4℃，矿质土表至 50cm 深度处年均土壤温度为 15～16℃，年均降水量约为 640.9mm。

贾寨系典型景观

土系特征与变幅　该土系诊断层有淡薄表层、雏形层；诊断特性有石灰性、半干润土壤水分状况、温性土壤温度状况等。混合型矿物。土层深厚，颜色多以淡黄橙色为主，团粒状或团块状结构，发育程度不高，土壤有机碳含量普遍不高，全剖面呈弱碱性，通体强烈石灰反应。

对比土系　岗刘系，壤质混合型温性-石灰底锈干润雏形土。二者母质、土壤温度和土壤水分状况相同，相似的矿物学类型和石灰反应，诊断特性不同，属于不同的土类。岗刘系剖面构型为 Ap-Bw-Br-C，70～140cm 发育 2%～5%的锈斑，具有氧化还原特征，土体碳酸钙相当物含量<10g/kg；贾寨系剖面构型为 Ap-Bw-BC，无氧化还原特征，具有石灰性，属壤质混合型石灰性温性-普通简育干润雏形土。

利用性能综述　该土系土体深厚，疏松易耕，适耕期较长，耕作不起坷垃，代换性能差，发苗不拔籽，保水保肥性能不良。应增施有机肥，发展绿肥，普施氮磷肥，因土施用钾肥。

参比土种　白墡土（轻壤黄土质褐土性土）。

代表性单个土体　剖面于 2011 年 11 月 15 日采自郑州市中原区贾寨村（编号 41-218），34°41′3″N，113°39′17″E，黄土丘陵下部，菜地，荒草地，母质为马兰黄土。

Ap:　0～15cm，浊黄橙色（10YR 7/3，干），棕色（10YR 4/4，润），壤土，团粒状结构，大量根系，强烈石灰反应，pH 8.96，向下层模糊平滑过渡。

Bw1:　15～84cm，浊黄橙色（10YR 7/3，干），黄棕色（10YR 5/6，润），砂壤土，团块状结构，强烈石灰反应，pH 9.18，向下层模糊平滑过渡。

Bw2:　84～140cm，浊黄橙色（10YR 7/3，干），黄棕色（10YR 5/6，润），壤土，团块状结构，强烈石灰反应，pH 9.27，向下层模糊平滑过渡。

BC:　140～180cm，浊黄橙色（10YR 7/3，干），黄棕色（10YR 5/6，润），壤土，团块状结构，强烈石灰反应，pH 9.10。

贾寨系单个土体剖面

贾寨系代表性单个土体物理性质

土层	深度 /cm	细土颗粒组成(粒径: mm)/(g/kg)			质地	容重 /(g/cm³)
		砂粒 2～0.05	粉粒 0.05～0.002	黏粒 <0.002		
Ap	0～15	482	412	106	壤土	1.46
Bw1	15～84	553	336	111	砂壤土	1.48
Bw2	84～140	501	391	107	壤土	1.48
BC	140～180	512	373	115	壤土	1.49

贾寨系代表性单个土体化学性质

深度 /cm	pH (H₂O)	电导率 /(μS/cm)	有机碳 /(g/kg)	阳离子交换量 /(cmol/kg)	碳酸钙相当物 /(g/kg)
0～15	8.96	104	6.60	8.43	67.87
15～84	9.18	59	0.90	5.48	78.29
84～140	9.27	74	1.31	5.61	72.35
140～180	9.10	75	1.11	5.31	70.31

7.13.20　潘店系（Pandian Series)

土　　族：壤质混合型石灰性温性-普通简育干润雏形土
拟定者：万红友，陈　杰，宋　轩

分布与环境条件　主要分布于黄泛平原，母质为河流冲积沉积物，暖温带大陆性季风气候。年均气温13.9℃，矿质土表下50cm深度处年均土壤温度小于16℃，温性土壤温度状况，年均降水量约615.2 mm，半干润土壤水分状况。

潘店系典型景观

土系特征与变幅　该土系诊断层有淡薄表层、雏形层；诊断特性有石灰性、半干润土壤水分状况、温性土壤温度状况等。混合型矿物。质地分异明显，剖面上部土层黏粒较高，可达300g/kg以上，下部大幅降低；上层土壤质地较为黏重，往下土体逐渐坚实；36～51cm出现粉砂壤土；有机碳和阳离子交换量随深度增加而减少。全剖面呈碱性，通体中度至强烈石灰反应。

对比土系　八里湾系，壤质混合型石灰性温性-普通简育干润雏形土。与潘店系具有相同的母质、土壤温度和土壤水分状况，相同的矿物学特征和石灰反应，相近的耕作层土壤机械组成，二者属于同一土族。不同之处在于八里湾系具有深位黏土层，而潘店系表层为黏土层。

利用性能综述　该土系耕层出现20cm黏土层，保肥供肥性能好。应注意深翻，加强排灌设施，增施有机肥，合理配施化肥，提升地力。

参比土种　浅位黏砂壤土。

代表性单个土体　剖面于2009年7月6日采自新乡市封丘县潘店（编号41-291），35°1′1″N，114°32′58″E，海拔53m，冲积平原，耕地，小麦-玉米轮作，一年两熟，母质为河流冲积沉积物。

Ap1: 0～20cm，棕灰色（7.5YR 6/2，润），淡棕灰色（7.5YR 7/2，干），黏土，块状结构，干时硬，润时坚实，湿时黏着，中塑，大量根系，pH 8.42，中度石灰反应，向下层渐变过渡。

Ap2: 20～36cm，浊棕色（7.5YR 6/3，润），浊橙色（7.5YR 7/3，干），黏壤土，块状结构，干时稍硬，润时坚实，湿时黏着，中塑，有石灰反应，pH 8.46，向下层明显过渡。

Bw1: 36～51cm，浊橙色（7.5YR 6/4，润），浊橙色（7.5YR 7/4，干），粉砂壤土，块状结构，干时硬，润时坚实，湿时黏着，中塑，较强石灰反应，pH 8.41，向下层明显过渡。

Bw2: 51～74cm，浊橙色（7.5YR 6/4，润），橙色（7.5YR 7/6，干），黏壤土，块状结构，干时硬，润时坚实，湿时黏着，中塑，有石灰反应，pH 8.49，向下层明显过渡。

潘店系单个土体剖面

BC: 74～100cm，浊棕色（7.5YR 6/3，润），浊橙色（7.5YR 7/2.5，干），壤土，块状结构，干时硬，润时坚实，湿黏着，中塑，有较强石灰反应，pH 8.83。

潘店系代表性单个土体物理性质

| 土层 | 深度 /cm | 砾石 (>2mm, 体积分数)/% | 细土颗粒组成(粒径：mm)/(g/kg) | | | 质地 | 容重 /(g/cm³) |
			砂粒 2～0.05	粉粒 0.05～0.002	黏粒 <0.002		
Ap1	0～20	≤25	120	518	362	黏土	1.45
Ap2	20～36	≤25	127	550	323	黏壤土	—
Bw1	36～51	≤25	107	796	97	粉砂壤土	1.52
Bw2	51～74	≤25	22	712	266	黏壤土	—
BC	74～100	≤25	41	789	170	壤土	1.59

潘店系代表性单个土体化学性质

深度 /cm	pH (H₂O)	有机碳 /(g/kg)	全氮(N) /(g/kg)	全磷(P₂O₅) /(g/kg)	全钾(K₂O) /(g/kg)	阳离子交换量 /(cmol/kg)
0～20	8.42	12.85	0.24	1.84	19.39	19.2
20～36	8.46	5.17	0.53	1.42	19.69	15.7
36～51	8.41	3.83	0.32	1.39	18.9	16.3
51～74	8.49	5.56	0.22	1.61	20.33	16.4
74～100	8.83	1.65	0.48	1.49	17.62	15.6

7.13.21　十里铺系（Shilipu Series）

土　族：壤质混合型石灰性温性-普通简育干润雏形土
拟定者：陈　杰，万红友，王兴科

分布与环境条件　多形成于黄河中下游冲积平原上的自然堤、河流高滩地及其他地势高起的部位，母质为近代河流沉积物，暖温带大陆性季风气候。年均气温13.8℃，温性土壤温度状况，年均降水量约为 663.5mm，半干润土壤水分状况。

十里铺系典型景观

土系特征与变幅　该土系诊断层有淡薄表层、雏形层；诊断特性有石灰性、半干润土壤水分状况、温性土壤温度状况等。混合型矿物。土层深厚，质地为粉砂壤土至黏壤土，以黏壤土为主，黏粒含量 185～211g/kg。Ap 层为团粒状结构，其下各层多为团块状或块状结构；全剖面有机碳含量≤10g/kg，阳离子交换量 4.7～5.9cmol/kg，养分含量普遍偏低；土体 pH8.1～8.2，弱碱性，通体强烈石灰反应。

对比土系　北留系，黏壤质混合型温性-石灰底锈干润雏形土。二者具有相同的矿物学特征、土壤温度与土壤水分状况，同样具有较强石灰反应、雏形层发育较弱，氧化还原特征不同，属于不同的亚纲。北留系具有氧化还原特征，剖面构型为 Ap-Bw-Brk-Crk，剖面具有中位中厚黏土特征层 Brk，质地黏重，黏粒含量在 390g/kg 以上；而十里铺系无氧化还原特征，剖面构型为 Ap-Bw-BC，质地为粉砂壤土至黏壤土，黏粒含量在 200g/kg 左右，属壤质混合型石灰性温性-普通简育干润雏形土。

利用性能综述　该土系土体深厚，表层结构疏松，质地偏轻，耕性好，宜耕期长，通气透水性较强，保水保肥能力稍差，肥力中等偏下。应提高灌溉保证率，改良灌溉方式，改善施肥结构，少量多施，基追结合，促进土壤稳定、持续的供肥能力。

参比土种　体壤两合土。

代表性单个土体　剖面于 2012 年 2 月 8 日采自河南省鹤壁市浚县黎阳镇十里铺村（编号 41-182），35°42′9″N，114°31′39″E，海拔 60m，冲积平原高滩地，耕地，小麦-玉米轮作，一年两熟，母质为河流沉积物。

Ap: 0～20cm，暗棕色（10YR 3/4，润），黏壤土，团粒状
结构，干时松软，润时疏松，湿时稍黏着，稍塑，大量
根系，强烈石灰反应，pH 8.1，向下层模糊平滑过渡。

Bw1: 20～35cm，棕色（10YR 4/6，润），粉砂壤土，块状结
构为主，干时硬，润时坚实，湿时稍黏着，稍塑，强烈
石灰反应，pH 8.2，向下层模糊渐变过渡。

Bw2: 35～92cm，棕色（10YR 4/6，润），黏壤土，团块状结
构，干时稍硬，润时稍坚实，湿时稍黏着，稍塑，强烈
石灰反应，pH 8.2，向下层模糊渐变过渡。

BC: 92～135cm，棕色（10YR 4/6，润），黏壤土，团块状结
构，干时稍硬，润时稍坚实，湿时稍黏着，稍塑，强烈
石灰反应，pH 8.1。

十里铺系单个土体剖面

十里铺系代表性单个土体物理性质

土层	深度/cm	砾石(>2mm，体积分数)/%	细土颗粒组成(粒径：mm)/(g/kg)			质地	容重/(g/cm³)
			砂粒 2～0.05	粉粒 0.05～0.002	黏粒 <0.002		
Ap	0～20	≤25	232	557	211	黏壤土	1.35
Bw1	20～35	≤25	297	518	185	粉砂壤土	1.54
Bw2	35～92	≤25	225	573	202	黏壤土	1.49
BC	92～135	≤25	198	597	205	黏壤土	1.49

十里铺系代表性单个土体化学性质

深度/cm	有机碳/(g/kg)	有效磷/(mg/kg)	速效钾/(mg/kg)	全磷(P₂O₅)/(g/kg)	全钾(K₂O)/(g/kg)	阳离子交换量/(cmol/kg)	pH(H₂O)	碳酸钙相当物/(g/kg)
0～20	8.29	15.3	107	0.83	19.6	5.9	8.1	12.9
20～35	5.45	2.4	60	0.28	22	4.7	8.2	21.6
35～92	4.61	1.6	70	0.24	21.8	5.1	8.2	14.6
92～135	4.22	1.6	75	0.21	22.5	5.9	8.1	54.1

7.13.22　八里湾系（Baliwan Series）

土　　族：壤质混合型石灰性温性-普通简育干润雏形土
拟定者：陈　杰，万红友，王兴科

分布与环境条件　主要形成于黄河冲积平原及河流两岸一、二级阶地，母质为近现代河流冲积沉积物，暖温带大陆性季风气候。年均气温 14.1℃，温性土壤温度状况，年均降水量约为 723mm，半干润土壤水分状况。

八里湾系典型景观

土系特征与变幅　该土系诊断层有淡薄表层、雏形层；诊断特性为石灰性、半干润土壤水分状况、温性土壤温度状况等。混合型矿物。耕作层 Ap 与雏形层 Bw1 质地为粉砂壤土，黏粒含量为 162～182g/kg，随深度增加而增加；雏形层 Bw2 质地为黏壤土，黏粒含量为 227g/kg；Bw3 层虽同为粉砂壤土，但黏粒含量明显较低，为 146g/kg；BC 层为特征黏土层，出现于剖面底部 107～150cm 处，黏粒含量达 272g/kg，全剖面 pH 8.3～8.8，通体较强石灰反应。

对比土系　十里铺系，壤质混合型石灰性温性-普通简育干润雏形土。二者具有相同的土壤温度和土壤水分状况，相同的矿物学类型和石灰反应，相近的耕作层土壤机械组成，剖面构型相同，均为 Ap-Bw-BC，属于同一土族。八里湾系剖面下部 BC 层质地较黏，为特征黏土层；十里铺系质地为粉砂壤土至黏壤土，黏粒含量在 200g/kg 左右，没有明显的质地黏重层次。

利用性能综述　该土系土体深厚，耕作层质地适中，耕性良好，适耕期较长，适种作物多样，通气透水性能好，底部土质黏重，但中部有较厚的粉砂质地层次，保水保肥性能一般。应注意提高灌溉保证率，改善灌溉模式，改进施肥方式，提高肥料效率。

参比土种　脱潮小两合土。

代表性单个土体　剖面于 2011 年 8 月 19 日采自河南省开封市开封县八里湾村（编号 41-166），34°44′37″N，114°34′23″E，海拔 64m，冲积平原，耕地，小麦-玉米轮作，一年两熟，母质为近现代河流冲积沉积物。

Ap: 0～17cm，棕色（10YR 4/4，润），粉砂壤土，团粒状结构，干时松软，润时疏松，湿时稍黏着，稍塑，大量根系，较强石灰反应，pH 8.3，向下层清晰平滑过渡。

Bw1: 17～37cm，棕色（10YR 4/6，润），粉砂壤土，块状结构，干时稍硬，润时稍坚实，湿时稍黏着，稍塑，强石灰反应，pH 8.4，向下层模糊渐变过渡。

Bw2: 37～60cm，棕色（7.5YR 4/6，润），黏壤土，块状结构，干时硬，润时坚实，湿时黏着，中塑，有强石灰反应，pH 8.4，与下层清晰平滑过渡。

Bw3: 60～107cm，黄棕色（10YR 5/6，润），粉砂壤土，块状结构，干时松软，润时疏松，湿时稍黏着，稍塑，有强石灰反应，pH 8.8，向下层突变平滑过渡。

BC: 107～150cm，棕色（7.5YR 4/6，润），黏壤土，块状结构，干时硬，润时坚实，湿时黏着，中塑，有较强石灰反应，pH 8.4。

八里湾系单个土体剖面

八里湾系代表性单个土体物理性质

土层	深度 /cm	砾石 (>2mm，体积分数)/%	细土颗粒组成(粒径：mm)/(g/kg)			质地	容重 /(g/cm³)
			砂粒 2～0.05	粉粒 0.05～0.002	黏粒 <0.002		
Ap	0～17	≤25	296	542	161	粉砂壤土	1.38
Bw1	17～37	≤25	244	573	182	粉砂壤土	1.55
Bw2	37～60	≤25	175	596	227	黏壤土	1.54
Bw3	60～107	≤25	246	607	146	粉砂壤土	1.36
BC	107～150	≤25	218	509	272	黏壤土	1.38

八里湾系代表性单个土体化学性质

深度 /cm	有机碳 /(g/kg)	全氮(N) /(g/kg)	有效磷 /(mg/kg)	速效钾 /(mg/kg)	全磷(P₂O₅) /(g/kg)	全钾(K₂O) /(g/kg)	阳离子交换量 /(cmol/kg)	pH (H₂O)
0～17	11.95	1.26	16.8	136	0.61	21.6	6.8	8.3
17～37	5.92	0.68	2.1	54	0.64	21	6.0	8.4
37～60	3.35	0.5	1.4	56	0.48	21.3	4.9	8.4
60～107	1.93	0.24	1.0	27	0.3	20.2	5.0	8.8
107～150	3.54	0.5	1.2	76	0.31	21.9	5.0	8.4

7.13.23　前庄系（Qianzhuang Series）

土　族：壤质混合型石灰性温性-普通简育干润雏形土
拟定者：陈　杰，万红友，王兴科

分布与环境条件　发育于黄河中下游泛滥平原泛流区及黄河故道两侧平地，母质为近现代黄河冲积沉积物，暖温带大陆性季风气候。年均气温 14℃，温性土壤温度状况，年均降水量约为 606.7mm，半干润土壤水分状况。

前庄系典型景观

土系特性与变幅　该土系诊断层有淡薄表层、雏形层；诊断特性有石灰性、半干润土壤水分状况、温性土壤温度状况等。混合型矿物，土体深厚。雏形层 Bw 发育较弱，剖面不同土层质地差异极大，剖面中黏粒含量为 100～330g/kg，其中特征层黏土层黏粒含量在 270g/kg 以上。剖面通体无氧化还原特征，pH 8.2～8.5，呈弱碱性，通体强石灰反应。

对比土系　李胡同系，黏壤质混合型石灰性温性-普通简育干润雏形土。二者具有相同的土壤温度状况、土壤水分状况和土壤黏土矿物学类型，均具有较强石灰反应，属于同一亚类，主要区别在于特征层黏土层厚度、在剖面中出现的位置及排列状况不同。李胡同系 100cm 以上土壤质地为黏壤质，100cm 以下出现砂土层；前庄系 30～60cm、97～110cm 分别出现黏土层，属壤质混合型石灰性温性-普通简育干润雏形土。

利用性能综述　表层疏松易耕，通气透水，土体中部开始出现质地黏重土层，对土壤托水托肥性能有重要影响，有机碳和养分含量不高，作物后期易脱肥，生产利用上应改善施肥方式，重视后期追肥。

参比土种　浅位黏小两合土。

代表性单个土体　剖面于 2012 年 2 月 9 日采于河南省新乡市新乡县朗公庙镇前庄村（编号 41-179），35°9′25″N，113°51′8″E，海拔 74m，冲积平原，耕地，小麦-玉米轮作，一年两熟，母质为黄河冲积沉积物。

Ap: 　0～18cm，暗棕色（10YR 3/4，润），砂质壤土，团粒
　　　状结构，干时松软，润时疏松，湿时稍黏着，稍塑，大
　　　量根系，强石灰反应，pH 8.2，向下层清晰平滑过渡。

Bw1：18～30cm，棕色（10YR 4/6，润），黏壤土，团块状结
　　　构，干时松软，润时疏松，湿时稍黏着，稍塑，强石灰
　　　反应，pH 8.2，与下层模糊渐变过渡。

Bw2：30～60cm，棕色（7.5YR 4/6，润），黏壤土，块状结构，
　　　干时硬，润时坚实，湿时黏着，中塑，强石灰反应，pH
　　　8.2，与下层清晰平滑过渡。

C1：　60～97cm，黄棕色（10YR 5/6，润），粉砂壤土，强石
　　　灰反应，pH 8.3，向下层突变平滑过渡。

C2：　97～110cm，棕色（10YR 4/6，润），黏壤土，强石灰反应，
　　　pH 8.2，向下层突变平滑过渡。

C3：　110～140cm，黄棕色（10YR 5/6，润），砂质壤土，强
　　　石灰反应，pH 8.5。

前庄系单个土体剖面

前庄系代表性单个土体物理性质

土层	深度/cm	砾石（>2mm，体积分数）/%	细土颗粒组成（粒径：mm）/(g/kg)			质地	容重/(g/cm³)
			砂粒 2～0.05	粉粒 0.05～0.002	黏粒 <0.002		
Ap	0～18	≤25	590	272	138	砂质壤土	1.42
Bw1	18～30	≤25	488	312	200	黏壤土	1.67
Bw2	30～60	≤25	98	568	334	黏壤土	1.40
C1	60～97	≤25	299	594	107	粉砂壤土	1.39
C2	97～110	≤25	69	606	325	黏壤土	—
C3	110～140	≤25	618	276	106	砂质壤土	—

前庄系代表性单个土体化学性质

深度/cm	有机碳/(g/kg)	有效磷/(mg/kg)	速效钾/(mg/kg)	全磷(P₂O₅)/(g/kg)	全钾(K₂O)/(g/kg)	阳离子交换量/(cmol/kg)	pH(H₂O)	碳酸钙相当物/(g/kg)
0～18	7.95	35.4	70	0.79	24.6	4.4	8.2	45.2
18～30	3.16	3.8	68	0.55	24.4	4	8.2	26.4
30～60	5.34	2.7	132	0.57	27.4	3.1	8.2	23.8
60～97	1.29	1.1	35	0.6	22.2	2.8	8.3	45.2
97～110	4.46	1.1	136	0.44	27.6	3.4	8.2	52.6
110～140	0.89	1.0	30	0.38	21.1	3	8.5	61.7

7.13.24　王军庄系（Wangjunzhuang Series）

土　族：壤质混合型石灰性温性-普通简育干润雏形土
拟定者：吴克宁，鞠　兵，李　玲

分布与环境条件　多出现于山前倾斜平原的中下部、河漫滩、自然堤等，母质为洪冲积物，暖温带大陆性季风气候。年均气温14.1℃，温性土壤温度状况，年均降水量为556.8mm 左右，半干润土壤水分状况。

王军庄系典型景观

土系特征与变幅　该土系诊断层有淡薄表层、雏形层；诊断特性有石灰性、半干润土壤水分状况、温性土壤温度状况等。混合型矿物。Ap 层浊黄橙色，质地为粉壤土，多为团粒状结构；Bw 层浊黄橙色-浊黄棕色，质地为粉壤土，团块状结构；Bw3 层有 5%～15%的锈纹锈斑。表层 pH 7.66，其余各土层 pH 8.1～8.3，呈弱碱性，通体中度至强烈石灰反应。

对比土系　宜沟系，壤质混合型温性-钙积简育干润雏形土。二者位置相近，相同的母质、土壤水分和土壤温度状况，剖面特征相似，碳酸钙相当物含量不同，属不同亚类。宜沟系剖面构型为 Ap-AB-Bk-Ck，表层和亚表层出现中量锈斑，碳酸钙相当物含量高，达到钙积层，分布均匀，各层均在 150g/kg 以上，通体黏粒含量较王军庄系高，质地更偏壤质，故保水保肥能力略高于王军庄系；王军庄系剖面构型为 Ap-AB-Bw，碳酸钙相当物含量均在 150g/kg 以下，属壤质混合型石灰性温性-普通简育干润雏形土。

利用性能综述　该土系土层深厚，疏松易耕，适耕期长，通气透水性能好，保水保肥性能不良。应增施有机肥，化肥施用要勤施少量，兴修水利，充分利用所处地域水资源丰富的优势发展灌溉。

参比土种　壤质潮褐土。

代表性单个土体　剖面于 2010 年 7 月 11 日采自安阳市汤阴县宜沟乡王军庄村（编号 41-008），35°49′48″N，114°17′21″E，山前倾斜平原的中下部，南水北调临时用地，原为耕地，小麦-玉米轮作，一年两熟，母质为洪冲积物。

Ap: 0～20cm，浊黄橙色（10YR 7/4，干），浊黄橙色（10YR 6/5，润），粉壤土，团粒状结构，干时稍硬，润时疏松，湿时稍黏着，稍塑，大量根系，强烈石灰反应，pH 7.66，向下层渐变波状过渡。

AB: 20～38cm，浊黄橙色（10YR 6/3，干），浊黄棕色（10YR 5/3，润），粉壤土，团块状结构，干时硬，润时坚实，湿时黏着，中塑，强烈石灰反应，pH 8.16，向下层渐变波状过渡。

Bw1: 38～80cm，浊黄橙色（10YR 6/4，干），浊黄棕色（10YR 5/4，润），粉壤土，团块状结构，干时硬，润时坚实，湿时黏着，中塑，中度石灰反应，pH 8.32，向下层不规则波状过渡。

Bw2: 80～128cm，亮黄棕色（10YR 7/6，干），黄棕色（10YR 5/6，润），粉壤土，团块状结构，干时硬，润时坚实，湿时无黏着，无塑性，强烈石灰反应，pH 8.23，向下层渐变波状过渡。

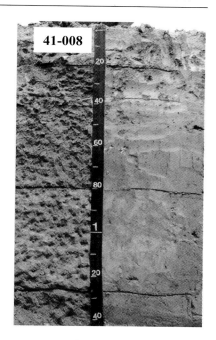

王军庄系单个土体剖面

Bw3: 128cm 以下，浊黄橙色（10YR 7/4，干），黄棕色（10YR 5/6，润），粉壤土，中发育团块状结构，有 50～200 个/dm² 的断续蜂窝状或管道状细孔隙，结构体中有 5%～15%的锈纹锈斑，干时坚硬，润时坚实，湿时黏着，中塑性，中度石灰反应，pH 8.23。

王军庄系代表性单个土体物理性质

土层	深度/cm	细土颗粒组成(粒径：mm)/(g/kg)			质地	容重/(g/cm³)
		砂粒 2～0.05	粉粒 0.05～0.002	黏粒 <0.002		
Ap	0～20	246	600	154	粉壤土	1.47
AB	20～38	260	600	140	粉壤土	1.45
Bw1	38～80	228	611	161	粉壤土	1.49
Bw2	80～128	153	678	170	粉壤土	1.48
Bw3	>128	208	638	154	粉壤土	1.57

王军庄系代表性单个土体化学性质

深度 /cm	pH (H₂O)	有机碳 /(g/kg)	全氮(N)/(g/kg)	全磷(P₂O₅) /(g/kg)	全钾(K₂O) /(g/kg)	阳离子交换量 /(cmol/kg)
0~20	7.66	3.05	0.41	0.74	17.01	10.55
20~38	8.16	10.51	0.38	0.71	15.89	15.09
38~80	8.32	3.72	0.47	0.73	16.25	13.60
80~128	8.23	3.36	0.69	0.70	15.13	12.97
>128	8.23	2.15	0.68	0.64	16.13	11.54

深度 /cm	电导率 /(μS/cm)	有效磷 /(mg/kg)	交换性镁 /(cmol/kg)	交换性钙 /(cmol/kg)	交换性钾 /(cmol/kg)	交换性钠 /(cmol/kg)	碳酸钙相当物 /(g/kg)
0~20	287	18.12	2.49	11.45	0.36	2.17	122.94
20~38	335	9.49	1.39	14.51	0.48	2.38	71.07
38~80	159	21.95	1.51	12.60	0.39	2.26	33.66
80~128	204	4.41	0.40	14.29	0.30	2.01	43.58
>128	234	20.18	0.71	13.10	0.41	2.26	10.70

7.13.25 姚店堤系（**Yaodiandi Series**）

土　　族：壤质混合型石灰性温性-普通简育干润雏形土

拟定者：吴克宁，鞠　兵，李　玲

分布与环境条件　多出现于冲积平原低洼地，有人为灌淤活动，母质为河流砂质冲积物，暖温带大陆性季风气候。年均气温 14.4℃，矿质土表至 50cm 深度处年均土壤温度约为 15℃，温性土壤温度状况，年均降水量约 640.9mm 左右，半干润土壤水分状况。

姚店堤系典型景观

土系特征与变幅　该土系诊断层有淡薄表层、雏形层；诊断特性有石灰性、半干润土壤水分状况、温性土壤温度状况等。混合型矿物。表层有人为灌淤活动，有机碳含量为 10.83g/kg，向下急剧减少，耕层阳离子交换量平均约 13.01cmol/kg，耕作层以下土壤养分均明显降低，通体强烈石灰反应。

对比土系　白沙系，壤质混合型石灰性温性-普通简育干润雏形土。二者地理位置邻近，诊断依据相同，剖面构型相似，属同一土族。白沙系剖面构型为 Ap-Bw-Br，出现氧化还原特征铁锈斑纹位于剖面底部（100cm 以下），通体质地均匀，主要为粉壤土；姚店堤系出现于平原低洼地，剖面构型为 Ap-AB-Bw，表层有人为灌淤活动，有机碳 10.83g/kg，向下急剧减少，通体无氧化还原特征。

利用性能综述　该土系土体较厚，耕作层有人为灌淤痕迹，耕性较好，适耕期较长，但耕作经营粗放，缺乏对土壤养分状况的改善、管理，土壤养分状况有提升的潜力。

参比土种　底砂脱潮小两合土。

代表性单个土体　剖面于 2011 年 11 月 24 日采自郑州市郑东新区姚店堤村（编号 41-213），34°50′6″N，113°46′17″E，平原低洼地，荒草地，母质为河流砂质冲积物。

姚店堤系单个土体剖面

Ap:　0～20cm，浊黄橙色（10YR 7/3，干），棕色（10YR 4/4，润），粉壤土，团粒状结构，干时稍硬，润时稍坚实，湿时黏着，中塑，大量根系，强烈石灰反应，pH 8.62，向下层模糊平滑过渡。

AB:　20～44cm，浊黄橙色（10YR 7/3，干），黄棕色（10YR 5/6，润），粉壤土，团粒状结构，干时硬，润时坚实，湿时黏着，稍塑，强烈石灰反应，pH 8.96，向下层模糊平滑过渡。

Bw1：44～78cm，淡黄橙色（10YR 8/3，干），黄棕色（10YR 5/6，润），粉壤土，团粒状结构，干时稍硬，润时坚实，湿时黏着，稍塑，强烈石灰反应，pH 8.87，向下层模糊平滑过渡。

Bw2：78～120cm，浊黄橙色（10YR 7/3，干），黄棕色（10YR 5/6，润），壤砂土，粒状结构，干时松软，润时疏松，湿时无黏着，无塑，可见清晰的冲积沉积层理，强烈石灰反应，pH 9.44。

姚店堤系代表性单个土体物理性质

土层	深度 /cm	细土颗粒组成(粒径：mm)/(g/kg)			质地	容重 /(g/cm³)
		砂粒 2～0.05	粉粒 0.05～0.002	黏粒 <0.002		
Ap	0～20	161	653	187	粉壤土	1.39
AB	20～44	244	596	160	粉壤土	1.56
Bw1	44～78	242	635	123	粉壤土	1.31
Bw2	78～120	849	95	55	壤砂土	1.44

姚店堤系代表性单个土体化学性质

深度 /cm	pH (H₂O)	有机碳 /(g/kg)	阳离子交换量 /(cmol/kg)	电导率 /(μS/cm)
0～20	8.62	10.83	13.01	127
20～44	8.96	2.93	7.29	107
44～78	8.87	2.48	6.64	145
78～120	9.44	0.32	2.00	70

7.13.26 东窑系（Dongyao Series）

土　族：壤质混合型石灰性温性-普通简育干润雏形土
拟定者：赵彦锋，陈　杰，万红友

分布与环境条件　多分布在山前倾斜平原的中上部及河流两岸的二级阶地以上，母质为洪冲积物，暖温带大陆性季风气候。年均气温 14.1℃，地表下 50cm 以下深处平均土温为 15.6℃，温性土壤温度状况，年均降水量约660mm，半干润土壤水分状况。

东窑系典型景观

土系特征与变幅　该土系诊断层有淡薄表层、雏形层；诊断特性有石灰性、半干润土壤水分状况、温性土壤温度状况等。混合型矿物，质地相对均匀，均为粉砂质壤土，耕层颜色多浊棕色，团粒状结构。Bw 层团块状结构，上部有假菌丝淀积。全剖面 pH 7.8～8.2，微碱性，通体有石灰反应。

对比土系　潭头系，壤质混合型温性-普通钙积干润淋溶土。二者母质、土壤温度状况、土壤水分状况、剖面构型相似，诊断特征不同，属于不同的土纲。潭头系具有黏化层、钙积层，剖面构型为 Ap-Bt-Bk-C，剖面中黏粒淋淀现象明显，发育有较为清晰的 Bt 层，50～90cm 的碳酸钙相当物含量大于 150g/kg，发育假菌丝体等新生体；东窑系剖面构型为 Ap-Bk-Bw-BC-C，具有雏形层，石灰反应程度较低，属壤质混合型石灰性温性-普通简育干润雏形土。

利用性能综述　该类土壤地处山前倾斜平原及河流两岸高阶地，水源条件好，不砂不黏，质地适中，适耕期长好耕作，结构性、孔隙状况、保肥和供肥性良好，熟化程度高，养分含量一般较为丰富。应重视微量元素施用，重施磷肥，因土施钾，做好土地整理。

参比土种　壤质洪积褐土。

代表性单个土体　剖面于 2011 年 10 月 3 日采自河南省洛阳市新安县铁门镇东窑村南园（编号 41-154），34°44′4″N，112°4′50″E，海拔 270m，山前倾斜平原中部，耕地，小麦-玉米轮作，一年两熟，母质为洪冲积物。

东窑系单个土体剖面

Ap：　0～20cm，浊棕色（7.5YR 5/4，干），棕色（7.5YR 4/3，润），粉砂质壤土，团粒状结构，干时稍硬，润时疏松，湿时黏着，中塑，大量根系，弱石灰反应，pH 7.8，向下层突变平滑过渡。

Bk：　20～33cm，亮棕色（7.5YR 5/6，干），棕色（7.5YR 4/6，润），粉砂质壤土，团块状结构，干时稍硬，润时疏松，湿时黏着，中塑，中量假菌丝，有石灰反应，pH 7.9，向下层突变平滑过渡。

Bw：　33～55cm，亮棕色（7.5YR 5/6，干），棕色（7.5YR 4/6，润），粉砂质壤土，团块状结构，干时稍硬，润时疏松，湿时黏着，中塑，有石灰反应，pH 8.1，向下层清晰平滑过渡。

BC：　55～100cm，亮棕色（7.5YR 5/6，干），棕色（7.5YR 4/6，润），粉砂质壤土，团块状结构，干时稍硬，润时疏松，湿时黏着，中塑，有石灰反应，pH 8.2，向下层清晰平滑过渡。

C：100～140cm，亮棕色（7.5YR 5/6，干），棕色（7.5YR 4/6，润），粉砂质壤土，团块状结构，干时稍硬，润时疏松，湿时黏着，中塑，少量石灰粉末，强烈石灰反应，pH 8.2。

东窑系代表性单个土体物理性质

土层	深度/cm	砾石(>2mm，体积分数)/%	细土颗粒组成(粒径：mm)/(g/kg)			质地
			砂粒 2～0.05	粉粒 0.05～0.002	黏粒 <0.002	
Ap	0～20	≤25	126	737	136	粉砂质壤土
Bk	20～33	≤25	104	753	143	粉砂质壤土
Bw	33～55	≤25	113	755	133	粉砂质壤土
BC	55～100	≤25	108	761	131	粉砂质壤土
C	100～140	≤25	137	761	101	粉砂质壤土

东窑系代表性单个土体化学性质

深度/cm	pH(H$_2$O)	有机碳/(g/kg)	全氮(N)/(g/kg)	全磷(P$_2$O$_5$)/(g/kg)	全钾(K$_2$O)/(g/kg)	阳离子交换量/(cmol/kg)
0～20	7.8	14.22	1.25	0.73	21.8	19.2
20～33	7.9	6.67	0.6	0.45	22.4	15.7
33～55	8.1	5.01	0.5	0.41	20.9	16.3
55～100	8.2	2.83	0.41	0.41	20.9	16.4
100～140	8.2	3.1	0.48	0.5	20.7	15.6

7.13.27　张涧系（Zhangjian Series）

土　族：壤质混合型石灰性温性-普通简育干润雏形土
拟定者：陈　杰，赵彦锋，万红友

分布与环境条件　主要分布在嵩山、熊耳山、伏牛山、外方山、太行山等山前平原的中下部，母质为洪冲积物，暖温带大陆性季风气候。年均气温 14.5℃，温性土壤温度状况，年均降水量约 700mm，半干润土壤水分状况。

张涧系典型景观

土系特征与变幅　该土系诊断层有淡薄表层、雏形层；诊断特性有石灰性、半干润土壤水分状况、温性土壤温度状况等。混合型矿物，耕层质地为粉砂质壤土至粉砂质黏壤土。Bk 层团块状结构，棕色，上部有假菌丝体状碳酸钙淀积。全剖面微碱性，pH 8.0～8.2，通体有石灰反应。

对比土系　常峪堡系，壤质混合型温性-石灰淡色潮湿雏形土。分布地形部位与张涧系类似，多位于山前倾斜平原的中下部，土壤质地类似。常峪堡系受地下潜水影响，具有潮湿土壤水分状况、氧化还原特征（50cm 以上）、淡薄表层等，剖面构型为 Ap-ABk-Bkr-Br，土壤颜色更接近于红；张涧系没有明显地下水影响，无氧化还原特征，剖面构型为 Ap-Bk-Bw-C，土壤颜色则偏黄棕色，显示了洪冲积物来源上的差异，属壤质混合型石灰性温性-普通简育干润雏形土。

生产性能综述　土体深厚，土壤肥沃，质地适中，保水保肥，耐旱耐涝，适耕期长，耕性好，通气透水，多有灌溉条件，是一种高产土壤类型。

参比土种　壤质洪积潮褐土。

代表性单个土体　剖面于 2011 年 10 月 7 日采自河南省许昌市禹州市郭连镇张涧村（编号 41-169），34°10′34″N，113°35′37″E，海拔 108m，山前平原中下部，耕地，小麦-玉米轮作，一年两熟，母质为洪冲积物。

张涧系单个土体剖面

Ap: 0～25cm，浊黄棕色（10YR 5/4，干），棕色（10YR 4/6，润），粉砂质壤土，团粒状结构，干时松软，润时疏松，湿时稍黏着，稍塑，大量根系，有石灰反应，pH 8.0，向下层清晰平滑过渡。

Bk: 25～50cm，浊黄橙色（10YR 6/4，干），黄棕色（10YR 5/6，润），粉砂质壤土，团块结构，干时稍硬，润时稍坚实，湿时稍黏着，稍塑，少量假菌丝体状碳酸钙淀积，少量蚯蚓及蚯蚓孔，少量各类现代侵入体，有石灰反应，pH 8.2，向下层渐变平滑过渡。

Bw: 50～100cm，浊黄橙色（10YR 6/4，干），黄棕色（10YR 5/6，润），粉砂质黏壤土，团块状结构，干时稍硬，润时稍坚实，湿时黏着，中塑，有石灰反应，pH 8.1，向下层渐变平滑过渡。

C: 100～140cm，浊黄橙色（10YR 6/4，干），黄棕色（10YR 5/6，润），粉砂质壤土，团块状结构，干时稍硬，润时稍坚实，湿时稍黏着，稍塑，有石灰反应，pH 8.1。

张涧系代表性单个土体物理性质

土层	深度 /cm	砾石 (>2mm，体积分数)/%	细土颗粒组成(粒径：mm)/(g/kg)			质地	容重 /(g/cm³)
			砂粒 2～0.05	粉粒 0.05～0.002	黏粒 <0.002		
Ap	0～25	≤25	232	665	103	粉砂质壤土	1.46
Bk	25～50	≤25	184	701	115	粉砂质壤土	1.54
Bw	50～100	≤25	181	630	189	粉砂质黏壤土	1.68
C	100～140	≤25	243	626	131	粉砂质壤土	1.63

张涧系代表性单个土体化学性质

深度 /cm	pH (H₂O)	有机碳 /(g/kg)	全氮(N) /(g/kg)	全磷(P₂O₅) /(g/kg)	全钾(K₂O) /(g/kg)	阳离子交换量 /(cmol/kg)
0～25	8.0	9.22	0.98	0.66	20.2	16.4
25～50	8.2	3.57	0.48	0.33	20.6	17.4
50～100	8.1	2.30	0.3	0.31	20.3	16.4
100～140	8.1	2.01	0.34	0.39	18.4	16.1

7.13.28 西双桥系（Xishuangqiao Series）

土　族：壤质混合型石灰性温性-普通简育干润雏形土
拟定者：吴克宁，鞠　兵，李　玲

分布与环境条件　多出现于黄土丘陵向冲积平原过渡区域，有土垫人为活动痕迹，母质为马兰黄土，暖温带大陆性季风气候。年均气温 14.4℃，矿质土表至 50cm 深度处年均土壤温度约为 15℃，温性土壤温度状况，年均降水量 640.9mm 左右，半干润土壤水分状况。

西双桥系典型景观

土系特征与变幅　该土系诊断层有淡薄表层、雏形层；诊断特性有石灰性、半干润土壤水分状况、温性土壤温度状况等。混合型矿物，表层有客土、垫土和耕作人为扰动痕迹，有机碳含量远高于其他层次，通体中到强烈石灰反应。

对比土系　曹坡系，壤质混合型石灰性温性-普通灌淤干润雏形土。二者位置接近，具有人为土垫或灌淤现象，母质不同，特征土层不同，属于不同的土类。曹坡系具有雏形层和灌淤现象，剖面构型为 Ap-AB-Br，母质为冲积物，灌淤土层稍厚；西双桥系具有雏形层，剖面构型为 Ap-AB-Bw，母质为马兰黄土，有土垫人为活动痕迹，属于壤质混合型石灰性温性-普通简育干润雏形土。

利用性能综述　该土系土体较厚，耕性较好，适耕期较长，应注意增施有机肥，合理配施化肥，提高地力。

参比土种　薄幼褐垫土（薄层堆垫褐土性土）。

代表性单个土体　剖面于 2011 年 11 月 10 日采自郑州市古荥镇西双桥村（编号 41-212），34°50′56″N，113°33′23″E，黄土丘陵下部，耕地，小麦-玉米轮作，一年两熟，母质为马兰黄土。

西双桥系单个土体剖面

Ap: 0～25cm，浊黄橙色（10YR 6/3，干），棕色（10YR 4/4，润），壤土，块状结构，干时松软，润时疏松，湿时稍黏着，稍塑，大量根系，强烈石灰反应，pH 8.31，向下层突变平滑过渡。

AB: 25～60cm，浊黄橙色（10YR 7/3，干），棕色（10YR 4/4，润），粉壤土，块状结构，干时硬，润时坚实，湿时黏着，中塑，强烈石灰反应，pH 8.83，向下层清晰平滑过渡。

Bw1：60～85cm，浊黄橙色（10YR 6/4，干），棕色（10YR 4/6，润），粉壤土，团块状结构，干时硬，润时坚实，湿时黏着，中塑，强烈石灰反应，pH 8.79，向下层模糊平滑过渡。

Bw2：85～115cm，浊黄橙色（10YR 6/4，干），棕色（10YR 4/4，润），壤土，团块状结构，干时硬，润时坚实，湿时稍黏着，稍塑，中度石灰反应，pH 8.57。

西双桥系代表性单个土体物理性质

| 土层 | 深度 /cm | 细土颗粒组成(粒径: mm)/(g/kg) | | | 质地 | 容重 /(g/cm³) |
		砂粒 2～0.05	粉粒 0.05～0.002	黏粒 <0.002		
Ap	0～25	435	467	98	壤土	1.36
AB	25～60	344	518	137	粉壤土	1.59
Bw1	60～85	258	582	160	粉壤土	1.53
Bw2	85～115	420	453	128	壤土	1.51

西双桥系代表性单个土体化学性质

深度/cm	pH (H₂O)	有机碳/(g/kg)	阳离子交换量 /(cmol/kg)	电导率/(μS/cm)
0～25	8.31	12.87	11.68	129
25～60	8.83	1.61	6.67	96
60～85	8.79	0.54	10.30	110
85～115	8.57	5.06	8.04	107

7.13.29 大河遗址系（Daheyizhi Series）

土　族：壤质混合型石灰性温性-普通简育干润雏形土
拟定者：吴克宁，鞠　兵，李　玲

分布与环境条件　主要分布在河南郑州大河村遗址保护区及其附近，母质为河流冲积物，暖温带大陆性季风气候。年均气温约14.4℃，温性土壤温度状况，年均降水量640mm左右，半干润土壤水分状况。

大河遗址系典型景观

土系特征与变幅　该土系诊断层有淡薄表层、雏形层；诊断特性有石灰性、半干润土壤水分状况、温性土壤温度状况等。混合型矿物。Bu 层为雏形层，淡黄橙色-浊橙色，下部质地为粉壤土，团块状结构，5%以下砖瓦碎块侵入体，通体强烈石灰反应。

对比土系　白沙系，壤质混合型石灰性温性-普通简育干润雏形土。二者地理位置邻近，诊断依据相同，剖面构型相似，属同一土族。白沙系剖面构型为 Ap-Bw-Br，出现氧化还原特征铁锈斑纹位于剖面底部（100cm 以下），通体质地均匀，主要为粉壤土；大河遗址系剖面构型为 Ap-AB-Bu-BC，通体质地偏壤土，5%以下古砖瓦碎块侵入体，含有古人类活动遗迹，经长期耕种，人工培肥，有效磷平均 16g/kg，明显高于白沙系。

利用性能综述　该土系耕层质地为粉壤土，疏松易耕，适耕期长，土体养分含量较为丰富，但分布地势低洼，排水条件较差。

参比土种　壤质冲积湿潮土。

代表性单个土体　剖面于 2010 年 6 月 9 日采自河南省郑州市大河村遗址保护区（编号41-001），34°50′35″N，113°41′34″E，海拔 109m，冲积平原，耕地，小麦-大豆轮作，一年两熟，母质为河流冲积物。

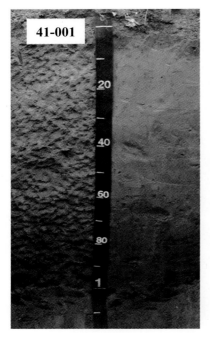

大河遗址系单个土体剖面

Ap：　0～8cm，淡棕灰色（7.5Y 7/1，干），棕灰色（7.5YR 5/1，润），粉壤土，弱发育团粒状结构，干时松散，润时疏松，湿时稍黏着，稍塑，大量根系，强烈石灰反应，pH 8.10，向下层平整过渡。

AB：　8～29cm，淡黄橙色（10YR 8/3，干），淡黄橙色-淡黄棕色（10YR 5.5/4，润），粉壤土，中度发育块状结构，干时松散，润时疏松，湿时稍黏着，稍塑，强烈石灰反应，pH 8.35，向下层波状明显过渡。

Bu1：29～60cm，淡黄橙色（7.5YR 8/3，干），暗红棕色（5YR 4/3，润），砂壤土，中度发育团块状结构，干时稍硬，润时疏松，湿时稍黏着，无塑，5%以下砖瓦碎块侵入体，强烈石灰反应，pH 8.26，向下层波状模糊过渡。

Bu2：60～80cm，淡棕灰色-浊橙色（7.5YR 7/2.5，干），棕色-暗棕色（7.5YR 3.5/3，润），壤土，中度发育团块结构，干时稍硬，润时疏松，湿时稍黏着，稍塑，5%以下砖瓦碎块侵入体，强烈石灰反应，pH 8.36，向下层波状模糊过渡。

BC：80cm 以下，浊棕色（7.5YR 6/3，干），浊红棕色（5YR 4/4，润），粉壤土，中度发育团块状结构，坚硬，5%以下砖瓦碎块侵入体，强烈石灰反应，pH 8.26。

大河遗址系代表性单个土体物理性质

土层	深度/cm	细土颗粒组成(粒径：mm)/(g/kg)			质地	容重/(g/cm³)
		砂粒 2～0.05	粉粒 0.05～0.002	黏粒 <0.002		
Ap	0～8	273	592	135	粉壤土	1.71
AB	8～29	359	528	113	粉壤土	1.76
Bu1	29～60	664	249	87	砂壤土	1.69
Bu2	60～80	429	455	116	壤土	1.67
BC	＞80	364	508	129	粉壤土	1.45

大河遗址系代表性单个土体化学性质

深度 /cm	pH (H₂O)	有机碳 /(g/kg)	全氮(N) /(g/kg)	全磷(P₂O₅) /(g/kg)	全钾(K₂O) /(g/kg)	阳离子交换量/(cmol/kg)
0~8	8.10	14.02	0.84	0.56	14.96	9.20
8~29	8.35	2.93	0.52	0.67	17.76	5.89
29~60	8.26	1.27	0.41	0.65	12.66	4.68
60~80	8.36	1.24	0.41	0.69	16.32	6.45
>80	8.26	0.86	0.43	0.73	14.81	9.70

深度 /cm	电导率 /(μS/cm)	有效磷 /(mg/kg)	交换性镁 /(cmol/kg)	交换性钙 /(cmol/kg)	交换性钾 /(cmol/kg)	交换性钠 /(cmol/kg)	碳酸钙相当物 /(g/kg)
0~8	295	29.83	0.30	8.84	0.92	2.76	61.19
8~29	210	7.97	0.50	6.30	0.46	2.03	51.68
29~60	103	13.16	0.00	8.02	0.38	1.82	26.18
60~80	322	14.42	0.50	6.97	0.43	2.02	16.30
>80	241	19.09	1.40	4.19	0.38	1.88	16.87

7.13.30　仰韶遗址系（**Yangshaoyizhi Series**）

土　　族：壤质混合型石灰性温性-普通简育干润雏形土
拟定者：吴克宁，鞠　兵，李　玲

分布与环境条件　仰韶遗址系主要分布于三门峡渑池仰韶文化遗址区及附近，母质为红土，暖温带半干旱大陆性气候。年均气温14.1℃，矿质土表以下50cm深度处土壤年均温度小于16℃，温性土壤温度状况，年均降水量约630mm，半干润土壤水分状况。

仰韶遗址系典型景观

土系特征与变幅　该土系诊断层有淡薄表层、雏形层；诊断特性有石灰性、半干润土壤水分状况、温性土壤温度状况等。混合型矿物，质地为粉壤土，土体深厚，100～125cm内较黏，125cm以下发育2%～5%的铁锰结核，母质层中有2%～5%的假菌丝体。特征层Bu3灰烬层厚度120cm，有2%～5%的铁锰结核，层内碳酸钙相当物含量约190.57g/kg，通体有石灰反应。

对比土系　仰韶系，壤质混合型石灰性温性-普通简育干润雏形土。二者具有相同的母质、土壤温度和土壤水分状况，相同的矿物学特征和石灰反应，相近的耕作层土壤机械组成，属于同一土族。仰韶系剖面构型为Ap-AB-Bk-Crk，通体强石灰反应，75cm以下出现少量砂姜结核以及碳酸钙粉末淀积，115cm以下为异元母质层，出现大量铁锰斑纹，土层颜色为暗红棕色（5YR 3/6），土层中无古人类活动遗留的遗迹层；而仰韶遗址系剖面构型为Ap-AB-Bu-BCk，100cm出现古人类遗存灰烬层Bu，180cm处含有大量深厚灰烬层，土体125cm以下出现少量铁锰结核，300cm以下出现少量碳酸钙假菌丝体。

利用性能综述　该土系多分布于遗址区地势较高的坡地，土壤多呈轻度侵蚀，无灌溉条件，土壤性状不良，肥力低，主要应修筑水平梯田，硬埂种植护坡植物，防止土壤侵蚀，扩种甘薯、谷子、豆类、烟草，同时利用休闲季节深耕晒垡，蓄水保墒，种植耐旱绿肥，培肥地力。

参比土种　废墟褐土性土。

代表性单个土体　剖面于 2011 年 8 月 2 日采自渑池县仰韶乡寺沟村仰韶遗址保护馆北侧 50m 自然断面（编号 41-124），34°48′39″N，111°46′36″E，黄土丘陵坡地，耕地，豆类，一年一熟，母质为红土。

Ap:　　0～40cm，浊黄橙色（10YR 6/4，干），棕色（10YR 4/6，润），粉壤土，很弱发育团块状结构，干时稍硬，润时疏松，湿时稍黏着，稍塑，大量根系，强烈石灰反应，pH 8.85，向下层渐变不规则过渡。

AB:　　40～100cm，浊黄橙色（10YR 7/3，干），棕色（10YR 4/6，润），粉壤土，中发育团块状结构，干时稍硬，润时稍坚实，湿时稍黏着，稍塑，有石灰反应，pH 8.59，向下层清晰平滑过渡。

Bu1:　100～125cm，浊黄橙色（10Y 7/2.5，干），棕色（10YR 10/6，润），粉壤土，弱发育团块状结构，干时稍硬，润时稍坚实，湿时稍黏着，无塑，含有少量的草木炭灰烬遗迹，强烈石灰反应，pH 8.24，向下层模糊波状过渡。

Bu2:　125～180cm，浊黄橙色（10YR 7/2.5，干），棕色（10YR 4/6，润），粉壤土，弱发育团块状结构，干时稍硬，润时稍坚实，湿时稍黏着，无塑，含有少量的草木炭灰烬遗迹，强烈的石灰反应，出现 2%～5% 的铁锰结核，pH 8.55，向下层清晰平滑过渡。

仰韶遗址系单个土体剖面

Bu3:　180～300cm，淡灰色（10YR 7/1，干），棕色（10YR 4/4，润），粉壤土，弱发育小块状结构，干时稍硬，润时稍坚实，湿时稍黏着，无塑，2%～5% 的铁锰结核，含有大量的草木炭灰烬遗迹，强烈的石灰反应，pH 8.57，向下层突变平滑过渡。

BCk:　300cm 以下，淡黄橙色（7.5YR 8/3，干），亮棕色（7.5YR 5/6，润），粉壤土，中发育团块状结构，干时稍硬，润时稍坚实，湿时稍黏着，稍塑，发育假菌丝体，很强的石灰反应，pH 8.87。

仰韶遗址系代表性单个土体物理性质

土层	深度 /cm	细土颗粒组成(粒径：mm)/(g/kg)			质地	容重 /(g/cm³)
		砂粒 2～0.05	粉粒 0.05～0.002	黏粒 <0.002		
Ap	0～40	246	611	142	粉壤土	1.26
AB	40～100	236	618	146	粉壤土	1.26
Bu1	100～125	138	698	164	粉壤土	1.22
Bu2	125～180	147	693	160	粉壤土	1.26
Bu3	180～300	219	668	113	粉壤土	1.15
BCk	>300	61	718	221	粉壤土	1.27

仰韶遗址系代表性单个土体化学性质

深度 /cm	pH (H₂O)	有机碳 /(g/kg)	全氮(N) /(g/kg)	全磷(P₂O₅) /(g/kg)	全钾(K₂O) /(g/kg)	电导率 /(μS/cm)	碳酸钙相当物 /(g/kg)
0～40	8.85	11.32	0.48	1.76	13.22	254	107.56
40～100	8.59	7.84	0.42	2.25	13.92	355	122.28
100～125	8.24	9.66	0.42	2.48	12.72	1268	136.14
125～180	8.55	5.69	0.42	3.99	14.82	567	120.80
180～300	8.57	8.20	0.53	4.64	13.79	805	190.57
＞300	8.87	3.27	0.16	0.90	14.12	326	195.82

深度 /cm	阳离子交换量 /(cmol/kg)	交换性镁/(cmol/kg)	交换性钙 /(cmol/kg)	交换性钾/(cmol/kg)	交换性钠/(cmol/kg)
0～40	17.81	1.08	11.52	1.28	0.58
40～100	14.47	0.06	11.64	0.51	0.62
100～125	15.13	0.20	11.55	0.55	1.15
125～180	16.08	0.12	11.46	1.83	0.94
180～300	16.94	1.47	9.88	2.37	1.08
＞300	4.00	0.60	9.50	2.55	0.80

7.13.31　首阳遗址系（**Shouyangyizhi Series**）

土　　族：壤质混合型石灰性温性-普通简育干润雏形土
拟定者：吴克宁，鞠　兵，李　玲

分布与环境条件　主要位于河南
洛阳偃师市首阳镇汉魏故城遗址
区及附近，母质为古城废墟，暖
温带大陆性季风气候。年均气温
为 14.2℃，温性土壤温度状况，
年均降水量约为 630mm，半干润
土壤水分状况。

首阳遗址系典型景观

土系特征与变幅　该土系诊断层有淡薄表层、雏形层；诊断特性有石灰性、半干润土壤
水分状况、温性土壤温度状况等。混合型矿物，剖面质地多为粉壤土，团块状结构。AB
层有黑色铁锰结核，土体中下部 Bu2 层有大于 15%的碎陶片、骨骼等侵入体，通体强烈
石灰反应。

对比土系　仰韶遗址系，壤质混合型石灰性温性-普通简育干润雏形土。二者母质不同，
均有人为活动痕迹，具有相同的土壤温度和土壤水分状况，相似的矿物学特征和石灰反
应，相似的剖面构型，属于同一土族。仰韶遗址系母质为红土，剖面构型为
Ap-AB-Bu-BCk，100cm 出现古人类遗存灰烬层 Bu1，180cm 处含有大量深厚灰烬层，土
体 125cm 以下出现少量铁锰结核，300cm 以下出现少量碳酸钙假菌丝体；而首阳遗址系母
质为古城废墟，剖面构型为 Ap-AB-Bu，土体表层和亚表层出现少量铁锰胶膜结核，土体
中 37cm 以下出露古人类活动遗存，即古灰陶陶片、人兽骨骼等，出露深度较仰韶遗址系浅。

利用性能综述　该土系土体深厚，土壤肥沃，质地适中，保水保肥，耐旱耐涝，适耕期
长，耕性好，通气透水，多有灌溉条件。应重点种植粮食作物，部分地区可种植蔬菜；
应继续搞好土地平整，发展灌溉，除增施有机肥外，科学施用化肥。

参比土种　壤质废墟潮褐土。

代表性单个土体　剖面于 2011 年 8 月 27 日采自洛阳市偃师市首阳镇龙虎滩村（汉魏故
城）（编号 41-130），34°42′59″N，112°37′46″E，山前倾斜平原的下部，耕地，小麦-玉米
轮作，一年两熟，母质为古城废墟。

Ap： 0～20cm，浊黄橙色（10YR 6.5/3，干），棕色（10YR 4/4，润），粉壤土，团块状结构，干时松软，润时疏松，湿时稍黏着，稍塑，大量根系，少量砖瓦，2%～5%的较小黑色（7.5YR 2/1）球形铁锰结核，强烈石灰反应，pH 8.96，向下层模糊平滑过渡。

AB： 20～37cm，浊黄橙色（10YR 6/3，干），暗棕色（10YR 3/4，润），粉壤土，团块状结构，干时稍硬，润时疏松，湿时稍黏着，稍塑，2%～5%的黑色（7.5YR 2/1）球形铁锰结核，强烈石灰反应，pH 8.81，向下层模糊平滑过渡。

Bu1： 37～55cm，浊黄橙色（10YR 6.5/3，干），棕色（10YR 4/4，润），粉壤土，团块状结构，干时稍硬，润时坚实，湿时稍黏着，稍塑，中量砖瓦侵入体，强烈石灰反应，pH 8.59，向下层模糊平滑过渡。

首阳遗址系单个土体剖面

Bu2：55cm 以下，浊黄橙色（10YR 6.5/3，干），棕色（10YR 4/4，润），粉壤土，团块状结构，干时稍硬，润时疏松，湿时稍黏着，稍塑，大于15%的碎陶片、骨骼等侵入体，强烈石灰反应，pH 8.59。

首阳遗址系代表性单个土体物理性质

| 土层 | 深度 /cm | 细土颗粒组成(粒径：mm)/(g/kg) | | | 质地 | 容重 /(g/cm³) |
		砂粒 2～0.05	粉粒 0.05～0.002	黏粒 <0.002		
Ap	0～20	229	630	141	粉壤土	1.36
AB	20～37	299	574	127	粉壤土	1.43
Bu1	37～55	204	632	165	粉壤土	1.47
Bu2	>55	194	617	189	粉壤土	1.21

首阳遗址系代表性单个土体化学性质

深度 /cm	pH (H₂O)	有机碳 /(g/kg)	全氮(N) /(g/kg)	全磷(P₂O₅) /(g/kg)	全钾(K₂O) /(g/kg)	电导率 /(μS/cm)	碳酸钙相当物 /(g/kg)
0～20	8.96	11.80	1.06	2.40	15.80	151	42.39
20～37	8.81	10.05	0.96	1.80	16.09	253	52.66
37～55	8.59	5.95	0.48	2.47	13.85	327	51.73
>55	8.59	4.59	0.63	2.66	15.21	297	70.35

深度 /cm	交换性镁 /(cmol/kg)	交换性钙 /(cmol/kg)	交换性钾 /(cmol/kg)	交换性钠 /(cmol/kg)	阳离子交换量 /(cmol/kg)
0～20	0.60	14.03	1.21	1.09	10.60
20～37	1.08	13.17	1.76	1.75	12.67
37～55	0.00	9.50	1.02	1.08	8.14
>55	0.04	11.76	1.17	1.01	14.53

7.13.32　二里头遗址系（Erlitouyizhi Series）

土　族：壤质混合型石灰性温性–普通简育干润雏形土
拟定者：吴克宁，鞠　兵，李　玲

分布与环境条件　主要位于河南洛阳偃师二里头村二里头遗址区及附近，遗址距今 3800～3500 年，相当于中国历史上的夏、商时期，母质为河流冲积物，暖温带大陆性季风气候。年均气温为 14.2℃，矿质土表至 50cm 深度处年均土壤温度小于 16℃，温性土壤温度状况，年均降水量约为 530mm，半干润土壤水分状况。

二里头遗址系典型景观

土系特征与变幅　该土系诊断层有淡薄表层、雏形层；诊断特性有石灰性、半干润土壤水分状况、温性土壤温度状况等。混合型矿物，母质为河流冲积物，土壤层次明显。土体内 Bu 层（40～105cm）含有不等的人为物质侵入体及黑灰色古人类遗存灰烬物质，通体强烈石灰反应。

对比土系　仰韶遗址系，壤质混合型石灰性温性–普通简育干润雏形土。二者都是古人类活动遗址区土壤，具有相同的土壤温度和土壤水分状况，相似的矿物学特征和石灰反应，相似的剖面构型，属于同一土族。仰韶遗址系母质为红土，剖面构型为 Ap-AB-Bu-BCk，100cm 出现古人类遗存灰烬层 Bu1，180cm 处含有大量深厚灰烬层，土体 125cm 以下出现少量铁锰结核，300cm 以下出现少量碳酸钙假菌丝体；而二里头遗址系母质为河流冲积物，剖面构型为 A-AB-Bu-BC-C，40～105cm 出现古人类遗存灰烬层 Bu，与仰韶遗址系相比，灰烬层薄且出现位置浅。

利用性能综述　剖面位于二里头文化遗址区内，表层土质疏松，通透性好，土性暖，是古人类活动遗址上发育的土壤，具有文化记录功能，主要记录了夏朝以及“夏文化”。

参比土种　废墟土。

代表性单个土体　剖面于 2011 年 7 月 19 日采自洛阳偃师市翟镇镇二里头村（编号 41-131），34°41′52″N，112°41′26″E，冲积平原，遗址保护区，灌木林地，母质为河流冲积物。

二里头遗址系单个土体剖面

A:　0~20cm，浊黄橙色（10YR 6/3，干），暗棕色（10YR 3/4，润），粉壤土，团块状结构，干时稍硬，润时疏松，湿时稍黏着，稍塑，大量根系，结构体内有 2%~5%的铁锈斑纹，强烈石灰反应，pH 8.31，向下层清晰平滑过渡。

AB:　20~40cm，浊黄橙色（10YR 7/2.5，干），棕色（10YR 4/6，润），粉壤土，团块状结构，干时硬，润时疏松，湿时稍黏着，稍塑，<2%的铁锈斑纹，<2%的球形铁锰结核，强烈石灰反应，pH 8.36，向下层突变平滑过渡。

Bu1:　40~65cm，淡黄橙色（7.5YR 8/3，干），浊橙色（7.5YR 6/4，润），粉壤土，团块状结构，干时稍硬，润时坚实，湿时稍黏着，无塑，有 2%~5%的瓦砾侵入体，有黑灰色古人类遗存灰烬物质，强烈石灰反应，pH 8.29，向下层突变平滑过渡。

Bu2:　65~105cm，浊橙色（10YR 7/3，干），棕色（10YR 4/6，润），粉壤土，块状结构，干时硬，润时坚实，湿时稍黏着，无塑，<2%的黑灰色古人类遗存灰烬物质，中度石灰反应，pH 8.40，向下层突变平滑过渡。

BC:　105~150cm，浊橙色（10YR 7/2.5，干），暗棕色（10YR 3/4，润），粉壤土，团块状结构，干时硬，润时坚实，湿时稍黏着，稍塑，强烈石灰反应，pH 8.45，向下层模糊平滑过渡。

C:　150cm 以下，浊黄橙色（10YR 6.5/3，干），暗棕色（10YR 3/4，润），粉壤土，团块状结构，干时硬，润时坚实，湿时稍黏着，稍塑，强烈的石灰反应，pH 8.11。

二里头遗址系代表性单个土体物理性质

土层	深度/cm	细土颗粒组成(粒径：mm)/(g/kg)			质地	容重/(g/cm³)
		砂粒 2~0.05	粉粒 0.05~0.002	黏粒 <0.002		
A	0~20	192	657	151	粉壤土	1.28
AB	20~40	160	659	181	粉壤土	1.29
Bu1	40~65	238	608	154	粉壤土	1.27
Bu2	65~105	233	607	160	粉壤土	1.20
BC	105~150	164	667	169	粉壤土	1.32
C	>150	165	658	177	粉壤土	1.34

二里头遗址系代表性单个土体化学性质

深度 /cm	pH (H₂O)	有机碳/(g/kg)	全氮(N) /(g/kg)	全磷(P₂O₅) /(g/kg)	全钾(K₂O) /(g/kg)	电导率 /(μS/cm)	碳酸钙相当物 /(g/kg)
0～20	8.31	6.11	0.63	2.48	15.93	511	40.70
20～40	8.36	5.64	0.69	2.38	18.12	733	32.13
40～65	8.29	15.5	0.64	4.01	13.88	1085	46.35
65～105	8.40	5.08	0.31	2.84	17.22	1016	27.70
105～150	8.45	6.44	0.47	4.53	25.36	867	41.97
＞150	8.11	7.08	0.74	2.56	17.57	1356	19.93

深度 /cm	阳离子交换量 /(cmol/kg)	交换性镁/(cmol/kg)	交换性钙 /(cmol/kg)	交换性钾 /(cmol/kg)	交换性钠/(cmol/kg)
0～20	16.90	0.28	11.10	1.75	1.16
20～40	18.37	0.36	15.07	1.93	1.41
40～65	19.26	0.04	12.91	2.00	1.95
65～105	13.57	0.12	10.88	1.57	2.32
105～150	13.52	0.04	10.96	1.68	1.74
＞150	13.65	0.52	13.25	1.46	1.01

7.13.33　刘胡垌系（**Liuhutong Series**）

土　　族：壤质混合型石灰性温性-普通简育干润雏形土
拟定者：吴克宁，鞠　兵，李　玲

分布与环境条件　多出现于剥蚀较严重的黄土丘陵坡地，母质为马兰黄土，暖温带大陆性季风气候。年均气温 14.4℃，矿质土表至 50cm 深度处年均土壤温度约为 15℃，温性土壤温度状况，年均降水量约 640mm，半干润土壤水分状况。

刘胡垌系典型景观

土系特征与变幅　该土系诊断层有淡薄表层、雏形层；诊断特性有石灰性、半干润土壤水分状况、温性土壤温度状况。混合型矿物，通体质地为粉壤土。Bw 层碳酸盐发生淋溶而淀积形成假菌丝体，白色假菌丝体含量 5%～15%，土壤养分较差，代换能力较低。全剖面 pH 8.7～8.8，呈碱性，通体强烈石灰反应。

对比土系　二里头遗址系，壤质混合型石灰性温性-普通简育干润雏形土，二者地理位置接近，诊断层相同，亚类相同，母质不同。二里头遗址系母质为河流冲积物；而刘胡垌系母质为马兰黄土。

利用性能综述　该土系土体深厚，质地为粉壤土，疏松易耕，适耕期长，通气透水性能好，养分含量较低。应增施有机肥，合理配施化肥，平整土地，完善土壤灌溉设施，减少水土流失。

参比土种　红黄土（红黄土质褐土）。

代表性单个土体　剖面于 2011 年 11 月 14 日采自郑州市二七区马寨镇刘胡垌村（编号 41-217），34°41′24″N，113°32′9″E，黄土丘陵坡地，耕地，小麦-玉米（黄豆）轮作，一年两熟，母质为马兰黄土。

Ap: 0～15cm，浊黄橙色（10YR 6/4，干），黄棕色（10YR 4/6，润），粉壤土，团粒状结构，干时松软，大量根系，强烈石灰反应，pH 8.79，向下层清晰平滑过渡。

AB: 15～48cm，浊黄橙色（10YR 7/3，干），黄棕色（10YR 4/6，润），粉壤土，团粒状或团块状结构，干时稍硬，强烈石灰反应，pH 8.76，向下层清晰平滑过渡。

Bw1: 48～100cm，浊黄橙色（10YR 6/4，干），黄棕色（10YR 4/6，润），粉壤土，块状结构，干时硬，5%～15%的白色假菌丝体，强烈石灰反应，pH 8.70，向下层清晰平滑过渡。

Bw2: 100～140cm，浊黄橙色（10YR 7/4，干），黄棕色（10YR 4/6，润），粉壤土，团粒状或团块状结构，干时坚硬，5%～15%的白色假菌丝体淀积，强烈石灰反应，pH 8.79。

刘胡垌系单个土体剖面

刘胡垌系代表性单个土体物理性质

| 土层 | 深度 /cm | 细土颗粒组成(粒径：mm)/(g/kg) | | | 质地 | 容重 /(g/cm³) |
		砂粒 2～0.05	粉粒 0.05～0.002	黏粒 <0.002		
Ap	0～15	339	539	122	粉壤土	1.27
AB	15～48	333	545	122	粉壤土	1.47
Bw1	48～100	273	569	158	粉壤土	1.56
Bw2	100～140	324	540	136	粉壤土	1.27

刘胡垌系代表性单个土体化学性质

深度 /cm	pH (H₂O)	有机碳 /(g/kg)	阳离子交换量 /(cmol/kg)	电导率/(μS/cm)	碳酸钙相当物 /(g/kg)
0～15	8.79	5.69	8.77	76	11.39
15～48	8.76	3.68	7.27	79	7.63
48～100	8.70	1.99	11.76	85	35.72
100～140	8.79	5.69	8.77	76	63.05

7.13.34　苟堂系（Goutang Series）

土　族：壤质混合型石灰性温性-普通简育干润雏形土
拟定者：吴克宁，鞠　兵，李　玲

分布与环境条件　多出现于黄土塬边和岭坡地，母质为马兰黄土，暖温带大陆性季风气候。年均气温 14.3℃，矿质土表至 50cm 深度处年均土壤温度小于 15℃，温性土壤温度状况，年均降水量约 524mm，半干润土壤水分状况。

苟堂系典型景观

土系特征与变幅　该土系诊断层有淡薄表层、雏形层；诊断特性有石灰性、半干润土壤水分状况、温性土壤温度状况。混合型矿物，质地均一。Bw 层含 5%～15% 的假菌丝体，有机碳含量平均较低，全剖面呈碱性，127cm 以上呈中度至强烈石灰反应。

对比土系　曲梁系，壤质混合型石灰性温性-普通简育干润雏形土。二者位置相近，母质相同，特征土层相同，属于相同的亚类。曲梁系通体中度至强烈的石灰反应，在剖面中下部发育中量—大量假菌丝体；苟堂系出现假菌丝体淀积层，属壤质混合型石灰性温性-普通简育干润雏形土。

利用性能综述　该土系土体深厚，质地适中，适耕期长，好耕作，通气透水性好，保水保肥，土性暖，有机碳分解较快，养分含量较低。应搞好土地平整，修筑水平梯田，防止水土流失，推广绿肥间套、农田秸秆覆盖等旱作农业增产措施，增强土壤蓄水保墒能力。

参比土种　白面土（黄土质石灰性褐土）。

代表性单个土体　剖面于 2010 年 6 月 8 日采自新密市苟堂镇南王沟村（编号 41-031），34°25′9″N，113°31′51″E，黄土丘陵坡地，耕地，旱作小麦、花生等，一年两熟，母质为马兰黄土。

Ap1: 0～15cm，浊橙色（7.5YR 6.5/4，干），浊黄棕色（10YR 4/4，润），粉壤土，团块状结构，干时硬，大量根系，中度石灰反应，pH 7.93，向下层波状渐变过渡。

Ap2: 15～35cm，橙色-浊橙色（7.5YR 7/5，干），浊棕色-棕色（7.5YR 4.5/4，润），粉壤土，团块状结构，干时硬，中度石灰反应，pH 8.08，向下层波状渐变过渡。

AB: 35～88cm，橙色-浊橙色（7.5YR 7/5，干），亮棕色-棕色（7.5YR 4.5/6，润），粉壤土，块状结构，干时很坚硬，强烈石灰反应，pH 8.21，向下层波状渐变过渡。

Bw: 88～127cm，浊橙色（7.5YR 7/4，干），浊棕色（7.5YR 5/4，润），粉壤土，块状结构，干时硬，5%～15%的白色假菌丝体，强烈石灰反应，pH 8.24，向下层波状渐变过渡。

BC: 127cm 以下，橙色-浊橙色（7.5YR 7/5，干），亮棕色-棕色（7.5YR 4.5/6，润），粉壤土，块状结构，干时很硬，弱石灰反应，pH 8.16。

苟堂系单个土体剖面

苟堂系代表性单个土体物理性质

土层	深度/cm	砾石(>2mm)/(g/kg)	细土颗粒组成（粒径：mm)/(g/kg)			质地	容重/(g/cm³)
			砂粒 2～0.05	粉粒 0.05～0.002	黏粒 <0.002		
Ap1	0～15	12.71	374	524	103	粉壤土	1.30
Ap2	15～35	12.71	365	523	112	粉壤土	1.41
AB	35～88	12.71	383	504	113	粉壤土	1.40
Bw	88～127	12.71	238	628	134	粉壤土	1.43
BC	>127	12.71	264	606	129	粉壤土	1.28

苟堂系代表性单个土体化学性质

深度/cm	pH (H₂O)	有机碳/(g/kg)	全氮(N)/(g/kg)	全磷(P₂O₅)/(g/kg)	全钾(K₂O)/(g/kg)	阳离子交换量/(cmol/kg)
0～15	7.93	8.40	0.79	0.95	13.83	18.18
15～35	8.08	5.33	0.58	0.72	13.24	10.35
35～88	8.21	4.84	0.41	0.73	13.29	9.69
88～127	8.24	4.81	0.42	0.69	12.77	9.22
>127	8.16	3.71	0.36	0.67	12.04	13.2

深度/cm	电导率/(μS/cm)	有效磷/(mg/kg)	交换性镁/(cmol/kg)	交换性钙/(cmol/kg)	交换性钾/(cmol/kg)	交换性钠/(cmol/kg)	碳酸钙相当物/(g/kg)
0～15	141	5.16	2.09	9.84	0.41	3.46	15.97
15～35	148	4.08	1.5	11.52	0.28	2.96	19.64
35～88	144	3.27	2.99	9.48	0.18	2.69	25.46
88～127	162	3.67	3.98	7.95	0.18	2.68	19.87
>127	374	7.32	0.51	14.14	0.23	2.55	4.41

7.13.35　枣陈系（Zaochen Series）

土　族：壤质混合型石灰性温性-普通简育干润雏形土
拟定者：吴克宁，鞠　兵，李　玲

分布与环境条件　多出现于豫西、豫北的塬、岭平地，母质为马兰黄土，暖温带大陆性季风气候。年均气温 14.4℃，矿质土表至 50cm 深度处年均土壤温度约为 15℃，温性土壤温度状况，年均降水量 640.9mm 左右，半干润土壤水分状况。

枣陈系典型景观

土系特征与变幅　该土系诊断层有淡薄表层、雏形层；诊断特性有石灰性、半干润土壤水分状况、温性土壤温度状况。混合型矿物，粉壤土，黏化层出现位置较浅（30cm）。75cm 以下有 15%～40%的假菌丝体，有机碳含量和阳离子交换量较低。土壤呈碱性，通体有石灰反应。

对比土系　古荥系，壤质混合型温性-石灰底锈干润雏形土。二者位置相近，母质相同，土纲不同。古荥系为传统的耕作土壤，养分条件优于枣陈系，土壤有机碳含量较高，尤其是表层有机碳含量平均为 18.66g/kg；枣陈系属于壤质混合型石灰性温性-普通简育干润雏形土。

利用性能综述　该土系质地适中，上虚下实，结构良好，易耕作，具有良好的保水保肥性能，养分含量较低，应扩大灌溉面积，增施有机肥，发展绿肥。

参比土种　立黄土（黄土质褐土）。

代表性单个土体　剖面于 2011 年 11 月 9 日采自郑州市古荥镇枣陈村（编号 41-214），34°50′0″N，113°28′16″E，黄土丘陵底部，耕地，小麦-玉米轮作，一年两熟，母质为马兰黄土。

Ap: 0～30cm，浊黄橙色（10YR 7/3，干），棕色（10YR 4/4，润），粉壤土，团块状结构，干时硬，大量根系，强烈石灰反应，pH 8.61，向下层清晰平滑过渡。

Bw: 30～75cm，浊黄橙色（10YR 7/4，干），黄棕色（10YR 5/6，润），粉壤土，块状结构，干时很硬，中度石灰反应，pH 8.82，向下层模糊平滑过渡。

Bwk: 75～105cm，浊黄橙色（10YR 6/4，干），棕色（10YR 4/6，润），粉壤土，块状结构，干时很硬，15%～40%的白色假菌丝体，中度石灰反应，pH 8.65。

枣陈系单个土体剖面

枣陈系代表性单个土体物理性质

土层	深度 /cm	细土颗粒组成(粒径: mm)/(g/kg)			质地	容重 /(g/cm³)
		砂粒 2～0.05	粉粒 0.05～0.002	黏粒 <0.002		
Ap	0～30	328	556	116	粉壤土	1.43
Bw	30～75	285	567	148	粉壤土	1.52
Bwk	75～105	174	628	199	粉壤土	1.55

枣陈系代表性单个土体化学性质

深度 /cm	pH (H₂O)	有机碳 /(g/kg)	阳离子交换量 /(cmol/kg)	电导率 /(μS/cm)
0～30	8.61	4.58	9.14	109
30～75	8.82	1.26	10.86	105
75～105	8.65	2.22	12.64	118

7.13.36　尚庄系（Shangzhuang Series）

土　　族：壤质混合型非酸性温性-普通简育干润雏形土
拟定者：吴克宁，鞠　兵，李　玲

分布与环境条件　多出现于低山下部或丘陵中上部，母质为黄土状物质，暖温带大陆性季风气候。年均气温 12.9℃，温性土壤温度状况，年均降水量约 685mm，半干润土壤水分状况。

尚庄系典型景观

土系特征与变幅　该土系诊断层有淡薄表层、雏形层；诊断特性有半干润土壤水分状况、温性土壤温度状况。混合型矿物，土体深厚，表层质地为壤土，其他土层为黏壤土，大多为团块状结构，养分含量和阳离子交换量较低，土壤呈弱碱性，通体无石灰反应。

对比土系　汝州系，黏壤质混合型石灰性温性-普通钙质干润淋溶土。二者地理位置相近，相同的土壤温度状况和土壤水分状况，母质不同，诊断依据不同，属于不同土纲。汝州系母质为石灰岩残、坡积物，土体由上至下白色岩石碎屑含量逐渐增多，Btk/C 层有浊红棕色黏粒胶膜和棕灰色铁锰结核，出现半风化母岩，通体强石灰反应；尚庄系母质为黄土状物质，通体无石灰反应，属壤质混合型非酸性温性-普通简育干润雏形土。

利用性能综述　多为灌丛及稀疏林地，植被覆盖好，土壤有一定的侵蚀，适宜多种植物生长，现有耕地应退耕还林还牧。利用上应以水土保持为中心，推广旱作农业技术，增施有机肥，合理配施化肥，提高农业产量。

参比土种　黄垆土（壤质洪积褐土）。

代表性单个土体　剖面于 2010 年 7 月 31 日采自平顶山市汝州市尚庄乡尚庄村（编号41-042），34°10′51″N，112°55′21″E，丘陵中上部，菜地、林地，自然植被有栎树、山杨及草灌等，母质为黄土状物质。

Ap: 0～20cm，浊棕色-亮棕色（7.5YR 5/5，干），棕色（7.5YR 4/6，润），壤土，团块状结构，干时稍硬，大量根系，pH 8.13，向下层波状逐渐过渡。

AB: 20～45cm，浊橙色（7.5YR 6.5/4，干），浊棕色-亮棕色（7.5YR 5/5，润），黏壤土，团块状结构，干时硬，pH 8.07，向下层波状模糊过渡。

Bw: 45～102cm，浊橙色-橙色（7.5YR 6/5，干），棕色（7.5YR 4/6，润），黏壤土，团块状结构，干时硬，pH 7.80，向下层波状模糊过渡。

C: 102cm 以下，浊橙色-橙色（7.5YR 6/5，干），棕色（7.5YR 4/6，润），黏壤土，团块状结构，干时硬，pH 7.78。

尚庄系单个土体剖面

尚庄系代表性单个土体物理性质

| 土层 | 深度 /cm | 细土颗粒组成(粒径：mm)/(g/kg) | | | 质地 | 容重 /(g/cm³) |
		砂粒 2～0.05	粉粒 0.05～0.002	黏粒 <0.002		
Ap	0～20	517	343	140	壤土	1.07
AB	20～45	527	320	152	黏壤土	1.27
Bw	45～102	419	408	173	黏壤土	1.46
C	>102	497	343	160	黏壤土	1.67

尚庄系代表性单个土体化学性质

深度 /cm	pH (H₂O)	电导率 /(μS/cm)	有机碳 /(g/kg)	全氮(N) /(g/kg)	全磷(P₂O₅) /(g/kg)	全钾(K₂O) /(g/kg)	有效磷 /(mg/kg)	速效钾 /(mg/kg)
0～20	8.13	100	9.26	0.71	0.78	12.53	5.43	186.00
20～45	8.07	152	4.70	0.75	0.82	14.61	4.43	164.34
45～102	7.80	302	11.08	0.72	0.64	14.80	2.72	149.40
>102	7.78	411	4.29	0.70	0.71	11.73	3.01	294.00

深度 /cm	阳离子交换量 /(cmol/kg)	交换性镁 /(cmol/kg)	交换性钙 /(cmol/kg)	交换性钾 /(cmol/kg)	交换性钠 /(cmol/kg)	碳酸钙相当物 /(g/kg)
0～20	15.81	1.69	13.12	0.25	2.68	0.28
20～45	15.51	1.39	14.44	0.23	2.77	2.68
45～102	17.55	6.96	11.93	0.20	3.63	1.52
>102	15.50	1.90	15.13	0.18	3.49	1.27

7.13.37　小刘庄系（Xiaoliuzhuang Series）

土　族：砂质混合型石灰性温性-普通简育干润雏形土
拟定者：吴克宁，鞠　兵，李　玲

分布与环境条件　多出现于塬、岭平地或丘陵与平原过渡地带，母质为马兰黄土，暖温带大陆性季风气候。年均气温为14.4℃，矿质土表至50cm深度处年均土壤温度约为15℃，温性土壤温度状况，年均降水量640.9mm左右，半干润土壤水分状况。

小刘庄系典型景观

土系特征与变幅　该土系诊断层有淡薄表层、雏形层；诊断特性有石灰性、半干润土壤水分状况、温性土壤温度状况。混合型矿物，上部砂壤土，下部壤土，颜色以浊黄橙色为主，结构以团粒状或团块状为主，有机碳和全氮含量较低，在剖面中无明显分异，土壤阳离子交换量较低，土壤呈碱性，通体有石灰反应。

对比土系　郑科系，壤质混合型石灰性温性-普通简育干润淋溶土。二者母质相同，诊断层与诊断特性相同，都具有黏化层，剖面构型相似，属于同一亚类。但郑科系质地为壤质；而小刘庄系土壤剖面质地为砂质，尤其是表层与表下层砂粒含量远高于郑科系，属砂质混合型石灰性温性-普通简育干润雏形土。

利用性能综述　该土系土壤质地较轻，土壤肥力差。应平整土地，完善土壤灌溉设施，保证水资源供给，增施有机肥，精耕细作，培肥地力，选择耐旱、耐贫瘠的经济作物。

参比土种　轻壤黄土质褐土。

代表性单个土体　剖面于2011年11月24日采自郑州市管城区十八里河镇小刘庄村（编号41-197），34°39′1″N，113°39′42″E，丘陵与平原过渡地带，荒草地，母质为马兰黄土。

A: 0～18cm，橙白色（10YR 8/2，干），浊黄橙色（10YR 6/4，润），砂壤土，团粒状结构，干时松软，大量根系，强烈石灰反应，pH 8.96，向下层突变平滑过渡。

AB: 18～40cm，浊黄橙色（10YR 6/4，干），棕色（10YR 4/6，润），砂壤土，团块状结构，干时稍硬，有石灰反应，pH 8.87，向下层清晰平滑过渡。

Bw: 40～80cm，浊黄橙色（10YR 6/4，干），黄棕色（10YR 5/6，润），壤土，团块状结构，干时稍硬，有石灰反应，pH 8.92，向下层模糊平滑过渡。

BC: 80～120cm，浊黄橙色（10YR 7/4，干），黄棕色（10YR 5/6，润），壤土，团块状结构，干时稍硬，有石灰反应，pH 8.65。

小刘庄系单个土体剖面

小刘庄系代表性单个土体物理性质

土层	深度 /cm	细土颗粒组成(粒径：mm)/(g/kg)			质地	容重 /(g/cm³)
		砂粒 2～0.05	粉粒 0.05～0.002	黏粒 <0.002		
A	0～18	615	294	91	砂壤土	1.50
AB	18～40	701	219	79	砂壤土	1.60
Bw	40～80	413	457	131	壤土	1.55
BC	80～120	513	378	109	壤土	1.52

小刘庄系代表性单个土体化学性质

深度 /cm	pH (H₂O)	电导率 /(µS/cm)	有机碳 /(g/kg)	全氮(N) /(g/kg)	阳离子交换量 /(cmol/kg)
0～18	8.96	80	7.36	0.42	7.20
18～40	8.87	80	7.20	0.36	7.60
40～80	8.92	75.	9.85	0.89	9.90
80～120	8.65	57	4.58	0.27	7.06

7.13.38　老鸦陈系（Laoyachen Series）

土　　族：砂质混合型石灰性温性-普通简育干润雏形土
拟定者：吴克宁，鞠　兵，李　玲

分布与环境条件　多出现于黄土丘陵地貌的残垣坡地，母质为马兰黄土,暖温带大陆性季风气候。年均气温 14.4℃，矿质土表至 50cm 深度处年均土壤温度约为 15℃，温性土壤温度状况，年均降水量 640.9mm 左右，半干润土壤水分状况。

老鸦陈系典型景观

土系特征与变幅　该土系诊断层有淡薄表层、雏形层；诊断特性有石灰性、半干润土壤水分状况、温性土壤温度状况等。混合型矿物，以浊黄橙色砂壤土为主，小团块状结构，土壤发育较弱，结持性和黏着性均匀，有机碳和全氮含量均很低，平均值分别为 0.40g/kg 和 0.12g/kg，土壤代换能力差，碳酸钙相当物大于 100g/kg，通体强烈石灰反应。

对比土系　古荥系，壤质混合型温性-石灰底锈干润雏形土。二者具有相同的母质、土壤温度和土壤水分状况，相同的矿物学类型和石灰反应，剖面特征不同，属于不同的土类。古荥系 47cm 以下具有氧化还原特征，剖面构型为 Ap-AB-Brk-Crk，而且是传统旱耕土壤，常年精耕细作，土壤养分条件明显优于老鸦陈系；老鸦陈系土壤发育较弱，全剖面颜色、质地、结构、酸碱性、结持性和黏着性相对一致，剖面构型为 Ap-AB-Bw-C，无氧化还原特征，土壤质地更砂，属砂质混合型温性-普通简育干润雏形土。

利用性能综述　土体比较深厚，疏松易耕，适耕期长，土壤养分和代换性能很差，建议增施有机肥，种植绿肥，提高产粮能力。

参比土种　砂性白面土（砂壤质黄土质石灰性褐土）。

代表性单个土体　剖面于 2011 年 11 月 6 日采自郑州市西北老鸦陈乡师家河村（编号 41-198），34°52′22″N，113°32′37″E，黄土丘陵坡地，耕地，小麦-玉米轮作，一年两熟，成土母质为马兰黄土。

Ap: 0~25cm，浊黄橙色（10YR 7/4，干），棕色（10YR 4/6，润），壤土，小团块状结构，干时松软，润时极疏松，湿时无黏着，无塑，大量根系，强烈石灰反应，pH 9.01，向下层模糊波状过渡。

AB: 25~53cm，浊黄橙色（10YR 7/3，干），黄棕色（10YR 5/6，润），砂壤土，小团块状结构，干时松软，润时疏松，湿时稍黏着，稍塑，强烈石灰反应，pH 8.93，向下层模糊波状过渡。

Bw: 53~95cm，浊黄橙色（10YR 7/3，干），黄棕色（10YR 5/6，润），砂壤土，小团块状结构，干时稍硬，润时疏松，湿时稍黏着，稍塑，强烈石灰反应，pH 8.99，向下层模糊波状过渡。

C: 95~130cm，浊黄橙色（10YR 7/3，干），黄棕色（10YR 5/6，润），砂壤土，小团块状结构，干时稍硬，润时疏松，湿时稍黏着，稍塑，强烈石灰反应，pH 8.94，向下层模糊波状过渡。

老鸦陈系单个土体剖面

老鸦陈系代表性单个土体物理性质

| 土层 | 深度 /cm | 细土颗粒组成(粒径：mm)/(g/kg) | | | 质地 | 容重 /(g/cm³) |
		砂粒 2~0.05	粉粒 0.05~0.002	黏粒 <0.002		
Ap	0~25	427	467	105	壤土	1.39
AB	25~53	472	430	98	砂壤土	1.46
Bw	53~95	554	351	95	砂壤土	1.52
C	95~130	675	251	74	砂壤土	1.56

老鸦陈系代表性单个土体化学性质

深度 /cm	pH (H₂O)	电导率 /(μS/cm)	有机碳 /(g/kg)	全氮(N) /(g/kg)	阳离子交换量 /(cmol/kg)	碳酸钙相当物 /(g/kg)
0~25	9.01	88	0.54	0.08	5.21	112.27
25~53	8.93	145	0.20	0.18	5.02	108.47
53~95	8.99	85	0.09	0.13	5.43	109.96
95~130	8.94	116	0.76	0.08	4.90	111.90

7.13.39　李马庄系（Limazhuang Series）

土　族：砂质混合型石灰性温性-普通简育干润雏形土
拟定者：吴克宁，鞠　兵，李　玲

分布与环境条件　多出现于丘陵与平原过渡地带或河流两岸高滩地，母质为砂质沉积物，暖温带大陆性季风气候。年均气温14.4℃，矿质土表至 50cm 深度处年均土壤温度约为 15.5℃，温性土壤温度状况，年均降水量约640.9mm，半干润土壤水分状况。

李马庄系典型景观

土系特征与变幅　该土系诊断层有淡薄表层、雏形层；诊断特性有石灰性、半干润土壤水分状况、温性土壤温度状况等。混合型矿物，矿质土表至 55cm 以上以砂壤土为主，55cm 以下为砂土，土壤通透性能好，但土壤养分状况差，有机碳含量和阳离子交换量较低，通体中度至强烈石灰反应。

对比土系　南曹系，砂质混合型温性-石灰干润正常新成土。二者地理位置邻近，地形地貌、母质、土壤水分状况、土壤温度状况和石灰反应特征相似，诊断层不同，属不同的土纲。南曹系无雏形层，0～44cm 具有明显的冲积淀积层理，具有冲积物岩性特征，剖面构型为 A-C，剖面整体以砂土为主；李马庄系具有雏形层，剖面构型为 A-Bw-C，矿质土表至 55cm 以上以砂壤土为主，土壤结构多以团块状为主，颜色为浊黄橙色，55cm 以下为砂土，有机碳含量和阳离子交换量极低，属砂质混合型石灰性温性-普通简育干润雏形土。

利用性能综述　该土系上部土壤质地以砂壤土为主，细土部分粒径大于 20μm 的砂粒占砂、粉、黏含量比例的 80% 以上，疏松，通透性好，但养分性能差，不宜农用，是种植刺槐及牧草沙打旺的良好基地。

参比土种　褐土化体壤砂壤土（浅位壤砂壤质砂质脱潮土）。

代表性单个土体　剖面于 2011 年 11 月 17 日采自郑州市管城区南曹乡李马庄村（编号41-220），34°38′21″N，113°45′46″E，丘陵与平原过渡地带，林地、荒草地，母质为砂质沉积物。

A: 0～10cm，浊黄橙色（10YR 7/3，干），黄棕色（10YR 5/6，润），砂壤土，小团粒状结构，干时松散，润时疏松，湿时稍黏着，稍塑，大量根系，强烈石灰反应，pH 9.01，向下层模糊平滑过渡。

Bw1: 10～40cm，淡黄棕色-浊黄橙色（10YR 7.5/2，干），黄棕色（10YR 5/6，润），砂壤土，小团块状结构，干时稍硬，润时疏松，湿时稍黏着，稍塑，强烈石灰反应，pH 8.85，向下层模糊平滑过渡。

Bw2: 40～55cm，浊黄橙色（10YR 6/4，干），黄棕色（10YR 5/6，润），砂壤土，小团块状结构，干时稍硬，润时疏松，湿时稍黏着，无塑，中度石灰反应，pH 8.96，向下层清晰平滑过渡。

C1: 55～90cm，淡黄橙色（10YR 8/4，干），亮黄棕色（10YR 6/6，润），砂土，单粒状结构，干时松散，润时极疏松，湿时无黏着，无塑，中度石灰反应，pH 9.24，向下层模糊平滑过渡。

李马庄系单个土体剖面

C2: 90～140cm，淡黄橙色（10YR 8/4，干），亮黄棕色（10YR 6/6，润），砂土，单粒状结构，干时松散，润时极疏松，湿时无黏着，无塑，中度石灰反应，pH 8.40，向下层模糊平滑过渡。

李马庄系代表性单个土体物理性质

土层	深度/cm	细土颗粒组成(粒径：mm)/(g/kg)			质地	容重/(g/cm³)
		砂粒 2～0.05	粉粒 0.05～0.002	黏粒 <0.002		
A	0～10	584	326	90	砂壤土	1.35
Bw1	10～40	590	329	81	砂壤土	1.46
Bw2	40～55	685	221	94	砂壤土	1.53
C1	55～90	950	43	7	砂土	1.48
C2	90～140	950	43	7	砂土	1.53

李马庄系代表性单个土体化学性质

深度/cm	pH (H₂O)	有机碳/(g/kg)	阳离子交换量/(cmol/kg)	电导率/(μS/cm)
0～10	9.01	0.55	5.56	52
10～40	8.85	0.55	5.18	57
40～55	8.96	3.18	6.00	45
55～90	9.24	0.33	1.24	19
90～140	8.40	0.42	1.64	19

7.13.40　桥盟系（Qiaomeng Series）

土　　族：粗骨盖壤质混合型石灰性温性-普通简育干润雏形土
拟定者：吴克宁，鞠　兵，李　玲

分布与环境条件　多出现于山前倾斜平原的中上部及河流两岸三级以上阶地，母质为洪积物，暖温带大陆性季风气候。年均气温14.2～15.4℃，温性土壤温度状况，年均降水量为 599.5～707.0mm，半干润土壤水分状况。

桥盟系典型景观

土系特征与变幅　该土系诊断层有淡薄表层、雏形层；诊断特性有石灰性、半干润土壤水分状况、温性土壤温度状况等。混合型矿物。AB 层为砾石层，橙色，质地为粉壤土，团粒状结构，40%～60%的石块；Bw 层黏粒明显增加，棕色-亮棕色，质地为粉壤土，团块状结构，下部出现 15%～40%的假菌丝体等。养分含量由上至下减少，阳离子交换量剖面变化较小，全剖面呈弱碱性，石灰反应由上至下减弱。

对比土系　白寺系，粗骨壤质混合型温性-钙积简育干润雏形土。二者地理位置邻近，具有相同的土壤温度和土壤水分状况，相同的矿物学类型，剖面特征不同，属于不同的亚类。白寺系剖面构型为 Ap-Bk-Bkx，碳酸钙淀积类型以砂姜结核为主，具有砂姜层，Bk 层多为粉壤土，由上至下石灰结核增多，Bk3 层（100～130cm）含有 25%～40%的白色石灰结核，Bkx 层发育钙磐；而桥盟系剖面构型为 Ap-AB-Bw，剖面上部含有大量磨圆度较好的砾石层，而下部（80cm 以下）出现 15%～40%的白色假菌丝体的碳酸钙淀积现象，属粗骨盖壤质混合型石灰性温性-普通简育干润雏形土 。

利用性能综述　该土系土地不平整，土体上部含砾石，影响耕作及水、气、热协调，农田灌溉工程不健全，耕性好，适耕期长。应结合平整深翻拾除砾石，建立健全灌溉渠系，扩大灌溉面积，节水灌溉，搞好配方施肥。

参比土种　厚层洪积褐土性土。

代表性单个土体　剖面采自 2010 年 7 月 10 日采自鹤壁市淇县桥盟乡袁庄村（编号 41-014），35°38′25″N，114°9′28″E，山前倾斜平原中部，耕地，小麦-玉米轮作，一年两熟，母质为洪积物。

桥盟系单个土体剖面

Ap:　0～15cm，橙色-亮橙色（7.5YR 5.5/6，干），棕色（7.5YR 4/6，润），粉壤土，团粒状结构，干时松软，润时极疏松，湿时黏着，中塑，25%～30%的小砾石，强烈石灰反应，pH 8.27，向下层波状渐变过渡。

AB:　15～45cm，橙色（7.5YR 6/6，干），棕色（7.5YR 4/6，润），粉壤土，团粒状结构，干时硬，润时坚实，湿时稍黏着，稍塑，40%～60%的大砾石，磨圆度较好，强烈石灰反应，pH 7.96，向下层波状渐变过渡。

Bw1:　45～80cm，橙色（7.5YR 7/6，干），浊棕色（7.5YR 5/4，润），粉壤土，团块状结构，干时很硬，润时很坚实，湿时稍黏着，稍塑，强烈石灰反应，pH 7.93，向下层不规则过渡。

Bw2:　80～105cm，棕色-亮棕色（7.5YR 4.5/6，干），浊棕色-亮棕色（7.5YR 5/4，润），粉壤土，团块状结构，干时很硬，润时很坚实，湿时黏着，中塑，15%～40%的白色假菌丝体，有石灰反应，pH 7.97，向下层不规则过渡。

Bw3:　105cm 以下，橙色（7.5YR 7/6，干），亮棕色（7.5YR 5/6，润），粉壤土，团块状结构，干时硬，润时坚实，湿时黏着，中塑，15%～40%的白色假菌丝体，有石灰反应，pH 8.00。

桥盟系代表性单个土体物理性质

土层	深度/cm	细土颗粒组成（粒径：mm)/(g/kg)			质地	容重/(g/cm³)
		砂粒 2～0.05	粉粒 0.05～0.002	黏粒 <0.002		
Ap	0～15	201	606	193	粉壤土	1.16
AB	15～45	165	677	158	粉壤土	1.32
Bw1	45～80	185	665	150	粉壤土	1.36
Bw2	80～105	127	686	187	粉壤土	1.43
Bw3	>105	92	714	193	粉壤土	1.65

桥盟系代表性单个土体化学性质

深度 /cm	pH (H₂O)	有机碳 /(g/kg)	全氮(N) /(g/kg)	全磷(P₂O₅) /(g/kg)	全钾(K₂O) /(g/kg)	阳离子交换量 /(cmol/kg)
0～15	8.27	8.18	0.86	0.58	14.49	16.71
15～45	7.96	8.60	0.86	0.89	16.23	15.80
45～80	7.93	5.43	0.74	0.85	16.57	14.69
80～105	7.97	5.66	0.92	0.82	17.52	16.07
>105	8.00	5.23	0.59	0.75	17.30	15.45

深度 /cm	电导率 /(μS/cm)	有效磷 /(mg/kg)	交换性镁 /(cmol/kg)	交换性钙 /(cmol/kg)	交换性钾 /(cmol/kg)	交换性钠 /(cmol/kg)	碳酸钙相当物 /(g/kg)
0～15	208	5.66	0.80	15.00	0.28	1.59	12.43
15～45	493	6.34	0.00	17.89	0.31	1.94	14.30
45～80	568	4.82	1.09	15.77	0.30	2.16	11.45
80～105	665	4.69	0.20	16.50	0.31	2.38	2.92
>105	488	4.97	2.10	14.20	0.31	2.25	4.18

7.13.41　思礼系（Sili Series）

土　族：粗骨壤质混合型石灰性温性-普通简育干润雏形土
拟定者：吴克宁，鞠　兵，李　玲

分布与环境条件　多出现于山前
倾斜平原中上部，成土母质为洪
冲积物，温带大陆性季风气候。
年均气温 14.6℃，年均土壤温度约
为 15℃，年均降水量约为 922 mm，
年均蒸发量约为 1720 mm。

思礼系典型景观

土系特征与变幅　该土系诊断层有淡薄表层、雏形层；诊断特性有石灰性、半干润土壤
水分状况、温性土壤温度状况等。混合型矿物。Bw 层浊橙色-浊棕色，质地为粉壤土，
15%～40%的石砾侵入物，通体有石灰反应。

对比土系　坡头系，壤质混合型温性-钙积简育干润雏形土。二者地理位置邻近，具有相
同的土壤温度和土壤水分状况，剖面特征不同，属于不同的亚类。坡头系母质为马兰黄
土，剖面构型为 A-AB-Bk，通体质地均一，剖面约 20cm 以下至剖面底部发育石灰粉末，
土体 150cm 以上碳酸钙相当物含量绝大部分在 150g/kg 以上，且可辨认的次生碳酸盐按
体积计≥10%，达到钙积层；而思礼系母质为洪冲积物，剖面构型为 A-Bw-BC，在表土
层段含有大量砾石，碳酸钙相当物含量绝大部分在 25g/kg 以下，属粗骨壤质混合型石灰
性温性-普通简育干润雏形土。

利用性能综述　所处地形在山前倾斜平原中上部，土层较薄多有砾石，土壤肥力低，干
旱是农业生产的主要限制因素。在生产上要注意精耕细作，清除过多的砾石，推广行之
有效的旱作农业技术，提高蓄水保墒能力。

参比土种　砾幼褐土（砾质洪积褐土性土）。

代表性单个土体　剖面于 2010 年 7 月 17 日采自河南省济源市思礼镇郑坪村（编号
41-022），35°11′24″N，112°25′19″E，海拔 184m，山前倾斜平原中上部，林地，母质为
洪冲积物。

思礼系单个土体剖面

A:　　0~45cm，棕色（7.5YR 5.5/4，干），棕色（7.5YR 4/6，润），粉壤土，弱度发育团粒状结构，干时硬，润时坚实，湿时稍黏着，稍塑，含有50%左右的砾石，有石灰反应，pH 8.01，向下层平整过渡。

Bw1：45~72cm，浊橙色-浊棕色（7.5YR 5.5/4，干），暗棕色（7.5YR 3/4，润），粉壤土，弱度发育屑块状结构，干时硬，润时坚实，湿时稍黏着，稍塑，25%~30%的小砾石，弱石灰反应，pH 7.73，向下层平整过渡。

Bw2：72~100cm，浊橙色-浊棕色（7.5YR 6.5/3，干），暗棕色-棕色（7.5YR 4.5/4，润），粉壤土，弱发育屑粒状结构，干时硬，润时坚实，湿时黏着，中塑，25%~30%的小砾石，强烈石灰反应，pH 7.75，向下层波状渐变过渡。

BC：　100cm 以下，浅黄橙色-黄色（2.5YR 8/5，干），亮黄棕色（2.5YR 6.5/6，润），粉壤土，弱发育团块状结构，干时硬，润时坚实，湿时黏着，中塑，25%~30%的砾石，无石灰反应。

思礼系代表性单个土体物理性质

土层	深度 /cm	细土颗粒组成（粒径：mm)/(g/kg)			质地	容重 /(g/cm³)
		砂粒 2~0.05	粉粒 0.05~0.002	黏粒 <0.002		
A	0~45	151	690	159	粉壤土	1.56
Bw1	45~72	162	684	155	粉壤土	1.57
Bw2	72~100	157	687	156	粉壤土	1.41
BC	>100	175	657	168	粉壤土	—

思礼系代表性单个土体化学性质

深度 /cm	pH (H₂O)	有机碳 /(g/kg)	全氮(N) /(g/kg)	全磷(P₂O₅) /(g/kg)	全钾(K₂O) /(g/kg)	阳离子交换量 /(cmol/kg)
0~45	8.01	9.71	0.93	0.67	13.61	17.04
45~72	7.73	9.40	1.12	0.70	16.47	16.31
72~100	7.75	6.40	0.87	0.68	16.96	14.19

深度 /cm	电导率 /(μS/cm)	有效磷 /(mg/kg)	交换性镁 /(cmol/kg)	交换性钙 /(cmol/kg)	交换性钾 /(cmol/kg)	交换性钠 /(cmol/kg)	碳酸钙相当物 /(g/kg)
0~45	190	5.43	3.99	9.78	0.41	3.30	20.78
45~72	310	5.16	5.45	9.41	0.35	3.27	14.80
72~100	227	7.85	2.38	13.00	0.28	2.67	21.72

7.13.42　唐庄系（Tangzhuang Series）

土　　族：粗骨壤质混合型非酸性温性-普通简育干润雏形土
拟定者：吴克宁，鞠　兵，李　玲

分布与环境条件　多出现于中山地海拔 1000～1300m 的坡麓，母质为硅质岩类残积-坡积物，北暖温带大陆性季风气候。年均气温约 14.3℃，矿质土表至 50cm 深度处年均土壤温度约为 12～15℃，年均降水量约 524.4mm。

唐庄系典型景观

土系特征与变幅　该土系诊断层有淡薄表层、雏形层；诊断特性有半干润土壤水分状况、温性土壤温度状况等。混合型矿物，质地均匀，多为粉壤土，多为团块状结构，有弱发育的雏形层，亮棕色，全剖面 pH 变化均一，中性稍偏碱，土壤养分状况较贫瘠，有机碳、全氮和有效磷含量较低，通体无石灰反应。

对比土系　君召系，壤质混合型石灰性温性-普通简育干润雏形土 。二者位置相近，母质不同，剖面构型不同，特征土层不同，属于不同的亚类。君召系位于山前倾斜平原中下部，母质为洪冲积物，剖面构型为 Ap-AB-Bw-Cr，通体石灰反应；唐庄系成土母质为硅质岩类残积-坡积物，通体含有一定量的小砾石，剖面构型为 Ah-Bw-C，全剖面碳酸钙相当物含量小于 10g/kg，通体无石灰反应，属粗骨壤质混合型非酸性温性-普通简育干润雏形土 。

利用性能综述　该土系土壤呈中性稍偏碱，土体深厚，多为灌丛及稀疏林地，所处地区气候温润，适宜多种植物生长，植被覆盖好，土体含砾石，不宜农用，现有耕地应退耕还林还牧。应在防止水土流失的前提下种植山楂、核桃、油松等干鲜果类及用材林。

参比土种　少砾砂质淋溶褐土（中层硅质淋溶褐土）。

代表性单个土体　剖面于 2010 年 7 月 13 日采自登封市唐庄乡塔水磨村（编号 41-030），34°34′25″N，113°8′56″E，中低山坡麓，林地、荒草地，母质为硅质岩类残积-坡积物，主要植被有侧柏、杨树、白草等。

唐庄系单个土体剖面

Ah: 0～30cm，橙色（7.5YR 6/6，干），棕色（7.5YR 4/6，润），粉壤土，团块状结构，干时稍硬，润时坚实，湿时稍黏着，稍塑，大量根系，10%～25%的小砾石，无石灰反应，pH 7.63，向下层波状模糊过渡。

Bw1: 30～70cm，亮棕色（7.5YR 5/6，干），棕色（7.5YR 4/6，润），粉壤土，团块状结构，干时硬，润时坚实，湿时稍黏着，稍塑，25%左右的小砾石，无石灰反应，pH 7.61，向下层波状模糊过渡。

Bw2: 70～120cm，橙色（7.5YR 6/6，干），亮棕色-棕色（7.5YR 4.5/6，润），粉壤土，团块状结构，干时稍硬，润时很坚实，湿时稍黏着，稍塑，10%～25%的小砾石，无石灰反应，pH 7.74，向下层波状模糊过渡。

C: 120～190cm，橙色（7.5YR 6/6，干），亮棕色-棕色（7.5YR 4.5/6，润），粉壤土，团块状结构，干时硬，润时坚实，湿时黏着，稍塑，25%左右的小砾石，无石灰反应，pH 7.72。

唐庄系代表性单个土体物理性质

| 土层 | 深度 /cm | 砾石 (>2mm)/(g/kg) | 细土颗粒组成(粒径：mm)/(g/kg) | | | 质地 | 容重 /(g/cm³) |
			砂粒 2～0.05	粉粒 0.05～0.002	黏粒 <0.002		
Ah	0～30	185.01	199	626	175	粉壤土	1.48
Bw1	30～70	254.30	237	626	137	粉壤土	1.44
Bw2	70～120	174.93	237	623	140	粉壤土	1.51
C	120～190	356.36	231	632	137	粉壤土	1.55

唐庄系代表性单个土体化学性质

深度 /cm	pH (H₂O)	有机碳 /(g/kg)	全氮(N) /(g/kg)	全磷(P₂O₅) /(g/kg)	全钾(K₂O) /(g/kg)	阳离子交换量 /(cmol/kg)
0～30	7.63	3.82	0.68	0.80	15.05	17.37
30～70	7.61	5.03	0.84	0.85	14.14	17.14
70～120	7.74	4.89	0.76	0.89	14.86	17.06
120～190	7.72	4.88	0.52	0.71	14.77	15.45

深度 /cm	电导率 /(μS/cm)	有效磷 /(mg/kg)	交换性镁 /(cmol/kg)	交换性钙 /(cmol/kg)	交换性钾 /(cmol/kg)	交换性钠 /(cmol/kg)	碳酸钙相当物 /(g/kg)
0～30	172	4.22	2.00	19.90	0.26	3.04	5.34
30～70	148	3.41	0.20	20.92	0.23	2.77	6.84
70～120	135	3.41	1.00	20.46	0.41	2.78	6.20
120～190	184	3.01	1.51	18.61	0.36	2.80	5.54

7.13.43　庙下系（Miaoxia Series）

土　族：壤质盖粗骨壤质混合型非酸性温性-普通简育干润雏形土
拟定者：吴克宁，鞠　兵，李　玲

分布与环境条件　主要分布在山前倾斜平原上部，母质为洪冲积物，暖温带大陆性季风气候。年均气温约 14.2℃，温性土壤温度状况，年均降水量约为 697mm，半干润土壤水分状况。

庙下系典型景观

土系特征与变幅　该土系诊断层有淡薄表层、雏形层；诊断特性有半干润土壤水分状况、温性土壤温度状况等。混合型矿物，以粉壤土为主。BC 层中含有 15%～40%的磨圆度好、分选差的砾石。有机碳含量较低，120cm 以下土层阳离子交换量较高，石灰反应除表层为强外，其他各层无石灰反应。

对比土系　思礼系，粗骨壤质混合型石灰性温性-普通简育干润雏形土。二者地形位置相似，均在山前倾斜平原上部，母质相同，均为洪冲积物，相同的土壤温度和土壤水分状况，剖面构型类似，特征土层相同，属于相同的土类。思礼系剖面构型为 A-Bw-BC，在表土层段含有大量砾石，碳酸钙相当物含量绝大部分在 25g/kg 以下；庙下系无氧化还原特征，表土层以下均无石灰性，剖面构型为 Ap-AB-Bw-BC-C，BC（90～120cm）层中含有 15%～40%的砾石，属壤质盖粗骨壤质混合型温性非酸性温性-普通简育干润雏形土。

利用性能综述　该土系土层薄，无灌溉条件，易旱，下伏砾石层漏水漏肥，影响根系下扎，作物生长中、后期易脱水脱肥。该土种为低产土壤类型，以农地为主，旱作玉米、小麦等，一年两熟或两年三熟，今后应采取工程措施淤地或垫土加厚活土层，以改善土壤生产条件。

参比土种　洪积壤质褐土性土。

代表性单个土体　剖面于 2010 年 7 月 31 日采自平顶山市汝州市庙下乡姚庄村（编号 41-045），34°12′36″N，112°43′54″E，地下水位约 70m，山前倾斜平原上部，耕地，小麦-玉米轮作，一年两熟，母质为洪冲积物。

庙下系单个土体剖面

Ap： 0～10cm，浊黄橙色（10YR 6/4，干），棕色（10YR 4/6，润），粉壤土，团块状结构，干时稍硬，润时坚实，湿时稍黏着，稍塑，大量根系，强烈石灰反应，pH 8.08，向下层波状模糊过渡。

AB： 10～60cm，浊橙色（7.5YR 6/4，干），棕色（7.5YR 4/4，润），粉壤土，团块状结构，干时松软，润时疏松，湿时稍黏着，稍塑，含有2%～5%的磨圆度较好的砾石，无石灰反应，pH 8.05，向下层波状模糊过渡。

Bw： 60～90cm，浊橙色（7.5YR 6/4，干），棕色（7.5YR 4/4，润），壤土，团块状结构，干时松软，润时很疏松，湿时无黏着，无塑，含有5%～15%的砾石，无石灰反应，pH 7.73，向下层波状模糊过渡。

BC： 90～120cm，浊橙色（7.5YR 7/4，干），棕色（7.5YR 4/6，润），粉壤土，团块状结构，干时硬，润时坚实，湿时黏着，中塑，含有15%～40%的砾石，无石灰反应，pH 7.80，向下层波状模糊过渡。

C： 120～150cm，浊橙色-浊红棕色（5YR 5.5/4，干），浊红棕色（5YR 4/4，润），粉壤土，团块状结构，干时硬，润时坚实，湿时黏着，中塑，无石灰反应，pH 7.89。

庙下系代表性单个土体物理性质

土层	深度/cm	砾石(>2mm)/(g/kg)	细土颗粒组成(粒径：mm)/(g/kg)			质地	容重/(g/cm³)
			砂粒 2～0.05	粉粒 0.05～0.002	黏粒 <0.002		
Ap	0～10	23.27	285	570	145	粉壤土	1.62
AB	10～60	36.73	268	579	153	粉壤土	1.54
Bw	60～90	6.11	365	480	155	壤土	1.54
BC	90～120	443.54	158	630	213	粉壤土	1.55
C	120～150	17.86	289	538	173	粉壤土	1.64

庙下系代表性单个土体化学性质

深度/cm	pH (H₂O)	有机碳/(g/kg)	全氮(N)/(g/kg)	全磷(P₂O₅)/(g/kg)	全钾(K₂O)/(g/kg)	阳离子交换量/(cmol/kg)
0~10	8.08	5.45	0.65	0.94	12.49	18
10~60	8.05	4.00	0.34	0.94	12.60	13.66
60~90	7.73	3.75	0.47	0.96	14.34	11.94
90~120	7.80	3.52	0.43	1.01	11.87	13.74
120~150	7.89	3.08	0.56	0.84	12.12	26.77

深度/cm	电导率/(μS/cm)	有效磷/(mg/kg)	交换性镁/(cmol/kg)	交换性钙/(cmol/kg)	交换性钾/(cmol/kg)	交换性钠/(cmol/kg)	碳酸钙相当物/(g/kg)
0~10	108	1.87	1.39	18.35	0.13	2.5	23.64
10~60	127	1.73	0.10	15.15	0.08	2.55	2.8
60~90	181	1.52	0.1	15.02	0.06	2.43	2.38
90~120	182	1.45	0.50	15.05	0.06	2.50	2.12
120~150	190	1.44	1.2	10.78	0.08	2.6	2.03

7.14　普通钙质湿润雏形土

7.14.1　石佛寺系（**Shifosi Series**）

土　族：壤质碳酸盐型热性-普通钙质湿润雏形土
拟定者：吴克宁，鞠　兵，李　玲

石佛寺系典型景观

分布与环境条件　主要分布在沙河干流以南伏牛山、桐柏山、大别山海拔 500m 以下的低丘、缓岗及阶地上，母质为泥质石灰岩（白垩纪白土），北亚热带和暖温带的过渡气候。年均气温约 15.8℃，矿质土表下 50cm 深度处年均土壤温度大于 16℃，热性土壤温度状况，年均降水量为 800～1100mm，多集中在 6～8 月，湿润土壤水分状况。

土系特征与变幅　该土系诊断层有淡薄表层、雏形层；诊断特性有碳酸盐岩性特征、湿润土壤水分状况、热性土壤温度状况等。在白垩纪白色母质上覆盖一层厚度不同的冲积洪积物，表层质地以粉壤质为主，18～43cm 土壤中碳酸钙相当物的含量为 630～700g/kg，厚度明显大于 15cm，且可见石灰粉末、结核等次生碳酸盐新生体，在剖面中占该层体积大于 50%；Brk 层（43～90cm）碳酸钙相当物的含量大于 700g/kg，厚度明显大于 15cm，且比下层钙积层碳酸钙相当物含量多 27%；表层有机碳含量 13.7g/kg，剖面心土层和底土层有机碳含量明显少于表层，并随深度增加而骤减。通体强烈石灰反应。

对比土系　汝州系，黏壤质混合型石灰性温性-普通钙质干润淋溶土。二者剖面形态相似，具有碳酸盐岩性特征，诊断层不同，属于不同的土纲。汝州系干润土壤水分状况，母质为石灰岩残、坡积物，具有黏化层，剖面构型为 A-Btk-Btk/C；石佛寺系为湿润土壤水分状况，具有雏形层、钙积层和超钙积层，剖面构型 Ap-Bk-Brk-Ckx，白垩纪白色母质，整个土体强烈石灰反应，土层较薄，43cm 左右出现超钙积层，并有铁锰结核等新生体，表层质地以粉壤质为主，属壤质碳酸盐型热性-普通钙质湿润雏形土。

利用性能综述　因土体中具有黏重的白色土层，导致土壤中水分物理性状不良，通透性较差，不利于根系下扎，吸收水肥范围小，属于低产土壤类型。

参比土种　薄层白底黄土。

代表性单个土体 剖面于 2011 年 8 月 7 日采自南阳市镇平县石佛寺镇马洼村祖师庙对面（编号 41-111），33°4′25″N，112°11′10″E，垄岗稍低处，耕地，小麦-玉米轮作，一年两熟，母质为泥质石灰岩（白垩纪白土），即微细的碳酸钙沉积物。

石佛寺系单个土体剖面

Ap: 0～18cm，浊黄橙色-浊黄棕色（10YR 5.5/4，干），棕色（10YR 4/4，润），壤土，强发育团块状结构，干时很硬，润时很坚实，湿时稍黏着，稍塑，大量根系，中量砂姜，强烈石灰反应，pH 8.59，向下层清晰平滑过渡。

Bk: 18～43cm，粉壤土，中度发育团块状结构，干时稍硬，润时疏松，湿时稍黏着，稍塑，大量石灰粉末，强烈石灰反应，pH 8.46，向下层渐变波状过渡。

Brk: 43～90cm，粉壤土，中度发育团块状结构，干时稍硬，润时坚实，湿时黏着，稍塑，2%～5%的黄橙色（10YR 7/8）铁质斑纹，大量石灰淀积，碳酸钙相当物含量为701.34g/kg，强烈石灰反应，pH 8.50，向下层渐变平滑过渡。

Ckx: 90cm 以下，粉壤土，团块状结构，干时很硬，润时很坚实，湿时黏着，稍塑，2%～5%的亮黄棕色（7.5YR 7/6）铁质斑纹，2%～5%的黑色（7.5YR 2/1）球形 2～6mm 的铁锰结核，碳酸钙相当物含量为550.67g/kg，大量石灰淀积，强烈石灰反应，pH 8.54。

石佛寺系代表性单个土体物理性质

土层	深度/cm	细土颗粒组成(粒径：mm)/(g/kg)			质地	容重/(g/cm³)
		砂粒 2～0.05	粉粒 0.05～0.002	黏粒 <0.002		
Ap	0～18	370	486	144	壤土	1.37
Bk	18～43	126	686	189	粉壤土	1.30
Brk	43～90	107	726	167	粉壤土	1.66
Ckx	>90	96	726	178	粉壤土	—

石佛寺系代表性单个土体化学性质

深度/cm	pH (H₂O)	电导率/(μS/cm)	有机碳/(g/kg)	全氮(N)/(g/kg)	全磷(P₂O₅)/(g/kg)	全钾(K₂O)/(g/kg)	有效磷/(mg/kg)	阳离子交换量/(cmol/kg)	碳酸钙相当物/(g/kg)
0～18	8.59	92	13.71	1.04	0.81	13.12	7.80	19.64	171.48
18～43	8.46	167	7.13	0.89	0.40	1.98	7.53	14.91	631.53
43～90	8.50	174	6.29	0.71	0.74	2.00	1.56	13.22	701.34
>90	8.54	131	2.81	0.54	1.00	3.95	2.57	20.14	550.67

7.15　暗沃简育湿润雏形土

7.15.1　伏牛系（Funiu Series）

土　　族：壤质混合型非酸性温性-暗沃简育湿润雏形土
拟定者：吴克宁，李　玲，鞠　兵

伏牛系典型景观

分布与环境条件　多分布在2000m左右的中山垂直带谱中，母质为花岗岩风化残积、坡积物，北亚热带和暖温带的过渡气候，主要植物为以落叶阔叶林为主的森林植被。年均气温 10℃，矿质土表下 50cm 深度处年均土壤温度小于 16℃，温性土壤温度状况，年均降水量 1000mm 以上，湿润土壤水分状况。

土系特征与变幅　该土系诊断层有暗沃表层、雏形层；诊断特性有湿润土壤水分状况、温性土壤温度状况等。混合型矿物，质地多为粉壤土和壤土，团粒或粒状结构，土体较松散。Ah1 层覆盖有枯枝落叶层，主要为阔叶林落叶和少量针叶；Ah 层颜色较深，含有大量有机物质。通体无石灰反应。

对比土系　老界岭系，粗骨壤质混合型非酸性温性-暗沃简育湿润雏形土。二者位置垂直相邻，伏牛系位置高于老界岭系，母质均为花岗岩风化残积坡积物，诊断特性相同，属于同一亚类。老界岭剖面构型为 Ah-Bw-C，土体含中量-大量碎砾石；伏牛系剖面构型为 Ah-Bw-R，腐殖质层较厚，而且有机碳含量更高，土体下部有中量碎砾石，属壤质混合型非酸性温性-暗沃简育湿润雏形土。

利用性能综述　该土系分布于海拔 2000m 以上，气候湿润，自然植被较好，是发展优质用材林的基地。应封山育林，保山护坡，严禁滥砍滥伐和陡坡开荒，已垦为农田的应退耕还林，对已成材林应有计划间伐，保持生态平衡，提高土壤生产社会经济效益。

参比土种　厚有机质中层淡岩棕壤（厚腐中层硅铝质棕壤）。

代表性单个土体　剖面于 2011 年 8 月 6 日采自南阳市西峡县太平镇伏牛山分水岭（编号41-114），33°39′53″N，111°46′29″E，海拔 1900m，中山，林地，花岗岩风化残积坡积物母质。

Ah1：0～8cm，灰黄棕色（10YR 5.5/2，干），棕色（10YR 3.5/3.5，润），壤土，团粒状结构，干时松散，润时疏松，湿时无黏着，无塑，大量根系，pH 6.50，向下层渐变波状过渡。

Ah2：8～37cm，浊黄棕色（10YR 5/4，干），暗棕色（7.5YR 3/3.5，润），粉壤土，团粒状结构，干时松散，润时疏松，湿时无黏着，无塑，大量根系，pH 6.60，向下层渐变波状过渡。

Bw1：37～55cm，浊黄橙色（10YR 7/3，干），棕色（10YR 4/4，润），粉壤土，粒状结构，干时稍硬，润时疏松，湿时稍黏着，无塑，pH 6.70，向下层清晰波状过渡。

Bw2：55～70cm，浅淡黄色（2.5Y 8/3，干），浊黄橙色（10YR 7/3，润），粉壤土，粒状结构，干时稍硬，润时疏松，湿时稍黏着，无塑，有 25%～40%的碎砾石，pH 6.72，向下层清晰波状过渡。

R： 70cm 以下，基岩及其风化物。

伏牛系单个土体剖面

伏牛系代表性单个土体物理性质

土层	深度/cm	细土颗粒组成(粒径：mm)/(g/kg)			质地	容重/(g/cm³)
		砂粒 2~0.05	粉粒 0.05~0.002	黏粒 <0.002		
Ah1	0～8	508	406	86	壤土	0.41
Ah2	8～37	239	648	114	粉壤土	0.75
Bw1	37～55	241	629	130	粉壤土	1.22
Bw2	55～70	253	603	144	粉壤土	1.47

伏牛系代表性单个土体化学性质

深度/cm	pH (H₂O)	有机碳/(g/kg)	全氮(N)/(g/kg)	全磷(P₂O₅)/(g/kg)	全钾(K₂O)/(g/kg)	阳离子交换量/(cmol/kg)
0～8	6.50	95.72	5.17	0.67	12.37	—
8～37	6.60	92.63	5.00	0.39	12.00	34.25
37～55	6.70	37.15	1.79	0.36	12.59	11.55
55～70	6.72	16.96	1.07	0.19	18.24	11.60

深度/cm	电导率/(μS/cm)	有效磷/(mg/kg)	交换性镁/(cmol/kg)	交换性钙/(cmol/kg)	交换性钾/(cmol/kg)	交换性钠/(cmol/kg)	碳酸钙相当物/(g/kg)
0～8	152	6.11	0.24	6.26	0.44	5.73	3.52
8～37	68	4.17	1.33	0.60	0.25	3.35	0.75
37～55	75	4.32	0.26	0.96	0.13	3.48	0.42

7.15.2　老界岭系（Laojieling Series）

土　族：粗骨壤质混合型非酸性温性-暗沃简育湿润雏形土
拟定者：吴克宁，鞠　兵，李　玲

分布与环境条件　　多分布在 1500m 以上的中山垂直带谱中，母质为花岗岩风化残积、坡积物，北亚热带和暖温带的过渡气候，主要植物为以落叶阔叶林为主的森林植被。年均气温 10℃，矿质土表下 50cm 深度处年均土壤温度小于 16℃，温性土壤温度状况，年均降水量 1000mm 以上，湿润土壤水分状况。

老界岭系典型景观

土系特征与变幅　　该土系诊断层有暗沃表层、雏形层；诊断特性有湿润土壤水分状况、温性土壤温度状况等。混合型矿物，质地为粉壤土，团粒到团块状结构，土体较松散，孔隙发育，通体无石灰反应。

对比土系　　伏牛系，壤质混合型非酸性温性-暗沃简育湿润雏形土。二者位置垂直相邻，伏牛系位置高于老界岭系，母质均为花岗岩风化残积坡积物，诊断特性相同，属于同一亚类。伏牛系剖面构型为 Ah-Bw-R，腐殖质层较厚，而且有机碳含量更高，土体下部有中量碎砾石；老界岭系剖面构型为 Ah-Bw-C，土体含中量-大量碎砾石，属于粗骨壤质混合型非酸性温性-暗沃简育湿润雏形土。

生产性能综述　　该土系所处地域低温湿润，质地适中，呈微酸性，土壤肥沃，适宜栎类、杜鹃、杜仲等多种植物生长，宜于发展优质用材林。应在保护植被和防止水土流失的前提下，建设优质用材林基地，药用植物计划控采，保护好杜仲、连翘等野生药用植物资源。

参比土种　　薄有机质薄层淡岩棕壤（薄有机质中层硅铝质棕壤）。

代表性单个土体　　剖面于 2011 年 8 月 6 日采自南阳市西峡县太平镇伏牛山老界岭索道口（编号 41-115），33°39′52″N，111°46′26″E，海拔 1800m，中山，林地，花岗岩风化残积坡积物母质。

Ah: 0～17cm，浊橙色（10YR 5/3，干），棕色（7.5YR 3/3，润），粉壤土，团粒状结构，干时松软，润时极松散，湿时无黏着，无塑，大量根系，pH 6.98，向下层渐变波状过渡。

Bw1：17～48cm，浊黄橙色（10YR 7/3，干），棕色（10YR 4/4，润），粉壤土，团块状结构，干时稍硬，润时疏松，湿时稍黏着，无塑，25%～40%的碎砾石，pH 6.39，向下层渐变波状过渡。

Bw2：48～63cm，浊黄橙色（10YR 7/3，干），棕色（10YR 4/6，润），粉壤土，团块状结构，干时稍硬，润时疏松，湿时稍黏着，无塑，25%～50%的碎块状砾石，pH 6.19，向下层清晰波状过渡。

C: 63cm 以下，浅淡黄色（2.5Y 8/3，干），浊黄橙色（10YR 7/3，润），粉壤土，粒状结构，干时稍硬，润时疏松，湿时无黏着，无塑，大量基岩风化块状砾石，pH 6.57。

老界岭系单个土体剖面

老界岭系代表性单个土体物理性质

| 土层 | 深度/cm | 细土颗粒组成(粒径：mm)/(g/kg) | | | 质地 | 容重/(g/cm³) |
		砂粒 2～0.05	粉粒 0.05～0.002	黏粒 <0.002		
Ah	0～17	348	536	116	粉壤土	0.92
Bw1	17～48	169	671	160	粉壤土	0.77
Bw2	48～63	177	657	166	粉壤土	1.11
C	>63	134	667	199	粉壤土	1.25

老界岭系代表性单个土体化学性质

深度/cm	pH(H₂O)	有机碳/(g/kg)	全氮(N)/(g/kg)	全磷(P₂O₅)/(g/kg)	全钾(K₂O)/(g/kg)	阳离子交换量/(cmol/kg)
0～17	6.98	79.86	3.04	0.18	12.92	23.80
17～48	6.39	39.33	1.55	0.20	18.00	15.53
48～63	6.19	38.24	1.55	0.21	14.96	10.42
>63	6.57	18.67	0.89	0.11	13.95	18.17

深度/cm	电导率/(μS/cm)	有效磷/(mg/kg)	交换性镁/(cmol/kg)	交换性钙/(cmol/kg)	交换性钾/(cmol/kg)	交换性钠/(cmol/kg)	碳酸钙相当物/(g/kg)
0～17	110	6.85	0.13	5.12	0.51	3.49	1.18
17～48	70	6.86	1.47	1.46	0.32	2.94	1.17
48～63	52	7.00	1.05	1.20	0.26	3.15	1.17
>63	70	4.17	0.12	1.61	0.19	4.47	2.42

7.16　斑纹简育湿润雏形土

7.16.1　栗营系（Liying Series）

土　　族：黏壤质混合型石灰性热性-斑纹简育湿润雏形土
拟定者：陈　杰，万红友，王兴科

分布与环境条件　多形成于湖积平原洼地与河流泛滥平原交叠地带，母质为河湖相沉积物，暖温带与亚热带的过度气候。年均气温为 14.7℃，年均降水量约 850mm。

栗营系典型景观

土系特性与变幅　该土系诊断层有淡薄表层、雏形层；诊断特性有氧化还原特征（50cm以下）、石灰性、湿润土壤水分状况、热性土壤温度状况等。混合型矿物，黏壤土，土体深厚。Ap 层有机碳含量高，颜色较暗，具有暗沃表层特征；Ab 层为残余黑土层厚约 40cm，黏壤质地，黏粒含量 300g/kg 左右，不具变性特征；Bkr 层有铁锰斑纹、铁锰结核及少量碳酸钙结核。全剖面土壤 pH 7.6～8.2，石灰反应从上至下由弱至强。

对比土系　天齐庙系，黏壤质混合型石灰性热性-斑纹简育湿润雏形土。二者具有相同的土壤温度状况、相同的土壤矿物学类型，剖面结构相似，属于同一土族的土壤。二者区别在于剖面特征土层残余黑土层厚度：天齐庙系剖面构型为 Ap-AB-Br，残余黑土层只有 20cm 左右，石灰反应从上而下由强减弱；栗营系剖面构型为 Ap-AB-Ab-Bkr，残余黑土层厚度近 40cm，石灰反应从上而下由弱至强。

利用性能综述　该土系耕性良好，易耕作，适耕期长，有机碳与潜在养分含量高，生产性能高，是一种高产耕作土壤。利用与管理方面应加强排灌措施，增强土壤水分调控，推广配方施肥以提高供肥能力，促进土壤养分均衡，建立肥力维持与提升长效机制。

参比土种　壤盖石灰性砂姜黑土。

代表性单个土体　剖面于 2010 年 10 月 27 日采自河南省周口项城市永丰乡栗营村（编号 41-184），33°19′0″N，114°49′30″E，海拔 46m，湖积平原，耕地，小麦-玉米轮作，一年两熟，母质为河湖相沉积物。

Ap: 0～10cm，浊黄棕色（10YR 4/3，干），黑棕色（2.5Y 3/2，润），黏壤土，团块状结构，干时松软，润时疏松，湿时黏着，中塑，大量根系，弱石灰反应，pH 7.6，向下层模糊平滑过渡。

AB: 10～28cm，浊黄棕色（10YR 4/3，干），暗棕色（10YR 3/3，润），黏壤土，团块状结构，干时稍硬，润时较坚实，湿时黏着，强塑，弱石灰反应，pH 8.0，向下层清晰波状过渡。

Ab: 28～67cm，黑棕色（10YR 3/1，干），橄榄黑色（5Y 2/2，润），黏壤土，棱块状结构，干时硬，润时坚实，湿时黏着，强塑，10%～15%的模糊黏粒和腐殖质胶膜，中度石灰反应，pH 7.9，向下层模糊波状过渡。

Bkr1: 67～90cm，淡灰色（10YR 7/1，干），暗灰黄色（2.5Y 5/2，润），黏壤土，块状结构，干时硬，润时坚实，湿时黏着，强塑，15%的黏粒与腐殖质胶膜，20%～25%的铁锰斑纹，土体中 5%～10%的铁锰结核，5%左右的石灰结核，强石灰反应，pH 8.0，向下层模糊渐变过渡。

栗营系单个土体剖面

Bkr2: 90～150cm，浊黄橙色（10YR 7/3，干），黄棕色（2.5Y 5/3，润），黏壤土，棱块状结构，干时硬，润时坚实，湿时黏着，中塑，5%的模糊黏粒和腐殖质胶膜，15%～25%的铁锰斑纹，5%的铁锰结核和石灰结核，强烈石灰反应，pH 8.2。

栗营系代表性单个土体物理性质

| 土层 | 深度 /cm | 砾石 (>2mm，体积分数)/% | 细土颗粒组成(粒径：mm)/(g/kg) | | | 质地 | 容重 /(g/cm³) |
			砂粒 2～0.05	粉粒 0.05～0.002	黏粒 <0.002		
Ap	0～10	≤25	279	509	212	黏壤土	1.36
AB	10～28	≤25	110	596	294	黏壤土	1.62
Ab	28～67	≤25	97	597	306	黏壤土	1.63
Bkr1	67～90	≤25	142	618	240	黏壤土	1.63
Bkr2	90～150	≤25	194	588	218	黏壤土	1.64

栗营系代表性单个土体化学性质

深度 /cm	有机碳 /(g/kg)	有效磷 /(mg/kg)	速效钾 /(mg/kg)	全磷(P_2O_5) /(g/kg)	全钾(K_2O) /(g/kg)	阳离子交换量 /(cmol/kg)	pH (H_2O)	碳酸钙相当物 /(g/kg)
0～10	12.35	14.0	149	0.74	17.4	30.2	7.6	2.8
10～28	7.71	1.8	124	0.64	17.1	27.8	8.0	7.3
28～67	8.70	1.2	88	0.58	15	35.9	7.9	6.1
67～90	3.80	0.6	74	0.62	14.8	5.4	8.0	155.6
90～150	1.33	3.0	46	0.47	12.9	5.2	8.2	369.7

7.16.2　天齐庙系（Tianqimiao Series）

土　　族：黏壤质混合型石灰性热性-斑纹简育湿润雏形土
拟定者：陈　杰，万红友，王兴科

分布与环境条件　多形成于湖积平原，母质为河湖相沉积物，北暖温带与北亚热带气候。年均气温 14.7℃，热性土壤温度状况，年均降水量约 898mm，湿润土壤水分状况。

天齐庙系典型景观

土系特征与变幅　该土系诊断层有淡薄表层、雏形层；诊断特性有氧化还原特征（50cm以下）、石灰性、湿润土壤水分状况、热性土壤温度状况等。混合型矿物。AB 层（10～30cm）残余埋藏黑土层，黏粒含量高；剖面 50cm 以下开始出现氧化还原特征并随深度增强，氧化还原层内土体为团块状结构，有多量铁锰斑纹、中量铁锰结核，阳离子交换量 25.8～28.5cmol/kg。全剖面土壤中性至微碱性，耕作层 Ap 具强石灰反应，自 AB 过渡层以下石灰反应强度逐步减弱。

对比土系　权寨系，黏壤质混合型非酸性热性-普通砂姜潮湿雏形土。二者母质相似，土壤温度状况相同，剖面构型相似，土壤水分状况不同，属于不同的亚纲。权寨系剖面构型为 Ap-AB-Br-BC-Crk，地下水位埋深较浅，具有砂姜层、潮湿土壤水分状况等；天齐庙系具有石灰性、湿润土壤水分状况，剖面构型为 Ap-AB-Br，属于黏壤质混合型石灰性热性-斑纹简育湿润雏形土。

利用性能综述　该土系质地适中，耕性良好，养分含量较高，保水保肥能力较强，生产潜力高，是一种高产耕作土壤。在利用管理方面应完善灌排设施，推广配方施肥，促进土壤养分均衡，提高水、肥、气、热协调能力。

参比土种　石灰性青黑土。

代表性单个土体　剖面于 2012 年 3 月 2 日日采自河南省周口市沈丘县冯营乡天齐庙村（编号 41-183），33°10′42″N，115°14′27″E，海拔约 38m，湖积平原，耕地，小麦-玉米轮作，一年两熟，母质为河湖相沉积物。

Ap:　0～10cm，浊黄棕色（10YR 5/3，干），黑棕色（2.5Y 3/2，润），粉砂壤土，团粒状结构，干时松软，润时稍坚实，湿时稍黏着，稍塑，大量根系，强石灰反应，pH 8.0，向下层模糊渐变过渡。

AB:　10～30cm，浊黄棕色（10YR 5/3，干），暗棕色（10YR 3/2，润），黏壤土，块状结构，干时很硬，润时坚实，湿时黏着，中塑，强石灰反应，pH 8.0，向下层清晰突变过渡。

Br1:　30～50cm，浊黄棕色（10YR 4/3，干），灰黄棕色（10YR 4/2，润），粉砂土，团块状结构，干时硬，润时坚实，湿时黏着，中塑，中度石灰反应，pH 7.8，向下层模糊渐变过渡。

Br2:　50～95cm，浊黄橙色（10YR 6/4，干），棕色（10YR 4/4，润），黏壤土，团块状结构，干时硬，润时坚实，湿时黏着，中塑，少量铁锰斑纹、少量铁锰结核和石灰结核，中度石灰反应，pH 7.8，向下层模糊渐变过渡。

天齐庙系单个土体剖面

Br3:　95～140cm，亮黄橙色（10YR 6/6，干）和灰黄棕色（10YR 5/5，干），浊黄棕色（10YR 5/4，润）和暗灰黄色（2.5Y 4/2，润），黏壤土，团块状结构，干时硬，润时坚实，湿时黏着，中塑，多量铁锰斑纹，中量铁锰结核，少量石灰结核，弱石灰反应，pH 7.8。

天齐庙系代表性单个土体物理性质

| 土层 | 深度 /cm | 细土颗粒组成（粒径：mm）/(g/kg) | | | 质地 | 容重 /(g/cm³) |
		砂粒 2～0.05	粉粒 0.05～0.002	黏粒 <0.002		
Ap	0～10	348	438	164	粉砂壤土	1.48
AB	10～30	91	564	335	黏壤土	1.42
Br1	30～50	39	710	180	粉砂土	1.51
Br2	50～95	96	625	232	黏壤土	1.48
Br3	95～140	97	614	248	黏壤土	—

天齐庙系代表性单个土体化学性质

深度 /cm	有机碳 /(g/kg)	全氮(N) /(g/kg)	有效磷 /(mg/kg)	速效钾 /(mg/kg)	全磷(P_2O_5) /(g/kg)	全钾(K_2O) /(g/kg)	阳离子交换量 /(cmol/kg)	pH (H_2O)
0～10	11.19	1.28	16.8	182	0.46	23.5	26.3	8.0
10～30	6.26	0.74	1.9	130	0.3	21.1	25.1	8.0
30～50	4.33	0.52	1.0	119	0.16	20.5	28.5	7.8
50～95	3.25	0.4	0.5	146	0.21	22.6	25.8	7.8
95～140	1.90	0.29	0.5	131	0.25	22.8	26.2	7.8

7.16.3　毛庄系（Maozhuang Series）

土　族：黏壤质混合型石灰性热性-斑纹简育湿润雏形土
拟定者：陈　杰，万红友，宋　轩

分布与环境条件　主要分布于湖积平原，母质为湖相沉积物，北亚热带和暖温带的过渡地带。年均气温 14.8℃，热性土壤温度状况，年均降水量约 841mm，湿润土壤水分状况。

毛庄系典型景观

土系特征与变幅　该土系诊断层有淡薄表层、雏形层；诊断特性有氧化还原特征（50cm以下）、石灰性、湿润土壤水分状况、热性土壤温度状况等。混合型矿物，心土层质地黏重，紧实，土体中有铁子、锈斑、锈纹及砂姜等新生体。通体有明显的石灰反应。

对比土系　栗营系，黏壤质混合型石灰性热性-斑纹简育湿润雏形土。二者母质相同，诊断依据相同，剖面构型相似，属于同一土族。栗营系剖面构型为 Ap-AB-Ab-Bkr，残余黑土层 Ab 出现位置较浅（28～67cm）；毛庄系剖面构型为 Ap-AB-Brk-Bwb-Crk，残余黑土层 Bwb 出现在土体下部（100～120cm）。

生产性能综述　该土系质地黏重，不易耕作，雨季时造成内外排水不良，不利于调节土壤内部水、肥、气、热状况，干时地表裂缝跑墒易造成植物根系断裂，湿时土体膨胀，通透性差。土壤剖面下部出现黏土层，保肥能力强，潜在肥力高，养分转化较慢，速效养分含量低。生产利用上应注重改善排灌条件，科学施肥。

参比土种　石灰性青黑土。

代表性单个土体　剖面采自驻马店市西平县宋集乡毛庄村（编号 41-106），33°26′2″N，113°56′25″E，湖积平原，海拔 53m，耕地，小麦-玉米轮作，一年两熟，母质为湖相沉积物。

Ap: 0～19cm，浊黄棕色（10YR 5/3，干），暗棕色（10YR 3/4，润），黏壤土，团粒状结构，干时稍硬，润时稍坚实，湿时黏着，稍塑，大量根系，较强石灰反应，pH 7.39，向下层清晰平滑过渡。

41-106

AB: 19～46cm，浊黄棕色（10YR 5/3，干），棕色-暗棕色（10YR 3.5/4，润），黏壤土，团块状结构，干时硬，润时坚实，湿时黏着，中塑，10%～15%左右的黏粒胶膜，较强石灰反应，pH 7.53，向下层清晰平滑过渡。

Brk: 46～100cm，浊黄棕色（10YR 7/4，干），浊黄棕色（10YR 5/4，润），粉砂壤土，块状结构，干时稍硬，润时稍坚实，湿时稍黏着，稍塑，15%左右的铁锰斑纹，10%左右的黏粒胶膜，10%的石灰结核和3%～5%的铁锰结核，强烈石灰反应，pH 7.50，向下层清晰突变过渡。

毛庄系单个土体剖面

Bwb: 100～120cm，浊黄棕色（10YR 4/3，干），灰黄棕色（10YR 4/2，润），黏壤土，棱块状结构，干时硬，润时坚实，湿时黏着，中塑，15%～20%的铁锰斑纹，5%左右的黏粒胶膜和3%以下的铁锰结核，中度石灰反应，pH 7.30，向下层模糊波状过渡。

Crk: 120～140cm，浊黄橙色（10YR 6/4，干），棕色（7.5YR 4/4，润），黏壤土，块状结构，干时硬，润时坚实，湿时黏着，中塑，15%～20%的铁锰斑纹，5%以下的黏粒胶膜和 3%以下的锰结核，中至强烈石灰反应，pH 7.25。

毛庄系代表性单个土体物理性质

土层	深度 /cm	砾石 (>2mm，体积 分数)/%	细土颗粒组成(粒径：mm)/(g/kg)			质地	容重 /(g/cm³)
			砂粒 2～0.05	粉粒 0.05～0.002	黏粒 <0.002		
Ap	0～19	≤25	137	641	222	黏壤土	1.45
AB	19～46	≤25	173	614	213	黏壤土	1.59
Brk	46～100	≤25	255	601	144	粉砂壤土	1.52
Bwb	100～120	≤25	68	604	328	黏壤土	1.54
Crk	120～140	≤25	88	643	269	黏壤土	1.55

毛庄系代表性单个土体化学性质

深度 /cm	pH (H₂O)	有机碳 /(g/kg)	速效钾 /(mg/kg)	有效磷 /(mg/kg)	全氮(N) /(g/kg)	阳离子交换量 /(cmol/kg)	碳酸钙相当物 /(g/kg)
0～19	7.39	9.64	144.44	28.96	1.09	33.28	34.5
19～46	7.53	1.47	111.11	3.81	0.52	39.62	40.3
46～100	7.50	1.04	66.67	3.03	0.15	17.94	67.3
100～120	7.30	3.46	127.78	5.58	0.4	13.84	60.9
120～140	7.25	2.67	111.11	10.13	0.24	11.60	45.8

7.16.4 枣林系（Zaolin Series）

土　族：黏壤质混合型非酸性热性-斑纹简育湿润雏形土
拟定者：吴克宁，鞠　兵，李　玲

分布与环境条件　多分布于岗丘低平处、山前倾斜平原下部和距离河流较近的阶地，母质为洪冲积物，暖温带和亚热带过渡气候。年均气温 14.7℃，年均土壤温度大于 16℃，热性土壤温度状况，年均降水量为 800～1100mm，湿润土壤水分状况。

枣林系典型景观

土系特征与变幅　该土系诊断层有淡薄表层、雏形层；诊断特性有氧化还原特征（50cm以下）、湿润土壤水分状况、热性土壤温度状况等。混合型矿物，通体粉壤土。Br 层质地黏重，5%～15%的铁锰胶膜，容重随深度加深而增大，有机碳含量不高并随深度增加而逐渐减小，碳酸钙相当物含量不足 1.00g/kg，土壤阳离子交换量底部土层较高。全剖面土壤 pH 呈中性，通体无石灰反应。

对比土系　赵河系，黏壤质混合型非酸性热性-斑纹简育湿润雏形土。二者母质不同，诊断特性相同，属于同一土族。赵河系母质为下蜀黄土，剖面构型为 Ap-AB-Br，通体颜色以橙色为主，60cm 以下出铁锰结核，黏粒含量由上至下减少；枣林系母质为洪冲积物，剖面构型为 Ap-AB-Bw-Br，通体颜色以浊黄橙色为主，80cm 以下出现中量铁锰胶膜及少量黑色铁锰结核，黏粒含量由上至下增多。

利用性能综述　耕层结构良好，质地砂黏比例适中，疏松易耕，适耕期长，通气透水，稳温性好，适种性广，宜于种植小麦、豆类等多种作物。应普遍重施磷肥，高产田块补施钾肥，充分挖掘地下水资源，搞好土地平整，节约用水，扩大灌溉面积。

参比土种　壤黄土（壤质洪冲积黄褐土）。

代表性单个土体　剖面于 2010 年 10 月 1 日采自平顶山市舞钢市枣林乡枣林村（编号41-049），33°22′6″N，113°35′54″E，山前倾斜平原下部，耕地，小麦-大豆轮作，一年两熟，母质为洪冲积物。

Ap: 0～20cm，浊黄橙色（10YR 7/3，干），棕色（10YR 4/4，润），粉壤土，团粒状结构，干时松软，润时疏松，湿时稍黏着，稍塑，大量根系，无石灰反应，pH 7.86，向下层模糊波状过渡。

AB: 20～50cm，浊黄橙色（10YR 7/3，干），棕色（10YR 4/4，润），粉壤土，团粒状结构，干时稍坚硬，润时疏松，湿时稍黏着，稍塑，无石灰反应，pH 6.79，向下层模糊波状过渡。

Bw: 50～80 cm，浊黄橙色（10YR 7/3，干），浊黄棕色（10YR 5/4，润），粉壤土，团块状结构，干时稍硬，润时稍坚实，湿时黏着，中塑，无石灰反应，pH 7.33，向下层模糊波状过渡。

Br: 80cm 以下，浊黄橙色（10YR 7/3，干），棕灰色（10YR 6/1，润），粉壤土，团块状结构，干时硬，润时坚实，湿时黏着，强塑，5%～15%的棕灰色铁锰胶膜，2%～5%的黑色铁锰结核，无石灰反应，pH 7.44。

41-049

枣林系单个土体剖面

枣林系代表性单个土体物理性质

土层	深度/cm	细土颗粒组成(粒径：mm)/(g/kg)			质地	容重/(g/cm³)
		砂粒 2～0.05	粉粒 0.05～0.002	黏粒 <0.002		
Ap	0～20	172	682	147	粉壤土	1.40
AB	20～50	156	691	153	粉壤土	1.47
Bw	50～80	126	707	167	粉壤土	1.59
Br	>80	63	718	219	粉壤土	1.69

枣林系代表性单个土体化学性质

深度/cm	pH(H₂O)	有机碳/(g/kg)	全氮(N)/(g/kg)	全磷(P₂O₅)/(g/kg)	全钾(K₂O)/(g/kg)	阳离子交换量/(cmol/kg)
0～20	7.86	6.52	0.47	0.72	14.54	12.72
20～50	6.79	8.24	1.05	0.69	13.05	12.45
50～80	7.33	4.37	0.81	0.74	13.46	13.53
>80	7.44	4.78	0.4	0.72	13.00	21.82

深度/cm	电导率/(μS/cm)	有效磷/(mg/kg)	交换性镁/(cmol/kg)	交换性钙/(cmol/kg)	交换性钾/(cmol/kg)	交换性钠/(cmol/kg)	碳酸钙相当物/(g/kg)
0～20	178	2.87	1.39	12.8	0.2	2.76	0.71
20～50	228	7.01	2.88	10.93	0.18	2.68	1.26
50～80	129	3.15	0.3	13.98	0.13	2.45	0.5
>80	151	3.16	2	19.94	0.13	2.35	0.97

7.16.5　赵河系（Zhaohe Series）

土　族：黏壤质混合型非酸性热性-斑纹简育湿润雏形土
拟定者：吴克宁，鞠　兵，李　玲

分布与环境条件　主要分布在豫南黄土丘陵、垄岗或岗坡地中部，母质为下蜀黄土，北亚热带和暖温带的过渡气候。年均气温14.6～15.8℃，矿质土表下 50cm 深度处年均土壤温度大于 16℃，热性土壤温度状况，年均降水量为 750～1100mm，湿润土壤水分状况。

赵河系典型景观

土系特征与变幅　该土系诊断层有淡薄表层、雏形层；诊断特性有氧化还原特征（50cm 以下）、湿润土壤水分状况、热性土壤温度状况等。混合型矿物，土体深厚，黏粒含量由上至下减少。Br 层紧实，干时硬，块状结构，2%～5%的铁锰结核。全剖面土壤呈中性，通体无石灰反应。

对比土系　枣林系，黏壤质混合型非酸性热性-斑纹简育湿润雏形土。二者母质不同，剖面构型和石灰反应特征相似，诊断特性相同，属于相同的土族。但枣林系成土母质为洪冲积物；赵河系成土母质为下蜀黄土。

利用性能综述　该土系质地黏重，适耕期极短，耕性差，适耕期后翻耕作阻力大。应增施砂质有机肥，发展粮肥轮作，掺砂改良，以改良土壤结构，改善土壤通气、透水和质地黏重等不良性状，发展机耕，逐年加厚耕层，增加根系适宜活动范围，建立健全田间排水设施，提高土壤抗旱防涝能力。

参比土种　老黄土（浅位黏化洪冲积黄褐土）。

代表性单个土体　剖面于 2011 年 8 月 8 日采自南阳市方城县赵河镇平岗占村（编号41-109），33°8′0″N，112°50′32″E，豫南黄土丘陵坡地中下部，耕地，种植小麦、大豆等，一年一熟，母质为下蜀黄土。

Ap： 0～20cm，橙色（7.5YR 7/6，干），棕色（7.5YR 6/6，润），粉黏壤土，团块状结构，干时硬，润时坚实，湿时黏着，强塑，大量根系，pH 8.15，向下层模糊平滑过渡。

AB： 20～60cm，橙色（7.5YR 7/6，干），橙色（7.5YR 6/8，润），粉壤土，团块状结构，干时硬，润时坚实，湿时黏着，强塑，pH 7.95，向下层模糊平滑过渡。

Br1： 60～100cm，橙色（7.5YR 7/6，干），橙色（7.5YR 6/8，润），粉壤土，块状结构，干时很硬，润时很坚实，湿时黏着，强塑，2%～5%直径约为 0.5cm 的黑色铁锰结核，pH 8.03，向下层模糊平滑过渡。

Br2： 100cm 以下，橙色（7.5YR 7/6，干），淡黄橙色（7.5YR 8/4，润），壤土，块状结构，干时硬，润时坚实，湿时黏着，强塑性，2%～5%直径约为 0.5cm 的黑色铁锰结核，pH 8.18。

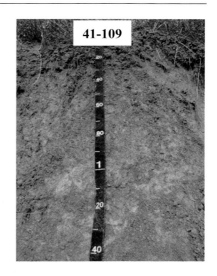

赵河系单个土体剖面

赵河系代表性单个土体物理性质

土层	深度/cm	细土颗粒组成(粒径：mm)/(g/kg)			质地
		砂粒 2～0.05	粉粒 0.05～0.002	黏粒 <0.002	
Ap	0～20	74	629	298	粉黏壤土
AB	20～60	76	678	247	粉壤土
Br1	60～100	96	659	245	粉壤土
Br2	>100	394	450	156	壤土

赵河系代表性单个土体化学性质

深度/cm	pH (H$_2$O)	有机碳/(g/kg)	全氮(N)/(g/kg)	全磷(P$_2$O$_5$)/(g/kg)	全钾(K$_2$O)/(g/kg)	阳离子交换量/(cmo/kg)	碳酸钙相当物/(g/kg)
0～20	8.15	5.16	0.54	0.08	10.89	28.51	2.33
20～60	7.95	2.36	0.24	0.11	14.90	20.75	1.17
60～100	8.03	1.84	0.30	0.30	15.75	21.68	1.08
>100	8.18	1.61	1.22	0.38	12.31	17.87	0.42

深度/cm	有效磷/(mg/kg)	交换性镁/(cmo/kg)	交换性钙/(cmo/kg)	交换性钾/(cmo/kg)	交换性纳/(cmo/kg)	电导率/(μS/cm)
0～20	2.57	2.93	6.71	0.45	2.18	143
20～60	4.76	0.26	4.80	0.32	2.50	78
60～100	5.78	0.47	4.71	0.13	1.84	75
>100	7.96	0.24	4.60	0.13	2.72	74

7.16.6　博望系（Bowang Series）

土　族：黏壤质混合型非酸性热性-斑纹简育湿润雏形土
拟定者：吴克宁，鞠　兵，李　玲

分布与环境条件　主要分布在豫南黄土丘陵、垄岗或岗坡地中部，母质为下蜀黄土，北亚热带和暖温带的过渡气候。年均气温14.6～15.8℃，矿质土表下50cm深度处年均土壤温度大于16℃，热性土壤温度状况。年均降水量为750～1100mm，湿润土壤水分状况。

博望系典型景观

土系特征与变幅　该土系诊断层有淡薄表层、雏形层；诊断特性有湿润土壤水分状况、热性土壤温度状况、氧化还原特征。混合型矿物，质地为粉壤土，土体深厚。雏形层在50cm下出现，干时很硬，润时坚实，棱块状结构；表层土壤的有机碳、有效磷含量较高。全剖面土壤呈中性至弱碱性，通体无石灰反应。

对比土系　官庄系，黏壤质混合型非酸性热性-斑纹简育湿润淋溶土。二者地形部位相似，母质相同，诊断层不同，剖面构型不同，属于不同土纲。官庄系黏化层出现在40cm左右，黏化层及以下出现多量铁锰胶膜及中-多量黑色铁锰结核；博望系在50cm中部出现黏粒含量增加现象，但没有形成黏化层，下部含有少量锈纹锈斑及少量黑色铁锰结核。

利用性能综述　该土系质地黏重，适耕期短，耕性差，既不耐旱，又不耐涝。应发展粮肥轮作，掺砂改良，以改良土壤结构，发展机耕，逐年加厚耕层，建立健全田间排水设施，增施有机肥。

参比土种　浅黏僵黄土（浅位黏化黄土质黄褐土）。

代表性单个土体　剖面于2011年8月7日采自南阳市方城县博望镇湾街村（编号41-110），33°7′3″N，112°45′46″E，丘陵坡地中下部，旱地，种植小麦、大豆，一年一熟，母质为下蜀黄土。

Ap: 0～25cm，浊黄橙色（10YR 6/3，干），棕色（10YR 4/4，润），粉壤土，团粒状结构，干时松软，大量根系，pH 7.36，向下层清晰平滑过渡。

AB: 25～50cm，灰黄棕色（10YR 6/2，干），浊黄棕色（10YR 4/3，润），粉壤土，团块状结构，干时硬，pH 8.00，向下层清晰平滑过渡。

Br1：50～82cm，浊黄橙色（10YR 6/3，干），棕色（10YR 4/4，润），粉壤土，棱块状结构，干时很硬，<2%的黄橙色（10YR 7/8）锈纹锈斑，pH 7.88，向下层模糊平滑过渡。

Br2：82cm 以下，浊黄橙色（10YR 6/4，干），黄棕色（10YR 5/6，润），粉壤土，棱块状结构，干时很硬，<2%的亮黄棕色（7.5YR 7/6）铁质斑纹，2%～5%的球形黑色铁锰结核，pH 8.08。

博望系单个土体剖面

博望系代表性单个土体物理性质

土层	深度 /cm	细土颗粒组成(粒径：mm)/(g/kg)			质地	容重 /(g/cm³)
		砂粒 2～0.05	粉粒 0.05～0.002	黏粒 <0.002		
Ap	0～25	163	643	194	粉壤土	1.50
AB	25～50	152	653	195	粉壤土	1.42
Br1	50～82	145	645	210	粉壤土	1.54
Br2	>82	128	661	211	粉壤土	1.58

博望系代表性单个土体化学性质

深度 /cm	pH (H₂O)	有机碳 /(mg/kg)	全氮(N) /(g/kg)	全磷(P₂O₅) /(g/kg)	全钾(K₂O) /(g/kg)	有效磷 /(mg/kg)	电导率 /(μS/cm)	阳离子交换量 /(cmol/kg)	碳酸钙相当物 /(g/kg)
0～25	7.36	16.13	0.95	0.50	10.15	25.15	88	24.68	2.25
25～50	8.00	8.94	0.71	0.26	8.96	2.28	91	21.37	1.50
50～82	7.88	6.66	0.51	0.06	11.44	0.10	122	22.55	1.83
>82	8.08	4.97	2.38	0.16	11.91	1.12	124	21.25	1.87

7.16.7　玉皇庙系（Yuhuangmiao Series）

土　　族：壤质混合型非酸性热性-斑纹简育湿润雏形土
拟定者：吴克宁，鞠　兵，李　玲

分布与环境条件　主要分布于豫南黄土丘陵区垄岗的上部，母质为下蜀黄土，暖温带和亚热带过渡气候。年均气温约 14.9℃，年均土壤温度大于 16℃，热性土壤温度状况，年均降水量为 800～1100mm，湿润土壤水分状况。

玉皇庙系典型景观

土系特征与变幅　该土系诊断层有淡薄表层、雏形层；诊断特性有氧化还原特征（50cm 以下）、湿润土壤水分状况、热性土壤温度状况等。混合型矿物，通体质地较为均一，呈粉壤土，以块状结构为主。Br 层有铁锰胶膜和铁锰结核，75cm 以下有少量小于直径 0.5cm 的小石砾；表层土壤的有机碳、全氮含量较低。土壤呈中性至弱碱性，通体无石灰反应。

对比土系　贾楼系，粗骨壤质混合型非酸性热性-普通简育湿润雏形土。二者地理位置邻近，母质不同，诊断特性不同，属于不同的亚类。贾楼系所处地形为陡坡山地，母质为硅铝质岩类风化物，以粉砂粒为主，土体厚度一般在 1m 以下，剖面构型为 A-Bw-C，土层砾石含量较高，尤其是 70cm 砾石度大于 75%，形成砾石层；玉皇庙系母质为下蜀黄土，剖面构型为 A-Br1-Br2-(C)，出现氧化还原特征，通体质地较为均一，呈粉壤土，属壤质混合型非酸性热性-斑纹简育湿润雏形土。

利用性能综述　该土系质地比较黏重，耕作困难，耕层浅，播种难保质量。

参比土种　少姜僵黄土（浅位少量砂姜黄土质黄褐土）。

代表性单个土体　剖面于 2010 年 10 月 5 日采自河南省驻马店市泌阳县贾楼乡玉皇庙村（编号 41-057），32°54′6″N，113°24′56″E，丘陵中上部，林地、荒草地，母质为下蜀黄土。

Ap: 0～20cm，浊橙色（7.5YR 6/6，干），棕色（7.5YR 4/6，润），粉壤土，团块状结构，干时硬，润时坚实，湿时黏着，中塑，大量根系，pH 7.22，向下层模糊波状过渡。

Br1: 20～75cm，橙色（7.5YR 7/6，干），棕色（7.5YR 6/6，润），粉壤土，块状结构，干时很硬，润时很坚实，湿时很黏着，强塑，5%～15%的棕灰色（10YR 5/1）铁锰胶膜，2%～5%的棕灰色（10YR 4/1）铁锰结核，pH 7.19，向下层模糊平滑过渡。

Br2: 75cm 以下，橙色（7.5YR 7/6，干），棕色（7.5YR 4/6，润），粉壤土，块状结构，干时很硬，润时很坚实，湿时很黏着，强塑，15%～40%的棕灰色（7.5YR 5/1）铁锰胶膜，2%～5%的黑棕色（7.5YR 3/1）铁锰结核，5%～15%直径小于 0.5cm 的小石砾，pH 7.99。

41-057

玉皇庙系单个土体剖面

玉皇庙系代表性单个土体物理性质

土层	深度/cm	细土颗粒组成（粒径：mm）/(g/kg)			质地	容重/(g/cm³)
		砂粒 2～0.05	粉粒 0.05～0.002	黏粒 <0.002		
Ap	0～20	157	664	179	粉壤土	1.51
Br1	20～75	134	685	181	粉壤土	1.64
Br2	>75	99	716	185	粉壤土	1.64

玉皇庙系代表性单个土体化学性质

深度/cm	pH 值(H₂O)	有机碳/(g/kg)	全氮(N)/(g/kg)	全磷(P₂O₅)/(g/kg)	全钾(K₂O)/(g/kg)	阳离子交换量/(cmol/kg)
0～20	7.22	6.20	0.66	0.23	11.94	19.13
20～75	7.19	1.91	0.22	0.22	10.21	19.85
>75	7.99	2.71	0.39	0.29	10.40	31.05

深度/cm	电导率/(μS/cm)	有效磷/(g/kg)	交换性镁/(cmol/kg)	交换性钙/(cmol/kg)	交换性钾/(cmol/kg)	交换性钠/(cmol/kg)	碳酸钙相当物/(g/kg)
0～20	86	1.73	2.0	17.03	0.18	2.44	0.45
20～75	190	5.00	0.2	19.72	0.15	2.68	1.06
>75	71	7.56	2.0	16.00	0.15	2.17	0.44

7.16.8　段窑系（Duanyao Series）

土　　族：壤质混合型非酸性热性-斑纹简育湿润雏形土
拟定者：吴克宁，鞠　兵，李　玲

分布与环境条件　多出现于冲积平原中下游地区，母质为洪冲积物，暖温带和亚热带过渡气候。年均气温约 14.6℃，年均土壤温度大于 16℃，热性土壤温度状况，年均降水量为 800～1100mm，湿润土壤水分状况。

段窑系典型景观

土系特征与变幅　该土系诊断层有淡薄表层、雏形层；诊断特性有氧化还原特征（50cm以下）、湿润土壤水分状况、热性土壤温度状况等。混合型矿物，团块状结构明显，上部质地以粉壤土为主，土体中下部出现铁锰胶膜和铁锰结核，并逐渐增多，表层土壤的有机碳、全氮含量较低。全剖面土壤呈中性至弱碱性，通体无石灰反应。

对比土系　侯集系，壤质混合型非酸性热性-斑纹简育湿润雏形土。二者地理位置接近，母质、土壤水分和土壤温度状况相同，诊断特性相同，属于同一土族。侯集系位于丘陵坡地，剖面构型为 Ap-AB-Bw-Br-Cr，50～75cm 砂粒含量较多，其下继承洪冲积黄土性物质的性质，黏粒含量明显增多；段窑系出现在平原低洼地，剖面构型为 Ap-Bw-Br-Cr，30～70cm 出现黏土层，70cm 出现少量锈纹，向下逐渐增多。

利用性能综述　该土系地处低洼地，地下水位较高，土壤质地较好，主要种植大豆、小麦和红薯等，多为一年两熟。为了充分发挥土壤的生产潜力，应充分利用所处地势平坦、水源较好的优势，扩大灌溉面积，注意排水。

参比土种　壤质洪冲积淋溶褐土。

代表性单个土体　剖面于 2010 年 10 月 2 日采自河南省漯河市舞阳县侯集乡段窑村（编号 41-063），33°33′11″N，113°37′29″E，平原低洼地，林地，母质为洪冲积物。

Ap: 0～30cm，浊黄橙色（10YR 7/3，干），棕色（10YR 4/4，润），粉壤土，团块状结构，干时硬，润时坚实，湿时稍黏着，稍塑，大量根系，pH 7.18，向下层波状逐渐过渡。

Bw: 30～70cm，浊黄橙色（10YR 6.5/4，干），浊黄棕色-棕色（10YR 4.5/4，润），粉壤土，团块状结构，干时硬，润时坚实，湿时黏着，中塑，pH 8.12，向下层波状逐渐过渡。

Br: 70～110cm，浊黄棕色（10YR 7/3，干），浊黄棕色（10YR 5/4，润），粉壤土，团块状结构，干时稍硬，润时坚实，湿时稍黏着，稍塑，少量浊黄橙色（10YR 7/4）锈纹，pH 8.10，向下层波状模糊过渡。

段窑系单个土体剖面

Cr: 110cm 以下，浊黄橙色（10YR 7/2.5，干），浊黄橙色（10YR 6/4，润），粉壤土，团块状结构，干时硬，润时坚实，湿时稍黏着，稍塑，2%～5%的棕灰色（10YR 4/1）铁锰结核和 15%～40% 的浊黄橙色（10YR 7/4）锈纹，pH 8.21。

段窑系代表性单个土体物理性质

| 土层 | 深度 /cm | 细土颗粒组成(粒径：mm)/(g/kg) | | | 质地 | 容重 /(g/cm³) | pH (H₂O) | 有机碳 /(g/kg) | 电导率 /(μS/cm) |
		砂粒 2～0.05	粉粒 0.05～0.002	黏粒 <0.002					
Ap	0～30	186	682	132	粉壤土	1.63	7.18	5.61	205
Bw	30～70	147	678	175	粉壤土	1.64	8.12	0.16	323
Br	70～110	221	650	129	粉壤土	1.71	8.10	0.32	257
Cr	>110	266	624	110	粉壤土	1.68	8.21	0.62	96

段窑系代表性单个土体化学性质

深度 /cm	全氮(N) /(g/kg)	全磷 (P₂O₅) /(g/kg)	有效磷 /(mg/kg)	阳离子交换量 /(cmol/kg)	交换性镁 /(cmol/kg)	交换性钙 /(cmol/kg)	交换性钾 /(cmol/kg)	交换性钠 /(cmol/kg)	碳酸钙相当物 /(g/kg)
0～30	0.58	0.36	4.58	10.52	0.99	10.93	0.33	2.33	2.18
30～70	0.7	0.25	3.01	11.89	0.50	12.60	0.23	1.67	0.83
70～110	0.56	0.21	3.01	12.96	2.98	11.90	0.23	1.47	1.18
>110	0.65	0.39	2.30	7.89	3.50	5.50	0.18	1.22	0.93

7.16.9　侯集系（Houji Series）

土　　族：壤质混合型非酸性热性-斑纹简育湿润雏形土
拟定者：吴克宁，李　玲，鞠　兵

分布与环境条件　多出现在丘陵坡地中部或海拔在100～200m的局部高地，母质为洪冲积物，暖温带和亚热带过渡气候。年均气温约 14.6℃，年均土壤温度大于16℃，热性土壤温度状况，年均降水量为 800～1100mm，湿润土壤水分状况。

侯集系典型景观

土系特征与变幅　该土系诊断层有淡薄表层、雏形层；诊断特性有氧化还原特征（50cm以下）、湿润土壤水分状况、热性土壤温度状况等。混合型矿物，75cm 以上质地为粉壤土，团块状结构。Br 层（75～130cm）质地黏重，粉壤土，块状结构；表层土壤的有机碳、全氮含量较低。土壤呈中性至碱性，通体无石灰反应。

对比土系　段窑系，壤质混合型非酸性热性-斑纹简育湿润淋溶土。二者地理位置接近，相同的母质、土壤水分和土壤温度状况，剖面构型相似，属于同一土族。段窑系位于平原低洼地，剖面构型为 Ap-Bw-Br-Cr，30～70cm 出现黏土层，70cm 出现少量锈纹，向下逐渐增多；侯集系位于丘陵坡地中部，剖面构型为 Ap-AB-Bw-Br-Cr，50～75cm 砂粒含量较多，其下继承洪冲积黄土性物质性质，黏粒含量明显增多。

利用性能综述　该土系土层深厚，表土层质地适中，适耕期较长，土壤肥力中等，适宜种植多种作物，但易发生干旱，所在的地形多处于一定坡度的地区，有一定的水土流失现象。应注意保持水土，深耕平整土地，增施有机肥，科学使用化肥，提高产量。

参比土种　有底壤质暗黄土（壤质洪冲积淋溶褐土）。

代表性单个土体　该剖面于2010年10月4日采自河南省漯河市舞阳县侯集乡马庄村（编号 41-062），32°39′35″N，113°42′17″E，丘陵坡地中部，耕地，小麦-玉米轮作，一年两熟，母质为洪冲积物。

Ap: 0～30cm，浊黄橙色（10YR 6/4，干），橙色（10YR 4/6，润），粉壤土，团块状结构，干时硬，润时坚实，湿时稍黏着，稍塑，大量根系，pH 7.35，向下层波状逐渐过渡。

AB: 30～50cm，浊黄橙色（10YR 7/4，干），橙色（10YR 4/6，润），粉壤土，团块状结构，干时硬，润时坚实，湿时稍黏着，稍塑，pH 7.34，向下层波状逐渐过渡。

Bw: 50～75cm，浊黄橙色（10YR 7/4，干），橙色（10YR 4/6，润），粉壤土，块状结构，干时硬，润时坚实，湿时稍黏着，稍塑，pH 7.84，向下层波状模糊过渡。

Br: 75～130cm，淡棕灰色（7.5YR 7/2，干），棕色-暗棕色（7.5YR 3.5/3，润），粉壤土，块状结构，干时很硬，润时很坚实，湿时黏着，中塑，5%～15%的铁锰胶膜，pH 7.82，向下层波状逐渐过渡。

侯集系单个土体剖面

Cr: 130cm 以下，浊棕色（7.5YR 6/3，干），棕色（7.5YR 4/4，润），粉壤土，块状结构，干时很硬，润时很坚实，湿时黏着，中塑，5%～15%的铁锰胶膜，pH 8.02。

侯集系代表性单个土体物理性质

| 土层 | 深度 /cm | 细土颗粒组成（粒径：mm)/(g/kg) | | | 质地 | 容重 /(g/cm³) |
		砂粒 2～0.05	粉粒 0.05～0.002	黏粒 <0.002		
Ap	0～30	273	603	122	粉壤土	1.49
AB	30～50	232	637	130	粉壤土	1.56
Bw	50～75	287	584	128	粉壤土	1.59
Br	75～130	111	699	188	粉壤土	1.58
Cr	>130	162	644	193	粉壤土	1.75

侯集系代表性单个土体化学性质

深度 /cm	pH (H₂O)	有机碳 /(g/kg)	全氮(N) /(g/kg)	全磷(P₂O₅) /(g/kg)	全钾(K₂O) /(g/kg)	阳离子交换量 /(cmol/kg)
0～30	7.35	3.66	0.64	0.42	10.95	12.53
30～50	7.34	4.99	0.56	0.53	10.54	11.91
50～75	7.84	2.28	0.55	0.38	10.23	8.67
75～130	7.82	3.81	0.47	0.87	10.18	14.19
>130	8.02	4.72	0.58	1.16	10.97	16.3

深度 /cm	电导率 /(μS/cm)	有效磷 /(mg/kg)	交换性镁 /(cmol/kg)	交换性钙 /(cmol/kg)	交换性钾 /(cmol/kg)	交换性钠 /(cmol/kg)	碳酸钙相当物 /(g/kg)
0～30	73	16.12	1.49	10.91	0.33	2.59	0.62
30～50	95	12.01	0.30	10.12	0.20	2.85	0.97
50～75	174	5.99	0.70	9.60	0.36	2.26	1.85
75～130	209	35.82	4.20	11.80	0.26	2.96	0.61
>130	199	46.60	3.39	11.08	0.20	3.04	0.77

7.16.10 平桥系（Pingqiao Series）

土　族：壤质混合型非酸性热性-斑纹简育湿润雏形土
拟定者：吴克宁，鞠　兵，李　玲

分布与环境条件　多分布在北亚热带侵蚀较重的丘岗地段，母质为泥质页岩风化残坡积物，北亚热带向暖温带过渡气候。年均气温 15.1℃，热性土壤温度状况，年均降水量约为 1109mm，湿润土壤水分状况。

平桥系典型景观

土系特征与变幅　该土系诊断层有淡薄表层、雏形层；诊断特性有氧化还原特征（50cm以下）、湿润土壤水分状况、热性土壤温度状况、石质接触面等。混合型矿物，土层深厚，含有数量不等的砾石。Br 层为弱发育的结构 B 层，粉砂质壤土，少量铁锰斑纹。全剖面土壤呈酸性，通体无石灰反应。

对比土系　平桥震山系，粗骨壤质混合型非酸性热性-石质湿润正常新成土。二者地理位置紧邻，具有相同的母质、土壤水分状况和温度状况，特征土层不同，属于不同的土纲。平桥震山系剖面构型为 A-R，土层薄，砾石含量多，10～40cm 含有 25%～40%的半风化的砾石，40cm 出现基岩，表土着生大量草本植物，根系较多，有机碳含量很高；平桥系土层较厚，具有雏形层和氧化还原特征，剖面构型为 A-AB-Br-BC，40cm 以下出现少量氧化还原特征，80cm 以下出现大量半风化基岩，属壤质混合型非酸性热性-斑纹简育湿润雏形土。

利用性能综述　因地处岗陵，侵蚀较重，多为疏林草地。今后应做到适地适树，提高植被覆盖率，加强水保工程，防止水土流失。

参比土种　少砾厚层砂泥质黄棕壤。

代表性单个土体　剖面于 2011 年 7 月 19 日采自信阳市平桥区（编号 41-075），32°4′27″N，114°7′3″E，丘陵岗地中部，林地，母质为泥质页岩风化残坡积物。

A: 0～20cm，浊橙色（10Y 7/4，干），黄棕色（10YR 5/6，润），粉壤土，团粒状结构，大量根系，pH 5.41，向下层渐变波状过渡。

AB: 20～40cm，亮黄橙色（10YR 7/6，干），黄棕色（10YR 5/6，润），粉壤土，团块状结构，pH 5.46，向下层渐变波状过渡。

Br: 40～80cm，淡黄色（2.5YR 7/4，干），亮棕色（7.5YR 5/6，润），粉壤土，团块状结构，2%～5%的铁锰斑纹（橙色，7.5YR 7/6），pH 6.78，向下层渐变波状过渡。

BC: 80cm 以下，浊橙色（10YR 7/4，干），暗棕色（7.5YR 5/6，润），粉壤土，团块状结构，出现大量半风化基岩，pH 5.61。

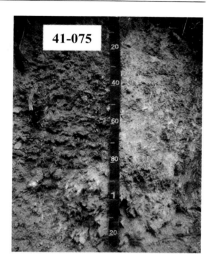

平桥系单个土体剖面

平桥系代表性单个土体物理性质

| 土层 | 深度/cm | 细土颗粒组成(粒径：mm)/(g/kg) | | | 质地 | 容重/(g/cm³) |
		砂粒 2～0.05	粉粒 0.05～0.002	黏粒 <0.002		
A	0～20	378	529	93	粉壤土	1.54
AB	20～40	175	701	124	粉壤土	1.55
Br	40～80	160	705	135	粉壤土	1.50
BC	>80	142	707	151	粉壤土	—

平桥系代表性单个土体化学性质

深度/cm	pH (H₂O)	有机碳/(g/kg)	全氮(N)/(g/kg)	全磷(P₂O₅)/(g/kg)	全钾(K₂O)/(g/kg)	阳离子交换量/(cmol/kg)
0～20	5.41	9.96	0.48	0.22	12.44	13.52
20～40	5.46	8.00	0.54	0.19	12.07	11.45
40～80	6.78	3.45	0.18	0.37	15.14	4.76
>80	5.61	7.06	0.24	0.24	13.30	12.28

深度/cm	电导率/(μS/cm)	有效磷/(mg/kg)	交换性镁/(cmol/kg)	交换性钙/(cmol/kg)	交换性钾/(cmol/kg)	交换性钠/(cmol/kg)	碳酸钙相当物/(g/kg)
0～20	111	8.56	0.12	4.32	0.45	1.64	0.34
20～40	102	7.47	0.18	4.37	0.25	2.38	0.42
40～80	80	5.58	0.15	1.62	0.38	1.90	0.34
>80	91	6.52	0.12	1.70	0.32	2.17	0.42

7.16.11　春水系（Chunshui Series）

土　　族：壤质混合型非酸性热性-斑纹简育湿润雏形土
拟定者：吴克宁，鞠　兵，李　玲

春水系典型景观

分布与环境条件　多出现于伏牛山、桐柏山、大别山山地的中下部缓坡，母质为花岗岩、片麻岩等酸性岩类风化残积、坡积物，暖温带和亚热带过渡气候。年均气温 15.2℃，热性土壤温度状况，年均降水量为 800～1100mm，湿润土壤水分状况。

土系特征与变幅　该土系诊断层有淡薄表层、雏形层；诊断特性有氧化还原特征（50cm 以下）、湿润土壤水分状况、热性土壤温度状况等。混合型矿物，土层较薄，含有多少不等的砾石。Br 层为弱发育的结构 B 层，粉壤土，团块状结构，紧实，5%～15% 的铁锰胶膜和砾石，90cm 以下出现大量岩石碎屑。全剖面土壤呈酸性至中性，通体无石灰反应。

对比土系　官庄系，黏壤质混合型非酸性热性-斑纹简育湿润淋溶土。二者地理位置相邻，相同的土壤水分状况和温度状况，母质和特征土层不同，属于不同的土纲。官庄系母质为下蜀黄土，出现黏化层，剖面构型为 A-AB-Btr1-Btr2-BC，为浅位厚层黏化-深位厚层少量铁锰结核和中量铁锰胶膜淀积；春水系母质为花岗岩、片麻岩等岩类的风化残积、坡积物，仅有雏形层，剖面构型为 Ap-Bw-Br-BC，土层较薄，底部具有大量岩石碎屑，属壤质混合型非酸性热性-斑纹简育湿润雏形土。

利用性能综述　地处岗陵，土地利用方式以农地为主，修筑梯田，种植旱作玉米、小麦、红薯等，有水土侵蚀风险。今后应做到适地适树，提高植被覆盖率，加强水保工程，防止水土流失。

参比土种　少砾质中层酸性岩石渣土（中层硅铝质黄棕壤性土）。

代表性单个土体　该剖面于 2010 年 10 月 5 日采自河南省驻马店市泌阳县春水乡田庄村（编号 41-060），33°1′53″N，113°30′4″E，低山中下部，耕地，旱作，一年两熟，母质为花岗岩、片麻岩等酸性岩类风化残积、坡积物。

Ap: 0～20cm，浊黄橙色（10YR 7/3，干），黄棕色（10YR 5/6，润），粉壤土，团块状结构，干时硬，润时坚实，湿时黏着，中塑，大量根系，pH 6.96，向下层模糊平滑过渡。

Bw: 20～70cm，浊黄橙色（10YR 6/3，干），棕色（10YR 4/4，润），粉壤土，团块状结构，干时硬，润时坚实，湿时稍黏着，稍塑，pH 7.32，向下层突变平滑过渡。

Br: 70～90cm，浊黄棕色（10YR 5/4，干），棕色（10YR 4/4，润），粉壤土，团块状结构，干时硬，润时坚实，湿时黏着，中塑，5%～15%的棕灰色（10YR 5/1）铁锰胶膜，5%～15%直径约为0.2～0.5cm的岩石碎屑，pH 7.23，向下层突变平滑过渡。

BC: 90cm以下，浊黄橙色（10YR 7/4，干），亮黄棕色（10YR 7/1，润），壤土，团块状结构，干时硬，润时坚实，湿时稍黏着，稍塑，5%～15%的黑棕色（10YR 3/1）铁锰胶膜和黑色铁锰结核，80%以上直径为0.2～0.5cm的岩石碎屑，pH 7.55。

春水系单个土体剖面

春水系代表性单个土体物理性质

| 土层 | 深度/cm | 细土颗粒组成（粒径：mm）/(g/kg) | | | 质地 | 容重/(g/cm³) |
		砂粒 2～0.05	粉粒 0.05～0.002	黏粒 <0.002		
Ap	0～20	227	624	148	粉壤土	1.63
Bw	20～70	376	495	127	粉壤土	1.40
Br	70～90	200	652	146	粉壤土	1.93
BC	>90	492	404	102	壤土	1.79

春水系代表性单个土体化学性质

深度/cm	pH (H₂O)	有机碳/(g/kg)	全氮(N)/(g/kg)	全磷(P₂O₅)/(g/kg)	全钾(K₂O)/(g/kg)	阳离子交换量/(cmol/kg)
0～20	6.96	5.21	0.42	2.39	10.49	26.24
20～70	7.32	0.50	0.79	1.30	13.56	22.36
70～90	7.23	0.84	0.53	0.84	13.77	15.10
>90	7.55	0.17	0.48	1.47	14.78	22.01

深度/cm	电导率/(μS/cm)	有效磷/(mg/kg)	交换性镁/(cmol/kg)	交换性钙/(cmol/kg)	交换性钾/(cmol/kg)	交换性钠/(cmol/kg)	碳酸钙相当物/(g/kg)
0～20	126	5.42	12.92	25.84	0.33	1.99	0.59
20～70	119	3.73	1.79	25.10	0.13	2.17	0.95
70～90	71	6.28	2.18	16.17	0.13	2.07	0.23
>90	108	3.15	1.99	29.88	0.08	1.99	0.55

7.16.12　浉河港系（Shihegang Series）

土　　族：壤质混合型非酸性热性-斑纹简育湿润雏形土
拟定者：吴克宁，鞠　兵，李　玲

分布与环境条件　主要出现于伏牛山以南、大别山以北花岗岩低山中部的缓坡及坡麓，母质为片麻岩风化残坡积物，北亚热带向暖温带过渡气候。年均气温为15.1℃，热性土壤温度状况，年均降水量约为 1109mm，湿润土壤水分状况。

浉河港系典型景观

土系特征与变幅　该土系诊断层有淡薄表层、雏形层；诊断特性有氧化还原特征（50cm以下）、湿润土壤水分状况、热性土壤温度状况等。混合型矿物，全剖面土壤质地为粉壤土至壤土，剖面中黏粒含量分布较为均匀，结构 Bw 层较多；有机碳含量、阳离子交换量为表土层和心土层（60cm 以上）较底土层高。全剖面土壤呈酸性至中性，通体无石灰反应。

对比土系　平桥系，壤质混合型非酸性热性-斑纹简育湿润雏形土。二者位置相近，具有相同的土壤水分状况和温度状况，母质不同，诊断特性相似，属于同一土族。平桥系处于丘陵岗地，母质为泥质页岩风化残坡积物，剖面构型为 A-AB-Br-C，40cm 以下出现少量氧化还原特征，剖面整体 pH 更低，砂粒含量较浉河港系少；浉河港系处于低山中部，母质为片麻岩风化残坡积物，剖面构型为 A-Bw-Br-(C)，60cm 以下出现大量氧化还原特征，发育较弱，砂粒含量较高。

利用性能综述　该土系发育在酸性结晶岩风化残坡积物之上，坡度大，砾石多，表土层有机碳含量较高，但水、土、肥均易流失，土层下部基岩风化强烈，间隙较多，适于营林，可建成较好的林业基础，农田应还林还牧，种植林、草。

参比土种　少砾质厚层硅铝质黄棕壤。

代表性单个土体　剖面于 2011 年 7 月 19 日采自信阳市浉河港郝家冲村（编号 41-064），31°59′30″N，113°55′42″E，低山中部，茶园，母质为片麻岩风化残坡积物。

A： 0～20cm，亮棕色（7.5YR 5/6，干），棕色（7.5YR 4/6，润），壤土，团粒状结构，干时硬，润时坚实，湿时稍黏着，稍塑，大量根系，pH 6.01，向下层清晰平滑过渡。

Bw： 20～60cm，橙色（7.5YR 6/6，干），棕色（7.5YR 4/6，润），粉壤土，团块状结构，干时硬，润时坚实，湿时稍黏着，稍塑，pH 6.63，向下层清晰平滑过渡。

Br： 60～150cm，橙色（7.5YR 6/6，干），棕色-亮棕色（7.5YR 4.5/6，润），壤土，块状结构，干时硬，润时坚实，湿时稍黏着，稍塑，15%～40%的明显铁锰斑纹，pH 7.55。

浉河港系单个土体剖面

浉河港系代表性单个土体物理性质

| 土层 | 深度/cm | 细土颗粒组成(粒径：mm)/(g/kg) | | | 质地 | 容重/(g/cm³) |
		砂粒 2～0.05	粉粒 0.05～0.002	黏粒 <0.002		
A	0～20	375	499	126	壤土	1.32
Bw	20～60	235	609	157	粉壤土	1.67
Br	60～150	431	462	108	壤土	1.79

浉河港系代表性单个土体化学性质

深度/cm	pH (H₂O)	有机碳/(g/kg)	全氮(N)/(g/kg)	全磷(P₂O₅)/(g/kg)	全钾(K₂O)/(g/kg)	阳离子交换量/(cmol/kg)
0～20	6.01	13.53	0.83	0.51	5.51	12.64
20～60	6.63	10.00	0.30	0.60	6.23	15.24
60～150	7.55	3.72	0.36	1.07	2.94	4.79

深度/cm	电导率/(μS/cm)	有效磷/(mg/kg)	交换性镁/(cmol/kg)	交换性钙/(cmol/kg)	交换性钾/(cmol/kg)	交换性钠/(cmol/kg)	碳酸钙相当物/(g/kg)
0～20	213	0.06	3.50	0.32	1.86	0.06	0.80
20～60	124	0.52	3.89	0.26	2.64	0.52	0.42
60～150	58	0.07	2.09	0.13	1.95	0.07	0.54

7.16.13　象河系（Xianghe Series）

土　族：粗骨质混合型非酸性热性-斑纹简育湿润雏形土
拟定者：吴克宁，鞠　兵，李　玲

分布与环境条件　多出现于豫南低山丘陵坡麓及峡谷地区，母质为洪冲积物，暖温带和亚热带过渡气候。年均气温 14.6～15.8℃，矿质土表至 50cm 深度处年均土温大于16℃，热性土壤温度状况，年均降水量为 800～1100mm，湿润土壤水分状况。

象河系典型景观

土系特征与变幅　该土系诊断层有淡薄表层、雏形层；诊断特性有氧化还原特征（50cm 以下）、湿润土壤水分状况、热性土壤温度状况等。混合型矿物，质地较偏壤性，土体内部含有大量分选较差而磨圆度较好的砾石，厚度一般在 1m 以上，20cm 以上为耕作层。全剖面土壤呈酸性至中性，通体无石灰反应。

对比土系　浉河港系,壤质混合型非酸性热性-斑纹简育湿润雏形土。二者地理位置相近，相同的土壤温度状况、土壤水分状况以及相似的剖面构型，质地不同，属于不同的土族。浉河港系处于低山中部，母质为片麻岩风化残坡积物，剖面构型为 A-Bw-Br-(C)，60cm 以下出现大量氧化还原特征，发育较弱，砂粒含量较高；象河系发育于洪冲积物母质，剖面构型为 A-Bw-BC，土体内有大量砾石，80cm 以下出现黑色铁锰结核，属粗骨质混合型非酸性热性-斑纹简育湿润雏形土。

利用性能综述　该土系处在丘陵坡麓、岗地，通体含较多的砾石，细土部分的质地较黏，侵蚀较严重，多为疏林草地，适种人工林。应提高植被的覆盖率，加强水保工程。

参比土种　浅砾层幼僵黄砂泥土（浅位砾层洪冲积黄褐土性土）。

代表性单个土体　剖面于 2010 年 10 月 4 日采自河南省驻马店市泌阳县象河乡余旺村（编号 41-059），32°9′18″N，113°25′50″E，山前坡麓，林地、荒草地，母质为洪冲积物。

A:　0～20cm，浊黄橙色（10YR 7/3，干），浊黄橙色（10YR 6/4，润），细土部分为粉壤土，团块状结构，干时硬，润时很坚实，湿时黏着，中塑，15%～40%的砾石，pH 7.12，向下层清晰波状过渡。

Bw1：20～40cm，浊黄橙色（10YR 7/4，干），浊黄橙色（10YR 6/4，润），粉壤土，团块状结构，干时很硬，润时很坚实，湿时黏着，中塑，60%～80%的小块砾石，磨圆度较好，pH 7.23，向下层清晰波状过渡。

Bw2：40～80cm，浊黄橙色（10YR 7/3，干），浊黄橙色（10YR 5/4，润），粉壤土，团块状结构，干时硬，润时坚实，湿时稍黏着，稍塑，60%～80%的中到大块砾石，pH 7.22，向下层清晰波状过渡。

BC：　80～150cm，亮黄橙色（10YR 7/6，干），亮黄橙色（10YR 6/8，润），细土部分为粉壤土，干时硬，润时很坚实，湿时黏着，60%～80%的小到大块砾石，5%～15%的黑色（10YR 2/1）铁锰结核，pH 7.39，强塑性。

象河系单个土体剖面

象河系代表性单个土体物理性质

土层	深度 /cm	砾石 (>2mm)/(g/kg)	细土颗粒组成(粒径：mm)/(g/kg)			质地	容重 /(g/cm³)	pH (H₂O)
			砂粒 2～0.05	粉粒 0.05～0.002	黏粒 <0.002			
A	0～20	169.15	153	677	170	粉壤土	1.00	7.12
Bw1	20～40	168.12	183	591	226	粉壤土	1.33	7.23
Bw2	40～80	98.26	153	681	166	粉壤土	0.98	7.22
BC	80～150	119.94	216	570	214	粉壤土	1.26	7.39

7.17　普通简育湿润雏形土

7.17.1　尹湾系（Yinwan Series）

土　　族：黏壤质混合型非酸性热性-普通简育湿润雏形土
拟定者：陈　杰，万红友，王兴科

分布与环境条件　形成于湖积平原河流两岸及泛滥沉积区，母质为河湖相沉积物上覆近代冲积物，北亚热带与暖温带过渡气候。年均气温 14.8℃，热性土壤温度状况，年均降水量 893mm，湿润土壤水分状况。

尹湾系典型景观

土系特征与变幅　该土系诊断层有淡薄表层、雏形层，诊断特性有湿润土壤水分状况、热性土壤温度状况等。混合型矿物，以粉砂质黏壤土为主，黏粒含量 163～453g/kg。底部为发育于湖相沉积物的残余黑土层，质地黏重，黏粒含量超过 450g/kg，粉砂质黏土，可见少量的铁锰斑纹。全剖面土壤呈中性，通体无石灰反应。

对比土系　大吕系，黏壤质混合型石灰性温性-普通简育干润雏形土。二者具有相同的黏土矿物学类型，有相近的河流冲积物或洪冲积物覆盖厚度与质地，大吕系覆盖为 90cm，尹湾系为 100cm，但土壤温度和土壤水分状况不同，属于不同的亚纲。大吕系具有石灰性、半干润土壤水分状况、温性土壤温度状况，剖面构型为 Ap-Bw-BC，底部有石灰结核，通体具有较强石灰反应；尹湾系具有湿润土壤水分状况、热性土壤温度状况，剖面构型为 Ap-AB-Bw1-Bw2-2Bw，通体无石灰结核，无石灰反应，属黏壤质混合型非酸性热性-普通简育湿润雏形土。

利用性能综述　该土系疏松易耕，适耕期长，底层质地黏重，托水托肥，为高产土壤类型。改良利用上应加强灌溉设施建设，科学施肥。

参比土种　壤复砂姜黑土。

代表性单个土体 剖面于 2011 年 11 月 19 日采自河南省驻马店市平舆县西洋店镇尹湾村（编号 41-171），32°50′10″N，114°34′18″E，海拔为 37m，湖积平原，耕地，小麦-玉米轮作，一年两熟，母质为河湖相沉积物。

Ap: 0～20cm，浊黄橙色（10YR 6/3，干），棕色（10YR 4/6，润），粉砂质黏壤土，团粒状结构，大量根系，pH 6.2，向下层渐变平滑过渡。

AB: 20～40cm，浊黄棕色（10YR 6/4，干），棕色（10YR 4/6，润），粉砂质黏壤土，团块状结构，pH 6.7，向下层模糊渐变过渡。

Bw1: 40～65cm，浊黄棕色（10YR 6/4，干），棕色（10YR 4/4，润），粉砂质黏壤土，团块状结构，pH 6.8，向下层模糊渐变过渡。

Bw2: 65～100cm，浊黄棕色（10YR 6/4，干），棕色（10YR 4/6，润），粉砂质黏壤土，团块状结构，pH 7.2，向下层突变过渡。

2Bw: 100～130cm，棕色（10YR 4/4，干）棕色（7.5YR 4/3，润），粉砂质黏土，块状结构，干时很硬，10%左右的铁锰锈斑，pH 6.7。

41-171

尹湾系单个土体剖面

尹湾系代表性单个土体物理性质

土层	深度 /cm	砾石 (>2mm, 体积分数)/%	细土颗粒组成(粒径: mm)/(g/kg)			质地
			砂粒 2～0.05	粉粒 0.05～0.002	黏粒 <0.002	
Ap	0～20	≤25	327	490	183	粉砂质黏壤土
AB	20～40	≤25	165	672	163	粉砂质黏壤土
Bw1	40～65	≤25	168	630	202	粉砂质黏壤土
Bw2	65～100	≤25	110	657	234	粉砂质黏壤土
2Bw	100～130	≤25	27	520	453	粉砂质黏土

尹湾系代表性单个土体化学性质

深度 /cm	有机碳 /(g/kg)	全氮(N) /(g/kg)	有效磷 /(mg/kg)	速效钾 /(mg/kg)	全磷(P_2O_5) /(g/kg)	全钾(K_2O) /(g/kg)	阳离子交换量 /(cmol/kg)	pH (H_2O)
0～20	7.54	0.88	16.9	71	0.6	21.8	18.01	6.2
20～40	3.20	0.42	3.7	51	0.4	20	16.6	6.7
40～65	3.61	0.42	4.6	53	0.39	21.2	21.84	6.8
65～100	3.74	0.58	3.2	62	0.46	22.6	25.7	7.2
100～130	6.15	0.69	2.6	76	0.2	23	16.0	6.7

7.17.2　王里桥系（Wangliqiao Series）

土　　族：壤质混合型非酸性热性-普通简育湿润雏形土
拟定者：吴克宁，李　玲，鞠　兵

分布与环境条件　　主要分布在低山丘陵或低山向丘陵过渡的坡麓及台地，母质为紫色页岩风化残、坡积物，北亚热带与暖温带过渡气候。年均气温约 14.5℃，矿质土表下 50cm 深度处年均土壤温度大于 16℃，热性土壤温度状况，年均降水量为 840mm，湿润土壤水分状况。

王里桥系典型景观

土系特征与变幅　　该土系诊断层有淡薄表层、雏形层；诊断特性有湿润土壤水分状况、热性土壤温度状况等。混合型矿物。全剖面质地为粉壤土，下部有 2%～5% 的铁锰胶膜淀积现象。全剖面土壤呈中性至弱碱性，通体无石灰反应。

对比土系　　田关系，黏壤质混合型非酸性热性-红色铁质湿润淋溶土。二者地理位置相近，相同的母质、土壤温度状况、土壤水分状况，诊断层不同，属于不同的土纲。田关系土壤淋溶作用较强而形成明显的黏化层、铁质特性、氧化还原特征，剖面构型为 A-Bt-Btr，通体颜色更红；王里桥系剖面构型为 A-AB-Bw-Br-C，全剖面质地为粉壤土，黏粒含量虽然较高，但系继承于紫色页岩的母质，剖面中鲜有黏粒移动和淀积迹象，仅有弱发育的 Bw 层，下部有少量铁锰胶膜淀积现象（120cm 以下），对比度明显，属于壤质混合型非酸性热性-普通简育湿润雏形土。

利用性能综述　　该土系通体质地较黏重，有轻度水土流失现象。应采取横坡耕作，注意水土保持，种植耐瘠作物，增施有机肥，提高土壤肥力，充分发挥其土壤潜力。

参比土种　　厚紫泥土（厚层泥质中性紫色土）。

代表性单个土体　　剖面于 2011 年 8 月 6 日采自南阳市西峡县王里桥镇慈梅寺村（编号 41-113），33°20′56″N，111°29′42″E，丘陵坡麓，耕地，种植小麦、大豆等，一年一熟，母质为紫色页岩风化残、坡积物。

A:　0～19cm，亮棕色（7.5YR 5/6，干），棕色（7.5YR 4/6，润），粉壤土，团块状结构，干时很硬，润时很坚实，湿时黏着，中塑，大量根系，pH 8.20，向下层清晰平滑过渡。

AB:　19～55cm，亮棕色（7.5YR 5/6，润），棕色（7.5YR 4/6，润），粉壤土，团块状结构，干时硬，润时坚实，湿时黏着，中塑，pH 7.93，向下层模糊波状过渡。

Bw:　55～95cm，浊橙色（7.5YR 6/4，干），棕色（7.5YR4/6，润），粉壤土，团块状结构，干时很硬，润时很坚实，湿时很黏着，强塑，pH 7.97，向下层模糊平滑过渡。

Br:　95～120cm，浊橙色（7.5YR 6/4，干），棕色（7.5YR4/6，润），粉壤土，团块状结构，干时很硬，润时很坚实，湿时很黏着，强塑，2%～5%的亮棕色（7.5YR 5/6）铁锰胶膜，pH 8.05，向下层模糊平滑过渡。

王里桥系单个土体剖面

Cr:　120cm 以下，浊橙色（7.5YR 7/4，干），亮棕色（7.5YR 5/6，润），粉壤土，块状结构，干时很硬，润时很坚实，湿时很黏着，强塑，2%～5%的亮棕色（7.5YR 5/6）铁锰胶膜，pH 8.36。

王里桥系代表性单个土体物理性质

| 土层 | 深度/cm | 细土颗粒组成（粒径：mm)/(g/kg) | | | 质地 | 容重/(g/cm³) |
		砂粒 2～0.05	粉粒 0.05～0.002	黏粒 <0.002		
A	0～19	156	652	192	粉壤土	1.47
AB	19～55	185	633	182	粉壤土	1.57
Bw	55～95	168	641	191	粉壤土	1.55
Br	95～120	160	643	196	粉壤土	1.61
Cr	>120	141	659	200	粉壤土	1.52

王里桥系代表性单个土体化学性质

深度/cm	pH (H₂O)	有机碳/(g/kg)	全氮(N)/(g/kg)	全磷(P₂O₅)/(g/kg)	全钾(K₂O)/(g/kg)	阳离子交换量/(cmol/kg)
0～19	8.20	12.37	1.16	0.49	13.16	16.85
19～55	7.93	5.77	0.54	0.25	13.97	15.97
55～95	7.97	4.33	0.66	0.07	15.38	15.74
95～120	8.05	3.19	0.48	0.52	12.66	15.36
>120	8.36	2.60	0.42	0.43	14.66	19.87

深度/cm	电导率/(μS/cm)	有效磷/(mg/kg)	交换性镁/(cmol/kg)	交换性钙/(cmol/kg)	交换性钾/(cmol/kg)	交换性钠/(cmol/kg)	碳酸钙相当物/(g/kg)
0～19	64	28.78	0.07	4.90	0.38	1.52	1.85
19～55	75	7.08	1.78	1.81	0.32	1.96	1.50
55～95	89	6.36	0.42	3.88	0.13	2.16	1.42
95～120	68	6.21	0.12	4.70	0.06	2.28	1.00
>120	99	6.36	0.10	5.40	0.06	4.13	3.60

7.17.3　贾楼系（Jialou Series）

土　族：粗骨壤质混合型非酸性热性-普通简育湿润雏形土
拟定者：吴克宁，鞠　兵，李　玲

分布与环境条件　多出现于尧山、熊耳山、伏牛山、外方山、桐柏山、大别山等陡坡山地，母质为硅铝质岩类风化物，暖温带和亚热带过渡气候。年均气温约14.9℃，年均土壤温度大于16℃，热性土壤温度状况，年均降水量为800～1100mm，湿润土壤水分状况。

贾楼系典型景观

土系特征与变幅　该土系诊断层有淡薄表层、雏形层；诊断特性有湿润土壤水分状况、热性土壤温度状况等。混合型矿物，以粉砂粒为主，土层砾石含量较高，土壤发育较差，尤其是70cm砾石度大于75%，形成砾石层。由于长期侵蚀和堆积作用频繁，富含粗骨物质，发育十分微弱，土体多继承母质特性和物质组成。全剖面土壤呈中性，通体无石灰反应。

对比土系　玉皇庙系，壤质混合型非酸性热性-斑纹简育湿润雏形土。二者地理位置邻近，母质不同，诊断特性不同，属于不同的亚类。玉皇庙系母质为第四纪下蜀黄土，剖面构型为A-Br1-Br2-(C)，出现氧化还原特征，通体质地较为均一，呈粉壤土；贾楼系所处地形为陡坡山地，母质为硅铝质岩类风化物，机械组成以粉砂粒为主，剖面构型为A-Bw-C，土层砾石含量较高，尤其是70cm砾石度大于75%，形成砾石层，属粗骨壤质混合型非酸性热性-普通简育湿润雏形土。

利用性能综述　该土系耕层浅薄，砾石含量高，加之所在地形多为山地陡坡，坡度大，植被覆盖率低，因而水土流失严重，不宜农耕。应采取山、田综合整治，因地制宜，实行工程和生物措施相结合的方式，防止水土流失，逐步提高生产能力。

参比土种　厚麻骨石土（厚层硅铝质中性粗骨土）。

代表性单个土体　剖面于2010年10月5日采自河南省驻马店市泌阳县贾楼乡玉皇庙村（编号41-055），32°54′4″N，113°24′54″E，陡坡山地，林地、荒草地，母质为硅铝质岩类风化物。

A: 0~20cm，淡黄橙色（10YR 8/3，干），浊黄橙色（10YR 7/4，润），粉壤土，团块状结构，干时坚硬，润时坚实，湿时稍黏着，稍塑，10%~20%的小砾石，pH 7.47，向下层清晰波状过渡。

Bw: 20~70cm，浊橙色（5YR 6/4，干），红棕色（5YR 4/6，润），粉壤土，小块状结构，干时很硬，润时很坚实，湿时很黏着，强塑，25%~30%的小砾石，pH 6.81，向下层清晰波状过渡。

C: 70cm 以下，浊橙色（7.5YR 7/4，干），橙色（7.5YR 6/6，润），粉壤土，小块状结构，干时很硬，润时很坚实，湿时黏着，中塑，25%~40%的砾石，形成砾石层，pH 6.94。

贾楼系单个土体剖面

贾楼系代表性单个土体物理性质

土层	深度/cm	砾石(>2mm)/(g/kg)	细土颗粒组成(粒径：mm)/(g/kg)			质地
			砂粒 2~0.05	粉粒 0.05~0.002	黏粒 <0.002	
A	0~20	392.65	109	677	214	粉壤土
Bw	20~70	144.18	112	701	188	粉壤土
C	>70	175.97	290	514	196	粉壤土

贾楼系代表性单个土体化学性质

深度/cm	pH (H$_2$O)	有机碳/(g/kg)	全氮(N)/(g/kg)	全磷(P$_2$O$_5$)/(g/kg)	全钾(K$_2$O)/(g/kg)	阳离子交换量/(cmol/kg)
0~20	7.47	3.24	0.47	0.12	13.69	6.53
20~70	6.81	2.37	0.28	0.15	15.78	19.25
>70	6.94	3.25	0.25	0.27	13.62	11.97

深度/cm	电导率/(μS/cm)	有效磷/(mg/kg)	交换性镁/(cmol/kg)	交换性钙/(cmol/kg)	交换性钾/(cmol/kg)	交换性钠/(cmol/kg)	碳酸钙相当物/(g/kg)
0~20	75	1.73	1.00	5.98	0.10	2.08	0.21
20~70	75	2.01	0.50	15.87	0.18	2.33	0.31
>70	85	4.86	1.49	9.96	0.15	1.91	0.32

7.17.4 丹水系（Danshui Series）

土　族：粗骨砂质混合型石灰性热性-普通简育湿润雏形土
拟定者：吴克宁，鞠　兵，李　玲

分布与环境条件　主要分布在豫西南低山、丘陵的坡麓，母质为紫色砂页岩风化残坡积物，亚热带向暖温带的过渡地带。年均气温 15.0℃左右，矿质土表下 50cm 深度处土壤年均温度约大于 16℃，热性土壤温度状况，年均降水量为 840mm，湿润土壤水分状况。

丹水系典型景观

土系特征与变幅　该土系诊断层有淡薄表层、雏形层；诊断特性有湿润土壤水分状况、热性土壤温度状况等。混合型矿物，土层较浅薄，且剖面雏形层中含有多量砾石，磨圆度较差，约占剖面体积的 30% 以上，细土部分质地为砂壤土。全剖面有机碳、全氮和有效磷含量较低，表层强烈石灰反应，15～60cm 弱石灰反应，60cm 以下强烈石灰反应。

对比土系　王里桥系，壤质混合型非酸性热性-普通简育湿润雏形土。二者地理位置相近，相似的母质、土壤温度状况、土壤水分状况，土壤质地和石灰反应不同，属于不同的土族。王里桥系剖面构型为 A-AB-Bw-Br-Cr，全剖面质地粉壤土，继承于紫色页岩母质，黏粒含量较高，下部有少量铁锰胶膜淀积现象（120cm 以下），无石灰反应；而丹水系土壤是发育在紫色砂页岩风化物上成土作用较弱的土壤，剖面构型为 A-Bw-C，黏粒含量少，土层较浅薄，剖面中掺杂大量砾石，表层与母质层石灰反应强烈，属粗骨砂质混合型石灰性热性-普通简育湿润雏形土。

利用性能综述　该土系由于分布在坡地，土壤发育较弱，水土流失，土壤贫瘠。应种植耐贫瘠的作物，绿肥肥田，增施有机肥，培肥地力，加强农田基本设施建设，防止土系水土流失。

参比土种　中灰紫泥土（中层石灰性紫色土）。

代表性单个土体　剖面于 2011 年 8 月 6 日采自南阳市西峡县丹水镇丹水村高速路口路北坡地上部（编号 41-117），33°11′6″N，111°40′31″E，丘陵坡麓、林地、荒草地，母质为紫色砂页岩风化残坡积物。

A：　0～15cm，亮棕色（7.5YR 5/6，干），棕色（7.5YR 4/6，润），壤土，团块状结构，大量根系，15%～40%的砾石，强烈石灰反应，pH 8.96，向下层模糊平滑过渡。

Bw：15～60cm，亮棕色（7.5YR 5/6，干），亮红棕色（5YR 5/8，润），砂壤土，团块状结构，30%以上的砾石，磨圆度较差，弱石灰反应，pH 9.29，向下层清晰平滑过渡。

C：　60cm 以下，橙色（5YR 6/6，干），亮红棕色（5YR 5/8，润），砂壤土，半风化母质，保留岩石结构，强烈的石灰反应，pH 9.35。

丹水系单个土体剖面

丹水系代表性单个土体物理性质

| 土层 | 深度 /cm | 细土颗粒组成(粒径：mm)/(g/kg) | | | 质地 | 容重 /(g/cm³) |
		砂粒 2～0.05	粉粒 0.05～0.002	黏粒 <0.002		
A	0～15	514	391	95	壤土	1.47
Bw	15～60	541	367	92	砂壤土	1.61
C	>60	644	287	69	砂壤土	—

丹水系代表性单个土体化学性质

深度 /cm	pH (H₂O)	有机碳 /(g/kg)	全氮(N) /(g/kg)	全磷(P₂O₅) /(g/kg)	全钾(K₂O) /(g/kg)	阳离子交换量 /(cmol/kg)	碳酸钙相当物 /(g/kg)
0～15	8.96	5.32	0.45	0.48	12.05	12.32	150.98
15～60	9.29	2.70	0.48	0.41	11.43	10.15	8.36
>60	9.35	1.52	0.30	0.41	10.22	9.96	169.80

深度 /cm	有效磷 /(mg/kg)	交换性镁 /(cmol/kg)	交换性钙 /(cmol/kg)	交换性钾 /(cmol/kg)	交换性纳 /(cmol/kg)	电导率 /(μS/cm)
0～15	3.16	1.55	3.21	0.19	1.96	67
15～60	3.74	0.37	4.70	0.13	2.17	65
>60	3.45	0.28	4.48	0.13	2.81	60

第8章 新 成 土

8.1 斑纹淤积人为新成土

8.1.1 京水系（Jingshui Series）

土　族：砂质混合型石灰性温性-斑纹淤积人为新成土
拟定者：吴克宁，鞠　兵，李　玲

京水系典型景观

分布与环境条件　主要分布在黄河故道或冲积平原较低处，母质为近代河流砂质沉积冲积物，暖温带大陆性季风气候。年均气温为 14.4℃，年均降水量 640.9mm 左右。

土系特征与变幅　该土系诊断依据有淡薄表层、人为淤积物质、石灰性、氧化还原特征、半干润土壤水分状况、温性土壤温度状况等。混合型矿物，土壤无发育或发育极弱。表层约 20cm 厚的土层是人为淤积形成的层次，质地为粉黏壤土，颜色、质地和结持性等与母质层显著不同；下层为河流冲积物，可见水平冲积层理，单粒状结构，质地为砂土，全剖面土壤呈碱性，强烈的石灰反应。

对比土系　南曹系，砂质混合型温性-石灰干润正常新成土。二者母质均为砂质沉积冲积物，相同的土壤水分状况和土壤温度状况，石灰反应特征相似，地形地貌和剖面构型相似，诊断特性不同，属不同的亚类。南曹系分布于丘陵与平原过渡地带，位置稍高，剖面构型为 A-C，土体内无人为淤积物质，无氧化还原特征；京水系分布于冲积平原较低处，具有人为淤积物质，表层约 20cm 厚的土层是人为灌淤形成的层次，颜色、结构、质地和结持性等与母质层显著不同，有氧化还原特征，剖面构型特征为 Apu-C-Cr，属砂质混合型石灰性温性-斑纹淤积人为新成土。在理化性质方面，二者均属养分贫瘠的土壤类型。

利用性能综述　　该土系通透性好，疏松易耕，有机碳分解快，易发苗，但是养分和代换能力差，易受风沙、干旱危害。应大量增施有机肥，提高有机碳含量，可以继续引黄灌溉，增大土层厚度，种植耐旱、耐贫瘠的经济作物。

参比土种　　厚层黏质灌淤潮土。

代表性单个土体　　剖面于 2011 年 11 月 19 日采自郑州市惠济区花园口镇京水村北部（编号 41-204），34°53′1″N，113°42′22″E，冲积平原，荒草地，母质为河流砂质沉积冲积物。

Apu：0～20cm，橙白色（10YR 8/2，干），棕色（10YR 4/6，润），粉黏壤土，团块状结构，由人类活动造成淀积物质在此积聚，强烈石灰反应，pH 8.50，向下层清晰突变过渡。

C：　20～60cm，浊黄橙色（10YR 7/3，干），浊黄棕色（10YR 5/4，润），砂土，单粒状结构，干时松散，润时疏松，湿时稍黏着，无塑，强烈石灰反应，pH 9.27，向下层模糊平滑过渡。

Cr：60～115cm，淡黄橙色（10YR 8/3，干），棕色（10YR 4/4，润），砂土，单粒状结构，干时松散，润时疏松，湿时稍黏着，无塑，80cm 以下有少量棕灰色铁锰斑纹，强烈石灰反应，pH 8.93。

京水系单个土体剖面

京水系代表性单个土体物理性质

土层	深度 /cm	细土颗粒组成(粒径：mm)/(g/kg)			质地	容重 /(g/cm³)
		砂粒 2～0.05	粉粒 0.05～0.002	黏粒 <0.002		
Apu	0～20	36	671	293	粉黏壤土	1.22
C	20～60	914	76	10	砂土	1.63
Cr	60～115	938	57	5	砂土	1.35

京水系代表性单个土体化学性质

深度 /cm	pH (H₂O)	有机碳 /(g/kg)	阳离子交换量 /(cmol/kg)	电导率 /(μS/cm)
0～20	8.50	4.96	30.41	233
20～60	9.27	0.36	1.18	68
60～115	8.93	0.27	1.74	78

8.2　石灰干润砂质新成土

8.2.1　南王庄系（Nanwangzhuang Series）

土　　族：混合型温性-石灰干润砂质新成土
拟定者：吴克宁，鞠　兵，李　玲

分布与环境条件　多出现于覆盖度 80%以上的沙丘沙垄，母质为砂质风积物，暖温带大陆性季风气候。年均气温 14.4℃，矿质土表至 50cm 深度处年均土壤温度约为 15.5℃，温性土壤温度状况，年均降水量约 640.9mm，半干润土壤水分状况。

南王庄系典型景观

土系特征与变幅　该土系诊断依据有淡薄表层、砂质沉积物岩性特征、石灰性、半干润土壤水分状况、温性土壤温度状况。混合型矿物，起源于风积砂土，砂粒含量高，通透性能好，有机碳含量、阳离子交换量低，全剖面土壤呈中性至碱性，70cm 以上中度至强烈石灰反应，70cm 以下无石灰反应。

对比土系　南曹系，砂质混合型温性-石灰干润正常新成土。各土层保留了母质特性，无雏形层发育，剖面构型为 A-C；南王庄系母质为砂质风积物，剖面构型为 A-C，70cm 以下砂粒含量更高，70cm 以下无石灰反应，属混合型温性-石灰干润砂质新成土。

利用性能综述　该土系表层质地为壤砂土，疏松，通透性好，但养分性能差，不宜农用，是种植刺槐及牧草沙打旺的良好基地。原有林木应计划间伐，严禁滥伐或开垦农用，以免林木遭破坏造成风沙流动沙压周围农田，已开垦农用的应退耕还林。

参比土种　固定草甸风沙土。

代表性单个土体　剖面于 2010 年 8 月 5 日采自郑州市管城区南王庄（编号 41-207），34°42′36″N，113°49′19″E，沙丘沙垄，林地、荒草地，母质为砂质风积物。

A: 0～22cm，浊黄橙色（10YR 7/4，干），棕色（10YR 4/6，润），壤砂土，单粒状结构，干时松散，润时疏松，湿时无黏着，无塑，大量根系，强烈石灰反应，pH 8.23，向下层模糊波状过渡。

C1: 22～38cm，浊黄橙色（10YR 7/4，干），棕色（10YR 4/6，润），砂壤土，单粒状结构，干时松散，润时疏松，湿时无黏着，无塑，中度石灰反应，pH 8.27，下层呈模糊波状过渡。

C2: 38～70cm，亮黄橙色（10YR 7/6，干），黄棕色（10YR 5/8，润），壤砂土，单粒状结构，干时松散，润时疏松，湿时无黏着，无塑，中度石灰反应，pH 8.37，向下层模糊波状过渡。

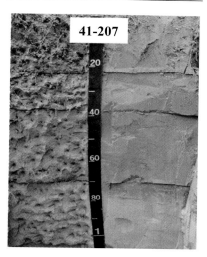

南王庄系单个土体剖面

C3: 70～110cm，亮黄橙色（10YR 7/6，干），黄棕色（10YR 5/8，润），砂土，单粒状结构，干时松散，润时疏松，湿时无黏着，无塑，无石灰反应，pH 7.64，向下层模糊波状过渡。

C4: 110cm 以下，亮黄橙色（10YR 7/6，干），黄棕色（10YR 5/8，润），砂土，单粒状结构，干时松散，润时疏松，湿时无黏着，无塑，无石灰反应，pH 7.18，向下层模糊波状过渡。

南王庄系代表性单个土体物理性质

土层	深度/cm	细土颗粒组成（粒径：mm）/(g/kg)			质地	容重/(g/cm³)
		砂粒 2～0.05	粉粒 0.05～0.002	黏粒 <0.002		
A	0～22	777	156	68	壤砂土	1.52
C1	22～38	742	183	75	砂壤土	1.79
C2	38～70	814	116	70	壤砂土	1.71
C3	70～110	963	33	5	砂土	1.50
C4	>110	960	35	5	砂土	1.60

南王庄系代表性单个土体化学性质

深度/cm	pH (H₂O)	有机碳/(g/kg)	全氮(N)/(g/kg)	阳离子交换量/(cmol/kg)
0～22	8.23	2.21	0.74	3.11
22～38	8.27	1.91	0.67	3.49
38～70	8.37	1.47	0.64	3.08
70～110	7.64	1.31	0.56	1.52
>110	7.18	1.44	0.47	1.52

深度/cm	电导率/(μS/cm)	有效磷/(mg/kg)	交换性镁/(cmol/kg)	交换性钙/(cmol/kg)	交换性钾/(cmol/kg)	交换性钠/(cmol/kg)
0～22	79	3.43	1.30	4.70	0.10	0.72
22～38	70	8.08	0.40	4.70	0.13	1.23
38～70	30	3.09	0.90	4.00	0.10	1.23
70～110	31	3.84	0.50	2.00	0.08	1.23
>110	31	3.78	0.50	2.50	0.08	1.09

8.3　石灰潮湿冲积新成土

8.3.1　贺庄系（Hezhuang Series）

土　族：砂质混合型温性-石灰潮湿冲积新成土
拟定者：吴克宁，鞠　兵，李　玲

贺庄系典型景观

分布与环境条件　主要分布在黄河故道洼地，母质为近代河流冲积物，现多开发为鱼塘或者种植人工林，暖温带大陆性季风气候。年均气温 13～14℃，年均降水量 650mm 左右，地下水位 1～3m。

土系特征与变幅　该土系诊断依据有淡薄表层、冲积物岩性特征、石灰性、氧化还原特征、潮湿土壤水分状况、温性土壤温度状况。混合型矿物，全剖面土壤质地以砂壤土、砂土为主，土壤结构多呈单粒状，土体深厚。剖面矿质土表至 50cm 深度之间多含有受高地下水位变化而产生的氧化还原特征，且有明显的水平冲积沉积层理，有机碳含量、阳离子交换量较低，土壤呈碱性至强碱性，通体强烈石灰反应。

对比土系　京水系，砂质混合型石灰性温性-斑纹淤积人为新成土。二者地理位置邻近，都发育在近代河流冲积物上，质地均一，结构以单粒为主，诊断特性不同，属于不同的亚纲。京水系表层约 20cm 厚的土层是人为灌淤形成的层次，颜色、结构、质地和结持性等与母质层显著不同，半干润土壤水分状况，受地下水影响程度较弱，剖面底部少量氧化还原特征，剖面构型特征为 Apu-C-Cr；贺庄系地下水位距离地表近，剖面矿质土表至 50cm 深度之间多含有受高地下水位变化而产生的氧化还原特征，剖面构型为 A-Cr，目前主要用于种植人工林或开发为鱼塘，属砂质混合型温性-石灰潮湿冲积新成土。

利用性能综述　该土系耕层质地为砂壤土，通透性好，但养分条件很差。目前该土系主要的利用方式为种植人工林或开发为鱼塘，用于养殖或种植莲菜。

参比土种　湿潮砂土。

代表性单个土体 剖面于 2011 年 11 月 24 日采自郑州市金水区柳林镇贺庄（编号 41-211），34°51′34″N，113°45′2″E，冲积平原洼地，荒草地、鱼塘，母质为近代河流冲积物。

A：0～20cm，浊黄橙色（10YR 7/2，干），棕色（10YR 4/4，润），砂壤土，单粒状结构，干时松散，润时疏松，湿时无黏着，无塑，大量根系，强烈石灰反应，pH 8.51，向下层清晰平滑过渡。

Cr1：20～36cm，浊黄橙色（10YR 7/3，干），棕色（10YR 4/4，润），砂壤土，单粒状结构，干时松散，润时疏松，湿时无黏着，无塑，较多橙色（7.5YR 7/8）锈纹，强烈石灰反应，pH 9.30，向下层清晰平滑过渡。

Cr2：36～75cm，浊黄橙色（10YR 7/3，干），黄棕色（10YR 5/6，润），砂土，单粒状结构，干时松散，润时疏松，湿时无黏着，无塑，少量棕灰色铁锰斑纹，含有明显的水平冲积层理，强烈石灰反应，pH 9.49，向下层清晰平滑过渡。

贺庄系单个土体剖面

Cr3：75～100cm，浊黄橙色（10YR 7/3，干），黄棕色（10YR 5/6，润），壤砂土，单粒状结构，干时松散，润时疏松，湿时无黏着，无塑，少量棕灰色铁锰斑纹，含有明显的水平冲积层理，强烈石灰反应，pH 9.45，向下层清晰平滑过渡。

贺庄系代表性单个土体物理性质

土层	深度 /cm	细土颗粒组成(粒径：mm)/(g/kg)			质地	容重 /(g/cm³)
		砂粒 2～0.05	粉粒 0.05～0.002	黏粒 <0.002		
A	0～20	538	380	81	砂壤土	1.36
Cr1	20～36	573	344	83	砂壤土	1.57
Cr2	36～75	943	11	46	砂土	1.61
Cr3	75～100	780	159	60	壤砂土	1.52

贺庄系代表性单个土体化学性质

深度 /cm	pH (H₂O)	有机碳/(g/kg)	阳离子交换量 /(cmol/kg)	电导率/(μS/cm)
0～20	8.51	7.99	5.27	99
20～36	9.30	0.54	3.45	72
36～75	9.49	0.44	1.55	103
75～100	9.45	0.43	2.91	66

8.4　石质干润正常新成土

8.4.1　庙口系（**Miaokou Series**）

土　　族：粗骨质混合型石灰性温性-石质干润正常新成土
拟定者：吴克宁，鞠　兵，李　玲

分布与环境条件　主要分布在石灰岩中低山坡地的中下部，母质为洪冲积物，暖温带大陆性季风气候。年均气温 14.2～15.5℃，年均降水量为 599.5～707.0mm，土地利用类型为林地、荒草地。

庙口系典型景观

土系特征与变幅　该土系诊断依据有淡薄表层、半干润土壤水分状况、温性土壤温度状况、石质接触面。混合型矿物，含有大量分选差、磨圆度差、大小不一的砾石，并形成厚层砾石层，尤其是剖面中部（40～140cm），砾石体积较大，表层有机碳、全氮和有效磷含量较高。全剖面呈弱碱性，中度至强烈石灰反应。

对比土系　平桥震山系，粗骨壤质混合型非酸性热性-石质湿润正常新成土。二者具有不同的土壤温度和土壤水分状况，母质不同，剖面特征不同，属于不同的土类。平桥震山系多出现于山、丘顶部，土层薄，在 40cm 处出现石质接触面；而庙口系多出现于低山坡地中下部，整体含有大量分选差、磨圆度差、大小不一的砾石，剖面构型为 A-C，中度至强烈石灰反应，属粗骨质混合型石灰性温性-石质干润正常新成土。

利用性能综述　该土系地处中低山丘陵的中下部，砾石含量超过 75%，坡度较大，不适宜开垦农用，宜退耕还林还牧，适宜刺槐、侧柏以及经济林红果生长，林下可种植牧草，以增加地面覆盖，减少水土流失。

参比土种　厚灰石碴土（厚层钙质粗骨土）。

代表性单个土体　剖面于 2010 年 7 月 10 日采自鹤壁市淇县庙口乡二道庄村（编号41-015），35°40′8″N，114°7′44″E，低山坡地中下部，林地、荒草地，母质为洪冲积物。

A： 0～15cm，浊黄橙色（10YR 6/3，干），棕灰色（10YR 4/5，润），细土质地为壤土，团块状结构，细土干时松软，润时很疏松，湿时稍黏着，稍塑，含有 60%～80%直径为 2～10cm 的砾石，pH 8.01，强烈石灰反应，向下层模糊波状过渡。

C1： 15～38cm，浊黄橙色（10YR 7/3，干），灰黄棕色（10YR 4/2，润），细土质地为粉壤土，含有 70%～80%直径为 2～10cm 磨圆度差、无分选的砾石，pH 8.17，强烈石灰反应，向下层模糊波状过渡。

C2： 38～90cm，浊黄橙色（10YR 6/3，干），灰黄棕色（10YR 5/2，润），细土质地为粉壤土，含有 75%左右直径为 10～20cm 分选差、磨圆度差的砾石，pH 8.34，强烈石灰反应，向下层清晰波状过渡。

C3： 90～140cm，浊黄棕色（10YR 5/3，干），黑棕色（10YR 3/2，润），细土质地为粉壤土，含有 75%左右直径为 10～20cm 分选差、磨圆度差的砾石，pH 8.05，强烈石灰反应，向下层模糊波状过渡。

庙口系单个土体剖面

C4： 140cm 以下，浊棕色（7.5YR 5/4，干），黑棕色（7.5YR 3/2，润），细土质地为粉壤土，含有中量直径为 2～5cm 分选差、磨圆度差的砾石，pH 7.93，中度石灰反应。

庙口系代表性单个土体物理性质

土层	深度/cm	细土颗粒组成(粒径：mm)/(g/kg)			质地
		砂粒 2～0.05	粉粒 0.05～0.002	黏粒 <0.002	
A	0～15	579	327	94	壤土
C1	15～38	344	517	139	粉壤土
C2	38～90	95	695	210	粉壤土
C3	90～140	165	653	182	粉壤土
C4	>140	292	549	160	粉壤土

庙口系代表性单个土体化学性质

深度 /cm	pH (H₂O)	有机碳 /(g/kg)	全氮(N) /(g/kg)	全磷(P₂O₅) /(g/kg)	全钾(K₂O) /(g/kg)	阳离子交换量 /(cmol/kg)
0~15	8.01	32.32	2.45	0.79	14.97	11.82
15~38	8.17	27.56	1.39	0.74	16.15	3.42
38~90	8.34	7.43	1.05	0.70	15.62	11.34
90~140	8.05	9.96	1.13	0.69	14.39	16.62
>140	7.93	26.18	0.70	0.76	14.84	20.83

深度 /cm	电导率 /(μS/cm)	有效磷 /(mg/kg)	交换性镁 /(cmol/kg)	交换性钙 /(cmol/kg)	交换性钾 /(cmol/kg)	交换性钠 /(cmol/kg)	碳酸钙相当物 /(g/kg)
0~15	361	9.88	1.24	13.68	0.76	5.05	177.89
15~38	184	6.19	9.00	15.00	0.90	8.70	172.31
38~90	177	5.92	2.45	17.16	1.00	9.24	255.12
90~140	451	5.92	0.20	14.72	0.44	2.34	141.03
>140	659	7.43	0.50	16.40	0.43	2.31	17.76

8.5　石灰干润正常新成土

8.5.1　侯李系（**Houli Series**）

土　族：砂质混合型温性-石灰干润正常新成土
拟定者：陈　杰，万红友，王兴科

分布与环境条件　主要分布于黄河、沙河的冲积平原及其故道，母质为河流冲积砂质沉积物，暖温带大陆性季风气候，年均气温为 14.2℃，温性土壤温度状况，年均降水量为 676.2mm，半干润土壤水分状况。

侯李系典型景观

土系特征与变幅　该土系诊断依据有淡薄表层、石灰性、半干润土壤水分状况、温性土壤温度状况。混合型矿物，质地较粗，土质疏松，孔隙大，通气透水，表层质地为壤质砂土（砂壤土），砂土至粉砂壤土。剖面中具有多个砂质土层，砂粒含量 550～680g/kg，以粒状结构为主，一般 1m 以下可见少量铁锰斑纹，黏粒含量约为 140g/kg。全剖面土壤 pH 8.0～8.6，通体有石灰反应。

对比土系　前庄系，壤质混合型石灰性温性-普通简育干润雏形土。二者母质、土壤水分状况、土壤温度状况和石灰反应特征相似，诊断特性不同，属于不同的土纲。前庄系在 20～30cm 为表层和黏土层的过渡层，土壤结构发育，剖面构型为 Ap-Bw-C；而侯李系各土层保留了母质特性，无雏形层发育，剖面构型为 Ap-AC-C-Cr，属砂质混合型温性-石灰干润正常新成土。

利用性状综述　该土系易于耕作，适耕期长，土壤黏粒含量少，漏水漏肥，有机肥释放快，肥劲发挥猛而持续时间短，苗期生长良好，后期有脱肥现象，作物易受旱灾威胁，宜于种植小麦、花生、西瓜、棉花等作物。在改良利用上要增施有机肥，配施化肥，少量多次施肥，改善灌溉条件。

参比土种　砂壤土。

代表性单个土体　剖面于 2011 年 8 月 17 日采自开封市通许县孙营乡侯李村（编号 41-163），34°31′31″N，114°23′8″E，海拔 66m，地下水位 3m，冲积平原，耕地，小麦-玉米轮作，一年两熟，母质为河流冲积砂质沉积物。

侯李系单个土体剖面

Ap:　0～30cm，浊黄橙色（10YR 6/3，干），棕色（7.5YR 4/4，润），壤质砂土，粒状结构，干时松散，润时疏松，湿时稍黏着，稍塑，大量根系，有石灰反应，pH 8.2，向下层突变平滑过渡。

AC:　30～50cm，浊黄橙色（10YR 7/3，干），黄棕色（10YR 5/6，润），粉砂壤土，团块状结构，干时松散，润时疏松，湿时稍黏着，稍塑，孔隙度为 45%～50%，10%左右的作物须根，有石灰反应，pH 8.0，向下层清晰平滑过渡。

C1:　50～62cm，浊黄橙色（10YR 7/3，干），黄棕色（10YR 5/8，润），粉砂壤土，有石灰反应，pH 8.2，向下层清晰平滑过渡。

C2:　62～118cm，浊黄橙色（10YR 7/3，干），黄棕色（10YR 5/8，润），砂土，粒状结构，有石灰反应，pH 8.0，向下层清晰平滑过渡。

Cr:　118～140cm，浊黄橙色（10YR 7/3，干），棕色（10YR 4/6，润），粉砂壤土，有少量铁锰斑纹，有石灰反应，pH 8.6。

侯李系代表性单个土体物理性质

土层	深度 /cm	砾石 (>2mm, 体积分数)/%	细土颗粒组成（粒径：mm）/(g/kg)			质地	容重 /(g/cm³)
			砂粒 2～0.05	粉粒 0.05～0.002	黏粒 <0.002		
Ap	0～30	≤25	553	331	116	壤质砂土	1.43
AC	30～50	≤25	245	625	130	粉砂壤土	1.50
C1	50～62	≤25	402	467	131	粉砂壤土	1.43
C2	62～118	≤25	684	215	101	砂土	1.48
Cr	118～140	≤25	262	597	141	粉砂壤土	1.45

侯李系代表性单个土体化学性质

深度 /cm	有机碳 /(g/kg)	有效磷 /(mg/kg)	速效钾 /(mg/kg)	全磷(P_2O_5) /(g/kg)	全钾(K_2O) /(g/kg)	阳离子交换量 /(cmol/kg)	pH (H_2O)	碳酸钙相当物 /(g/kg)
0～30	14.2	31.2	108	0.69	22.2	3.2	8.2	20.3
30～50	3.68	1.4	25	0.52	20.8	2.6	8.0	15.2
50～62	3.68	0.9	39	0.42	21	2.1	8.2	25.2
62～118	2.52	0.8	25	0.42	23.6	1.6	8.0	53.2
118～140	3.34	0.8	43	0.44	22	2.1	8.6	15.2

8.5.2 南曹系（Nancao Series）

土　族：砂质混合型温性-石灰干润正常新成土
拟定者：吴克宁，鞠　兵，李　玲

分布与环境条件　多出现于丘陵
与平原过渡地带或河流两岸高滩
地，母质为河流砂质沉积冲积物，
暖温带大陆性季风气候，年均气
温为 14.4℃，年均降水量约为
640.9mm。

南曹系典型景观

土系特征与变幅　该土系诊断依据有淡薄表层、石灰性、半干润土壤水分状况、温性土
壤温度状况。混合型矿物，通体质地以砂土为主，通透性能好，土壤养分状况差，有机
碳含量和阳离子交换量较低，土壤呈碱性，通体中度至强烈石灰反应。

对比土系　南王庄系，混合型温性-石灰干润砂质新成土。二者有相同的土壤水分状况和
土壤温度状况，石灰反应特征相似，剖面构型相似，诊断特性不同，属于不同的亚纲。
南王庄系母质为砂质风积物，70cm 以下砂粒含量更高，70cm 以下无石灰反应；而南曹
系各土层保留了母质特性，无雏形层发育，属砂质混合型温性-石灰干润正常新成土。

利用性能综述　该土系质地以砂土为主，细土部分粒径大于 20μm 的砂粒占砂、粉、黏
含量比例的 90%以上，疏松，通透性好，但养分性能差，不宜农用，是种植刺槐及牧草
沙打旺的良好基地。原有林木应计划间伐，严禁滥伐或开垦农用。

参比土种　砂土（砂质脱潮土）。

代表性单个土体　剖面于 2011 年 11 月 17 日采自郑州市东南部南曹村（编号 41-200），
34°40′18″N，113°46′21″E，丘陵与平原过渡地带，林地、荒草地，母质为河流砂质沉
积冲积物。

41-200

南曹系单个土体剖面

A:　0～24cm，浊黄橙色（10YR 6/4，干），棕色（10YR 4/6，润），砂土，单粒状结构，干时松软，润时疏松，湿时无黏着，无塑，大量根系，强烈石灰反应，pH 8.37，向下层模糊平滑过渡。

C1:　24～44cm，黄棕色（10YR 5/6，干），黄棕色（10YR 5/8，润），砂壤土，单粒状结构，干时松软，润时疏松，湿时无黏着，无塑，强烈石灰反应，pH 8.67，向下层模糊平滑过渡。

C2:　44～75cm，亮黄棕色（10YR 6/6，干），黄棕色（10YR 5/8，润），砂土，单粒状结构，干时松软，润时疏松，湿时无黏着，无塑，中度石灰反应，pH 8.83，向下层模糊平滑过渡。

C3：75～95cm，亮黄棕色（10YR 7/6，干），黄棕色（10YR 5/6，润），砂土，单粒状结构，干时松软，润时疏松，湿时无黏着，无塑，中度石灰反应，pH 8.96，向下层模糊平滑过渡。

C4：95～115cm，亮黄棕色（10YR 7/6，干），黄棕色（10YR 5/6，润），砂土，单粒状结构，干时松软，润时疏松，湿时无黏着，无塑，中度石灰反应，pH 8.40，向下层模糊平滑过渡。

南曹系代表性单个土体物理性质

| 土层 | 深度/cm | 细土颗粒组成(粒径：mm)/(g/kg) | | | 质地 | 容重/(g/cm³) |
		砂粒 2～0.05	粉粒 0.05～0.002	黏粒 <0.002		
A	0～24	919	72	10	砂土	1.52
C1	24～44	727	239	35	砂壤土	1.67
C2	44～75	933	59	8	砂土	1.54
C3	75～95	947	46	7	砂土	1.57
C4	95～115	954	41	6	砂土	1.52

南曹系代表性单个土体化学性质

深度/cm	pH (H₂O)	电导率/(μS/cm)	有机碳/(g/kg)	全氮(N)/(g/kg)	阳离子交换量/(cmol/kg)	碳酸钙相当物/(g/kg)
0～24	8.37	33	3.74	0.25	3.18	39.57
24～44	8.67	29	4.64	0.21	1.92	36.28
44～75	8.83	27	1.14	0.05	2.11	30.21
75～95	8.96	28	0.80	0.16	1.25	21.82
95～115	8.40	15	0.66	0.10	1.05	21.71

8.6　石质湿润正常新成土

8.6.1　平桥震山系（**Pingqiaozhenshan Series**）

土　族：粗骨壤质混合型非酸性热性-石质湿润正常新成土
拟定者：吴克宁，鞠　兵，李　玲

分布与环境条件　多出现于泥质岩低山丘陵的陡坡及植被覆盖极差的山、丘顶部，母质为泥质岩类风化物、坡积物，北亚热带向暖温带过渡型气候，四季分明。年均气温为 15.1～15.3℃，无霜期长，平均为 220～230 天，降雨丰沛，年均降水量约为 1000～1200mm。

平桥震山系典型景观

土系特征与变幅　该土系诊断依据有淡薄表层、湿润土壤水分状况、热性土壤温度状况、石质接触面。混合型矿物，发育于坡积物上，土层薄，含大量岩石碎屑，体积达 40%左右，表土着生大量草本植物，有机碳含量较高，可达 34g/kg，土壤呈酸性，通体无石灰反应。

对比土系　平桥系，壤质混合型非酸性热性-斑纹简育湿润雏形土。二者地理位置紧邻，具有相同的母质、土壤水分状况和温度状况，诊断层和诊断特性不同，属于不同的土纲。平桥系土层较厚，具有雏形层和氧化还原特征，40cm 以下出现少量氧化还原特征，80cm 以下出现大量半风化基岩；平桥震山系剖面构型为 A-R，土层薄，砾石含量多，10～40cm 含有 25%～40%的半风化的砾石，40cm 出现基岩，表土着生大量草本植物，根系较多，有机碳含量很高，属粗骨壤质混合型非酸性热性-石质湿润正常新成土。

利用性能综述　该土系由于多分布于坡度较缓的低山丘陵，土层浅薄，质地比较适中，矿质养分较丰富，不宜农用。改良后可营林和种植药材、牧草等，信阳地区还可种茶。

参比土种　泥质中性石质土。

代表性单个土体　剖面于 2011 年 7 月 19 日采自信阳市平桥区震山村（编号 41-070），32°4′27″N，114°7′3″E，低山丘陵陡坡，林地、荒草地，母质为泥质岩类风化物、坡积物。

A1：0～10cm，浊黄橙色（10YR 6/3，干），棕色（10YR 4/6，润），粉壤土，粒状结构，大量根系，pH 5.97，向下层渐变波状过渡。

A2：10～40cm，浊黄橙色（10YR 7/4，干），黄棕色（10YR 5/6，润），粉壤土，碎块状结构，25%～40%半风化的砾石，pH 5.97，向下层清晰波状过渡。

R：40cm 以下，浊黄橙色（10YR 7/4，干），黄棕色（10YR 5/6，润），干时极硬，润时极坚实。

平桥震山系单个土体剖面照

平桥震山系代表性单个土体物理性质

土层	深度/cm	细土颗粒组成(粒径：mm)/(g/kg)			质地	容重/(g/cm³)
		砂粒 2～0.05	粉粒 0.05～0.002	黏粒 <0.002		
A1	0～10	311	600	88	粉壤土	0.88
A2	10～40	388	514	99	粉壤土	—

平桥震山系代表性单个土体化学性质

深度/cm	pH (H₂O)	有机碳/(g/kg)	全氮(N)/(g/kg)	全磷(P₂O₅)/(g/kg)	全钾(K₂O)/(g/kg)	有效磷/(mg/kg)	电导率/(μS/cm)	碳酸钙相当物/(g/kg)
0～10	5.97	34.63	1.92	0.90	9.72	10.94	143	0.581
10～40	5.97	—	—	0.97	10.55	6.93	127	0.35

深度/cm	阳离子交换量/(mol/kg)	交换性镁/(mol/kg)	交换性钙/(mol/kg)	交换性钾/(mol/kg)	交换性钠/(mol/kg)
0～10	16.30	0.48	4.91	0.38	0.54
10～40	12.85	0.31	2.87	0.33	0.68

8.6.2 大沃楼系（Dawolou Series）

土　族：粗骨壤质混合型非酸性热性-石质湿润正常新成土
拟定者：吴克宁，鞠　兵，李　玲

分布与环境条件　多发育在垄岗中上部，母质为泥质岩类的残坡积物，暖温带和亚热带过渡气候。年均气温 14.6～15.8℃，矿质土表至 50cm 深度处年均土温大于16℃，年均降水量为 800～1100mm。

大沃楼系典型景观

土系特征与变幅　该土系诊断依据有淡薄表层、湿润土壤水分状况、热性土壤温度状况、石质接触面。混合型矿物，土体厚度一般较厚，20cm 以上为松散表层，20cm 以下出现半风化泥质基岩，层状结构明显，土壤呈酸性至中性，通体无石灰反应。

对比土系　贾楼系，粗骨壤质混合型非酸性热性-普通简育湿润雏形土。二者地理位置邻近，母质不同，诊断特性不同，属于不同的土纲。贾楼系所处地形为陡坡山地，母质为硅铝质岩类风化物，以粉砂粒为主，具有雏形层，70cm 砾石度大于 75%；大沃楼系母质为泥质岩类残坡物，土体较薄，20cm 以下出现半风化泥质基岩，属粗骨壤质混合型非酸性热性-石质湿润正常新成土。

利用性能综述　该土系土层薄、疏松，风化层厚而易碎，地面坡度大，少部分开垦为农用，大部分为林地和草地，是较为理想的林业用地，可做经济林基地。应退耕还林，封山育林种草，增加地表覆盖，改善生态环境。

对比土种　厚层泥质中性粗骨土。

代表性单个土体　剖面于 2010 年 10 月 5 日采自河南省驻马店市泌阳县贾楼乡大沃楼村（编号 41-056），32°53′1″N，113°20′44″E，垄岗中上部，灌木林地、荒草地，母质为泥质岩类的残坡积物。

A：　0～20cm，红棕色（2.5YR 4/6，干），红棕色（2.5YR 4/6，润），细土质地为粉壤土，团块状结构，大量根系，≥25%的岩石碎屑，pH 6.31，向下层清晰波状过渡。

C1：20～80cm，暗红棕色（2.5YR 3/6，干），暗红棕色（2.5YR 3/4，润），细土质地为粉壤土，出现≥70%半风化的泥质岩石碎屑，pH 6.96，向下层清晰波状过渡。

C2：80cm以下，浊红棕色（2.5YR 4/4，干），暗红棕色（2.5YR 3/6，润），细土质地为粉壤土，出现≥70%半风化的泥质基岩，pH 7.08。

大沃楼系单个土体剖面

大沃楼系代表性单个土体物理性质

土层	深度/cm	细土颗粒组成(粒径：mm)/(g/kg)			质地
		砂粒 2～0.05	粉粒 0.05～0.002	黏粒 <0.002	
A	0～20	235	606	159	粉壤土
C1	20～80	431	431	138	粉壤土
C2	＞80	403	408	189	粉壤土

大沃楼系代表性单个土体化学性质

深度/cm	pH (H$_2$O)	有机碳/(g/kg)	全氮(N)/(g/kg)	全磷(P$_2$O$_5$)/(g/kg)	全钾(K$_2$O)/(g/kg)	阳离子交换量/(cmol/kg)
0～20	6.31	4.95	0.39	0.23	4.24	27.04
20～80	6.96	1.26	0.59	0.14	2.99	14.27
＞80	7.08	3.95	0.29	0.17	4.02	16.00

深度/cm	电导率/(µS/cm)	有效磷/(mg/kg)	交换性镁/(cmol/kg)	交换性钙/(cmol/kg)	交换性钾/(cmol/kg)	交换性钠/(cmol/kg)	碳酸钙相当物/(g/kg)
0～20	68	3.72	1.01	23.64	0.51	1.92	0.49
20～80	65	2.44	1.98	12.87	0.13	1.98	0.53
＞80	67	2.17	2.00	12.13	0.15	2.06	0.54

参 考 文 献

党胤. 2012. 具有文化遗产功能的河南省典型土壤特征与分类研究[D]. 北京: 中国地质大学.

杜国华, 张甘霖, 骆国保. 1999. 淮北平原样区的土系划分[J]. 土壤, (2): 70-76.

龚子同, 等. 1999. 中国土壤系统分类: 理论·方法·实践[M]. 北京: 科学出版社: 15-69.

龚子同, 张甘霖. 1998. 人为土研究的新趋势[J]. 土壤, (1): 54-56.

龚子同, 张甘霖. 2003. 人为土壤形成过程及其在现代土壤学上的意义[J]. 生态环境, 12(2): 184-191.

龚子同, 张甘霖. 2006. 中国土壤系统分类: 我国土壤分类从定性向定量的跨越[J]. 中国科学基金, (5): 293-296.

河南省科学技术协会. 1995. 北亚热带土壤的发生特性及系统分类研究//河南省首届青年学术年会论文集[M]. 北京: 中国科学技术出版社.

河南省土壤肥料工作站, 河南省土壤普查办公室. 1995. 河南土种志[M]. 北京: 中国农业出版社.

河南土壤普查办公室. 2004. 河南土壤[M]. 北京: 中国农业出版社.

焦有, 米清海, 吴克宁, 等. 1997. 棕壤和黄棕壤基本属性及定量区分指标的研究[J]. 河南农大学报, 31(4): 347-350.

鞠兵. 2011. 河南典型淋溶土和雏形土的调查与分类[C]. 中国土壤学会 土壤遥感与信息专业委员会和土壤发生、分类与土壤地理专业委员会 2011 年联合学术研讨会. 福州市.

鞠兵. 2013. 干润雏形土钙化诊断特征及分类修订研究——以河南干润雏形土为例[C]. 中国土壤学会 土壤遥感与信息专业委员会和土壤发生、分类与土壤地理专业委员会 2013 年联合学术研讨会. 太谷县.

鞠兵, 吴克宁, 李玲, 等. 2015a. 河南省典型淋溶土土系划分研究[J]. 土壤学报, 52(1): 38-47.

鞠兵, 吴克宁, 李玲, 等. 2015b. 河南省土壤系统分类中典型土系简介[J]. 土壤通报, 46(1): 4-13.

李玲, 高畅, 路捷, 等. 2013. 河南省正阳县典型土壤系统分类[J]. 河南农业大学学报, 47(1): 92-97.

李少丛, 万红友, 王兴科, 等. 2014. 河南省潮土、砂姜黑土基本性质变化分析[J]. 土壤, 46(5): 920-926.

全国土壤普查办公室. 1994. 中国土种志[M]. 第三卷. 北京: 中国农业出版社.

王兴科. 2013. 河南省砂姜黑土与潮土系统分类研究[D]. 郑州: 郑州大学.

魏克循. 1995. 河南土壤地理[M]. 郑州: 河南科学技术出版社.

吴克宁. 1997. 南阳盆地粘磐湿润淋溶土温度状况[J]. 土壤, (5): 268-269.

吴克宁, 康超. 1994. 北亚热带过渡区土壤的模糊聚类分析[J]. 热带亚热带土壤科学, 3(3): 163-168.

吴克宁, 申胧. 1997. 大别山北坡土壤的发生特性和垂直分布[J]. 土壤学报, 34(2): 170-181.

吴克宁, 张凤荣. 1998. 中国土壤系统分类中土族划分的典型研究[J]. 中国农业大学学报, 3(5): 73-78.

吴克宁, 李贵宝, 徐盛荣. 1998. 北亚热带湿润淋溶土的土属划分研究[J]. 土壤学报, 35(3): 313-320.

吴克宁, 梁思源, 鞠兵, 等. 2011. 土壤功能及其分类与评价研究进展[J]. 土壤通报, 42(4): 980-985.

吴克宁, 米清海, 李伶俐, 等. 1994. 豫西南环境变迁与土壤发生的研究[J]. 热带亚热带土壤科学, 3(1): 35-40.

吴克宁, 曲晨晓, 吕巧灵. 1998. 耕淀铁质湿润淋溶土的诊断层和诊断特性[J]. 土壤通报, (4): 145-147.

吴克宁, 曲晨晓, 吕巧灵. 2001. 湿润淋溶土、雏形土系统分类的参比[J]. 土壤通报, 32(1): 1-3.

吴克宁, 魏克循, 陈万隅, 等. 1994. 豫南中晚更新世母质土壤的发生特性分类归属[J]. 土壤通报, 25(2): 49-52.

吴克宁, 魏克循, 李伶俐, 等. 1993. 北亚热带桐柏山地土壤特性及其合理利用[J]. 热带亚热带土壤科学, 2(2): 93-98.

吴克宁, 郑义, 康鸳鸯, 等. 2004. 河南省耕地地力调查与评价[J]. 河南农业科学, (9): 49-52.

席承藩, 张俊民. 1982. 中国土壤区划的依据与分区[J]. 土壤学报, 19(2): 97-109, 212.

徐盛荣, 吴克宁, 刘友兆. 1994. 对建立淋溶土纲的几点认识[J]. 土壤通报, 25(6): 241-244.

杨锋, 吴克宁, 吕巧灵. 2008. 基于1:20万数据库的河南省土壤空间分异及其影响因素研究[J]. 中国农学通报, 24(1): 425-430.

杨金玲, 张甘霖, 李德成, 等. 2009. 激光法与湿筛-吸管法测定土壤颗粒组成的转换及质地确定[J]. 土壤学报, 46(5): 772-780.

于东升, 史学正, 孙维侠, 等. 2005. 基于1:100万土壤数据库的中国土壤有机碳密度及储量研究[J]. 应用生态学报, 16(12): 2279-2283.

张甘霖, 龚子同. 2012. 土壤调查实验室分析方法[M]. 北京: 科学出版社.

张甘霖, 王秋兵, 张凤荣, 等. 2013. 中国土壤系统分类土族和土系划分标准[J]. 土壤学报, (4): 826-834.

章明奎, 朱祖祥. 1993. 粉粒对土壤阳离子交换量的影响[J]. 土壤肥料, (4): 41-43.

赵燕. 2012. 河南省砂姜黑土系统分类归属及代表土系的建立[D]. 郑州: 郑州大学.

查理思, 吴克宁, 鞠兵, 等. 2013a. 二里头文化遗址区土壤化学成分含量及变化研究[J]. 土壤通报, (6): 1414-1417.

查理思, 吴克宁, 鞠兵, 等. 2013b. 黄褐土CEC影响因子分析[J]. 江西农业大学学报, (2): 433-436.

中国科学院南京土壤研究所. 2013a. 土壤调查典型单个土体定点方法(试行).

中国科学院南京土壤研究所. 2013b. 土系数据库建立标准(试行).

中国科学院南京土壤研究所. 2013c. 野外土壤调查与采样规范(试行).

中国科学院南京土壤研究所. 2013d. 中国土系志编撰标准(试行).

中国科学院南京土壤研究所土壤地理研究室. 1988. 国际土壤分类述评[M]. 北京: 科学出版社: 48-66.

中国科学院南京土壤研究所土壤系统分类课题组, 中国土壤系统分类课题研究协作组. 2001. 中国土壤系统分类检索[M]. 3版. 合肥: 中国科学技术大学出版社.

朱阿兴, 等. 2008. 精细数字土壤普查模型与方法[M]. 北京: 科学出版社.

《中国土壤系统分类研究丛书》编委会. 1994a. 汉中盆地主要土壤的诊断特性和系统分类 1994 年//中国土壤系统分类新论[M]. 北京: 科学出版社.

《中国土壤系统分类研究丛书》编委会. 1994b. 黄褐土土种划分研究//中国土壤系统分类新论[M]. 北京: 科学出版社.

《中国土壤系统分类研究丛书》编委会. 1994c. 南京黄棕壤土种研究 1994 年//中国土壤系统分类新论[M]. 北京: 科学出版社.

《中国土壤系统分类研究丛书》编委会. 1994d. 南阳盆地土壤水分状况研究 1994 年//中国土壤系统分类新论[M]. 北京: 科学出版社.

《中国土壤系统分类研究丛书》编委会. 1994e. 中国淋溶土纲系统分类试拟 1994 年//中国土壤系统分类新论[M]. 北京: 科学出版社.

《中国土壤系统分类研究丛书》编委会编. 1994f. 南京粘磐黄棕壤水热状况定位监测报告 1994 年//中国土壤系统分类新论[M]. 北京: 科学出版社.

(P-6243.01)

ISBN 978-7-03-060536-8

定价：298.00 元